普通高等教育"十一五"国家级规划教材
（高职高专教材）

精细化工生产工艺

第二版

刘德峥　主编

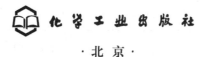

化学工业出版社

·北京·

本书主要介绍了各类精细化工产品的基本作用原理、合成路线和生产工艺、应用性能和发展趋势。主要内容包括：精细化工产品的分类、特点、发展趋势，无机精细化学品与材料，高分子精细化学品，功能高分子材料，精细生物化工产品，表面活性剂，皮革化学品，石油化学品，工业与家用洗涤剂，化妆品，信息存储材料，电子化工材料，水性涂料，绿色精细化工技术。另外，本书还以附录的形式介绍了国内外有关精细化学品的重要期刊、网址及文献检索系统。

本书可作为高职高专院校应用化工技术、精细化学品生产技术等化工技术类专业的教材，也可供从事精细化工的生产、科研人员阅读参考。

图书在版编目（CIP）数据

精细化工生产工艺/刘德峥主编. —2 版 .—北京：化学工业出版社，2008.6（2022.8 重印）
普通高等教育"十一五"国家级规划教材 . 高职高专教材
ISBN 978-7-122-03283-6

Ⅰ. 精… Ⅱ. 刘… Ⅲ. 精细化工-生产工艺-高等学校：技术学院-教材 Ⅳ.TQ062

中国版本图书馆 CIP 数据核字（2008）第 103606 号

责任编辑：蔡洪伟　陈有华　　　　　　　　文字编辑：林　媛
责任校对：陈　静　　　　　　　　　　　　装帧设计：韩　飞

出版发行：化学工业出版社（北京市东城区青年湖南街 13 号　邮政编码 100011）
印　　装：北京虎彩文化传播有限公司
787mm×1092mm　1/16　印张 18¼　字数 518 千字　　2022 年 8 月北京第 2 版第 11 次印刷

购书咨询：010-64518888　　　　　　　　　售后服务：010-64518899
网　　址：http://www.cip.com.cn
凡购买本书，如有缺损质量问题，本社销售中心负责调换。

定　　价：48.00 元

第二版前言

精细化工与工农业、国防、人民生活和尖端科学技术都有着极为密切的关系。精细化工是现代化学工业的重要组成部分，是发展高新技术的重要基础，也是衡量一个国家的科学技术发展和综合实力的重要标志之一。因此，世界各国都把精细化工作为化学工业发展的战略重点之一。近几年来，国内外高度重视精细化学品的研制、开发和生产。

本书第一版自 2000 年出版以来，承蒙广大读者的厚爱，8 年间印刷了 9 次，在国内高等职业学校及精细化工行业产生了较大的影响。8 年多来，国内外精细化工发展较快，精细化工新产品、新技术、新工艺不断涌现，第一版的一些内容已经难以满足读者及专业知识教育和专业技能训练的需要。为了更好地适应高等职业教育及精细化工的发展，力求与时俱进，作者对第一版进行了较为全面的修订。在保持第一版教材原有风格和定位的基础上，对多数章节重新进行了编写，删除了一些不适宜的理论知识和落后的工艺路线，并对如下方面进行了较大修改：突出了生产原理与生产工艺，增加了一些常用精细化工产品的生产工艺流程图；精简了部分章节内容，同时增加了生物农药、液体洗涤剂生产技术、水性涂料、绿色精细化工技术等一些新的章节内容；新增了附录——国内外有关精细化学品的重要期刊、网址及文献检索系统。

本书在编写上结合精细化工产品的生产实例，重点讲述它们的生产原理、原料消耗、工艺过程、主要操作技术和产品的性能用途等，为学生毕业后从事精细化工产品的生产和新品种的开发奠定必要的理论和技术基础；同时也希望能为相关工厂企业的工程技术人员开展技术工作提供参考。

本书共分十四章，由刘德峥教授主编。参加修订、编写的分工如下：第一章、第三章、第五章、第六章、第九章、第十三章、第十四章由刘德峥教授编写；第二章、第四章、第十二章由周勇副教授编写；第七章、第八章、第十章由周建伟副教授修订；第十一章由周勇副教授和周建伟副教授共同修订；附录由讲师蒋涛和硕士研究生马金花编写。在编写过程中，张引沁副教授、刘伟副教授、黄艳芹副教授以及讲师蒋涛、硕士研究生马金花和樊亚娟、馆员任明真等参与了部分资料的汇总、整理工作。全书由刘德峥统稿定稿。

本书的编写参阅了相关文献，在此谨向相关作者深表感谢。同时，对参与第一版教材编写的其他作者致谢。在第二版的编写过程中得到了学院各级领导以及有关专家教授的大力支持和热情帮助与指导，并得到了化学工业出版社的积极支持和帮助，在此一并致谢！

由于作者水平所限，书中不妥之处在所难免，敬请专家、读者批评指正。

编　者
2008 年 5 月

第一版前言

为了适应"科教兴国"的需要，培养更多的精细化工专门人才，在目前各高等专科和高等职业教育化工工艺类专业尚无统编教材的情况下，以原自编教材为基础，我们组织了平原大学、淮海工学院、安阳大学等高校精细化工专业教师共同编写了这本教材。根据精细化工学科知识结构的要求和编者自身的教学经验，在进行每一个专题编写时，注重讲授其基本原理，然后结合重要产品的实例，对产品的生产工艺路线、反应条件、性能和用途等技术基础知识进行介绍。对复配技术型产品，例如洗涤剂和化妆品，在介绍配方的基本原则后，列举了90多个实用配方。对新兴领域，如无机材料中的精细陶瓷，功能高分子材料中的光导电聚合物，信息存储材料中的光盘等，尽可能介绍它们的发展趋势。但是，由于学时数和篇幅有限，本书仅介绍了11大类。学生通过学习本书，可对精细化工的基本面貌、技术范畴、11类重要系列产品的合成路线和生产工艺、性能和应用、发展趋势有一个比较全面的了解；为毕业后从事精细化工产品的生产和研制、开发打下较好的基础。同时，本书也可供从事生产和科研的工程技术人员参考。

本教材共分十二章，依次为绪论、无机精细化学品与材料、高分子精细化学品、功能高分子材料、精细生物化学品、表面活性剂、皮革化学品、石油化学品、洗涤剂、化妆品、信息存储材料和电子化工材料。全书由刘德峥主编。各章编写的作者依次为：第一、五章，刘德峥；第二章，张引沁；第三章，牛永生；第四章，周勇；第六章，刘德峥，于艳春；第七章，张所信；第八章，于艳春；第九章，刘德峥，张所信；第十章，刘德峥，张引沁，牛永生；第十一章，刘伟；第十二章，刘伟，周勇。

本书各章在编写中参考了大量专著和其他文献资料，在此谨向有关作者表示衷心感谢。

编者衷心感谢北京化工大学周游教授承担审稿，对教材的内容进行了斧正；任明节高工协助提供部分素材并协助整理部分教材内容。刘淑萍绘制了部分图表。

在编写过程中得到了郑州工业大学刘大壮教授、河南师范大学蔡崑教授的帮助和指导，并得到了化学工业出版社的大力支持和帮助，他们对大纲和教材的内容安排提出了宝贵意见；本书在编写过程中还得到平原大学领导的大力支持，在此一并感谢。

应该指出，虽说主编在1987年就编写了精细化工讲义，但是组织编写这样一本涉及多行业且知识面很宽的教材，实感力不从心，由于水平有限，时间仓促，书中缺点和不足敬请专家和广大读者给予批评指教，以使本教材不断得到完善。

编　者

于平原大学 2000 年 3 月

目　录

第一章 绪 论

第一节 精细化工产品的范畴、定义及分类

化学工业是生产化学产品的工业，是一个多行业、多品种，为国民经济各部门和人民生活各方面服务的工业。一般可分为无机化学工业、基本有机化学工业、高分子化学工业和精细化学工业。精细化学工业是生产精细化学品的工业，简称精细化工。

精细化工生产过程与一般化工生产不同，它是由化学合成（或从天然物质中分离、提取）、制剂加工和商品化等三个部分组成。我国和日本把产量小、组成明确，可按规格说明书进行小批量生产和小包装销售的化学品，以及产量小，经过加工配制、具有专门功能，既能按其规格说明书，又根据其使用效果进行小批量生产和小包装销售的化学品，统称为精细化学品。而欧美一些国家把前者称为精细化学品，后者称为专用化学品。精细化学品又名精细化工产品。

精细化工产品的范围十分广泛，而且随着一些新兴的精细化工行业的不断涌现，其范围越来越宽，种类也日益增多。如何对精细化工产品进行分类，目前国内外也存在着不同的观点。但是，目前世界上较为统一的分类原则是以产品的功能来进行分类。

我国的精细化工产品分为 11 大类，即农药、染料、涂料（包括油漆和油墨）、颜料、试剂和高纯物、信息用化学品（包括感光材料、磁记录材料等能接受电磁波的化学品）、食品和饲料添加剂、胶黏剂、催化剂和各种助剂、化学药品（原料药）和日用化学品、高分子聚合物中的功能高分子材料（包括功能膜、偏光材料等）。其中助剂又包括印染助剂，塑料助剂，橡胶助剂，水处理剂，纤维抽丝用油剂，有机抽提剂，高分子聚合物添加剂，表面活性剂，皮革助剂，农药用助剂，油田用化学品，混凝土用添加剂，机械、冶金用助剂，油田添加剂，炭黑，吸附剂，电子工业专用化学品，纸张用添加剂，以及其他助剂等 19 类。

第二节 精细化工的特点

精细化工产品作为商品，在研究与开发、生产、交换、分配和消费过程中有其内在规律，和通用化工产品或大宗化学品有明显区别。

一、精细化工产品的生产特性

精细化工产品的质与量的两个基本特性表现在特定功能、专用性质和品种多、批量小。由此决定了精细化工产品的生产特性。其生产过程不同于通用化工产品，而是由化学合成、制剂（剂型）、标准化（商业化）三个生产环节组成。在每一个生产过程中又派生多种多样化学、物理、生理、技术和经济的要求和考虑，这就导致了精细化工是高技术密集的产业。

1. 综合生产流程和多功能生产装置

多数精细化工产品需要由基本原料出发，经过深度加工才能制得，因而生产流程一般较长，工序较多。由于这些产品的社会需求量不大，故往往采用间歇式装置生产。虽然精细化

工产品品种繁多，但从化学合成角度来看，其单元反应主要是卤化、磺化和硫酸化、硝化和亚硝化、还原（加氢）、氧化、重氮化和重氮盐的反应、氨基化、烃化、酰化、水解、缩合、环合、聚合反应等十几种，尤其是一些同系列产品，其合成单元反应及所采用的生产过程和设备，有很多相似之处。近年来，许多生产工厂广泛采用多品种综合生产流程，设计和制造用途广、多功能的生产装置。也就是说，一套流程装置可以经常改变生产品种的牌号，使其具有相当大的适应性，以适应精细化工产品多品种、小批量的特点。精细化工最合理的设计方案是按单元反应和单元分离操作为组合单元，组成单元型的生产装置。这种生产方式可以生产同系列或不同系列产品。此种生产方式不仅灵活性强，且可构成专业化反应。精细化工产品的生产，通常以间歇反应为主，采用批量生产。这种生产方式提高了生产效益和劳动生产率，收到了明显的经济效益，但同时对生产管理和操作人员的素质提出了更高的要求。

2. 制剂加工技术

精细化工产品中除少数直接上市外，一般都需要加工成各种剂型的制剂。由于精细化工产品繁多，应用范围广，其生产过程复杂，且具有一定的保密性，一般不予公开，也很难向别的公司、企业购买，完全靠本企业进行研究开发。现代科学技术的飞速发展，为精细化工产品的商品化制剂加工技术提供充分的理论基础和试验研究的先进手段，并为商品化制剂加工提供各种性能优异的原材料，从而使商品化制剂加工技术的发展达到新的水平。精细化工产品的剂型是多种多样的，根据应用要求，可加工成粉剂、可湿剂、粒剂、乳剂、液体等。例如药物制剂学已从单纯的加工工艺发展到以物理药剂学和生物药剂学为理论基础、各种剂型为主要内容的专门学科；药物片剂出现了双层片、多层片、包芯片、微囊片和薄膜包衣片等品种；注射剂中开发了静脉注射乳剂；而药物前体制剂技术、固体分散法、微囊与分子包含等新技术迅速发展，出现了各种复方制剂及高效、速效、长效制剂。

3. 大量采用复配技术

为了使精细化工产品具有特定功能，满足各种专门用途的需要，许多通过精细化学合成得到的产品，不仅要加工成多种剂型，而且须加入多种其他化学试剂进行复配。由于应用对象的特殊性，很难采用单一的化合物来满足要求，于是配方的研究便成为决定性的因素。例如，在合成纤维纺织用的油剂中，要求合成纤维纺丝油剂应具备以下特性：平滑、抗静电、有集束或抱合作用，热稳定性好，挥发性低，对金属无腐蚀性，可洗性好等。由于合成纤维的形式及品种不同，如长丝或短丝，加工的方式不同，如高速纺或低速纺，则所用的油剂也不同。为了满足上述各种要求，合成油剂都是多组分的复配产品。其成分以润滑油及表面活性剂为主，配以抗静电剂等助剂。有时配方中会涉及 10 多种组分。又如金属清洗剂，组分中要求有溶剂、除锈剂等。其他如化妆品，常用的脂肪醇不过是很少的几种，而由其复配衍生出来的商品，则是数以千计。表面活性剂、农药等门类的产品，情况也类似。有时为了使用户应用方便安全，也可将单一产品加工成复合组分商品，如液体染料就是为了印染工业避免粉尘污染环境和便于自动化计量而提出的，它们的组分主要是分散剂、防沉淀剂、防冻剂、防腐剂等。

因此，经过剂型加工和复配技术所制成的商品数目，远远超过由化学合成而得到的单一产品数目。利用复配技术所推出的产品，具有增效、改性和扩大应用范围等功能，其性能往往超过结构单一的产品。因此在精细化工生产中配方通常是技术关键，也是专利保护的对象。掌握复配技术是使产品具有市场竞争能力的极为重要措施。但这也是目前我国精细化工发展的一个薄弱环节，必须给予高度重视。

4. 商品标准化技术

商品标准化技术是使产品达到商品标准化的加工方法，或称后处理。例如，染料商品的后处理包括打浆、添加助剂、粉碎、干燥、拼混与包装。不同的染料及剂型有不同的加工技术。水溶性染料通常采用先干燥后粉碎工艺，原染料滤饼经干燥、粉碎、筛分成粉料，测定其强度，然后加规定数量的无水硫酸钠或食盐等填料和尿素、磷酸氢二钠稳定剂复配，使达到标准强度的商品染料。非水溶性染料加工通常先湿磨、湿状复配、混合干燥，即可得到标准化的商品染料。

二、精细化工产品的商业特性

1. 技术的保密性和专利的垄断性

精细化工产品是既按规格说明书，又按设计的特定功能和专用性质生产和销售的化学品，商品性很强，同时用户对产品的选择很严格，而且同类产品的市场竞争十分激烈。值得注意的是占精细化工产品份额很大的专用化学品多数是复配型的加工产品，其配方和加工技术都成为生产厂商拥有的非公开性的技术机密。目前，市场上流通的专用化学品为保护其知识产权，仅有部分产品进行专利登记，在转让专利许可证的技术贸易中，其软件所占比重远比通用化工产品高。名牌产品和新开发的产品，在回收全部投资和获取巨额利润前，从不出让其专利许可证。另一部分则不申请专利，而是作为技术秘密，由开发单位内部控制和独占。如美国的可口可乐公司，其分装销售网遍及世界，而原液的配方仅为少数几个人所掌握，从不扩散。技术的垄断构成了市场的排他性。

2. 重视市场，适应市场需求

市场经济中，商品的供给与需求，商品的交换都是通过市场实现的。精细化工产品是根据其性能及使用效果销售的商品，其主要的销售方式是推销，因此精细化工产品的生产很大程度上从属于市场，要对已经生产产品或拟开发产品做深入的近期以至中长期的市场分析和预测。市场调查的主要内容包括发现和寻求市场需要的新产品；开发新产品和现有产品的新用途；对现有及潜在市场的规模、价格、价格需求弹性做出符合实际的估计；预测市场的增长率；调查用户的意见和竞争对手的动态；综合分析市场状况，提出改进生产和开发的建议；对市场销售策略进行调整等。

3. 重视应用技术和技术服务

精细化学品商品繁多，已由通用型向专用型发展，商品性强，用户对商品选择性很高，市场竞争非常激烈。因而应用技术和技术服务是组织精细化工生产的两个重要环节。各生产单位非常重视应用研究，如瑞士的汽巴-加基（Giba-Geigy）公司从事塑料助剂合成研究的25人，而做应用研究工作的为67人。应用研究主要有四个方面的任务：①进行加工技术的研究，提出最佳配方和工艺条件，开拓应用领域；②进行技术服务，指导用户正确使用，并把使用过程中发生的问题反馈回来，不断进行改进；③培训用户人员掌握加工应用技术；④编制各种应用技术资料，这样，生产单位就能根据用户需要，不断开发新产品，开拓应用新领域，产品也更趋专用化，真正做到"量体裁衣"。

为此，精细化工的生产单位应在技术开发的同时，积极开发应用技术和开展技术服务工作，不断开拓市场，提高市场信誉；还要十分注意及时把市场信息反馈到生产计划中去，从而提高企业的经济效益。国外所有精细化工产品的生产企业极其重视技术开发和应用技术、技术服务这些环节间的协调，反映在技术人员配备比例上，技术开发、生产经营管理（不包括工人）和产品销售（包括技术服务）大致为2：1：3。这一点很值得我们借鉴。

三、精细化工产品的经济特性

经验指明，搞经济建设，发展社会生产力，一要靠科学技术的进步，二要注意提高经济效益，两者是保证国民经济以较高速度持续发展的决定因素。这就对从事精细化工技术人员提出了新的更高的要求，要求我们处理问题时，不仅技术上先进、合理，还要从资源、市场、成本、利润等经济方面加以考虑，努力使自己成为既懂技术、又懂经济，既有科学思维，又有经济头脑，能对技术方案中与经济有关的各种因素进行综合分析、判断和决策的新型工程技术人才。生产精细化工产品可以获得较高的经济效益已为实践所证明。概括起来，可以从下面3个方面的实例加以阐明。

1. 投资效率高

投资效率主要针对固定资产而言。精细化工产品一般产量较少，装置规模也较小，大多数是采用间歇生产方式，其通用性强，与连续化生产的大型装置相比较，具有投资少、见效快的特点，也就是说投资效率高。投资效率(%)=(附加价值/固定资产)×100%。

2. 附加价值高

产值是以货币计算和表示产品数量的指标。一种产品的产值是其年产量与产品单价的乘积，即产值=单价×年产量。附加价值增值是指在产品的产值中扣去原材料费、税金、设备和厂房的折旧费后，剩余部分的价值。这部分价值是指当产品从原材料开始经加工至产品的过程中新增加的价值，它包括利润、工人劳动、动力消耗以及技术开发等费用，所以称为附加价值。附加价值高可以反映出产品加工中所需的劳动、技术利用情况以及利润是否高等。精细化工产品的附加价值与销售额的比率在化学工业的各大部门中是最高的，而从整个精细化工工业的一些部门来看，附加价值最高的是医药。

3. 利润率高

企业生产成果补偿生产耗费以后的盈余，即产品销售收入扣除生产成本以后的余额，就是利润。利润是企业职工为社会创造的新增价值，是实际用于满足社会需要的收入，故又称纯收入。在市场经济中，任何一个厂商，总是追求利润的最大化。据有关资料介绍，精细化工产品的利润率高于20%。

四、精细化工产品的研究与开发特性

精细化工产品的研究包含两个层次：一是为科学技术的进步而进行的基础研究；二是为发现产品或寻找工艺过程的工程技术或商业目的应用研究。开发是将研究成果应用于产品的生产，其目的是证实研究成果经济上的可能性或所需要的工程技术。

1. 研究与开发难度大

可持续发展战略是全球经济发展的热点，化学工业在可持续发展战略中肩负着重要的责任。化学工业不仅是能源消耗大、废弃物量大的产业部门，也是技术创新快、发展潜力大的产业。因此，世界各国精细化学工业的发展都将可持续发展作为主题，并且特别重视环保和安全技术，逐渐从"末端处理"转变为"生产全过程控制"。随着科学技术的发展和人民生活水平的提高，许多国家对化学物质的安全性要求越来越高，对精细化工产品新品种登记注册的审查日趋严格。因此，要研究开发比现有品种应用性能更好，更有商业竞争力的新品种的难度加大，研究开发的时间加长，费用增高，而研究成功率则下降。

研究开发是指从制定具体研究目标开始直到技术成熟进行投产前的一段过程。在确定开发目标后，通常需要经过大量合成筛选，从数千个甚至上万个不同结构的化合物中寻找出适合于预定目标的新品种来。这种方法尽管不合理，却仍为各国化学家们采用。其原因在于目前对千变万化的应用性能要求还缺乏完整的结构与性能关系的理论指导。按目前统计，开发一种新药约需10~12年，耗资达2.31亿美元。如果按化学工业的各个部门统计，医药上的研究开发投资最高，可达年销售额的14%；对一般精细化工产品来说，研究开发投资占年销售的6%~7%则是正常现象。而精细化工产品的开发成功率都很低，如在染料的专利开发中，经常成功率在0.1%~0.2%。

2. 技术密集度高

精细化工产品的产量小、品种多，产品的更新换代快，市场寿命短，技术专利性强，市场竞争激烈。精细化工是综合性较强的技术密集性工业。要生产一个优质的精细化工产品，除了化学合成之外，还必须考虑如何使其商品化，这就要求多门学科知识的互相配合及综合运用。就化学合成而言，由于步骤多、工序长，影响质量及收率的因素很多，而且每一个生产步骤都要涉及生产控制和质量鉴定。因此，要想获得高质量、高收率且性能稳定的产品，就需要掌握先进的技术和进行科学管理。另外，同类精细化工产品之间的相互竞争是十分激烈的。为了提高自身的竞争能力，必须坚持不懈地开展科学研究，注意采用新技术、新工艺和新设备，及时掌握国内外情报，搞好信息储备。

因此，一个精细化学品的研究开发，要从市场调查、产品合成、应用研究、市场开发、技术服务等各方面进行综合考虑和实施，就需要解决一系列的技术问题，渗透着多方面的技术、知识、经验和手段。按目前统计，精细化工产品技术开发成功率低、时间长、费用大，不言而喻，其结果必然导致技术垄断性强，销售利润高。

就技术密集度而言，化学工业是高技术密集指数工业，精细化工又是化学工业中的高技术密集指数工业。技术密集还表现为情报密集、信息快。由于精细化工产品是根据具体应用对象而设计的，它们的要求经常会发生变化，一旦有新的要求提出来，就必须立即按照新要求来重新设计化合物结构，或对原有的结构进行改造，其结果就会推出新产品。另外，大量的基础研究产生的新化学品也需要寻求新的用途。为此，有些大化学公司已经开始采用新型计算机信息处理技术对国际化学界研制的各种新化合物进行储存、分类以及功能检索，以便达到快速设计和筛选的要求。技术密集这一特点还反映在精细化工产品的生产中技术保密性强，专利垄断性强。这是世界上各个精细化工公司的共同特点。他们通过自己的技术开发部拥有的技术进行生产，并以此为手段在国内及国际市场上进行激烈竞争。因此，一个具体品种的市场寿命往往很短。例如，新药的市场寿命通常仅有 3～4 年。在这种激烈竞争而又不断改进的形势下，专利权的保护是非常重要的。我国已实行了专利法，对精细化工产品的研究开发、生产和销售无疑会起到十分重要的作用。

3. 质量标准高

精细化工产品的质量要求很高，对不同种类精细化工产品和在不同领域的应用，表现为不同的质量标准。首先是纯度要求高，如信息用化学品的高纯物其含量在 99.99％～99.9999％。其次是要求性能稳定和寿命长。另外是功能性要求高，这是评价精细化工产品质量的重要标志之一。如医药、农药、香料的生物活性；染料、颜料、压敏色素、荧光增白剂、紫外线吸收剂、感光色素、指示剂、激光色素等的光学性能。

第三节　发展精细化工的战略意义

一、精细化工在国民经济发展中的重要作用

精细化工与工农业、国防、人民生活和尖端科学技术都有着极为密切的关系。农业是国民经济的命脉，无公害农药、高效兽药、饲料添加剂、微量元素肥料等精细化工产品在农、林、牧、渔业的发展中起着重要作用。精细化工工业与人民生活休戚相关。首先，精细化学工业生产的表面活性剂，大量用于家用洗涤剂、纺织印染行业、发酵酿造和食品工业；其次，与人民生活密切相关的精细化工产品还有医药、水处理剂、香料和香精、化妆品、涂料、食品添加剂和保鲜剂、感光材料等。此外，制革工业所用的鞣剂、加脂剂、涂饰剂等；造纸工业需要的增白剂、补强剂、防水剂等，印染工业用的各类染料及其助剂，如匀染剂、柔软剂、阻燃剂、硬挺整理剂、防水吸湿整理剂等都为精细化工产品。

火药、炸药工业是巩固国防和发展国民经济的重要工业部门之一，其生产工艺及设备与染料工业、制药工业等类似，应属于精细化工。另外，军用半导体红外器件，头盔瞄准器和中距离武器瞄准器，用于战略导弹飞行试验的摄像系统，以及轻武器的激光瞄准器，用于地-空导弹、空-空导弹、地-地导弹等多种类型导弹的激光制导跟踪系统的激光探测器等均与精细化工中的信息材料有着密切关系。

高科技领域一般是指当代科学、技术和工程的前沿，而精细化工是当代高科技领域中不可缺少的重要组成部分。我国"863 计划"确定的 7 个高技术领域是新材料技术、能源技术、信息技术、激光技术、航天技术、生物技术、自动化技术。这些高技术与精细化工都有着密切的相互促进发展的关系。现代信息技术是以微电子学和光电子学为基础，以计算机与通信技术为核心，对各种信息进行收集、存储、处理、传递和显示的高技术群。用于信息的收集、存储、处理、传递和显示的材料称为信息材料。信息材料具体是指微电子芯片技术材

料、半导体激光器材料、信息传感材料、信息存储材料（信息记录材料）、信息显示材料、信息处理材料，它们均为信息用精细化学品。

精细化工与能源技术关系十分密切，当金属氢化物分解时，从外界吸收热量起储热作用，同时释放出氢可供给氢气用户，当氢气和金属结合成金属氢化物时，起储氢作用，同时向外界释放热量，供给热量用户。例如，要储存 70℃ 以下的低温热量，可选用 $MgNi_5\text{-}H_6$，其储热转换效率为 60%，要储存 $200 \sim 400$℃ 热量，可选用 $Mg\text{-}H_2$，其储热转换效率为 80%～90%；要储存 900℃ 的热量，可选用 $La\text{-}H_2$。航天和新材料技术的开发更离不开精细化工产品。运载火箭、人造卫星、宇宙飞船、航天飞机、太空站等，大量采用耐超高温、低温的蜂窝结构、泡沫塑料、高强高模的复合材料、密封材料等，这些材料的制备和连接都离不开耐高低温、抗离子辐射、高真空下不挥发的高性能黏合剂。另一方面，自动化技术、生物技术、激光技术等有关的工业改革，需要精细化学工业提供具有特殊光学、电学、磁学特性以及适用生物体的新型材料。

二、发展精细化工的战略意义

工业发达国家经过 20 世纪 70 年代两次石油危机，由于原料价格猛涨，致使经济受到很大的冲击。这促使其大型石油化工企业采用高新技术，在节能、技改、降低成本的同时，调整产品结构，向下游深度加工，向产品精细化、功能化、综合生产的方向发展，走高附加值的生产路线，来发展精细化工产品。近几年来石油化工发展的一个最大特点是产品结构精细化，其发展趋势是化学工业内部行业结构、产品结构逐渐向高技术化、精细化、专用化方向发展，结构调整趋于优化。

精细化工是现代化学工业的重要组成部分，是发展高新技术的重要基础，也是衡量一个国家的科学技术发展和综合实力的重要标志之一。因此，世界各国都把精细化工作为化学工业发展的战略重点之一。

可以用下面的比率表示化工产品的精细率：

精细化工产值率（精细化工率）＝精细化工产品的总值/化工产品的总值×100%

发展精细化工产品已成为发达国家生产经营发展的战略重心。美国精细化工产值率已由 20 世纪 70 年代的 40% 上升为现在的 60%，德国由 38.4% 上升为 65%，日本为 60% 左右。

近 20 年来，我国的精细化工发展较快，基本上形成了结构布局合理、门类比较齐全、规模不断发展的精细化工体系。精细化工产品品种近 3 万种，不仅传统的染料、农药、涂料等精细化工产品在国际上具有一定的影响，而且食品添加剂、饲料添加剂、胶黏剂、表面活性剂、信息用化学品、油田化学品等新兴领域的精细化学品也较大程度地满足了国民经济建设和社会发展的需要。但是，我国精细化工产值率还比较小，只有 45% 左右，致使石化工业和各项工业中所需的高档精细化学品有相当数量需要进口，每年需消耗数十亿美元的外汇。由于我国的精细化工还不发达，又严重地影响我们的出口和创汇。我们许多产品由于精加工不够，在国际市场上无竞争力，这不能不引起重视。

近几年来，我国在精细化工产品的开发、生产和应用上也取得了可喜的成就，教育、科研和生产管理的技术队伍正在迅速成长。因而，这些只能看做是今后发展的一个起点。20世纪 80 年代以来，各国在高科技领域的发展上竞争激烈，因此我们必须有紧迫感和危机感，必须大力加快精细化工的发展，争取高技术的优势，使我国精细化工在世界新科技发展中占有重要的地位。这对我国国民经济的发展，提高科学技术水平，增强产品的国际竞争力，提高社会和经济效益都具有重要的现实意义和深远的战略意义。

第四节　精细化工发展的重点

为了加快我国绿色精细化工的发展，应该以四个方面为重点。

一、走发展绿色精细化工的道路

随着全球矿产资源的日渐枯竭和生态环境的日益恶化，人们对化学工业发展的历程正在进行深刻的反思，导致绿色化学及其带来的产业革命在全世界迅速崛起。绿色化学吸收了当代化学、物理、生物、材料、信息等科学的最新理论和技术，是具有明确的社会需求和科学目标的新兴交叉学科。绿色化学（green chemistry）又称为环境友好化学（environmental friendly chemistry）或可持续发展的化学（sustainable chemistry），是运用化学原理和新化工技术来减少或消除化学产品的设计、生产和应用中有害物质的使用与产生，使所研究开发的化学产品和过程更加环境友好。从科学的观点看，绿色化学是化学和化工科学基础内容的更新，是基于环境友好约束下化学和化工的融合和拓展；从环境观点看，它是从源头上消除污染；从经济观点看，它要求合理地利用资源和能源、降低生产成本，符合经济可持续发展的要求。正因为如此，科学家们认为，"绿色化学"是 21 世纪科学发展最重要的领域之一，是实现污染预防的基本和重要科学手段。绿色化学利用可持续发展的方法，把降低维持人类生活水平及科技进步所需的化学产品与过程所使用与产生的有害物质作为努力的目标，因而与此相关的化学化工活动均属于绿色化学的范畴。

绿色化学是 20 世纪 90 年代出现的具有明确的社会需求和科学目标的新兴交叉学科，成为当今国际化学化工研究的前沿领域，是实现经济和社会可持续发展的新科学和新技术，已成为世界各国政府、科技界和企业最关注的热点。

绿色化学研究的目标就是运用化学原理和新化工技术，以"原子经济性"为基本原则，从源头上减少或消除化学工业对环境的污染，从根本上实现化学工业的"绿色化"，走资源-环保-经济-社会协调发展的道路。我国由于人口基数大，资源相对短缺，而生态环境又比较脆弱，加之精细化工生产过程复杂，对生态环境造成的影响最为严重，因此，发展绿色精细化工具有重要的战略意义，是时代发展的要求，也是我国化学工业可持续发展的必然选择。

二、掌握先进的科学知识，优先发展关键技术

国外实践证明，当今发展精细化工一要建立在石油化工的基础上，二要掌握先进的科学技术，开发新品种，形成产品化成套技术。采取"结合国情，突出重点，择优发展，讲究效益"的发展战略，对于推动精细化工行业技术进步有着重要作用的关键技术要优先发展。

一个理想的化工过程应该在全生命周期都是环境友好的过程，这里包括原料的绿色化、化学反应和合成技术的绿色化、工程技术的绿色化以及产品的绿色化等。为此，需要合成化学家、化学工程师以及化工生产者的通力合作，加强绿色化学工艺和绿色反应工程技术的联合开发，例如产品的绿色设计、计算机过程模拟、系统分析、合成优化与控制，实现高选择性、高效、高新技术的优化集成，以及设备的高效多功能化和微型化。

1. 绿色合成技术

精细化工品种多，更新换代快，合成工艺精细，技术密集度高，专一性强。加快发展绿色精细化工，必须优先发展绿色合成技术。

（1）电化学合成技术　电化学合成技术是在电化学反应器（习惯称为电解池或电解槽）内进行以电子转移为主的合成有机化合物的清洁生产技术。有机电化学合成相对于传统有机合成具有显著的优点：电化学反应是通过反应物在电极上得失电子实现的，因此，有机电化学合成反应无需有毒或危险的氧化剂和还原剂，电子就是清洁的反应试剂。在反应体系中，除了反应物和生成物外，通常不含其他反应试剂，减少了副反应的发生，简化了分离过程，产物容易分离和精制，产品纯度高，减少了环境污染。电化学合成技术是绿色化学技术的重要组成部分，发展有机电化学合成是实现绿色化学合成工业尤其是精细化工绿色化的重要目标。

（2）超临界流体技术　近些年来，超临界流体技术尤其是超临界二氧化碳流体技术发展很快，如超临界二氧化碳萃取在提取生理活性物质方面具有广阔的发展前景；超临界二氧化

碳作为环境友好的反应介质,可以实现通常难以进行的化学反应;超临界流体技术在薄膜材料和纳米材料等制备上崭露头角,提供了一个全新的制备方法。因此,超临界流体技术作为一种绿色化学化工技术在精细化学工业、医药工业、食品工业以及高分子材料制备等领域具有广泛的应用。

(3)微波合成技术 微波合成技术具有大大降低聚合反应的时间和能耗,提高聚合反应速率、收率和选择性的特性,将在高分子的绿色化学合成方面发挥重要作用。微波合成技术可以较好地解决高分子合成中因高分子及其混合物黏度较大致使导热能力差,从而影响产率及产品质量的问题。随着对微波合成技术研究的不断深入与微波发生器本身的不断发展,微波合成技术在高分子本体聚合、溶液聚合、乳液聚合和功能高分子材料聚合领域的应用必然会显示出勃勃生机。

2. 绿色催化技术

60%以上的化学品,90%的化学合成工艺均与催化有着密切的联系,具有优势的催化技术可成为当代精细化学工业发展的强劲推动力。催化剂是化学工艺的基础,是使许多化学反应实现工业应用的关键。催化包括化学催化和生物催化,它不仅可以极大地提高化学反应的选择性和目标产物的产率,而且从根本上抑制副反应的发生,减少或消除副产物的生成,最大限度地利用各种资源,保护生态环境,这正是绿色化学所追求的目标。

(1)相转移催化技术 相转移催化(phase transfer catalysis,PTC)是指由于相转移催化剂的作用使分别处于互不相溶的两相体系中的反应物发生化学反应或加快其反应速率的一种有机合成方法。相转移催化具有一系列显著的特点:反应条件温和,能耗较低,能实现一般条件下不能进行的化学合成反应;反应速率较大,反应选择性好,副反应较少,能提高目标产物的产率;所用溶剂价格较便宜,易于回收。这些正是绿色化学追求的目标,提高反应的选择性,抑制副反应,减少有毒溶剂的使用,减少废弃物的排放。因此,相转移催化作为一种绿色催化技术大量用于精细化学品的合成。

(2)酶催化技术 酶是存在于生物体内且具有催化功能的特殊蛋白质,通常所讲的生物催化主要指酶催化。生物催化因其具有催化活性高,反应条件温和,能耗少,无污染等优点,已成为绿色化学化工的关键技术之一。

(3)不对称催化技术 手性化合物在医药工业、农用化学品、香料、光电材料、手性高分子材料等领域得到了广泛的应用。不对称催化合成很容易实现手性增值,一个高效率的催化剂分子可产生上百万个光学活性产物分子,达到甚至超过了酶催化水平。通过不对称催化合成不仅能为医药、农用化学品、香料、光电材料等精细化工提供所需的关键中间体,而且可以提供环境友好的绿色合成方法。

3. 新型分离技术

分离是化工生产过程中重要关键技术,是获得高纯度化工产品的重要手段。开发工业规模的组分分离,特别是不稳定化合物及功能性物质的高效精密分离技术的研究,对精细化工产品的开发与生产至关重要。积极开展精细蒸馏技术在香精行业的应用;开展无机膜分离技术在超强气体、饮用水、制药、石油化工等领域的应用开发;重点开发超临界萃取分离技术,研究用超临界萃取分离技术制取出口创汇率极高的天然植物提取物,如天然色素、天然香油、中草药有效成分等;着重发展高效结晶技术和变压吸附技术等。

4. 增效复配技术

发达国家化工产品数量与商品数量之比为1:20,我国目前仅为1:1.5,不仅品种数量少,而且质量差。关键的原因之一是复配增效技术落后。由于应用对象的特殊性,很难采用单一的化合物来满足用户的要求,于是配方以及复配技术的研究就成为产品好坏的决定性因素,因而加强增效复配的应用基础研究及应用技术研究是当务之急。

5. 精细加工技术

精细加工是化学工业,特别是精细化工行业的共性关键技术。我国现有精细化工产品多数品种牌号单一,产品质量差,配套性差。高、精、尖和专用品种少,导致此现状的主要原因是精细加工技术水平较低。近期应重点发展超真空技术、定向合成技术、表面处理和改性技术、插层化学技术、超细微体技术、纳米技术、造粒技术、超细合成技术、超化物质的加工与纯化技术等。

6．新型节能技术和环保技术

化学工业发展迅速，在繁荣经济、提高人民生活水平的同时，也给环境带来了污染，并造成资源的削减。随着资源和能源的大量消耗，环境污染日趋严重。节约资源、保护环境、维护生态平衡是在经济发展，同时必须考虑的战略任务。

实施节能技术和环保技术是提高精细化学工业整体竞争力和可持续发展的重要措施。近期在大力开发和推广清洁生产工艺的同时，重点发展用于废水处理的膜技术、生化技术、吸附技术、萃取技术；烟气脱 S、脱 NO_x 及挥发性有机化合物（VOC）处理新工艺。在节能方面重点开发和推广高效燃烧技术、冷凝水回收技术、高效蒸发和喷雾干燥技术、热管技术、热泵技术等。

7．电子信息技术

用现代电子技术、计算机技术、传感技术和自动控制技术改造精细化学工业，是促进精细化学工业技术进步，提高行业整体竞争力的有效途径。近期重点发展计算机在线控制、故障诊断、仿真、集成制造、分子设计及企业资源计划管理和电子商务等方面的应用。

三、以技术开发为基础，创制新的精细化工产品

利用新的科学成果进行技术开发，创造新型结构的功能性化学物质，经过应用和市场开发使之成为商品，推向市场。也可以利用已有化学结构的产品，采用化学改性、新的加工技术等多种方法改进其性能，开发生产新产品、新牌号。尚需进一步开发的精细化工产品新领域有：功能高分子材料、复合材料、新能源、信息材料、纳米材料、建筑用化学品、汽车用化学品、办公设备用化学品、生命科学及生物工程等。

四、加快高素质的精细化工专业技术人才的培养

科技是实现社会主义现代化的关键，教育是基础，人才是根本。加快高素质的专业人才的培养，是大力发展绿色精细化工，实现化学工业战略转移的极其重要的任务。从工业特点比较，精细化学工业具有高技术、多品种、小批量、更新快等特点，从产品特点比较，与一般的基本化工产品不同，精细化工产品自身主要是一种多学科交叉的化学品。由于具有较强的商品性，受市场需求的直接制约。因此，作为一项产品，不仅需要不断地进行技术开发，同时还应努力于产品的应用和市场开发。应用开发的跨度越大，产品的生命力和竞争力也就越强。由上述可知，精细化学工业的专业技术人才必须具有下列素质：专业基础理论扎实、专业知识面宽，理论联系实际的能力强，动手操作的实践能力强，勇于探索、不断充实和提高、创新能力强；思维敏捷、适应市场变化、随机应变能力强。努力使其成为既懂技术、又懂经济，既有科学思维，又有经济头脑，并能对技术方案中与经济有关的各种因素进行综合分析、判断和决策的新型高级应用型人才。

▶▶▶ 习题

1．哪些化工产品可以称为精细化工产品？

2．我国精细化工产品分为哪几类？各类具体指的是什么？

3．精细化工产品的研究与开发特性是什么？

4．精细化工产品的生产特性是什么？

5．为什么说在精细化工生产中配方通常是技术关键，也是专利保护的对象？

6．精细化工产品的商业特性是什么？

7. 精细化工产品的经济特性是什么？
8. 发展精细化工的战略意义是什么？
9. 精细化工应优先发展哪些关键技术？
10. 为什么说精细化工产品的开发成功率都很低？
11. 为了加快我国绿色精细化工的发展，应该以哪四个方面为重点？
12. 简述绿色合成技术。
13. 简述绿色催化技术。
14. 简述新型节能技术和环保技术。

第二章 无机精细化学品与材料

第一节 概 述

无机精细化工是精细化工当中的无机部分，在整个精细化工大家族中，相对而言起步较晚、产品较少。然而，近年来崛起的趋势越来越明显，无论是门类还是品种都在以较快的速度在增长，并且对其他部门或化工本身的科技发展起着推波助澜或不可替代的作用。

一、无机精细化工的分类与研究范畴

多少年来，尽管工农业、医药和日常生活中都要消耗大量的多种无机盐，但无机盐工业一直主要是作为基础原料工业的面貌而生存和发展。由于精细化工的兴起，才使无机盐工业的面貌逐步改变过去单纯原料性质转变成为原料-材料工业。特别是随着无机功能材料品种日益增多，以及对国民经济各部门的作用越来越大，从而引起人们的普遍重视。无机精细化工产品按产品的功能进行分类分为无机精细化学品和无机精细材料两大类。

从化学结构来看，无机精细化学品除单质外，可以分为如下类别，包括无机过氧化物、碱土金属化合物、硼族化合物、氮族化合物、硫族化合物、卤族化合物、过渡金属化合物、锌族化合物以及金属氢化物等。许多无机精细化学品在近代科技领域中获得广泛的应用。由这些物质出发进一步制造的许多精细无机产品已成为当代科技领域中不可缺少的材料。在本章中将选择重要和有代表性的化合物，对其合成工艺、性质和用途作概要介绍。

从应用说，无机精细材料已被开发应用作为：高性能结构材料（精细陶瓷）、纤维材料、能源功能材料、阻燃材料、微孔材料、超细粉体材料、电子信息材料、涂料和颜料、水处理材料、试剂和高纯物等。无机精细材料是近年科技发展中展现的一个新领域，从应用角度而言，可以概括为工程材料（即结构材料）和功能材料两大类。由此可见，无机精细化工材料的开发，标志着一个国家科学技术和经济发展的水平。本章着重讨论结构材料中的精细陶瓷和功能材料中的纤维材料、阻燃材料，并对其合成工艺、性质及应用作简要介绍，其余精细无机材料将在以后相关章节中讨论。

二、无机精细化工在发展国民经济中的作用

无机精细化工是国民经济的重要组成部分，各个工业部门广泛使用无机精细化工产品，由于各部门的技术水平不断提高，对无机精细化工的品种要求愈来愈多，质量要求也愈来愈高。据统计，中国无机精细化工在国民经济各行业中所起的作用是相当可观的。例如：用于医药工业的有 100 多种，可以直接用于制成片剂和针剂，有些用作消毒剂、杀菌剂及造影剂，并大量用做西药配方成分；用于纺织印染工业的有 100 多种，广泛应用于合成纤维制造的多种催化剂，印染工业用的多种漂白剂、染料的助溶剂以及脱浆剂、媒染剂、助染剂、拔染剂、防染剂等。用于日用品工业的更是远远超过 100 种，有的用于合成洗涤剂的主要成分；有的用于食品的添加剂、保鲜剂、杀菌剂；有的用于自来水的消毒剂、沉淀剂；有的用于家庭使用的脱臭剂、清洗剂等；用于电子工业，仅一台彩色电视机就需要七八十种；用于造纸工业的也有七八十种；……。随着中国市场经济的蓬勃发展和人民生活水平的日益提

高，可以预料将来一定还会需要更多的无机精细化工产品。

无机精细化工在当今世界新技术革命浪潮中，是信息科学、生命科学和材料科学三大前沿科学发展的物质基础。无机精细化工产品中的无机新材料一般具有高硬、高强、轻质、不燃、耐候、耐高温、耐腐蚀、耐摩擦、抗氧化以及一系列特殊的光、电、声、热等独特功能，从而成为微电子、激光、遥感、航空航天、新能源、新材料以及海洋工程和生物工程等高新技术得以迅速发展的前提和物质保证，也是当今新技术革命竞争的热点内容。

无机精细化工对国防建设和空间技术的发展起着特别重要的作用。许多无机新材料已广泛应用于飞机、火箭、导弹、卫星、核武器等的制造，并用于侦察、通信、制导、隐身、防御系统等部门。其水平的高低直接关系到国家安全及其在世界上的地位。

开发无机精细化工产品，可以降低能源消耗和节省资源。开发无机精细化工产品，可使原来的初加工产品变为深加工产品，不仅可以显著提高经济效益，而且可以提高产品在市场上的竞争力。

无机精细化工是精细化工中的重要组成部分，其注意力不在于合成更多的新化合物，而是利用众多的、特殊的、精细的工艺技术，或对现有的无机物质在极端条件下进行再加工，从而改变物质的微结构，呈现新的功能，满足高新技术的需求。无机精细化工不仅已经为中国高科技的代表"两弹一星"的成功崛起提供了上千种的化工材料，而且将为信息科学、生命科学和材料科学三大前沿科学走向世界前列提供更多的、各种各样的新型功能材料，为人们的工作和生活现代化提供各种崭新的用品。

三、无机精细化工的发展趋势

① 立足于丰富资源，积极发展系列化、多规格、多性能、高质量的产品。中国有丰富的硅、钙、钡、锰、锑、锡、钼、钨等矿藏，多年来出口矿砂和初加工产品，这是极不合理的。今后应积极开展这方面的精细化工产品的研究，使其向精细化、专业化程度发展。

② 注意发展与信息科学、生命科学和材料科学有关的无机精细化工产品。

③ 注意开发新的工艺技术，大力挖掘无机物潜在的特殊功能。为了挖掘这些特殊功能，开发出许多相应的特殊的工艺技术，包括超细化、纤维化、单晶化、非晶化、薄膜化、多孔化、形状化、高密度化、高聚合化、高纯化、表面改性化、非化学计量化及化合物的复合化等。

④ 面对现状，积极研制当前急需的产品，为深入发展无机精细化工打好基础。近期应该重视开发如下产品：精细陶瓷原粉的新产品，导电陶瓷 $ZnO-Bi_2O_3$、透光陶瓷氧化铝、多孔材料 $CaO \cdot nSiO_2$、硬质材料碳化钛等；半导体材料，如砷化镓、磷化镓、碳化硅，半导体用高纯气体磷烷、乙硼烷等；其他磁性材料，如二氧化铬、氧化铁；无机纤维材料，如氧化铝、二氧化硅；无机功能材料，如反渗透用水合二氧化锆膜、沸石型无机离子交换剂；食品和饲料添加剂用脱氟磷酸盐；阻燃剂，如水合氧化铝、氢氧化镁、透明液态三氧化镁、胶体五氧化锑、氟硼铵等。

为了满足高纯物质、功能材料等产品的研究和生产需要，还需开发各种产品的水热合成法、醇盐水解法及超细粉体材料的研究。

第二节　精细化工艺技术

一、单晶化工艺技术

多数的无机化合物以固体状态形式存在或使用。固体状态有单晶态、多晶态和非晶态，也有相互组合成复合态。单晶体是整个固体中的原子规则有序排列的结构；非晶体是短程有序而宏观无序的周期性结构；多晶体是许多微小单晶的聚合体，即由许多取向不同的晶粒组成。通常情况下一般固体都以多晶态形式存在，如所有的金属和陶瓷，仅玻璃属于非晶态。

晶体的热学、电学、声学、光学、磁学及力学等性质都与晶体内部原子排列的特点紧密相关。如果能利用某种工艺技术，将寻常多晶态物质制成具有一定使用尺寸的单晶体或非晶体，都可赋予原物质新的特性和功能，变成新型功能材料，使其具有更多更大的应用价值。

目前应用的单晶化工艺主要有焰熔法、引上法（又称提拉法）、导模法和梯度法四种。

焰熔法具有设备简单、晶体生长速度快等优点，是目前生长高熔点单晶体时常选用的工艺。焰熔法大体过程是料斗中装着高纯无机化合物细粉，小锤周期性地敲打料斗，使粉料下落进入氢气、氧气混合燃烧的2000℃以上的高温区，使粉料熔化成小液滴，掸落在支座上，支座缓慢向下移动，随着时间的推移，单晶体就逐渐生长起来。激光工作物质用的红宝石单晶体就是高纯度掺铬氧化铝细粉利用焰熔法制得的。

引上法简单过程是用钼片或铂做成的坩埚中装入高纯原料，用电阻（或高频）加热使原料熔化，然后把籽晶浸入熔体中，再缓慢地把籽晶向上提，从籽晶开始单晶体就会逐渐长大。为了得到良好的单晶体，需要有合适的始终稳定的炉温温场分布、合适的籽晶提拉速度和旋转速度等条件。

采用导模法的生长技术，可以直接制得片状单晶体，可避免单晶体材料在切割、研磨等过程中的大量浪费。用导模法生产片状单晶是将原料放入钼坩埚中，在电炉中加热。为了防止钼在高温下的氧化，炉中通入如氩气等保护性气体。生长过程是把原料熔融，在熔体中插入一个中间开槽的导模，通过它就可以拉出片状单晶体。应用这种方法可以生长出集成电路衬底材料片状蓝宝石单晶体，生产出太阳能电池用的片状硅单晶体。对于尺寸大而且厚的单晶体，导模法不适用，而是采用更新的梯度法生长单晶技术。

梯度法是将装有原料的钼坩埚放在钨热交换器上，在热交换器里通氦气，坩埚底部正中央部位放一块籽晶，坩埚和热交换器都放在真空石墨加热炉中。当原料熔化后，通过缓慢降低炉温和控制氦气的流量，就能在籽晶上长成大块的单晶体。使用梯度法生产单晶体技术，可以得到直径达30cm、厚度12cm质量很好的蓝宝石单晶体。

二、非晶化工艺技术

相对晶态，非晶态是物质的另一种结构状态。非晶态材料是由晶态材料转变来的。非晶态材料与晶态材料相比有两个最基本的区别，即非晶态材料中原子排列不具有周期性和非晶态材料属于热力学的亚稳态。非晶态材料的别名有：无定形材料、无序材料、玻璃态材料等。

目前，非晶态材料包括非晶态金属及合金、非晶态半导体、非晶态电介质、非晶态离子导体、非晶态高聚合物以及传统的氧化物玻璃。由于它们比同类晶态材料具有更优异的物理和化学性能，因此已成为现代材料科学中广泛研究的十分重要的新领域，也是一类发展迅速的重要的新型材料。

非晶态合金是在研究晶态合金快速淬火处理的过程中意外发现的。由于这一发现从根本上解决了晶态与非晶态之间的转变难题，所以大大促进了对非晶态金属及合金的研究和应用。由于非晶态合金处于非晶状态，因此具有通常晶态金属材料所没有的新的材料特性。例如：高坚韧性、高耐腐蚀性、低磁致伸缩、低磁致损耗、高电阻、超电导性、高催化性能、吸附氢气、耐放射性等。目前，非晶态金属已逐渐应用于工业的各个领域，而且其应用前景仍然非常广阔。

要使材料非晶化，首先要考虑材料各组元的化学本性及各组元的含量，大多数纯金属无法非晶化。非晶态合金的制备，最主要的条件是要有足够快的冷却速度，冷却到材料的再结晶温度以下。目前，制造非晶态合金的方法大体上分为液相急冷法、气相冷凝法和镀层法三类。液相急冷法可以制造薄片、薄带、细线、粉末等多种形式，而且可以批量生产。因此更受重视。目前在生产中多采用液相单辊急冷法，生产宽度可达100mm以上的薄带，长度可达100m以上。

非晶态半导体材料中目前研究得最多、实用价值最大的是非晶态硅。近年来，发展了许多种气相沉积非晶态硅膜技术，主要有真空蒸发、辉光放电、溅射及化学气相沉积等方法。一般用的原料是单硅烷（SiH_4）、二硅烷（Si_2H_6）、四氟化硅（SiF_4）等，纯度要求很高。非晶态硅膜的结构和性质与制备工艺的关系非常密切，目前认为以辉光放电法制备的非晶硅膜质量最好，设备也不复杂。辉光放电法是利用反应气体在等离子体中分解而在衬底上沉积成薄膜，实际上是借助等离子体进行的化学气相沉积。等离子体是由高频电源在真空系统中产生的。根据在真空室内施加电场的方式，可将辉光放电法分为直流电高频法、微波法及附加磁场的辉光放电。在辉光放电装置中，非晶硅膜的生长过程就是硅烷在等离子体中分解并在衬底上沉积的过程。

三、超细化（纳米）工艺技术

目前所述的超细粉体材料是指粒径在 $0.1 \sim 0.01 \mu m$ 之间的固体颗粒。超细颗粒是介于大块物质和原子或分子间的中间物质状态，是由人工获得的数目较小的原子或分子所组成的，它保持了原有物质的化学性质，而处于亚稳态的原子或分子群，在热力学上是不稳定的。

超细颗粒与一般粉末比较，现今已经发现了一系列奇特的性质，如熔点低、化学活性高、磁性强、热传导好、对电磁波的异常吸收等特性。这些性质的变化主要起因于"表面效应"和"体积效应"。超细颗粒正在催化、低温烧结、复合材料、新功能材料、隧道工程、医药及生物工程等方面得到应用，并取得了显著成果。

目前超细颗粒的制备大体上有两种方法：一是通过机械力将常规粉末进一步超细化；另一是借助于各种化学和物理方法，将新形成的分散状态的原子或分子逐渐生长或凝聚成所希望的超细颗粒。后者是当今超细化技术的主要方法，其最大优点是容易制成超细粉体。具体方法很多，若按原料物质的状态可分为气相法、液相法和固相法。固相法具有简单易行、成本低等优点，但产品粒径较大、粒度及组成存在分布不均、易混入杂质等缺点，达不到对产品质量的要求，因此处于逐渐被淘汰的状态。气相法则相反，产品具有粒径小、粒度和组成均匀、纯度高等优点，但该法设备庞大而且复杂，操作要求较高，成本偏高，因此使经济和技术实力薄弱的工厂望而却步，难以推广。液相法虽在产品质量的某些方面还赶不上气相法，但设备简单、易于操作、成本低，所以成为首选方法。

液相法是目前工业上经常采用的制备超细粉体材料的方法，其主要优点是颗粒的化学组成、形状、大小较易控制，易于均匀添加微量有效成分，在制备过程中还可以利用各种精制手段来提高纯度。特别适用于制备组成均匀、纯度较高的复合氧化物超细粉体材料。液相法可分为化学法和物理法两大类，化学法是应用广泛且实用价值较高的方法。

1. 化学法

化学法借助化学反应，如离子间的反应或水解反应，生成草酸盐、碳酸盐、氢氧化物、水合氧化物等有效成分的沉淀，沉淀颗粒的大小和形状，可由反应条件来控制。然后过滤、洗涤和干燥，有时还经过加热分解等工艺过程，最终得到超细粉体材料。化学法包括许多具体的方法，应用较多的有沉淀法、醇盐法和水热法。

（1）沉淀法 沉淀法是在原料溶液中添加适当的沉淀剂，使原料中的阳离子形成沉淀物。如果原料溶液中有多种成分阳离子，经沉淀反应后，就可得到各种成分均一的混合沉淀物，称共沉淀法。利用共沉淀法可以制备含两种以上金属元素的复合氧化物超细粉。如向 $BaCl_2$ 和 $TiCl_4$ 混合溶液中滴加草酸溶液，能沉淀出 $BaTiO(C_2O_4)_2 \cdot 4H_2O$，经过滤、洗涤和加热分解后可得到具有化学计量组成的、所需晶型的 $BaTiO_3$ 超细粉。共沉淀法目前已广泛用于制备钙钛矿型、尖晶石型、敏感材料、铁氧体以及荧光材料的超细粉。在制备过程中，需要特别重视的是洗涤操作。因为原料溶液中的阴离子和沉淀剂中阳离子即使有少量没有清洗掉，会对产物超细粉今后的烧结等性能产生不良影响。此外，为防止干燥后的粉末聚结成团块，可用乙醇、丙醇、异丙醇或异戊醇等分散剂进行适当的分散处理。

沉淀操作过程，一般是向金属盐溶液中直接滴加沉淀剂，这样势必造成沉淀剂的局部浓度过高，使沉淀中极易夹带其他杂质和粒度不均匀。为了避免这类问题的产生，可在溶液中预先加入某种物质，然后通过控制体系中的易控条件，间接控制化学反应，使之缓慢地生成沉淀剂。只要控制好生成沉淀剂的速度，就可避免浓度不均匀现象，使过饱和度控制在适当的范围内，从而控制颗粒的生长速度，获得粒度均匀、夹带少、纯度高的超细颗粒。这个方法称为均匀沉淀法。尿素是常用的试剂，其水溶液在 70℃ 左右发生如下水解反应：

$$(NH_2)_2CO + 3H_2O \longrightarrow 2NH_4OH + CO_2 \uparrow$$

生成的 NH_4OH 起沉淀剂作用。继续反应，可得到金属氢氧化物或碱式盐沉淀。采用氨基磺酸可制得金属硫酸盐沉淀。

一些金属盐溶液在较高温度下可以发生水解反应，会生成氢氧化物或水合氧化物沉淀，再经加热分解后即可得到氧化物粉末，这种方法称为水解法，已应用于工业生产的如 $NaAlO_2$ 水解可得 $Al(OH)_3$ 沉淀，$TiOSO_4$ 水解可得 $TiO_2 \cdot nH_2O$ 沉淀。加热分解后可分别制得氧化铝和二氧化钛超细颗粒。又如 $ZrOCl_2$ 与 YCl_3 混合溶液经水解、热分解后，可得粒径小于 $0.1\mu m$ 的 Y_2O_3 和 ZrO_2 的固溶体。

（2）醇盐法　醇盐法利用金属醇盐水解制备超细粉体材料。金属醇盐是金属置换醇中羟基中的氢而生成的含 M—O—C 键的有机金属化合物的总称，其通式为 $M(OR)_n$，其中 M 为金属，R 代表烷基或烯丙基。金属醇盐一般具有挥发性，如果需要高纯度则较易精制。金属醇盐容易水解，产生构成醇盐的金属氧化物、氢氧化物或水合物沉淀。水解过程只需加水，不需要添加其他物质，因此生成的沉淀可以保持高纯度。水解后的沉淀物经过滤、洗涤、干燥、脱水（氧化物除外），即可得到高纯度的超细粉。可利用该法生产超细粉的例子很多，典型的例子由金属醇盐合成钛酸钡或钛酸锶。将 $Ba(OC_3H_7)_2$ 和 $Ti(OC_5H_{11})_4$ 以等摩尔进行充分混合，然后进行水解，再经过滤、干燥，即可得到粒径小于 15nm、纯度达到 99.98% 以上的 $BaTiO_3$ 超细粉。该法特别适合于制造组分精确、粒度均匀和纯度高的电子陶瓷粉末材料，但成本较高。

（3）水热法　水热反应是指在水溶液中，或大量水蒸气存在下，高温高压或高温常压条件下，进行的化学反应过程。水热反应用于制备无机材料超细粉及晶体材料，是近十多年来各国科学家高度重视的一种新技术。初步研究认为水热条件——高温高压下可以加速水溶液中的离子反应和促进水解反应，有利于原子、离子的再分配和重结晶，具有很广的实用价值。根据反应的类型，还可以进一步区分为水热氧化、水热沉淀、水热合成、水热分解、水热还原、水热结晶等不同过程。可以用水热法制备的超细粉品种很多，如 ZrO_2、Al_2O_3、TiO_2、γ-Fe_2O_3、CrO_2 等。

2. 物理法

物理法是将溶解度大的盐的水溶液雾化成小液滴，使其中的水分迅速蒸发，而盐形成均匀的球。再将微细的盐粒加热分解，即可制得氧化物超细粉。该方法与沉淀法比较不需要添加沉淀剂，从而避免随沉淀剂带入杂质，但盐类分解时往往会产生大量的有害气体，易造成环境污染。属于这类方法的有喷雾干燥法、喷雾热分解法和冷冻干燥法等。前两种方法工业上应用较多、较普遍，过程简单，易于理解，下面介绍冷冻干燥法。

冷冻干燥法属于低温合成方法，是合成金属氧化物和复合氧化物等超细粉的有效方法之一，是一种新型方法。该法以可溶性盐为原料，配制成一定浓度的水溶液，为了有效地冷冻干燥，一般控制浓度小于 0.1mol/L。然后将该含盐水溶液经过喷嘴喷雾生成粒径在0.1mm左右的小液滴，调节喷嘴前的水溶液压力可控制液滴的大小。喷雾在较低的温度下进行，要保证小液滴能在较短的时间内急速冷冻，在此过程中要注意避免发生冰-盐分离现象。接着迅速在减压真空条件下加热使冰升华，形成无水盐。在此过程中，为了有利干燥的迅速进行，真空度一般应控制在13Pa左右。加热干燥过程还必须严格控制不使冷冻的液滴融化，以保证冰的升华。只有控制合理，才能得到松散的无水盐。最后煅烧热分解，即得氧化物或复合氧化物超细粉。用冷冻干燥法制备的超细粉，一般具有颗粒直径小、粒度分布和组成均匀、不会引入任何杂质从而产品纯度高、比表面积大的优点。但该法与沉淀法比较，生产过程仍相当复杂，可根据具体要求选择采用。

四、表面改性化技术

表面改性是对固体物质的表面通过改性剂的物理、化学作用或某一种工艺过程，改变其原来表面的性能或功能。根据对不同材料表面所需获得的不同的性能或功能，表面改性技术的具体方法已经很多，此处主要针对粉体材料，更侧重于超细粉体材料的表面改性进行介绍。已知超细粉体材料具有巨大的比表面积，有突出的表面效应，易团聚，分散极为困难，从而不便使用。因此，表面改性已成为超细粉体材料研究和开发中的一个重要课题。另外，对粉体材料进行表面处理还会明显改变某些性能，如改善耐久性、耐药性、耐光性、耐热性、耐候性，提高表面活性，以及使表面产生新的物理、化学和力学性能。粉体材料表面改性的具体方法很多，根据表面改性剂的类别可分为无机改性、有机改性和复合改性三大类。

1. 无机改性

用于表面改性处理的无机改性剂的品种，主要有铝、钛、锆、硅、磷、氟化物等的盐类或水溶胶，利用其在粉体的表面形成一层氧化物包膜或复合氧化物包膜，从而提高无机粉体的热稳定性、耐候性、化学稳定性，以及在有机物中的分散性的适度改善。该法较多用于颜料、填料、阻燃剂，还可以用于精细陶瓷原料粉等的表面处理。

表面改性处理已经是无机颜料制备过程中重要的工艺步骤之一。钛白是最重要的无机颜料品种，未经处理的钛白粉会加速涂料中成膜物质的粉化；若在分散的二氧化钛颗粒表面包覆一层或多层 Al_2O_3、Al_2O_3-SiO_2 或 Al_2O_3-SiO_2-TiO_2 等无机表面改性剂，其用量占钛白颜料 2%～5%（质量分数），即可解决这一难题。

2. 有机改性

无机粉体填料主要用于高聚物。无机粉体表面性质的亲水疏油和在高聚物内部不易分散，影响了无机粉体材料的应用并降低了其补强效果。为了改变此状况，采用有机改性剂处理是较为理想有效的途径。常用的有机改性剂可以分为两大类：表面活性剂和偶联剂。

利用表面活性剂对无机粉体材料进行表面改性处理，该法改性剂品种多、来源容易、操作简单、价格便宜、改性剂选配恰当效果显著。适用于无机超细补强材料、无机阻燃粉体、无机颜料及填料等的表面处理。应用表面活性剂的品种有脂肪酸、树脂酸及其盐类、阴离子和阳离子表面活性剂、木质素等。使用量一般为粉体的 0.1%～10%（质量分数）。涂覆的方法有三种：第一种方法是将表面活性剂粉碎或磨碎，直接与粉体进行物理混合。该操作在有夹套加热的高速捏合机中进行，出料后就可直接包装，简单方便，适用范围较广。另一方法是用一种合适的惰性溶剂（也可以用水），先对表面活性剂进行溶解或分散，再与粉体混合，达到充分混合后再将溶剂蒸发掉，使表面活性剂紧紧地包裹在粉体颗粒的表面上，一般情况效果较好。第三种方法称为湿法表面处理，此法主要适用于碳化法生产的碳酸钙颗粒的表面处理，又分为碳化前和碳化后加入表面活性剂两种操作。碳化前加入表面活性剂是在制备氢氧化钙悬浮液时，就将表面活性剂溶于其中，然后通入二氧化碳进行碳化反应，直至终点。此种操作的缺点是容易产生泡沫，发生冒塔，若有适当消泡措施，表面改性的效果是很好的。例如在二硫代氨基羧酸及其盐存在下进行氢氧化钙的碳化反应，可制得超细活性碳酸钙，与橡胶、塑料等高聚物的亲和力强，使用后的机械强度有明显提高。碳化后加入表面活性剂是在碳化后的碳酸钙的料浆中加入适量的表面活性剂，充分搅拌使其均匀涂覆于碳酸钙颗粒的表面，然后过滤、干燥、粉碎，即得成品。这是常用的处理方法，效果良好。

随着科技的发展偶联剂的表面改性剂品种数量在不断增加，目前主要有硅烷系、钛酸酯系、锆铝酸酯系等。典型的偶联剂均为含硅或金属原子的有机化合物，其分子结构以金属原子为中心，一侧连接亲油基，另一侧连接亲水基。偶联剂用于表面改性处理的方法是：先将其加入到惰性溶剂或水中，用量一般为粉体材料的 0.5%～3%（质量分数），再加低分子聚合物或脂肪酸及其盐类的分散剂，通过机械乳化变成乳浊液，再喷到粉体物料表面上；或者按一定配比加入到粉体的料浆中，充分搅拌后再干燥即可。由于偶联剂的亲水基团与粉体颗粒表面发生键合反应或交联反应，从而引入亲油性的有机基团。这些有机基团可以与高聚物发生缠绕或交联反应，从而增强粉体与高聚物材料的界面黏合力，不仅可以提高填充量，而且可以起到对高聚物的增强作用，使其制品具有良好的弹性和抗冲击性能。

3. 复合改性

表面改性处理除需严格的工艺操作程序和科学的配方外，表面改性剂的选择是改性能否成功的关键。要根据要求改善的性能和应用的具体环境来选择改性剂。选用几种改性剂，复合使用，取长补短，会取得更理想的效果。用于高聚物的各种填料、粉体助剂，为了提高耐热性、耐候性和化学稳定性，往往先用无机改性剂进行包膜，然后再用有机改性剂处理，增强无机粉体材料与聚合物的亲和力，从而取得更理想的综合效果。

五、薄膜化技术

薄膜是物质的一种形态，其膜材十分广泛，单质、化合物或复合物，可用无机材料或有机材料来制作薄膜。薄膜的性能多种多样，有磁学性能、催化性能、电性能、超导性能、光学性能、力学性能等。因此薄膜在工业上有着广泛的应用，特别是在微电子工业领域中占有极其重要的地位。现有的制膜工艺有涂布法、溶胶-凝胶法、化学溶液镀膜法、离子成膜法、物理蒸发法、化学堆积法和分子束外延法等。如何选择方法要根据具体情况而定。有时制取某一种薄膜有几种方法可供选择，则要根据薄膜的功能要求和工艺繁简程度等因素综合考虑决定。

磁泡存储器是计算机存储技术，以无磁性的钆镓石榴石（$Gd_{31}Ga_5O_{12}$）作衬底，用分子束外延法生长上能产生磁泡的含稀土石榴石薄膜，如 $Eu_2Ey_1Ee_{4.3}Ge_{0.7}O_{12}$、$Eu_1Er_2Fe_{4.3}Ga_{0.7}O_{12}$ 等的单晶膜。其特点是信息储存密度高、体积小、功耗低、结构简单，信息不易丢失等。

第三节　无机精细化学品

一、磷酸盐精细化学品

磷酸盐是无机盐工业中的重要产品系列，化合物品种达 120 种以上。随着科学技术的发展磷酸盐正从肥料转向功能材料。近年来，特种磷酸盐、高纯磷酸盐、功能磷酸盐等得到了快速发展和应用。

磷酸盐系涂料是无机涂料中的主要品种之一，以水溶性铝、镁、锌和钙的磷酸二氢盐为黏结剂，配入所需填料、颜料调配而成。现在开发的一种耐热、防锈、导电的磷酸盐铝粉涂料，它是以 H_3PO_4、$Al(OH)_3$、MgO 粉末为原料，生成磷酸二氢铝和磷酸二氢镁水溶液，再与活性颜料、CrO_3、铝粉、蒸馏水等混合，随后进行研磨制成。此种涂料已用于保护高压静电除尘器阳极板等设备上，取得了理想的效果。

颜料生产和使用过程中无公害、无污染化，颜料产品的低毒、无毒化，已成为引人注目的发展趋势。作为低公害的防锈颜料，有磷酸盐系、钼酸盐系、硼酸盐系等含氧酸型体系，以及含金属氧化物的碱土金属和锌等体系。

磷酸盐催化剂是通过与反应物间进行质子交换而促进化学反应的催化剂，具有促进链烯烃的聚合、异构化、水合、烷基化以及醇类脱水等各种反应的性能。

磷酸盐离子交换剂与有机离子交换剂相比具有耐高温、耐强酸、耐辐射等优点。如磷酸锆、磷酸钛、磷硅酸锆、磷钨酸锆等，可在 300℃ 高温下使用，是分离性能良好的层状结构的无机离子交换剂，特别适用于放射性物质的分离，还可用于血液的净化以及硬水的软化等。

磷酸盐在食品加工中主要是作为品质改良剂，起到保水保鲜和抗菌的作用，在肉类加工中广泛应用；其次是作营养强化剂，例如磷酸氢钙、磷酸钙和焦磷酸钙可作钙的营养源，磷酸铁、焦磷酸铁、焦磷酸铁钠可作为铁的营养源。这些物质用于各类食品，作为钙强化剂和铁强化剂，对儿童食品和保健食品十分重要。

荧光材料中使用的磷酸盐主要是以磷酸钙为基质的复合磷酸盐，例如$(Ca,Zn)_3(PO_4)_2$：Sn。磷酸锌是发红光的阴极射线发光材料的重要基质；磷酸锶用 Eu 激活是高效阴极射线材料；磷酸钙以及磷酸钙镁用 Te 激活是很好的紫外灯发光材料；此外，还有卤磷酸盐发光材料和掺入钒和稀土元素的以$(Ca,Zn)_3(PO_4)_2$ 与$(Ca,Sr)_3(PO_4)_2$为基质的新型发光材料。

1. 聚磷酸铵

聚磷酸铵按其使用的原料不同可以有各种不同的生产方法。例如，以磷酸氢二铵（或磷酸二氢铵）和五氧化二磷为基本原料，在过量氨存在下进行高温缩聚反应，可得高纯度、水不溶性和低吸湿的阻燃剂的产品。

$$(NH_4)_2HPO_4+\frac{1}{2}P_4O_{10}+NH_3 \longrightarrow \frac{3}{n}(NH_4PO_3)_n$$

该反应在配有混合器、搅拌器、研磨器以及热电器的特殊密闭金属反应器中进行。主要操作条件是磷酸氢二铵（或磷酸二氢铵）和五氧化二磷按一定摩尔比加入反应器中混合、研磨、升温至 $280\sim300℃$，通入氨气，且保持一定的氨压，反应 $1.5\sim2h$，可制成平均聚合度 100 左右的白色粉状物，冷却后过筛得长链聚磷酸铵阻燃剂产品，收率接近 100%。

此法的优点是采用五氧化二磷作缩合剂合成长链聚磷酸铵，工艺路线短、操作简便、无大量废气排出、产品质量好；采用单一反应器，适当改变反应温度和时间，可得到不同平均聚合度的产品，以满足不同用户的需要。

2. 氯化磷酸三钠

氯化磷酸三钠是由磷酸三钠和含氯化合物作用，生成带结晶水的复盐，或称水合氯化磷酸盐。它是一种兼有磷酸三钠的洗涤去污性能和次氯酸钠漂白、杀菌及消毒性能的非常理想、难得的无毒、高效、快速清洗消毒剂。

氯化磷酸三钠的生产方法很多，概括起来可分为两类：一类是以磷酸三钠和次氯酸钠的水溶液混合，反应生成一种复合物，再冷却结晶、分离、干燥；另一类是以一定配比的磷酸和氢氧化钠与氯气逆向接触，将形成的液体混合物冷却结晶、分离、干燥而制得产品。前者易于操作控制，设备简单，运行稳定，投资少见效快，污染小易于治理；而后者设备复杂，投资较高，逆向吸收后的氯气尾气虽回收使用，但仍难彻底解决三废问题，产品成本低，工艺流程短，有效氯含量易于提高。以磷酸三钠和次氯酸钠为原料的主要工艺条件如下。

（1）溶解反应　溶解反应在有夹套调温和搅拌装置的密闭反应釜中进行。将磷酸三钠加入到过量的次氯酸钠水溶液中。根据溶解反应的需要，温度高有利于生成氯化磷酸三钠反应，可是当温度超过 35℃以上时，次氯酸钠就会分解。为此采用两种措施：增加溶解反应釜内的压力至 $0.2\sim0.4MPa$ 和添加稳定剂氢氧化钠或重铬酸钾等组分。控制反应温度在 60℃左右为宜，要求操作做到快速搅拌，在 $15\sim30min$ 内快速完成反应。

（2）冷却结晶　理想的冷却速度越快越好，但受到设备条件限制。冷却时间长，产品中有效氯含量低；冷却速度快，产品中有效氯含量高。结晶操作宜在 $25\sim35℃$ 的条件下进行，物料在结晶器中停留 1h 左右，然后出料进行液固分离。

（3）干燥　干燥过程随温度的升高，产品中有效氯成分分解加快；在 50℃以下分解速度缓慢，35℃以下产品中有效氯几乎没有损失。一般以 35℃以下的干燥空气进行干燥。

二、硼化物精细化学品

含硼化合物的精细化工产品广泛应用于日用化工、医药、轻纺、玻璃、陶瓷（釉）、搪瓷、冶金、机械、电子、建材、石油化工及军工、尖端技术等各领域中。随着科学技术和工业生产的飞跃发展，消费量在不断扩大和增长。

1. 过硼酸钠

过硼酸钠的用途很广，常用作士林染料显色的氧化剂，织物的漂白和脱脂剂，及用作消毒剂和杀菌剂，也用作媒染剂、洗涤剂、脱臭剂、电镀溶液的添加剂、分析试剂、有机合成聚合剂以及制造牙膏、化妆品等。

过硼酸钠的制备分化学法和电解法两种。目前，工业生产过硼酸钠主要是以化学法为主，该法是将硼砂或硼酸与氢氧化钠及过氧化氢作用，则可制得过硼酸钠，反应式为：

$$Na_2B_4O_7 \cdot 10H_2O + 2NaOH + 4H_2O_2 + H_2O \longrightarrow 4(NaBO_2 \cdot H_2O_2 \cdot 3H_2O)$$

或

$$H_3BO_3 + NaOH + H_2O_2 + H_2O \longrightarrow NaBO_2 \cdot H_2O_2 \cdot 3H_2O$$

将化学计量多 20% 的硼砂加入到 30% 的 NaOH 溶液中，再向制得的偏硼酸钠（$NaBO_2$）溶液中缓慢加入 3% 的过氧化氢水溶液，其量应过剩 10%～15%；反应温度应低于 10℃；另在反应器中加入食盐，以便在冷却到 0℃ 时，使生成的过硼酸钠析出，然后在离心机中脱水，并低温干燥得到产品。

2. 硼酸锌

低水合硼酸锌的结构式为 $2ZnO \cdot 3B_2O_3 \cdot 3.5H_2O$，是无机添加型阻燃剂。由于热稳定性高，粒度细及无毒，在无机阻燃剂中得到重视。

目前工业生产低水合硼酸锌的主要方法是硼砂-锌盐法，即以硼砂和硫酸锌为原料，在水溶液中搅拌加热合成。操作是先将硫酸锌和水加入反应器配成溶液，升温，搅拌下投入硼砂和氧化锌，在高于 70℃ 温度下保温搅拌反应 6～7h，然后冷却、过滤，用温水洗涤滤饼，再于 100～110℃ 干燥得成品。反应式为：

$$3.5ZnSO_4 + 3.5Na_2B_4O_7 + 0.5ZnO + 10H_2O \longrightarrow 2(2ZnO \cdot 3B_2O_3 \cdot 3.5H_2O) + 3.5Na_2SO_4 + 2H_3BO_3$$

三、钨、钼化合物

钨、钼化工产品是冶金工业、电器和电子工业、化学工业以及玻璃、陶瓷工业中重要的中间体和原材料。发达国家积极开发高纯度（>0.99999）的钨、钼氧化物，作为具有对比度高、色彩鲜艳、观察角大、工作电压低、能适应大规模集成电路、价格比液晶低的电化学显色材料，以适应信息开发技术的需要。

1. 二硫化钨

二硫化钨为灰色、柔软而光滑的固体粉末，具有六方晶系层状结晶结构，莫氏硬度 1.0～1.5，摩擦系数 0.01～0.15，抗压强度高达 2060MPa，具有半导体的导电性。二硫化钨具有在各种表面上生成黏着、松散、连续薄膜的能力，并在高温、高负荷及高真空条件下显示出极好的润滑性能。二硫化钨是新型固体润滑剂。

下面介绍两种制备二硫化钨的方法。元素合成法基于金属钨粉和硫磺直接反应原理，具体方法将金属钨粉和硫磺粉的混合物先在 110～250℃ 反应，而后升温至 550～650℃ 反应，最后用蒸发法除去所得到的片状晶体结构的二硫化钨粉末中的游离硫，就得到纯度 99.9%、粒度 0.1～2μm 的二硫化钨粉末。也可由三氧化钨制备二硫化钨，将三氧化钨、硫磺和炭黑混合物，在 900～1400℃ 温度下反应 6～10h，然后再添加硫磺继续高温处理，则可得到较好的产品纯度 98% 以上二硫化钨。

2. 钼酸锌

白色无毒防锈颜料的主要成分是钼酸锌或碱式钼酸锌，被称为是新一代无公害防锈颜料，很有发展前途。

白色钼酸盐防锈颜料的生产有干法和湿法生产，现简介湿法。先将氧化锌和三氧化钼按等摩尔加入反应釜，而后加水，总用水量为颜料总质量的 3.3 倍。开始搅拌进行打浆，同时升温到 70℃，再加入碳酸钙（或滑石粉），加完继续搅拌 1h；用压滤机过滤，所得滤饼送入干燥设备在 110℃ 下烘干。适当破碎后，再送入煅烧炉在 550℃ 下煅烧 8h。冷却煅烧后的物料再粉碎，最后过筛包装。

四、锂化合物

随着对锂各种性能的进一步研究，应用范围越来越广，如化学工业、冶金工业、陶瓷工业、制铝工业、空调工业、原子能工业等。用锂片做阴极的锂电池，能源密度相当于锰电池的 10 倍。氢化锂用作轻便的氢源；溴化锂和氯化锂易吸收碳酸、氨、烟、水分，可用于净化和调节空气，溴化锂还用作吸收式冷冻机的冷媒；氢氧化锂主要用作润滑油、电池电解液、催化剂、二氧化碳吸收剂等。铌酸锂箔制成的表面弹性波滤波器是彩色电视机的重要元件，不仅可使滤波器的组成部件大幅度减少，而且稳定性显著提高。锂及其化合物是核能源的极其重要的材料，在核聚变反应堆中要求有一定数量的锂和锂的化合物（如 $LiAlO_2$、$LiBeF_3$ 等）作为载热体、冷却剂、氚的增殖剂、中子吸收剂。

1. 碳酸锂

碳酸锂是金属锂和各种锂化合物的原料，主要用于制备各种锂化学品及炼铝工业；也用于电视机显像管添加剂、耐热玻璃、多孔玻璃及镇静剂等。高纯碳酸锂是磁性材料、光学仪器、电介质等电子工业的必需品。

碳酸锂的生产与原料来源有关。目前用于提取锂盐的原料有两类：一类是固体矿物，如锂辉石，含氧化锂最高可达 8%；另一类是液体矿物，如盐湖卤水、矿泉及井卤中，其含量高者也仅有千分之几。针对不同的原料可以采用不同的方法。对于液体原料，可以选用磷酸盐沉淀-离子交换法或溶剂萃取法。对于固体原料，可以选用硫酸盐焙烧法、氯化物焙烧处理法以及硫酸分解法等。以下介绍以锂辉石为原料，用硫酸分解法制碳酸锂的方法。

该法将天然锂辉石经选矿富集后（含氧化锂 3%～5%）的精矿送入回转炉中，在 960～1100℃温度进行焙烧，使矿石中的 α-锂辉石约有 99%～100%的变为 β-锂辉石。待温度降至 95～120℃时，进行粉碎、过筛，和过量 35%～40%的浓硫酸混合，送入转炉中进行硫酸化烧结。硫酸烧结块料再用水浸取，制成水溶性硫酸锂。其浸取液过量硫酸用碳酸钙中和至 pH＝6.0～6.5，过滤后，滤液用石灰乳除去 Mg^{2+}，用碳酸钠除 Ca^{2+}。再过滤后，滤液中加入少量硫酸及过氧化氢，中和至铁、铝生成氢氧化物沉淀，同时用炭黑脱色，料液浓缩后进行过滤，制成饱和硫酸锂溶液。进而加入饱和碳酸钠溶液，若在 90℃下，则碳酸锂沉淀进行得最为完全。过滤分离后，得到产品纯度为 80%以上的碳酸锂。重复热水洗涤以后，可得到含有 96%～97%的碳酸锂产品，最后干燥包装。

主要反应式为：

$$\alpha\text{-}[2(LiAlSi_2O_6)] \xrightarrow{960\sim1100℃} \beta\text{-}[Li_2O \cdot Al_2O_3 \cdot 4SiO_2]$$

$$Li_2O \cdot Al_2O_3 \cdot 4SiO_2 + H_2SO_4 \xrightarrow{\triangle} Li_2SO_4 + Al_2O_3 \cdot 4SiO_2 + H_2O$$

$$Li_2SO_4 + Na_2CO_3 \longrightarrow Li_2CO_3 \downarrow + Na_2SO_4$$

2. 溴化锂

溴化锂是高效的水汽吸收剂和空气湿度调节剂。采用溴化锂做空调冷冻机的吸收剂，高浓度（54%～55%）的溴化锂水溶液蒸气压力非常低，是最有效的吸收剂；此种空调设备的主要优点是机械构造简单、运转费用低、没有震动噪声。

溴化锂的生产方法目前有若干种。①中和法。是将氢氧化锂与氢溴酸作用，使其发生中和反应而制得。中和法生产工艺简单，产品质量较好，生产成本高。②溴化铁法。是先用铁屑与溴作用生成溴化铁，再用碳酸锂与溴化铁起复分解反应而制得。溴化铁法生产工艺较繁杂，易造成锂盐的损失而影响收率。

如果要直接生产供吸收式制冷用 55%的溴化锂水溶液，可用 45%的氢溴酸与碳酸锂作用，即可得到溴化锂溶液。用过量碳酸锂和氢氧化锂，可除去其中的杂质。然后将弱碱性溶液过滤并蒸发至 55%的溴化锂，即为成品。

近年来国内开发成功一种新工艺，称为尿素还原法。在还原剂尿素的作用下溴与碳酸锂反应制得溴化锂。该工艺生产流程短、设备简单、生产成本低、产品质量好、锂盐收率高。溴化锂生产新工艺流程如图 2-1 所示。

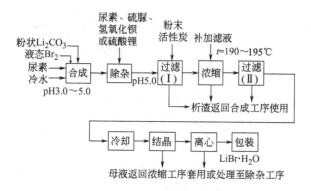

图 2-1 溴化锂生产新工艺流程示意图

第四节 无机精细材料

无机精细材料是近年科技发展中的新领域，从应用角度可概括为工程材料（结构材料）和功能材料两大类。在此讨论结构材料中的精细工程陶瓷以及功能材料中的功能陶瓷、纤维材料和阻燃材料。

一、精细陶瓷

1. 精细陶瓷的分类方法

陶瓷在生活和建设中是不可缺少的材料。和金属材料、高分子材料并列为当代三大固体材料。三者的主要区别在于化学键，即原子间的相互作用力不同，因而表现出性质上极大的差异。陶瓷材料是以离子键及共价键为主要结合力的无机非金属材料。从显微结构及形态上看，多数陶瓷材料包括晶体相、玻璃相及气孔。随着科学技术的发展，出现了非硅酸盐陶瓷，如氧化物、非氧化物、金属陶瓷以及金属纤维或无机非金属纤维增强的纤维增强陶瓷。在有关工艺过程中也突破了传统方法，由于化学组成、显微结构以及性能不同于普通陶瓷，称为精细陶瓷。

一般认为，采用高度精选原料，具有能精确控制的化学组成，按照便于进行结构设计及控制的制造方法进行制造、加工的，具有优异特性的陶瓷称精细陶瓷。

精细陶瓷在制造原料、成型、烧结及产品结构、应用等方面均不同于普通陶瓷，其主要有以下特点：①产品的原料全部是由在原子、分子水平上分离、精制的高纯度的人造原料制成。②精密的成型工艺。制品的成型与烧结等加工过程，均需精确的控制。③产品具有完全可控制的显微结构，以确保产品应用于高技术领域。

精细陶瓷按化学组成可分为氧化物及非氧化物两大类，见表 2-1，也可以按功能分类，见表 2-2。

表 2-1 精细陶瓷的种类

种 类		举 例
氧化物		Al_2O_3、SiO_2、MgO、ZrO_2、$BaTiO_3$、Fe_2O_3、BeO、ZnO、UO_2、$Pb(Zr,Ti)O_3$
非氧化物	碳化物	SiC、TiC、B_4C、WC
	氮化物	Si_3N_4、AlN、TiN、BN
	硼化物	ZrB_2、TiB_2、LaB_6
	硅化物	$MoSi_2$
	硫化物	ZnS、TiS、MoS、CdS

表 2-2　精细陶瓷功能分类

功　能	特　性	举　例
热学功能	耐　热	Al_2O_3、ZrO_2、TiN、BeO、ThO_2
	绝　热	WC、TiC、AlN、SiC、Al_2O_3、ZrO_2
	导　热	BeO、AlN、BN
力学功能	高温高强度	MgO、ZrO_2、Al_2O_3、Si_3N_4、SiC
	热冲击性	Al_2O_3、MgO、TiO_2、Si_3N_4
	高硬度	SiC、TiC、WC、Al_2O_3、ZrO_2、Si_3N_4
	耐磨性	B_4C、SiC、Al_2O_3、ZrO_2、Si_3N_4、WC、BC
化学功能	耐腐蚀性	Al_2O_3、SiC、Si_3N_4、ZrO_2、TiN、B_4C、BN
	催化性	$\gamma\text{-}Al_2O_3$、SiO_2、TiO_2
电磁功能	绝缘性	Al_2O_3、$2MgO \cdot SiO_2$、MgO、SiO_2
	导电性	$ZrO_2\text{-}Y_2O_3\text{-}CeO_2$（$Cr_2O_3$）、$ZrO_2$
	压电性	PbO、$(Ti,Zr)O_2$
	介电性	$BaTiO_3$、TiO_2
	磁性	$(Mn,Zn)O$、Fe_2O_3、$Be \cdot 6Fe_2O_3$
	半导体性	TiO_2、$BaTiO_3$、In_2O_3、SiC
光学功能	通光性	Al_2O_3、MgO、Y_2O_3（ThO_2）
	发光性	Al_2O_3、$Cr \cdot Nd$ 玻璃
生物功能	人造骨骼	Al_2O_3、P_3O_{12}
	催化剂载体	SiO_2、Al_2O_3

　　根据精细陶瓷的特性与相应用途，一般可将精细陶瓷分为电子陶瓷、工程陶瓷和生物陶瓷三类。电子陶瓷主要应用于制作集成电路基片、点火原料、压电滤波器、热敏电阻、传质器、光导纤维等及磁芯、磁带、磁头等磁性体，例如氧化铁、氧化锆陶瓷等。工程陶瓷主要应用于切削工具、各种轴承及各种发动机，特别是汽车发动机，热效率可提高 40％；如碳化硅、氮化硅、氧化锆、氧化铝陶瓷等。生物陶瓷主要应用于人工骨骼、人工牙根及人工关节、固定化催化剂载体等，如氧化铝陶瓷、磷灰石陶瓷等。

　　精细陶瓷由于不同的化学组成和显微结构，决定其不同于普通陶瓷的性能与功能，既具有普通陶瓷的耐高温、耐腐蚀等特性，又具有光电、压电、介电、半导体性、透光性、化学吸附性、生物适应性等优异性能。因此，精细陶瓷已成为近代技术的重要组成部分。

　　2. 精细陶瓷的制备过程

　　众所周知，决定精细陶瓷材料的主要因素有材料组成和显微结构。精细陶瓷的制备实际是将精心制作的超细粉体原料经过成型、烧结，最终成为制品的过程。

　　原料粉体的纯度、粒径分布均匀性，凝聚特性及颗粒的各向异性等，对产品的显微结构及性能有极大的影响。因此，制备精细陶瓷的原料粉体是制造精细陶瓷工艺中的首要问题。有关制造精细陶瓷原料粉体的方法，已在前面超细化工艺技术中做过叙述。

　　精细陶瓷的成型技术与方法对于制备性能优良的制品具有重要的意义。精细陶瓷在成型之前要先进行塑化。塑化是利用塑化剂使原来无塑性的坯料具有可塑性的过程。塑化剂通常由黏结剂、增塑剂和溶剂三种物料组成。黏结剂能黏结粉料，通常有聚乙烯醇、聚醋酸乙烯酯、羧甲基纤维素等；增塑剂溶于黏结剂中使其易于流动，通常有甘油等；溶剂能溶解黏结剂、增塑剂并能和坯料组成胶状物质，通常有水、无水乙醇、丙酮、苯等。精细陶瓷成型方法的选择，是根据制品的性能要求、形状、大小、厚薄、产量和经济效益等方面进行。目前，精细陶瓷的成型工业上主要有注浆成型法、热压铸成型法、挤压成型法、轧膜成型法、模压成型法、等静压成型法、带式成型法等。

　　要使精细陶瓷具有优异的性能，必须控制这些材料的显微结构。其中烧结是使精细陶瓷获得预期显微结构的关键工序。它可以减少形体中的气孔，增加颗粒之间的致密程度，从而提高产品的机械强度。精细陶瓷的烧结方法因其的组成差别而有所不同。①热压烧结法：粉体置于压模中，从上到下用 $10\sim50$ MPa 的压力，边单轴加压边加热到高温的烧结方法，此种方法能形成高强度、低孔隙率制品。适用于制造切削工具。②热等静压法：粉体置于能承受压力 $50\sim200$ MPa 及 2000 ℃高温的真空容器中，以惰性气体为介质，采取边加热边从各方面施加压力压缩粉体的方法。③化学气相沉积法：将原料气体加热，使其发生化学反应形成陶瓷沉积于基片上。此法不需要加入烧结助剂，有效孔隙率为零，可形成高纯度致密层，由于与基体间的热膨胀不同，易产生应变。④反应烧结法：是制造 Si_3N_4 采用的方法，如将加热的硅粉体置于容器中，通入氮氢混合气体，使与硅反应，生成氮化硅的同时进行烧结。此法能制得形状复杂的制品，成本低且不加助剂，但气孔率较高，难制成高致密制品。⑤等离子体喷射：将超细粉体通过电子枪或燃料枪，使其熔化。熔化的物质高速喷射到基片表面并固化，此种方法常用于基片镀层或轴承芯棒镀层。此法可适用于各种化学物质、晶粒大小和形状的镀层，但粉体易分解或与周围的物质反应。

3. 工程陶瓷

高性能结构材料是指在高温下仍具有高强度、高刚度、耐磨、耐腐蚀性能的材料。目前看来满足如此苛刻条件的材料，除部分复合材料外，就是以氮化硅、碳化硅、氮化硼、氧化铝、氧化锆等为代表的工程结构陶瓷材料。

（1）氮化硅与碳化硅　氮化硅和碳化硅的微观结构相似，制法（表2-3）和性能（表2-4）相似，用途也接近，都具有特殊的高温强度、耐蚀性、耐磨性、足够的硬度和刚度以及耐热冲击、高可靠性能等特性，所以都是工程结构陶瓷中较引人注目的材料。

表 2-3　氮化硅及碳化硅的烧结法及其特点

烧　结　法	优　　点	缺　　点
热压烧结	产品致密,强度大	不能制成复杂形状
热等静压法	产品致密,可制成复杂形状	制法复杂
反应烧结法	可制成复杂形状,烧成中不收缩	氮化硅:多孔,强度低 碳化硅:残留硅
化学气相沉积	产品致密,硬度大,高温强度大	只能制成薄膜,有方向性

表 2-4　氮化硅、碳化硅等的特性

化合物	密度/(kg/m³)	比热容/[J/(kg·K)]	热导率/[W/(m·K)]	热胀系数/($\times10^{-6}$/K)	弯曲强度/MPa 室温	弯曲强度/MPa 1200℃
氧化铝	3900	795.5	25.6	8.0	350	150
氧化锆	6000		2.1	10.8	1500	1000
氮化硅	3200	711.8	29.1	3.2	1300	1000
碳化硅	3200	711.8	90.7	4.8	800	600
赛隆	3200	628	20.9	2.7	500	600

氮化硅的致密烧结体硬度高，常温弯曲强度在 1000 MPa 以上；热胀系数低，而热导率较高，故其耐热冲击性极好。热压烧结的氮化硅加热到 $800\sim1000$ ℃后投入冷水中也不会破裂；当使用温度超过耐热合金的使用界限的高温范围（约 1000 ℃）时，仍能保持高强度，且化学稳定性好，如制发动机可以提高汽缸内的燃烧温度至 1200 ℃，热效率增加 45%，燃料消耗减少 34%。利用氮化硅的耐磨性和硬度大的特点可用作切削工具、滚珠轴承座圈密封环等。

碳化硅比氮化硅更能耐高温，即使在 1600 ℃下还能保持其强度，也是一种高温结构用的耐热材料。具有较高的热导率和良好的导热性，适合于在高温下用作热交换器的材料。由于具有较小的热中子吸收截面，可作核反应堆中核燃料的包装材料。利用碳化硅的高温耐磨性及机械强度，可用于制作火箭尾喷管的喷嘴及防弹用品等。

（2）赛隆（Sialon）　赛隆是以 Si-Al-O-N 为主的各类化合物所组成的新型结构材料，是具有氧化物和氮化物中间组成的一类材料的固溶体的统称，是典型的运用"化合物的复合化"方法而制得的新材料。其中有代表性的材料是由氮化硅-氮化铝-氧化铝-氧化硅系组成的赛隆。赛隆具有较好的加工性能，它比氮化硅易烧结，可用各种陶瓷成型方法，然后烧结成接近理论密度，甚至无压烧结也可得到致密陶瓷体。在机械等性能方面赛隆保留了氮化硅的强度大、硬度高、耐热冲击性好等优良性能；而在韧性、化学稳定性和抗氧化性等方面优于氮化硅。

4. 功能陶瓷

功能陶瓷指在应用时主要利用其非力学性能的材料，这类材料通常具有一种或多种功能。例如电、磁、光、热、化学、生物等功能，以及耦合功能，如压电、压磁、热电、电光、声光、磁光等功能。功能陶瓷已在能源开发、空间技术、电子技术、传感技术、激光技术、光电子技术、红外技术、生物技术、环境科学等领域得到广泛应用。

（1）光学陶瓷　具有光学性能的陶瓷称为光学陶瓷。光学陶瓷不仅有透光性，还有耐热性、耐腐蚀性、光传输及变色现象等性能。近年来，由于原料的高纯化、高微粒化、高均匀化及热压等烧结技术的不断进步，开发出了透光性好的氧化物陶瓷。目前研究最多的是以透明氧化铝为代表的氧化物陶瓷（如氧化锆、氧化镁、氧化钍、氧化镧等）及复合氧化物陶瓷，如尖晶石（MgO与Al_2O_3组成）、锆钛酸铅镧、透明铁电陶瓷（由氧化铅、氧化锆、氧化钛和氧化镧组成）。此外，还有许多能透过不同波段红外线的陶瓷，如氟化镁陶瓷（0.45～9μm）、硫化锌陶瓷（0.57～15μm）、硒化锌陶瓷（0.48～22μm）、碲化镉陶瓷（2～30μm）。

① 光纤陶瓷　由石英和多元系玻璃（TiO_2-Na_2O-PbO-SiO_2）制成的光导纤维比一般纤维具有频带宽、通信容量大、损耗小、重量轻、耐高温、耐腐蚀、绝缘性强、抗干扰等特点。如一根光纤可传输5000门电话或4个频道的电视信号。这种陶瓷是理想的通信材料，现已广泛应用于信息系统、医疗器械及自动控制等方面。

② 电光陶瓷　指具有光电效应的陶瓷，如透明铁电陶瓷。不仅能通过可见光和红外光，还具有强介电性，在外加电场作用下，使晶体产生极化而导致折射率的变化。可用于制作光盘、光阀门、图像存储器、显示元件及光栅、信息处理的模拟空间调节器等。

③ 激光陶瓷　目前应用于激光器的最重要的陶瓷材料有红宝石（掺Cr^{3+}的Al_2O_3），掺钕的钇铝石榴石（$Y_3Al_5O_{12}$：Nd^{3+}）及掺钕硫氧化镧（La_2O_2S：Nd^{3+}）。后两种陶瓷材料制造的激光器热导率和工作效率很高，其性能明显优于红宝石，是新型的激光材料。

（2）电子陶瓷　利用电磁反应为应用目的的陶瓷称为电子陶瓷。根据电磁反应可将电子陶瓷分为电介体、压电体、热释电体、半导体、绝缘体陶瓷等。

① 介电陶瓷　具有介电性的陶瓷称介电陶瓷。材料的介电性是指材料在电场中发生的极化。一般单晶陶瓷比多晶陶瓷具有较高的介电强度。介电材料大量用于制作电容器。随着电子电路微型化，正在开发微型、大容量的电器。如叠层陶瓷片是集成电路（IC）元件，这种电容器每片厚度仅有20～40μm。

② 压电陶瓷　当晶体在应力作用下产生应变时，晶体两端出现正负电荷现象称为极化；反之，在外加电压下引起应变，这种现象称为压电效应。具有压电效应的陶瓷，可进行电能和机械能的转换。

③ 半导体陶瓷　半导体陶瓷是电阻率随温度、电压、气氛的变化而变化。具有半导体性能的陶瓷有许多重要用途。

④ 电绝缘体陶瓷　陶瓷的电阻率一般在107～1020Ω·m，是优良的绝缘材料。绝缘体陶瓷不仅具有高的电阻率而且具有耐化学腐蚀和高温稳定性。多数氧化物陶瓷及硅酸盐陶瓷都是良好的绝缘体，尤以氧化铝应用最广。如1mm厚度的Al_2O_3可隔绝220V的电压，是良好的绝缘体，大量用于制作集成电路基板及各种火花塞绝缘子。

⑤ 磁性陶瓷　具有磁性能的氧化铁称铁氧体。按晶体结构可分成立方晶系铁氧体、六方晶系铁氧体和斜方晶系铁氧体。磁性材料按其特性又可分为软磁、硬磁、矩磁、旋磁和压磁铁氧体，它们在信息产业中有着广泛的用途。例如，压磁铁氧体，属于这类陶瓷的有镍铜铁氧体和镍锌铁氧体，广泛用于超声波仪的换能器、计算机存储器、水下电视、电讯及测量

仪的器件等。

（3）生物陶瓷　与生命科学、生物工程学相关的陶瓷称生物陶瓷。生物陶瓷除要求硬度、强度、耐磨、耐疲劳外，还要求对人体有良好的适应性和稳定性。生物陶瓷可以按组成分类，也可按应用分类。现将主要的两种生物陶瓷简述如下。

① 磷灰石陶瓷　即羟基磷灰石烧结体，此种材料置入身体后不会引起排斥反应，能直接与活体组织强有力的结合。是制造人造骨、人造齿的重要材料。其粉体还可用于制造牙膏添加剂，通过磷灰石的吸附性能去除链球菌等产生的细胞外多糖，用于预防龋齿。

② 碳素陶瓷　碳素陶瓷无化学活性，其化学组成与构成人体的基本元素（C）相同，因此它无毒性，无排斥反应，与机体亲和性好，可用于制造人体的心脏瓣膜。近年来，随着气相热碳素制作技术的进步，利用碳素材料的抗血栓性和机体亲和性，以涂膜后的有机物用作人造血管、人造咽鼓管、人造胆管、人造输尿管等。

二、纤维材料

无机纤维具有耐高温、密度小、热稳定性和化学稳定性好、热导率低、保温及吸声性能好、强度高等特点。无机纤维作为保温、隔声、耐火、耐腐蚀的节能材料始终受到人们的青睐，已在冶金、机械、石油化工、电子及轻工等多种工业领域中得到广泛应用。

无机纤维最引人注目的用途是用作高性能增强纤维。高性能增强纤维主要指碳纤维、硼纤维、碳化硅纤维和氧化铝纤维等。它们可作树脂、金属和陶瓷基体的增强材料，其比强度高和比模量高使复合材料具有比纯金属更佳的物理性能。尤其后两种复合材料与军事技术、空间技术密切相关，起着无可比拟的作用。

1. 碳纤维

碳纤维是指含碳量高于90％的无机高分子纤维，其轴向强度和模量高、无蠕变、耐疲劳性好、热胀系数低、耐药物性好、密度低、X射线透过性好。制造碳纤维的方法很多。原料主要有黏胶纤维、聚丙烯腈纤维和沥青纤维三种，当前世界各国生产碳纤维的主要原料为聚丙烯腈纤维。碳纤维的生产过程包括聚丙烯腈原丝的制备、预氧化处理、石墨化处理等几个阶段，如图2-2所示。

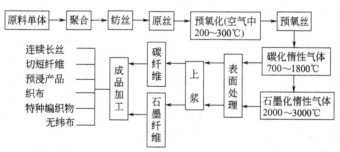

图 2-2　碳纤维的主要生产过程

预氧化处理是将处于牵伸状态的聚丙烯腈原丝置于空气中，200～300℃温度下加热的过程。其目的是使原丝中链状分子环化脱氢，形成热稳定性好的梯形结构，以便进行随后的高温碳化处理。碳化处理是将氧化的纤维在牵伸状态下，于惰性气体中继续加热，使大部分非碳原子（N、O、H等）通过一系列复杂的化学变化转变为低分子量的裂解产物而排除，分子间发生交联，碳含量增至95％以上，同时纤维结构逐步转变为乱层石墨结构。通常碳化温度是逐步升高的，纤维的模量随温度的升高而连续增加，强度随温度的升高出现极大值，超过1400℃后强度下降。碳化速度对纤维的强度也有影响，碳化速度快，碳纤维强度低；一般碳化的时间为25min。碳化处理后的纤维在适当的牵引力作用下，用氩气保护，在高于2000℃温度下加热，称为石墨化处理。加热温度愈高，纤维的塑性愈好，可以施加的牵伸力就愈大，制得的纤维取向度和模量也就大大提高。

2. 硼纤维

硼纤维的主要优点是弹性模量高、熔点高（2050℃）、密度比金属小，用于制造金属基复合材料。硼纤维的制造过程是将元素硼用蒸气沉积法沉积到耐热的金属丝——底丝上（一般用钨丝）。改变底丝材料、蒸气的化学成分、底丝的温度可以改变所制造的硼纤维的性能。目前常用的制造方法是卤化法和有机金属法。卤化法用硼砂制成气态三氯化硼，同氢气混合并加热到1160℃，三氯化硼被还原成硼。硼扩散到直径约为 $12\sim25\mu m$ 的钨丝上，从而得到以钨丝为底丝的硼纤维。有机金属法是将硼的有机金属化合物，例如三乙基硼 $[(C_2H_5)_3B]$ 或硼烷系化合物如 B_5H_4 进行高温分解，使硼沉积在底丝上。比较成熟的方法是用铝丝，在低于600℃情况下进行。实际上底丝与沉积硼之间不发生化学反应。

3. 碳化硅纤维

碳化硅纤维是高熔点、高强度、高模量的陶瓷纤维。目前常用的制造方法是化学气相沉积法和烧结法。化学气相沉积法是用直流电把钨丝加热到1000℃以上，同时在反应管内通入硅烷及其载体氢气，硅烷在钨丝上分解并沉积出碳化硅晶体。沉积过程的化学反应可用下式表示：

$$R_mSiCl_n + H_2 \xrightarrow{1000\sim1500℃} SiC + HCl$$

该法通过两根反应管，第一反应管温度为 $1000\sim1200℃$，第二反应管为 $1100\sim1300℃$，沉积时间为80s。用烧结法制碳化硅连续纤维其过程是：在氮气保护下二甲基二氯硅烷于二甲苯中用金属钠脱氢得到聚硅烷，再将制得的聚二甲基硅烷在高压下于 $432\sim470℃$ 加热裂解得聚碳硅烷，在真空条件下精馏除去低分子成分并浓缩。再熔融纺丝，以500m/s以上的速度纺出纤维。在200℃以上的空气中或室温下臭氧中进行氧化处理。将经过上述处理的纤维，在氮气中或真空中于 $1200\sim1300℃$ 烧结，得到连续碳化硅纤维。用该法制取的碳化硅纤维直径 $10\mu m$ 左右。

三、阻燃材料

随着合成材料工业的发展，塑料、橡胶、纤维、涂料等已广泛应用于电子工业、交通运输、通信电缆、建筑、家具以及人民生活和衣着等各个领域。由于这些材料大多易燃，燃烧后不易扑灭，往往会造成损失较大的火灾事故。为了降低合成材料的易燃性、防止火灾事故，减少经济损失，最简单的办法是加入阻燃剂。阻燃剂可分为有机和无机两类。与有机阻燃剂相比，无机阻燃剂有以下特点：毒性低，多数的无机阻燃剂无毒；不产生腐蚀性气体；热稳定性好，不挥发，不析出，有持久的阻燃效果；价廉，有广泛的原料来源。

无机阻燃剂绝大部分是添加型阻燃剂，已应用于聚酯、环氧树脂、纤维织物、聚丙烯、聚丙烯腈、聚乙酸乙烯、聚氯乙烯、卤化聚酯、ABS树脂、阻燃电线、电缆、木材、橡胶、涂料等。目前国内已生产和正在研制的无机阻燃剂约有二十多种，包括三氧化二锑、胶体五氧化二锑、水合氧化铝、氢氧化镁、二氧化钼、三氧化钼、二钼酸铵、钼酸锌、钼酸钙、八钼酸钙、硼酸、硼砂、偏硼酸钡、氟硼酸钠、低水合硼酸锌、碳酸锌、碳酸钙、多聚磷酸铵、磷酸二氢铵、磷酸锌等。下面按元素系简述几种主要无机阻燃剂。

1. 锑化合物阻燃剂

锑化合物阻燃剂有氧化锑、硫化锑、卤化锑、锑酸钠、锑酸钾等，其中使用最广的是三氧化二锑。但是，三氧化二锑本身不含阻燃元素，单独使用没有阻燃效果，通常作为辅助剂，与其他阻燃剂并用，产生协同效果。若与含溴或含氯化合物的卤素阻燃剂并用，则产生很显著的协同和增效作用，可以大大减少含卤阻燃剂用量。

三氧化二锑和聚合物具有很好的混溶性，不但阻燃性能好，而且也是研究应用较广的阻燃剂，现在已成为很多家用电器阻燃剂配方的主要成分。

2. 铝化合物阻燃剂

铝化合物阻燃剂主要是指氢氧化铝，是无机阻燃剂中用量最大的品种。氢氧化铝作为阻燃剂使用主要优点是安全性、热稳定性好，不产生腐蚀性气体；无毒，有消烟作用，对环境无影响；作为塑料的填料，用于电缆电器，具有优异的抗电弧性和抗磁性；应用面广，且可与其他阻燃剂协同增效；原料丰富，价格便宜。近年来，随着微细化、表面处理等新技术的应用，使氢氧化铝在高聚物中的应用范围继续扩大。

现今，已应用氢氧化铝的聚合物有：不饱和聚酯、环氧树脂、聚乙烯、聚苯乙烯、ABS树脂、聚氯乙烯、合成橡胶等。由于充填量大，一般 45% 以上，高者可达 60%，显著降低了聚合物中的可燃成分，又能在燃烧时促进固相的炭化过程和抑制烟雾形成，从而使氢氧化铝成为具有填充、阻燃、消烟三重功能的阻燃剂。例如，经氢氧化铝填充的不饱和聚酯和环氧树脂，用于高、低压电器中，如开关、变压器、绝缘材料方面都有较好的效果，不仅阻燃、消烟，而且有抗电弧作用。在合成橡胶中，特别是氯丁橡胶、丁苯橡胶中使用可以使制品的氧指数达 50，具有难得的阻燃效果。

3. 硼化合物阻燃剂

硼化合物阻燃剂的品种较多，有硼酸锌、硼酸钡、偏硼酸铵、五硼酸铵、偏硼酸钠、硼酸钠、硼酸、硼砂等。硼化物阻燃剂广泛应用于涂料、纤维、塑料、橡胶、聚酯、纸张、木材等方面。

上述品种中，目前对硼酸锌的研究和应用更为突出。至今已有各种成分的硼酸锌衍生物（$x\text{ZnO} \cdot y\text{B}_2\text{O}_3 \cdot z\text{H}_2\text{O}$），其主要区别在于 $x:y:z$ 的比值不同。其中组成为 $2\text{ZnO} \cdot 3\text{B}_2\text{O}_3 \cdot 3.5\text{H}_2\text{O}$ 与硼酸锌的其他形式相比，相对密度为 2.8，低毒，发烟少；具有较高的脱水温度（>300℃），超过大多数聚合物的加工温度，故可应用于高温下加工的高聚物系统；其折射率与多数聚合物折射率相近，因此保留了树脂的半透明性，这一性质对易着色的透明乙烯涂层的阻燃尤为重要；和氧化锑相比，它具有价廉、低毒、着色强度低等许多优点。目前已广泛应用于许多聚合物，如 PVC 薄膜、墙壁涂料、电线电缆、输送皮带、地毯、汽车装潢、帐篷材料、纤维品等。

⫸ 习题

1. 无机精细化学品从化学结构上分为哪几类？
2. 已被开发应用的无机精细材料有哪几类？
3. 单晶化工艺技术有哪几种？
4. 简述焰熔法制备单晶体的简单工艺过程。
5. 简述引上法制备单晶体的简单工艺过程。
6. 简述导模法制备单晶体的简单工艺过程。
7. 简述梯度法制备单晶体的简单工艺过程。
8. 液相法制备超细粉体材料的优点是什么？
9. 化学制备超细粉体材料有哪几种方法？
10. 精细化工艺技术主要有哪几种？
11. 什么陶瓷叫精细陶瓷？
12. 简述精细陶瓷的制备过程。

第三章 高分子精细化学品

第一节 概 述

众所周知，精细化学品是产量较少而技术垄断性较强、具有专用性或特定功能的化工产品。凡符合上述概念的高分子聚合物都属于高分子精细化学品。

按特性及专用性来分类，高分子精细化学品可分为水溶性聚合物、功能高分子材料、合成胶黏剂、涂料等。

水溶性聚合物又称为水溶性高分子或水溶性树脂，是一种亲水性的高分子材料，在水中能溶解或溶胀而形成溶液或分散液。水溶性聚合物的亲水性，来自于其分子中含有的亲水基团。最常见的亲水基团是羧基、羟基、酰氨基、醚基等。这些基团不但使高分子具有亲水性，而且使它具有许多优异的性能，如螯合性、分散性、絮凝性、减磨性、增稠性等。水溶性聚合物的相对分子质量可以控制，高到数千万，低到几百，其亲水基团强弱和数量可以按要求加以调节，亲水基团等活性官能团还可以进行再反应，生成具有新官能团的化合物。上述三种性能使水溶性聚合物有多种品种和优越性能，获得越来越广泛的应用。

胶黏剂又称黏合剂，或简称胶。同金属、玻璃、木材、纸浆、橡胶和塑料等粘接对象相比，市场消费量虽然较小，但如同酶、激素、维生素一样，是不可缺少的材料。胶黏剂在工业上的重要性及其工业的飞速发展是由于和其他的联接方法相比较有很多优点，胶黏剂不但可以黏合相同性质的材料，也可以黏合不同性质的材料。它优于焊接、铆接和螺钉联接，如方便、快速、经济和节能，而且黏合接头光滑，应力分布均匀，重量轻，还有密封、防腐、绝缘等优良性能。在航天、原子能、农业、交通运输、木材加工、建筑、轻纺、机械、电子、化工、医疗和文教等方面广泛应用。

涂料是涂敷于底材表面形成坚韧连续涂膜的液体或固体高分子材料。对被涂表面起到装饰与保护作用。随着科学技术的进步，还制成许多具有特殊功能的涂料，如耐高温、耐寒、示温、阻尼、导电、高温电绝缘、吸收太阳能、防辐射、伪装涂料等。广泛用于建筑、船舶、车辆、飞机、道路、机械、金属、电器等方面。

第二节 水溶性聚合物的生产工艺

一、聚乙烯醇

1. 聚乙烯醇的性质和应用

聚乙烯醇是含有大量羟基的高聚物，羟基是强的亲水性基团，其几乎都是溶解在水中使用的。

聚乙烯醇用途广泛，可用作聚合反应中的乳化稳定剂和分散稳定剂，可取代淀粉、骨胶等作为胶黏剂，大量用于造纸、纤维加工、木材加工、医院、建筑、玻璃、包装等许多行业。例如：在纤维加工方面，可用作纺织浆料、织物整理剂等；在纸加工中作为黏料胶黏剂用于纸张的表面涂布，作为胶料用于纸张的表面施胶；在医药方面用作药用胶黏剂、混悬剂、包装材料，甚至作为代血浆。

2. 聚乙烯醇生产工艺

聚乙烯醇由聚醋酸乙烯酯醇解而成。其反应式如下：

$$+CH-CH_2\overline{\rceil}_n+nCH_3OH \xrightarrow{NaOH} +CH-CH_2\overline{\rceil}_n+nCH_3COOCH_3$$
$$\quad\ |\qquad\qquad\qquad\qquad\qquad\qquad\ |$$
$$OCOCH_3\qquad\qquad\qquad\qquad\qquad OH$$

先将计量好的液碱与软水充分混合，与聚醋酸乙烯酯的甲醇溶液一块预热，预热后进入混合机快速混合，然后立即进入醇解机进行醇解反应，反应生成块状聚乙烯醇，物料中还含有甲醇、醋酸甲酯、乙酸钠、水等。反应后物料进入粉碎机粉碎后，由输送机送至挤压机中，将聚乙烯醇中大部分液体挤出。滤液循环使用，固体进一步粉碎，符合要求后送至干燥，干燥后产品经包装等工序即得到成品聚乙烯醇。其生产流程示意如图3-1所示。

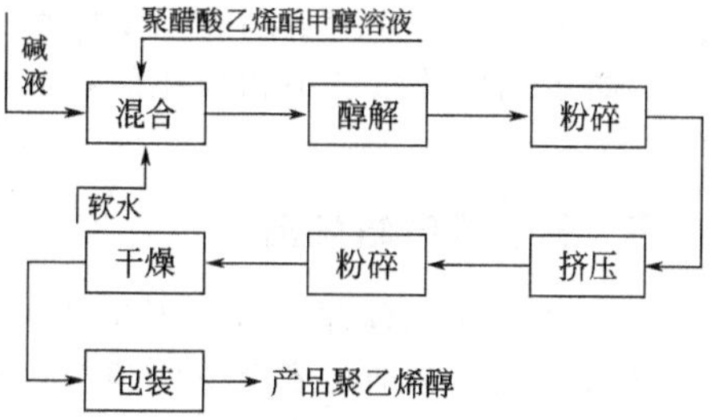

图 3-1　聚乙烯醇生产流程示意图

3. 影响醇解的因素

影响醇解反应的因素很多，诸如聚醋酸乙烯酯甲醇溶液的浓度、反应温度、碱摩尔比等。

（1）聚醋酸乙烯酯甲醇溶液的浓度　聚醋酸乙烯酯甲醇溶液浓度愈高，醇解反应愈不完全，成品聚乙烯醇中的残存醋酸根就愈高。

（2）碱摩尔比　在醇解反应过程中，碱不仅是酯交换反应的催化剂，还可参加皂化反应和副反应。随着碱摩尔比增加，残存的醋酸根降低，醇解时间可以缩短，说明反应速率加快，醇解进行得完全。但摩尔比增加后，副产物醋酸钠也增加，因此碱摩尔比不能太高，一般控制在0.112左右。

（3）温度的影响　醇解温度高，反应速率快，然而最终的醇解率低，即残存的醋酸根反而高。这是因为初期反应温度高，酯交换反应速率快，生成的醋酸甲酯量大，加快了副反应的进行，氢氧化钠消耗快；醇解后期温度降低，酯交换和皂化两反应速率大大下降，以致不能弥补初期增加的速度。所以反应温度升高的结果，醇解率降低，残存的醋酸根增加，醋酸钠生成量也有所增加。

（4）含水率的影响　物料中水含量增加，醇解率下降，成品聚乙烯醇中的残存醋酸根增加。生产中聚醋酸乙烯酯甲醇溶液中的含水量一般控制在1%～2%。

二、聚乙二醇

1. 聚乙二醇的性质和应用

聚乙二醇具有水溶、润滑、低毒、稳定、难挥发、易互溶等性能，并且分子量可以调节，使其具有十分广泛的用途，在多种行业的各种产品中起着不同的作用。聚乙二醇的主要作用是把水溶性或水敏感性带给各种产品。作为化学中间产物，它能给脂肪酸酯、醇酸和聚酯涂料、聚氨基甲酸酯泡沫体提供亲水性。作为配料，将水溶性和溶解能力、润滑性、低毒性、增稠性结合起来，用作药物、化妆品和农用喷雾中活性成分的载体等。在各种混合物中作为润滑剂来吸收和保持水分，并可作为增塑剂。此外还可以用作抗静电剂。

2. 制备方法

聚乙二醇是由环氧乙烷与水或乙二醇逐步加成而制得。环氧乙烷聚合属于离子型反应，可以用酸或碱作催化剂。酸可用路易斯酸，一般只得到低分子量的聚合物。反应速率很快，较难控制。最好用碱或配位阳离子聚合催化剂，聚合反应经引发、增长、终止三个阶段而得产品。引发剂可用乙醇、乙二醇或水，或含有一个活性官能团的其他化合物。采用乙二醇或二乙二醇作引发剂，只能制造低分子量产品。采用低分子量的聚乙二醇作引发剂，可制造出高分子量产品。

聚合方法可采用液相或气相聚合。液相聚合比气相聚合温和，溶剂为脂肪烃和芳烃，催化剂可用氢氧化钠。

工业上，聚合反应常在间歇反应器中进行，反应温度 150～180℃，反应压力 0.3～0.4 MPa，氢氧化钠是最好的催化剂。

由于环氧乙烷与空气能在一个较宽的组分范围形成爆炸混合物，必须采取适当的措施来确保环氧乙烷安全操作。例如反应器的气相部分用适量的惰性气体充入，以保证环氧乙烷的浓度低于可爆炸的浓度范围。当反应物达到要求的分子量后，即停加环氧乙烷，让压力降下来，并加酸或用硅酸镁中和催化剂，通过离子交换树脂分批除去无机物。然后过滤、冷却、包装。

三、聚乙烯吡咯烷酮

1. 聚乙烯吡咯烷酮的性质及应用

聚乙烯吡咯烷酮易溶于甲醇和水，具有高度相容性，能同大多数无机盐溶液及许多天然及合成树脂以及其他的化学品相容；具有优良的分散性、成膜性和安定的生理特性。

鉴于聚乙烯吡咯烷酮的独特的化学和物理性质，在工业上获得广泛应用。其成膜性及黏附性用于制造头发喷雾剂、黏结剂，并用于平板印刷。作为保护胶体，可用于药剂和清洁剂的配方，化妆品的调料，聚合反应配方和染料、颜料的分散液。纺织工业利用其络合染料的能力来改进合成纤维的染色性并用作脱色剂。由于它能络合单宁化合物，聚乙烯吡咯烷酮经交联后能用作醋、酒、啤酒一类发酵产品的澄清剂。与碘形成络合物可保持杀菌功能，对人体毒性较低。

2. 制备方法

聚乙烯吡咯烷酮由 N-乙烯基-2-吡咯烷酮聚合得到。N-乙烯基-2-吡咯烷酮由 γ-丁内酯制得，流程见图 3-2 所示。

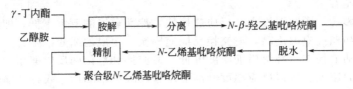

图 3-2　N-乙烯基-2-吡咯烷酮的制法

N-乙烯基-2-吡咯烷酮的聚合方程式为：

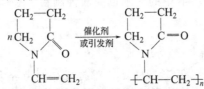

工业生产通常采用悬浮法制备聚乙烯吡咯烷酮，流程见图 3-3。

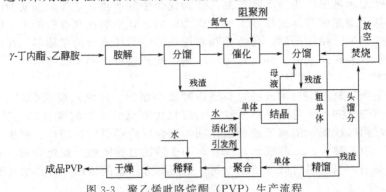

图 3-3　聚乙烯吡咯烷酮（PVP）生产流程

先将去离子水加到用氮吹扫过的反应器中，再加入加有稳定剂的庚烷。然后加入单体总质量80％的乙烯吡咯烷酮。混合并加热至65℃，再将加有引发剂的剩余单体总质量20％的乙烯吡咯烷酮加入反应器中。聚合反应时间8h，实际上在反应开始的2～3h反应就完成了80％，由夹套中的冷却水移走反应热，反应后将物料转移至另一反应器冷至32℃，离心过滤除去溶剂，并用88％丙酮水溶液洗涤后干燥，溶剂回收。干燥是在93℃，在有氮气保护的条件下完成，以避免产品降解。

四、聚丙烯酰胺

1. 聚丙烯酰胺的性质及应用

聚丙烯酰胺具有良好的增稠、减阻和降水作用，易溶于冷水，不溶于大多数非极性有机溶剂，也不溶于丙酮和甲醇中。由于分子结构中存在酰氨基，其化学活性非常高，通过水解酰氨基转化为羧基；与甲醛反应生成羟甲基聚丙烯酰胺；在碱性条件下与次氯酸盐反应生成阳离子型的氯乙烯亚胺；与亚硫酸钠、甲醛生成磺甲基化聚丙烯酰胺等。

由于这些特性，聚丙烯酰胺在许多工业部门获得广泛的应用。具有优良的絮凝性而在工业生产中用作水处理剂；具有减摩性，在各种流体的输送过程中用作减阻剂；具有增稠和流变学调节性能，用在采油的注水工艺中；具有黏结性，用于织物上浆，纸张干、湿增强等。

2. 制备方法

聚丙烯酰胺由丙烯酰胺自由基聚合而得，下面是常见的几种聚合方法。

（1）水溶液聚合法 在8％～10％丙烯酰胺水溶液或25％～30％丙烯酰胺水溶液中，加入引发剂，然后升温聚合、冷却，出料即得聚丙烯酰胺。在聚合前加入计算量的碳酸盐类（前加碱法），制得部分水解的聚丙烯酰胺。图3-4是水溶液法制粉状聚丙烯酰胺的示意图。

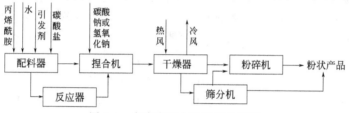

图 3-4 水溶液聚合法流程示意图

（2）乳液聚合法 将25％～30％的丙烯酰胺水溶液分散在120#汽油中，在乳化剂、引发剂存在下进行反相乳液聚合，然后共沸蒸馏以脱除水，经过滤、干燥后即得粉状聚丙烯酰胺。其流程示意图如图3-5所示。

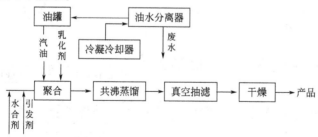

图 3-5 乳液聚合法流程示意图

（3）辐射聚合 在30％丙烯酰胺的水溶液中，加入乙二胺四乙酸二钠等添加剂，脱除氧气后用^{60}Co，γ射线辐射引发聚合，再经造粒、干燥、粉碎即得聚丙烯酰胺产品。其流程示意图如图3-6所示。

五、聚顺丁烯二酸酐

1. 聚顺丁烯二酸酐的性质及应用

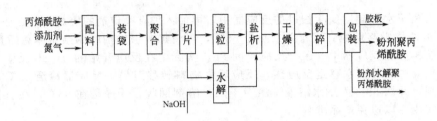

图 3-6　辐射聚合流程示意图

由自由基引发制备的聚顺丁烯二酸酐为乳白色物质。由于原料中杂质的混入，工业品聚顺丁烯二酸酐带有黄色。易溶于水、稀碱、丙酮、乙腈、低级醇、酯和硝基烷烃。聚顺丁烯二酸酐易水解成聚顺丁烯二酸。聚顺丁烯二酸酐是带有高电位电荷的聚电解质，这种聚合物的聚电解质性质不同于聚丙烯酸或聚甲基丙烯酸。用 LiOH、NaOH、KOH 和 $(CH_3)_4NOH$ 滴定，只有总酸一半的羧基被中和，即滴定曲线在半中和点有一个突变。聚顺丁烯二酸的均聚物在水中离解时，生成稳定的环状结构。

聚顺丁烯二酸酐无毒、高温稳定、具有分散磷酸钙微晶的功效、兼有晶格畸变和阈值效应等。广泛用作水处理阻垢剂。与锌盐配合使用，可作为优良的防腐蚀抑制剂。聚顺丁烯二酸酐还可以作颜料分散剂，染料的均化剂。在墨水和黏合剂配方中加入聚顺丁烯二酸酐可改善其性能。也可用作动物饲料添加剂，以改善饲料的分散储藏性。作为防蚀涂层，聚顺丁烯二酸酐也是一种重要的组分。

2. 制备方法

聚顺丁烯二酸酐一般采用自由基引发、溶液聚合反应方法合成。聚合的引发剂为偶氮二异丁腈、过氧化苯甲酰等有机过氧化物。溶剂多用苯、甲苯、二甲苯等芳烃。反应方程式为：

$$n\ CH=CH \xrightarrow[\triangle]{引发剂} \left[CH-CH \right]_n$$

操作过程：在反应器中加入干燥过的甲苯 200kg，再加入 200kg 顺丁烯二酸酐，在搅拌下加热到 70℃，直至固体顺丁烯二酸酐完全溶解。再以 100kg 甲苯溶解 20kg 过氧化苯甲酰，将此溶液逐滴加入反应器中。滴加之后，将反应物逐渐升温到 82℃，并在 90～95℃ 维持反应 5h，冷却到室温，倾去甲苯，加入 2-丁酮 10kg，在 80～90℃ 下搅拌 1h，冷却到 60℃ 后，很快倒入 440kg 甲苯中，过滤除去甲苯，固体聚顺丁烯二酸酐产物在 50～60℃ 的真空下干燥，即得顺丁烯二酸酐。聚合物得率约为 70%～90%。聚合物加水后在 60℃ 溶解。

其生产流程示意如图 3-7。

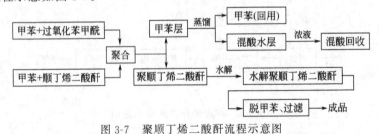

图 3-7　聚顺丁烯二酸酐流程示意图

六、丙烯酸和甲基丙烯酸聚合物

1. 丙烯酸和甲基丙烯酸聚合物的性质及应用

丙烯酸和甲基丙烯酸聚合物都是硬而脆、非常透明的固体，具有吸湿性，易溶于水，也可以溶于某些极性溶剂，如甲醇、乙醇、二噁烷、乙二醇、β-甲氧基乙醇、乙基甲酰胺等，不溶于饱和烃、芳烃和其他非极性溶剂。由于丙烯酸聚合物的分子中含有大量的羧基，可与无机碱、有机碱进行中和反应；与醇进行酯化反应；脱水生成聚丙烯酸酐；与聚醚生成缔合络合物。

聚丙烯酸和其他水溶性的丙烯酸聚合物由于其具有多种物理化学性质。具有多种用途，这些聚合物现在已经应用在涂料、造纸、纺织、采油、采矿、冶金、食品、医药、化妆品、土建及水处理等工业中。大多数的应用是利用丙烯酸聚合物的增稠性能、分散悬浮性能、絮凝性能、黏结性能以及成膜性能等。

2. 制备方法

（1）在水介质中聚合　聚丙烯酸或聚甲基丙烯酸可以用相应的单体直接在水介质中聚合而得。一般聚合配方中包括水、丙烯酸系单体、引发剂和活性剂等。引发剂可用过硫酸铵、过硫酸钾、过氧化氢等，聚合温度在 $50 \sim 100℃$ 的范围内选择。为了控制聚合物的分子量，常加入巯基琥珀酸、次磷酸钠和乙酸铜的混合组分。聚合得到的聚合物溶液可以直接使用，也可以通过干燥成为白色片状固体使用。

（2）在非水介质中聚合　丙烯酸和甲基丙烯酸都可以溶于有机溶剂中，使用的引发剂也溶于有机溶剂，如过氧化苯甲酰或偶氮二异丁腈。也可采用光引发聚合。聚合工艺可以间歇，也可连续进行，得到的聚合物是粉末状聚合物。

（3）通过相应聚合物水解　相应聚合物的水解是制备丙烯酸类聚合物的方法之一。为了制备聚丙烯酸钠，可在聚丙烯酸酯（如聚丙烯酸甲酯）的悬浮液或乳液中加入氢氧化钠水溶液，并加热至 $100℃$ ，维持数小时，即可获得聚丙烯酸钠。

（4）通过共聚反应制备丙烯酸类聚合物　由于丙烯酸和甲基丙烯酸有高度反应活性双键，并易与其他单体（不管是水溶性单体还是非水溶性单体）相混，因而丙烯酸和甲基丙烯酸易与许多单体共聚而形成多种丙烯酸类共聚物。

第三节　合成胶黏剂

一、胶黏剂的组成、分类和应用

1. 胶黏剂的组成

胶黏剂的品种很多，组成有的简单、有的复杂，胶黏剂的主要成分是黏料，需要配合一种或多种的以下其他组分。

（1）基料　也称黏料，是胶黏剂的主要组分，能起到胶黏作用，要求有良好的黏附性和润湿性。作为黏料的物质有合成树脂，包括热固性树脂、热塑性树脂、合成橡胶（如氯丁橡胶、丁腈橡胶）等、天然高分子物质（如淀粉、蛋白质等）以及无机化合物（如硅酸盐、磷酸盐等）。

（2）固化剂和固化促进剂　固化剂是使低分子化合物或线型高分子化合物交联成体型网状结构，成为不溶解、不熔化的坚固胶层的化学药品，为了促进固化反应，有时加入促进剂以加速固化过程或降低固化反应温度。

（3）增塑剂与增韧剂　它们的加入可以增加胶层的柔韧性，提高胶层的冲击韧性，改善胶黏剂的流动性，通常用量为黏料的20％以内。增塑剂为高沸点液体或低熔点固体化合物，与黏料有混溶性，但不参与固化反应，如邻苯二甲酸二丁酯、磷酸三苯酯等。增韧剂则参与固化反应，大多为黏稠液体，如低分子聚酰胺、聚硫橡胶等。

（4）稀释剂　常采用稀释剂来溶解黏料并调节所需要的黏度以便于涂胶。稀释剂有两类：一类是活性稀释剂，含有反应性基团，既可降低胶液黏度，又能参与固化反应。如环氧树脂胶黏剂中的环氧丙烷苯基醚等；另一类是非活性稀释剂，大多是惰性溶剂，不参与固化反应，仅起稀释作用，涂胶后挥发掉。如乙醇、丙酮、甲苯等。

（5）填料　根据胶黏剂的物理性能加入适量的填料以改善胶黏剂的力学性能和降低产品

成本。所用的填料必须干燥，粒度细，用量要合适，常见的填料有石英粉、炭黑、银粉、磁粉、钛白粉、滑石粉、石棉绒等。

（6）其他助剂 为改善胶黏剂的某种性能，有时加入一些特定的添加剂。如加入防老剂以提高防大气老化性；加防霉剂以防止细菌霉变；加增黏剂以增加胶液黏附性和黏度；加阻聚剂以提高胶液的储存性等。

2. 胶黏剂的分类

胶黏剂的品种繁多，组分各异，至今尚无统一的分类方法，习惯用的分类方法主要有按胶黏剂的化学成分、形态、应用方法和用途等，各分类方法如下。

（1）按化学成分分类 以无机化合物为基料的称为无机胶黏剂，如硅酸盐、磷酸盐、氧化铅、锡-铅等。以有机化合物为基料称有机胶黏剂，分为天然胶黏剂和合成胶黏剂，常见的天然胶黏剂有动物胶（骨胶、虫胶、鱼胶等）。合成胶黏剂分为树脂型（聚醋酸乙烯酯、聚乙烯醇、聚丙烯酸类、聚氨酯等）、橡胶型（氯丁橡胶、丁腈橡胶、丁苯橡胶、丁基橡胶、有机硅橡胶等）、复合型（聚乙烯醇缩醛、酚醛-氯丁橡胶、环氧-丁腈橡胶、环氧聚氨酯等）。

（2）按物理形态分类 有胶液（包括溶液、乳液、无溶剂液体）、胶糊（糊状）、胶粉、胶棒、胶膜等。

（3）按固化方式分类 有水基蒸发型（如聚乙烯醇和乙烯-醋酸乙烯酯共聚乳液型胶黏剂）、溶剂挥发型（如氯丁橡胶胶黏剂）、热熔型（如棒状、粒状与带状的乙烯-醋酸乙烯酯热熔胶）、化学反应型（如 α-氰基丙烯酸酯瞬干胶和酚醛-丁腈橡胶等）、压敏型。

（4）按用途分类 有金属、塑料、织物、纸品、医疗、制鞋、化工、建筑、汽车、飞机、电子元件等用胶。还有特种功能胶，如导电胶、导磁胶、耐高温胶等。

（5）按受力情况分类 有结构胶（环氧树脂、酚醛树脂等）和非结构胶（如橡胶胶黏剂等）。

3. 胶黏剂的应用

胶黏剂能很好地粘接各种金属和非金属材料，又能对性能相差较大基材实现良好的粘接，工艺简单、生产效率高、成本低廉，因此胶黏剂广泛用于各个行业，各个部门。从儿童玩具的生产、工艺美术品的制作到飞机、火箭、人造卫星的制造，建筑室内装饰和密封，制鞋及皮革工业、体育用具、乐器、文具、日用百货、文物的修复、铸造工业等，到处都可以看到胶黏剂的应用。随着科学技术的发展，胶黏剂的性能更趋完善，将会得到更广泛的应用。

二、热固性树脂胶黏剂

1. 酚醛和改性酚醛树脂胶黏剂

酚醛树脂是廉价的热固性胶黏剂，品种很多，通用的有三种：钡酚醛树脂胶；醇溶性酚醛树脂胶；水溶性酚醛树脂胶。其中水溶性酚醛树脂胶因其游离酚含量低，对人体危害小，以水为溶剂价廉。下面介绍水溶性酚醛树脂的合成方法。

在反应器中加入 100kg 的苯酚，26.5kg40％的 NaOH 水溶液，开动搅拌器，加热至 $40\sim50℃$，保持 $20\sim30$min，然后于 $42\sim45℃$ 下将 107.6kg 37％的甲醛在 0.5h 内缓慢加入反应器内。反应温度在 1.5h 内升高到 87℃，继续在 $20\sim25$min 内使反应温度由 87℃ 升到 194℃，在此温度下保持 18min，降温至 82℃，保持 13min，再加入 21.6kg 甲醛、19kg 水，升温至 $90\sim92℃$，反应至黏度符合要求为止。冷却后得到胶黏剂成品。

改性酚醛树脂胶黏剂种类很多，这里仅介绍酚醛-丁腈胶黏剂。

酚醛-丁腈胶黏剂的主要成分包括酚醛树脂、丁腈橡胶、硫化剂、促进剂和补强剂等，酚醛树脂可采用热固性酚醛树脂或线型酚醛树脂。丁腈橡胶是丁二烯和丙烯腈的共聚物，由乳液共聚法生产。酚醛丁腈是由酚醛中酚羟基与丁腈中的不饱和双键和氰基起反应。

在确定丁腈橡胶与酚醛树脂配比时，必须考虑胶黏剂的韧性与耐热性之间的平衡。酚醛树脂与丁腈橡胶的质量比为 1：1 时，胶黏剂的延伸率为 50％，这时胶黏剂的强度、韧性与耐热性都比较好。

2. 环氧树脂胶黏剂

环氧树脂胶黏剂主要是由环氧树脂和固化剂两大部分组成，为改善其性能，满足不同用途，还可加入增韧剂、稀释剂和填料等。

环氧树脂种类很多，用作胶黏剂的品种主要是双酚 A 缩水甘油醚。它由双酚 A 和环氧氯丙烷在碱作用下生成，其反应如下：

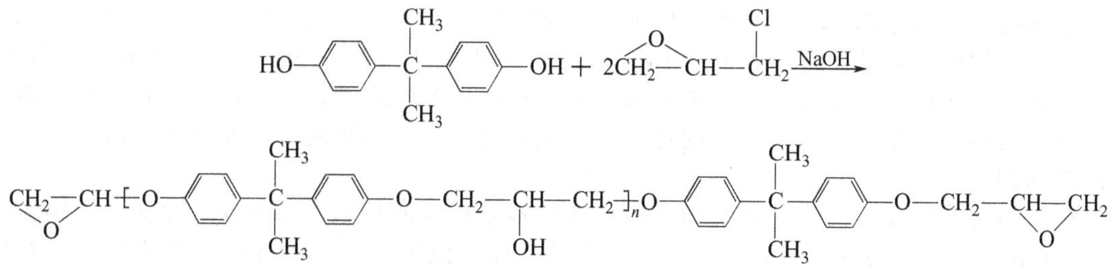

其中 $n=0\sim19$，平均分子量为 300～7000。

（1）固化剂　环氧树脂本身是热塑性线型结构化合物，不能直接作胶黏剂用，必须加入固化剂并在一定条件下进行固化交联反应，生成不溶、不熔的体型网状结构后，才有实际使用价值。固化剂种类很多，常见的有脂肪胺、芳香胺、羧酸、酸酐、酚和硫酸等。

（2）增韧剂　为改善环氧树脂的脆性，提高抗冲击能力和剥离强度，常加入增韧剂。常用的增韧剂有邻苯二甲酸二丁酯、邻苯二甲酸二辛酯、亚磷酸三苯酯。

（3）稀释剂　稀释剂可降低胶黏剂的黏度，改善工艺性能，增加对被粘物的浸润性，从而提高粘接强度。稀释剂有非活性稀释剂（丙酮、甲苯、乙酸乙酯等）和活性稀释剂（501 环氧丙烷丁基醚、662 甘油环氧树脂、600 二缩水甘油醚等）两大类。

（4）填料　填料不仅可以降低成本，还可改善胶黏剂的许多性能。例如降低收缩性、降低热胀系数，提高耐热性、导电性，改善流变特性。常用的填料有石棉粉、水泥粉、滑石粉、刚玉粉等。

（5）应用实例

配方 1（质量份）

E-51 环氧树脂	100	填料	适量
650 聚酰胺	100		

室温 24h 固化；若加热，固化时间可缩短，100℃仅 2h。

配方 2（质量份）

E-51 环氧树脂	100	1,2-二亚乙基三胺	11
邻苯二甲酸二丁酯	15	填料	适量

室温固化 3d 后可达高粘接强度。

3. 聚氨酯胶黏剂

（1）聚氨酯的合成　聚氨酯是由多异氰酸酯与多元醇反应生成，反应式如下：

$$\mathrm{OCN{-}R{-}NCO + HO{-}R'{-}OH \longrightarrow \left[\overset{O}{\overset{\|}{C}}{-}\overset{H}{\overset{|}{N}}{-}R{-}\overset{H}{\overset{|}{N}}{-}\overset{O}{\overset{\|}{C}}{-}OR'{-}O \right]_n}$$

（2）分类　聚氨酯胶黏剂分为三类：多异氰酸酯类、预聚体类和端封型类。

① 多异氰酸酯胶黏剂　可直接作为胶黏剂使用。有甲苯二异氰酸酯、六亚甲基二异氰酸酯和三苯基甲烷三异氰酸酯等。

② 预聚体类聚氨酯胶黏剂　由异氰酸酯和两端含羟基的聚酯或聚醚反应，得到端—NCO基的弹性体胶黏剂。常温下，遇空气中的潮气即固化。当加入氯化铵、尿素等催化剂可在室温固化，也可加热固化。

使用工艺　按甲（异氰酸酯）、乙（多元醇）配比混合均匀后，涂胶两次。第一次涂胶后晾置 5～10min，涂第二次，再晾 10～15min 进行黏合。固化时间可随温度升高而缩短。

③ 端封型聚氨酯胶黏剂　将端异氰酸酯基和苯酚或其他的含羟基化合物（如：醇类、β-二酮类）反应生成具有氨酯结构的生成物，暂时封闭活泼的异氰酸酯基，在水中稳定。这样配制成水溶液或乳液胶黏剂。粘接时可将温度升高至150℃以上，使苯酚游离起到粘接作用。

4．丙烯酸酯胶黏剂

热固性丙烯酸树脂是含活性基团（如环氧基、羟基、羧基等）的丙烯酸单体与丙烯酸及其酯类通过共聚反应制得，常见的有以下几大类。

（1）丙烯酸环氧酯　环氧树脂可用含活泼氢的化合物（如：胺、羧酸、酰胺、N-羟甲基烷基醚等）进行固化反应，固化产物有良好的粘接性和耐药性。由此可使甲基丙烯酸缩水甘油酯与丙烯酸酯单体共聚生成热固性丙烯酸共聚树脂，同环氧树脂一起固化。可用作无纺布的胶黏剂。

（2）丙烯酸羟酯　丙烯酸羟酯树脂需加入与羟基反应的交联剂才能加热固化。丙烯酸羟酯有：（甲基）丙烯酸 β-羟（丙）乙酯、β-羟乙基乙烯基醚等含有这种羟基的共聚物。除热固化外，也可加入氯化铵等催化剂自固化。

（3）丙烯酰胺　在醇中丙烯酰胺单体的均聚或共聚物与甲醛反应生成羟甲基聚丙烯酰胺。羟甲基聚丙烯酰胺的乳液或水性聚合物用作纺织整理剂和无纺布的胶黏剂。

（4）含双不饱和基团的丙烯酸酯　在同一单体中含有两个不同官能团的不饱和双键，如：甲基丙烯酸 β-乙烯基乙酯在选择阳离子催化剂存在下，使一种双键先聚合而成线型聚合物，粘接时，再用自由基引发剂，在较低温度下生成网状不溶物。

5．有机硅胶黏剂

有机硅胶黏剂是以聚有机硅氧烷及其改性体为主要原料的胶黏剂。配方中除聚有机硅氧烷树脂外还包含有填料、固体催化剂、防老剂及溶剂等。这种胶主要用在电子工业中。

有机硅树脂的合成路线如下：

$$m(CH_3)_2SiCl_2 + nC_6H_5SiCl_3 \xrightarrow[\text{丁醇}]{H_2O} \left[\begin{array}{c} CH_3 \\ | \\ Si-O \\ | \\ CH_3 \end{array} \right]_m \left[\begin{array}{c} C_6H_5 \\ | \\ Si-O \\ | \\ H \end{array} \right]_n$$

聚有机硅氧烷胶黏剂具有优异的耐热性能，同时其耐介质、耐水、耐候等性能优良。主要缺点是较脆，胶强度低而固化温度高。

三、热塑性树脂溶液胶黏剂

1．聚醋酸乙烯酯和改性醋酸乙烯酯胶黏剂

聚醋酸乙烯酯是由醋酸乙烯酯以过氧化物或偶氮二异丁腈为引发剂，通过本体、乳液或溶液聚合得到，聚合度为500～1500，其反应式为：

$$nCH_3COOCH=CH_2 \xrightarrow[\text{加热}]{\text{引发剂}} \left[\begin{array}{c} CH_2-CH \\ | \\ OCOCH_3 \end{array} \right]_n$$

聚醋酸乙烯酯可配制成溶液胶黏剂、乳液胶黏剂及醋酸乙烯酯共聚物胶黏剂。

（1）聚醋酸乙烯酯溶液胶黏剂　聚醋酸乙烯酯溶液胶黏剂可由醋酸乙烯酯单体在溶剂中进行聚合直接制得，也可以将聚合度为500～1500的聚醋酸乙烯酯树脂溶解于丙酮、醋酸乙酯、甲苯或无水乙醇等溶剂中配制成胶液。胶液的浓度随树脂用量的增加或聚合度的增高而提高。为了改善脆性，可加入5%～20%的邻苯二甲酸二丁酯类增塑剂，为了提高起始粘接力和降低成本可加入陶土、云母粉、石棉粉等配制成不透明的膏糊。

（2）聚醋酸乙烯酯乳液胶黏剂　将醋酸乙烯酯在水介质中，以聚乙烯醇作保护胶体，加入阴离子或非离子型表面活性剂，在一定的pH下，采用自由基型引发系统，进行乳液聚合制得。

聚合反应过程中乳化剂、保护胶体及引发剂的品种和用量及聚合温度、pH、单体加入方式等对聚合物乳液的性质，如黏度、颗粒度、稳定性等均有影响，应根据需要加以选择。一般来说，乳化剂和保护胶体的类型和用量对乳液性能有显著影响，如果所选类型和配伍不适当，就可能得不到均相乳液；用量大将使耐水性降低，用量少乳液稳定性差。乳化剂除分散乳胶颗粒外，还可降低乳液的表面张力，使乳液在使用时易于与被粘基材的表面润湿。但有些乳化剂易起泡，在使用中带来困难，因此胶黏剂组分中有时需加入阻泡剂或消泡剂。乳液的 pH 是重要指标，和配制胶黏剂时所采用的添加剂及改性剂有关，否则会影响使用和粘接强度。反应温度及搅拌速度等对乳液颗粒度有较明显的影响。

在聚醋酸乙烯酯乳液中加入不同的增塑剂、填料、增黏剂、溶剂等添加物，即可调制成适合不同用途的胶黏剂。增塑剂一般采用邻苯二甲酸二丁酯，用量为 8%～12%，用以提高初粘力；填料可使用高岭土、水泥、轻质碳酸钙等，既可提高黏度又可降低成本。加入甲苯、氯代烃等有机溶剂可获得良好的成膜性，聚乙烯醇、天然橡胶等均可用作增黏剂。

（3）醋酸乙烯酯共聚物胶黏剂　一般指由醋酸乙烯酯和其他单体共聚制得的乳液。通过共聚使胶黏剂内增塑来增加韧性，或引入交联基团来提高耐水性、耐热性。主要的共聚品种如下。

① 醋酸乙烯酯-丙烯酸酯共聚乳液　丙烯酸乙酯、丙烯酸丁酯和丙烯酸异辛酯等均可在类似均聚条件下与醋酸乙烯酯共聚，可用不同的保护胶体和改性剂制得多种用途的胶黏剂，并且具有不同的热封温度、黏性、耐蠕变性等。可用于"难粘"或低能量表面的粘接，内增塑产品可提高耐水和耐碱性。

② 醋酸乙烯酯-丙烯酸共聚乳液　在共聚物中丙烯酸的用量低于 5%，引入交联基团后，可提高乳液稳定性，成膜后可再分散于碱性介质中，这类共聚乳液有较好的对金属等许多材料的粘接性。改变丙烯酸含量或 pH 可控制黏度及粘接强度。

③ 醋酸乙烯酯-乙烯共聚乳液　由乙烯与醋酸乙烯酯在加压下共聚制得。乙烯在共聚物中的含量为 10%～20%。聚合物具有较低的玻璃化温度，对低能表面的湿润性、粘接性良好，在相似的玻璃化温度对抗蠕变较醋酸乙烯酯-丙烯酸酯乳液好，并具有内增塑作用，提高耐水、耐碱性。

④ 醋酸乙烯酯-羟甲基丙烯酰胺共聚乳液　由醋酸乙烯酯与羟甲基丙烯酰胺经乳液共聚制得。羟甲基丙烯酰胺含有反应性基团，含量小于 10%，可通过加热交联固化使胶黏剂变得不溶解，从而提高耐化学性、耐水性、耐热性，并增加强度，黏合层的蠕变性明显下降，改善了胶层性能。

2. 聚乙烯醇和改性聚乙烯醇胶黏剂

（1）聚乙烯醇胶黏剂　聚乙烯醇是在甲醇或乙醇溶液中，以氢氧化钠作催化剂，由聚醋酸乙烯酯水解而得。

$$\text{╂CH}_2\text{—CH╂}_n \xrightarrow{\text{NaOH}} \text{╂CH}_2\text{—CH╂}_n$$
$$\quad\quad\ |\quad\quad\quad\quad\quad\quad\quad |$$
$$\text{OCOCH}_3\quad\quad\quad\quad\quad \text{OH}$$

配成低浓度聚乙烯醇胶黏剂仍显示良好的粘接力，生成的胶膜强度高。聚合度在 500～2400 间有多种型号，作为胶黏剂一般用较高聚合度为宜。胶黏剂配方是将聚乙烯醇 5～10kg 与水 90～95kg 混合，搅拌下加热到 80～90℃直至浅黄色的透明液体即成。

（2）聚乙烯醇缩醛胶黏剂　聚乙烯醇与醛类进行缩醛化反应即可得到聚乙烯醇缩醛。反应式如下：

$$\text{╂CH}_2\text{—CH╂}_n + \text{RCHO} \longrightarrow \text{╂CH}_2\text{—CH—CH}_2\text{—CH╂}_m$$
$$\quad\quad\ |\quad\quad\quad\quad\quad\quad\quad\quad\quad\quad |\quad\quad\quad\quad |$$
$$\quad\quad \text{OH}\quad\quad\quad\quad\quad\quad\quad\quad\ \text{O—CH—O}$$
$$\quad\quad\quad\quad\quad\quad\quad\quad\quad\quad\quad\quad\quad\quad\ |$$
$$\quad\quad\quad\quad\quad\quad\quad\quad\quad\quad\quad\quad\quad\quad\ \text{R}$$

常见的缩醛胶黏剂有聚乙烯醇缩甲醛和聚乙烯醇缩丁醛。聚乙烯醇缩丁醛有较好的韧性、耐光性和耐湿性。主要用于无机玻璃粘接，生产常用的多层安全玻璃。

3. 丙烯酸酯及改性丙烯酸酯胶黏剂

（1）丙烯酸酯胶黏剂　丙烯酸酯胶黏剂是以丙烯酸乙酯、丙烯酸丁酯、丙烯酸异辛酯为主体，常与甲基丙烯酸酯类、苯乙烯、丙烯腈或醋酸乙烯酯共聚制得。胶液主要有溶液和乳液两种类型。

① 溶液型　将甲基丙烯酸甲酯5份，氯仿95份配成溶液胶，可用于粘接有机玻璃。

② 乳液型　一般用共聚乳液，可用于无纺布织物与织物、织物与聚氨酯泡沫材料的粘接。在丙烯酸酯的溶液中共聚，乳化剂的品种及用量对聚合稳定性有决定性作用。阴离子乳化剂使乳液有较好的机械稳定性，非离子乳化剂有较好的化学稳定性。二者配合使用，可使乳化液聚合物有良好的机械和化学稳定性。

（2）改性丙烯酸酯胶黏剂　这类胶黏剂又称为反应性丙烯酸酯胶黏剂。由（甲基）丙烯酸酯单体和弹性体配合，在引发剂存在下进行接枝聚合而成。常用的单体有甲基丙烯酸甲酯、丙烯酸甲酯及丙烯酸羟乙酯等；弹性体有聚丁二烯、氯丁橡胶、丁腈橡胶等；引发剂有二甲基苯胺及二乙基对甲苯胺等；稳定剂有对苯二酚等。改性丙烯酸酯胶黏剂室温固化快；粘接强度高；使用方便。主要用于瓷砖、地板砖、硬质聚氯乙烯、有机玻璃等金属和非金属的粘接。

四、热熔胶黏剂

1. 乙烯-醋酸乙烯酯共聚体热熔胶黏剂

乙烯-醋酸乙烯酯共聚树脂（EVA）热熔胶黏剂的用量最大，用途最广，其特点是对各种材料有良好的粘接性、柔软性和低温性，而且与各种配合组分的混溶性良好，通过配合可制成各种性能的热熔胶。主体树脂EVA由乙烯与醋酸乙烯酯高压本体聚合或溶液聚合制得。主要用于聚丙烯管、聚乙烯钙塑管、薄膜、注射件、冷库密封、书籍无线装订、扬声器引出线、纸板箱包装等的粘接。

2. 聚酰胺热熔胶黏剂

这种胶黏剂具有强的分子间力，对各种材料有良好的亲和性与强韧粘接力。常见的品种有二聚酸型和尼龙型两类。二聚酸型是由大豆油脂肪酸、妥儿油脂肪酸、棉籽油酸的二聚酸与二胺（乙二胺、丙二胺等）反应而成的产物，用于皮革折边粘接。尼龙型主要是共聚尼龙（尼龙-11，尼龙-12等），用于服装衬里和面料粘接。

五、压敏胶黏剂

压敏胶无需借助于溶剂或加热，只需轻度加压，即能与被粘物牢固黏合的胶黏剂。主要用于制造压敏胶黏带和压敏标签。常见的类型有橡胶型和树脂型两大类。

（1）橡胶型压敏胶黏剂　天然橡胶是这类胶黏剂的重要原料，典型的配方如下：

配方1（质量份）

丁苯橡胶	50	三甲基对苯二酚	2
烟片胶	50	石蜡润滑油	20
氢化松香脂	50		

配方2（质量份）

高分子量聚异丁烯	100	萜烯树脂	70
液体聚异丁烯	30	防老剂264	2

（2）树脂型压敏胶黏剂　次于橡胶型，用得最多的压敏胶黏剂，配方如下：

配方1（质量份）

醋酸乙烯酯	20	丙烯酸辛酯	70
丙烯酸乙酯	10	顺丁烯二酸酐	7.5

配方2（质量份）

| 丙烯酸 2-乙基己酯 | 90 | 甲基丙烯酸 | 2 |
| 丙烯腈 | 7 | 邻苯二甲酸二丙烯酯 | 1 |

六、合成橡胶胶黏剂

1. 氯丁橡胶胶黏剂

氯丁橡胶是由氯丁二烯乳液聚合得到：

$$nCH_2=CH-\underset{\underset{Cl}{|}}{C}=CH_2 \longrightarrow \left[CH_2-CH=\underset{\underset{Cl}{|}}{C}-CH_2\right]_n$$

聚合物中，1,4-反式占 80％以上，结构比较规整，分子链上又有极性大的氯原子存在，故结晶性高，在 -35～32℃之间放置皆能结晶。这些特性使氯丁橡胶即使不硫化在室温下也具有较高的内聚强度和较好的黏附性，非常适宜作胶黏剂使用。

（1）胶黏剂的基本配方和组分的功能

基本配方（质量份）

氯丁橡胶	100	防老剂 D	2
氧化镁	4～8	填料	50～100
氧化锌	5～10	溶剂	适量

① 氯丁橡胶　胶黏剂的主要的粘接基料。

② 氧化镁　是缓慢的硫化剂，还具有吸收氯丁橡胶老化过程中分解释放出来的微量氯化氢。通常采用轻质氧化镁。

③ 氧化锌　也是缓慢的硫化剂，常采用橡胶用的 3 号氧化锌。

④ 填料　具有补强和调节黏度作用，并降低成本。常用碳酸钙、陶土、炭黑。

⑤ 防老剂　为防止橡胶本身及制成胶液后产生老化。不考虑着色情况采用防老剂 D、防老剂 A；防污染可加入防老剂 2246。

⑥ 促进剂　除以上基本组分外，为加快室温硫化，一般添加促进剂 NA-22、促进剂 C（二苯基硫脲）、氧化铝。其中以促进剂 C 的效果最好，能较好提高溶液稳定性。

⑦ 交联剂　常采用异氰酸酯（20％三苯基甲烷三异氰酸酯的二氯甲烷溶液）可以提高耐热性，及与金属的结合力，形成牢固的化学键。缺点是易和水反应，使胶液变成凝胶。交联剂的用量为 10％～15％。

⑧ 增黏剂　使用增黏剂是提高黏着性和耐热性的最有效的方法，并能消除胶液的触变性，延长黏着保持时间。

⑨ 溶剂　氯丁橡胶易溶于甲苯、氯代烃和丁酮等溶剂中，但不溶于脂肪烃、乙醇和丙酮。溶剂可以溶解氯丁橡胶，降低黏度，改善胶液的储存稳定性。

（2）制备工艺　将氯丁橡胶先在炼胶机上塑炼，按配方顺序加入配合剂，搅拌溶解配制成胶黏剂。

（3）使用工艺　双组分胶黏剂，将两者按比例称好。搅拌均匀。涂胶两次，每次晾放 15～20min，视溶剂的挥发程度贴合，在接触压力下室温放置至规定时间即成。

2. 丁腈橡胶胶黏剂

丁腈橡胶由丁二烯与丙烯腈乳液共聚制得：

$$nCH_2=CH-CN+mCH_2=CH-CH=CH_2 \longrightarrow \left[CH_2-CH=CH-CH_2\right]_m\left[CH_2-\underset{\underset{CN}{|}}{CH}\right]_n$$

丁腈橡胶有优良的耐油性、耐热性和储存稳定性以及对极性表面有很好的黏附性，可用作胶黏剂。主要用于耐油产品中橡胶与橡胶，橡胶与金属、织物等的胶接。

（1）胶黏剂的基本配方和组分的功能

基本配方（质量份）

丁腈橡胶	100	硫磺	2
氧化锌	5	促进剂 M 或促进剂 DM	1
硬脂酸	0.5	没食子酸丙酯	1

① 丁腈橡胶　丁腈橡胶极性强，粘接力大，但结晶性差，内聚力弱，常与环氧、酚醛等合用。

② 填料　常用作橡胶的辅助原料，提高胶黏剂的性能、降低成本，也可用作颜料。如黑色填料——炭黑；白色填料——氧化锌、二氧化钛等。

③ 防老剂　可防止胶黏剂因空气中氧、紫外线和热作用而老化。一般采用没食子酸丙酯作防老剂。

④ 硫化剂及促进剂　为了提高胶黏剂的耐热等性能，可采用硫化剂使橡胶分子产生交联（硫化）。为了加快硫化的速度，通常和硫化促进剂并用。常用的硫化剂有硫磺、过氧化二异丙苯，促进剂有二硫化二苯基噻唑。

⑤ 溶剂　选择时需要考虑溶解性、相溶性、干燥速度和溶剂毒性等因素。常用的溶剂有丙酮、甲乙酮、乙酸乙酯、乙酸丁酯和氯苯。

（2）制备工艺　先将丁腈橡胶用小辊距进行塑炼。然后将配合剂按次序加入进行混炼，混合均匀，经小辊距后出片，切碎后按配方加入溶剂，搅拌制成胶黏剂。

（3）使用工艺　将胶液涂布于未硫化的橡胶制品上，晾干并黏合后与制品一起加热加压硫化，硫化温度一般在 80～150℃之间。

第四节　涂　　料

一、涂料的组成、作用及分类

1. 涂料的组成

涂料由成膜物质、颜料及填料、助剂和溶剂组成。成膜物质、助剂和溶剂组成透明涂料（清漆）；四种成分构成有色涂料（调合漆）。

2. 涂料的作用

随着科学技术的发展，涂料的应用日益广泛，其作用大致如下。

（1）保护作用　材料暴露在大气中，易受到氧气、水分等的侵蚀，造成金属腐蚀、木材腐朽、水泥风化。在其表面涂上涂料能阻止或延迟破坏现象的发生和发展，从而延长各种材料的使用寿命。

（2）装饰作用　房屋、家具、日用品涂上了涂料就显得五光十色，焕然一新。火车、汽车、自行车等涂上各种颜色涂料就显得美观大方、明快舒畅。

（3）标志作用　用涂料的色彩作标志在国际上已逐渐标准化，各种化工容器可利用涂料颜色作为标志，各种管道、机械设备也可用各种颜料作标志，道路划线、交通运输也需要用不同色彩的涂料来表示警告、危险、停止、前进等信号。

（4）其他作用　除上述各种作用外，涂料在一些特定场合，还有着一些特殊作用。电器的绝缘性借助于绝缘漆的涂膜；各种海轮、舰艇的底部涂刷船底防污漆，防止海洋生物的黏附，保持船体的光滑平整；在发展高速飞行、火箭技术、人造卫星和航天等技术中，要求有适当的涂料，克服和改善气流的磨损、射线的侵蚀、高温的传导等不利因素。

3. 涂料的分类

目前，涂料的品种繁多，国内有近千种之多。涂料有多种分类方法，比较科学的是按主要成膜物质中所包含的树脂进行分类。根据这种方法，目前可将涂料分成十八个大类。即油脂涂料、醇酸树脂涂料、氨基树脂涂料、硝基涂料、酚醛树脂涂料、天然树脂涂料、沥青涂料、纤维素涂料、过氯乙烯涂料、乙烯树脂涂料、丙烯酸树脂涂料、聚酯树脂涂料、环氧树脂涂料、聚氨基甲酸酯涂料、元素有机涂料、橡胶涂料、其他涂料及辅助材料。下面主要介绍醇酸树脂涂料、丙烯酸树脂涂料、聚氨酯树脂涂料、聚乙烯树脂涂料、酚醛树脂涂料、环氧树脂涂料。

二、醇酸树脂涂料

以醇酸树脂为主要成膜物质的合成树脂涂料。醇酸树脂是由脂肪酸（或其相应的植物油）、二元酸及多元醇反应而成的树脂。生产醇酸树脂常用的多元醇有甘油、季戊四醇、三羟甲基丙烷等；常用的二元酸有邻苯二甲酸酐（苯酐）、间苯二甲酸等。醇酸树脂涂料具有耐候性、附着力好和光亮、丰满等特点，且施工方便。广泛用于桥梁等建筑物以及机械、车辆、船舶、飞机、仪表等涂装。

1. 分类

按加入油的种类不同，醇酸树脂可分为干性油（亚麻油或脱水蓖麻油）和不干性油（蓖麻油、棉籽油或椰子油等）两类树脂；按油和苯酐的含量可分为短油度醇酸树脂、中油度醇酸树脂、长油度醇酸树脂和极长油度醇酸树脂四大类。

2. 生产方法

醇酸树脂的工业生产，根据原料不同，可分为脂肪酸法和醇解法两种。前者用的是脂肪酸、多元醇与二元酸，酯化在互溶形成的均相体系内进行，缺点是脂肪酸通常由油加工制造，增加了生产工序，提高了成本；后者用多元醇先将油醇解，使与二元酸酯化时形成均相体系，可制得性能优良的醇酸树脂。根据工艺过程不同又分为溶剂法和熔融法。在缩聚体系中加入共沸剂以除去酯化反应生成的水，则称为溶剂法；不加共沸剂则称为熔融法。溶剂法的优点是所制得的醇酸树脂颜色较浅，质量均匀，产率较高，酯化温度较低，且易控制，设备易清洗等。因此，目前多采用溶剂法生产醇酸树脂。

3. 溶剂法制备醇酸树脂生产工艺

（1）溶剂法制备醇酸树脂工艺流程　该工艺操作过程如图3-8所示。

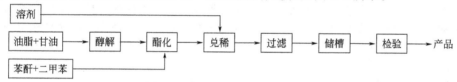

图3-8　溶剂法制备醇酸树脂流程

（2）溶剂法生产工艺举例

62%油度豆油季戊四醇醇酸树脂配方（质量分数/%）

豆油	57.42	邻苯二甲酸酐	27.56
季戊四醇	15.02		

产品规格

黏度（25℃）/Pa·s	1.00～1.40	酸值/（mgKOH/g）	≤15

生产工艺

将豆油加入反应器内，升温，通入 CO_2，以 45～55min 升到 120℃，停止搅拌，加入微量黄丹，开动搅拌。升温到 220℃分批加入季戊四醇，再继续升温到 240℃维持醇解，至取样测定 95%乙醇容忍度（25℃）为 5 作醇解点。降温到 220℃加邻苯二甲酸酐，加完停止通入 CO_2，立即加入总加料量 5%的二甲苯（108kg）。继续升温到 220℃保持 1h，升温到 240℃保持 2h，测酸值和黏度。接近终点时，每 0.5h 测一次。当黏度达到 1.00Pa·s，酸值达到 18mgKOH/g 以下时，立即停止加热，抽入稀释罐进行冷却。当温度降到 150℃以下，加入 200 号溶剂油 1567kg 溶解。再经冷却、过滤，即成醇酸树脂溶液。

三、丙烯酸树脂涂料

以丙烯酸树脂为主要成膜物质的合成树脂涂料。这类涂料不仅色浅、透明度高、光亮丰满、耐候、保色、保光、附着力强、耐腐蚀、坚硬、柔韧，而且通过选择单体、调整配比、改变制备方法及改变拼用树脂，配制成一系列丙烯酸树脂涂料。广泛用于飞机、汽车、机床、仪表、家用电器、高级木器及缝纫机、自行车等轻工产品的防护和装饰性涂料。

1. 热塑性丙烯酸酯漆

热塑性丙烯酸酯漆靠溶剂挥发干燥成膜。漆的组成除丙烯酸树脂外，还包含有溶剂、增塑剂、颜料等，有时还加入其他树脂来改性。热塑性树脂漆常见品种有清漆、磁漆和底漆。

（1）丙烯酸树脂清漆　以丙烯酸树脂为主要成膜物，加入适量的其他树脂和助剂，根据需要来配制。其特点是干燥快，漆膜无色透明，耐水性强于醇酸树脂清漆，耐候性良好。

热塑性丙烯酸清漆配方（质量分数/%）

丙烯酸共聚物（50%固体）	65	甲苯	16
邻苯二甲酸二丁酯	3	甲乙酮	16

（2）丙烯酸树脂磁漆　由丙烯酸树脂加入溶剂、助剂与颜料碾磨制得。具有污染小、耐碱性好、干燥快等优点。

丙烯酸磁漆配方（质量分数/%）

丙烯酸树脂	71.30	1%硅油二甲苯溶液	0.04
邻苯二甲酸二丁酯	0.39	丁醇	7.44
钛白	2.62	二甲苯	17.35
其他颜料	0.86		

（3）丙烯酸底漆　丙烯酸底漆常温干燥快、附着力强、耐水性好。特别适用于各种挥发性漆（如硝基漆）配套作底漆。

2. 热固性丙烯酸酯漆

热固性丙烯酸酯漆可分为自固型和加入交联剂固化型两大类。后者由于加入交联剂品种不同可制成一系列产品。

热固性丙烯酸酯漆涂于物体表面后，在加热条件下，树脂内的活性基团发生交联反应形成网状结构。这样形成的涂膜光泽好、硬度高、附着力强、耐候性优异。这种涂料主要用于汽车、仪表等物品装饰。

轿车漆配方（质量分数/%）

带羟基丙烯酸树脂液	55.0	二甲苯	4.8
低醚化度三聚氰胺树脂	19.0	环己酮	6.0
钛白及配色颜料	15.0	1%硅油二甲苯溶液	0.2

130℃烘烤1h，固化

电冰箱漆配方（质量分数/%）

丙烯酰胺丁氧甲基丙烯酸树脂	50	二甲苯	10
钛白粉	20	环己酮	10
低醚化度三聚氰胺树脂	10		

170℃烘烤10min，固化

四、聚氨酯树脂涂料

聚氨酯漆类是以聚氨酯树脂为主要成膜物质涂料的总称。漆膜耐磨性强、耐化学稳定性好、附着力高，广泛用于国防、基建、化工、防腐、电气绝缘、木器涂装等方面，是一种极有发展前途的涂料。

1. 聚氨酯涂料的主要原料

（1）异氰酸酯　常用的异氰酸酯有芳香族的甲苯二异氰酸酯、二苯基甲烷二异氰酸酯；脂肪族的六亚甲基二异氰酸酯、二聚酸二异氰酸酯等。

（2）含羟基化合物　常用的有聚酯、聚醚、环氧树脂以及含羟基的热塑性高聚物等。

2. 聚氨酯涂料的分类

（1）聚氨酯改性油（聚氨酯清漆）　成膜物的主体为聚氨酯改性油或聚氨酯改性的醇酸树脂,是由多元醇与植物油反应生成的醇解物,再与甲苯二异氰酸酯反应制成的单组分清漆。

（2）湿固化聚氨酯漆　这种漆由聚醚型二元醇、三羟甲基丙烷等与过量二异氰酸酯反应制得的单组分湿固化型涂料,常温下形成固化涂膜。

（3）羟基固化聚氨酯漆　这种漆是双组分聚氨酯树脂涂料,含羟基成分的多元醇主要用聚醚型多元醇、聚酯型多元醇、丙烯酸、多元醇、环氧多元醇等。所用的固化剂为多元醇与过量二异氰酸酯生成的预聚物。

（4）封闭型聚氨酯漆　由于双组分羟基固化聚氨酯使用上不方便,以含挥发性的活性氢化物的酚作封闭剂,使其在聚异氰酸酯预聚物上加成,加热时封闭剂从异氰酸酯中逸出,而使异氰酸酯与多元醇反应固化成膜,从而制得单组分涂料。

3. 聚氨酯树脂漆配方

单组分自焊锡电磁漆配方（质量分数/％）

苯酚封闭的甲苯二异氰酸酯加成物	32.45	混合甲酚	20.40
聚酯(含羟基12％)	15.45	乙酸溶纤剂	17.40
辛酸亚锡	0.10	甲苯	11.80
聚酰胺树脂	2.40		

双双组分聚乙烯塑料涂料配方（质量份）

甲组分	甲苯二异氰酸酯加成物(75％)	54	苯酐/三羟甲基丙烷聚酯	42
	甲乙酮	6	混合溶剂	477
乙组分	聚氨酯弹性树脂	21		

五、聚乙烯树脂涂料

聚乙烯树脂涂料主要成膜物质是乙烯类树脂。原料来源丰富,价格低廉,具有许多优越性能,如耐候性、防霉性、不燃性和柔韧性。针对产品不同的技术要求选用适当的品种及配方,因此其产量在涂料生产中逐步增加。

1. 聚乙烯树脂涂料分类

涂料的分子结构中含有乙烯键的各种乙烯树脂及其改性树脂。大致可分为三种类型。

（1）氯乙烯系列的乙烯漆　常见品种包括氯乙烯树脂漆、偏氯乙烯与丙烯腈共聚树脂漆、偏氯乙烯与氯乙烯共聚树脂漆、氯乙烯与乙酸乙烯共聚树脂漆等。

（2）醋酸乙烯系列的乙烯漆　包括醋酸乙烯酯乳胶漆、聚乙烯醇漆、聚乙烯醇缩醛漆等。

（3）苯乙烯系列乙烯漆　包括聚苯乙烯漆、苯乙烯焦油树脂漆等。

2. 聚乙烯树脂涂料配方介绍

聚乙烯醇缩丁醛配方（质量份）

聚乙烯醇(聚合度1700)	100	盐酸(工业品,30％HCl)	1000
水	1200	丁醛(96％)	60

磷化底漆配方（质量分数/％）

聚乙烯醇缩丁醛	10.95	乙醇	62.20
33.3％铬酸水溶液	1.40	正丁醇	14.50
10.0％磷酸丙酮溶液	10.95		

六、酚醛树脂涂料

以酚醛树脂与干性油脂熬炼而成的一类合成树脂涂料。涂膜坚硬、耐磨、耐水、耐潮、耐化学腐蚀、绝缘和干燥快,制造方便,品种较多,且原料易得,价格适中,易于施工,已广泛用于木器、家具、建筑、机械、电器和化工防腐蚀涂装等。

酚醛树脂涂料有很多品种，大致可分为四大类。

（1）水溶性酚醛树脂涂料　由改性酚醛树脂、干性油、顺丁烯二酸酐、氨水等制成的水溶性树脂，并添加颜料、助剂等组成。用电沉积涂装，成膜性、耐腐蚀性、附着力较好，适用作底漆。

（2）醇溶性酚醛树脂涂料　分热塑性和热固性两种。前者由热塑性酚醛树脂和酒精组成，作为虫胶漆的代用品，有良好的耐油、耐酸和绝缘性，但涂膜脆，应用较少。后者由热固性酚醛树脂和酒精组成，有良好的耐油、耐水、耐热和绝缘性，但不耐强碱。

（3）油溶性酚醛树脂涂料　由油溶性酚（对叔丁基酚或对苯基苯酚）醛（甲醛）树脂和干性油组成，涂膜坚硬、干燥快、附着力强，耐水和耐腐蚀性优于醇酸树脂涂料，但耐候性差，用于罐头、船舶、绝缘材料工业。

（4）改性酚醛树脂涂料　有松香改性和丁醇改性两种。前者由松香改性酚醛树脂和干性油、颜料、溶剂、助剂等组成。干燥迅速，耐腐蚀及力学性能较好，用于家具、建筑、船舶和绝缘材料等工业；后者由丁醇改性酚醛树脂和环氧树脂组成，涂膜坚韧、耐腐蚀，用于罐头和化学工业。

其中以松香改性酚醛树脂涂料的品种最多、产量最大，已成为酚醛树脂生产的主体。

七、环氧树脂涂料

环氧树脂涂料是以环氧树脂为主要成膜物的涂料，结构式如下：

$$CH_2-CH-CH_2-O-\text{⟨} \underset{CH_3}{\overset{CH_3}{C}} \text{⟩}-O-CH_2-\underset{OH}{CH}-CH_2 \text{]}_n-O-\text{⟨} \underset{CH_3}{\overset{CH_3}{C}} \text{⟩}-O-CH_2-CH-CH_2$$

该涂料的主要成膜物为环氧树脂，由于环氧树脂含有活性的环氧基、羟基和醚键，因此除单独用于制造涂料外，还能与多种树脂共用，进行改性制成系列环氧树脂涂料。依其干燥和固化方式，这种涂料的品种及其组成见表3-1。

表3-1　环氧树脂漆的种类及组成

固化方式	涂料名称	成膜物组成
胺固化型	（1）多元胺固化环氧树脂漆	环氧树脂
	（2）聚酰胺固化环氧树脂漆	环氧树脂,聚酰胺
	（3）胺加成物固化环氧树脂漆	环氧树脂
	（4）胺固化环氧沥青漆	环氧树脂,沥青
合成树脂固化型	（1）环氧酚醛树脂漆	环氧树脂,酚醛树脂
	（2）环氧氨基树脂漆	环氧树脂,氨基树脂
	（3）环氧丙烯酸漆	环氧树脂,丙烯酸树脂
	（4）环氧多异氰酸酯漆	环氧树脂,多异氰酸酯
	（5）环氧氨基醇酸树脂漆	环氧树脂,氨基树脂,醇酸树脂
氧化干燥固化型	（1）环氧酯漆	环氧树脂,脂肪酸
	（2）环氧酯合成树脂漆	环氧树脂,脂肪酸,合成树脂

下面介绍较重要的胺固化型和合成树脂固化型环氧树脂。

1. 胺固化型环氧树脂漆

（1）多元胺固化环氧树脂漆　常用的固化剂是脂肪族多元胺类，如乙二胺、己二胺、1,2-二亚乙基三胺等。这种漆是双组分漆，施工前按规定比例配合，配合比一定要准确。调匀后静置1～2h，进行熟化后才能施工。

胺固化环氧清漆（喷用）典型配方（质量份）

组分一

环氧树脂(环氧当量500)	50.0	甲基异丁基酮	15.0
脲醛树脂(固体60%)	2.5	二甲苯	22.5
甲乙酮	10.0		

组分二

1,2-二亚乙基三胺	3.0	二甲苯	3.5
丁醇	3.5		

配比

树脂组分	100	固化剂组分	10

（2）聚酰胺固化环氧树脂漆　常用的固化剂是低分子量聚酰胺树脂，由植物油的不饱和脂肪酸的二聚体或三聚体和多元胺缩聚而成。

聚酰胺环氧清漆典型配方（质量份）

组分一

环氧树脂（当量 500）	50	溶纤剂	10
甲基异丁基酮	10	甲苯	5

组分二

聚酰胺（胺值 200）	35.0	甲苯	17.5
异丙醇	17.5		

配比

树脂组分	100	固化剂组分	50

（3）胺的加成物固化环氧漆　最常用的是环氧和胺（乙二胺、己二胺等）的加成物，由环氧树脂和过量的二胺反应制得。

清漆配方（质量份）

组分一

环氧树脂（环氧值 0.2）	50.0	混合溶剂	47.5
脲醛树脂（固体 60%）	2.5		

组分二

提纯的乙二胺环氧树脂加成物	20.0	混合溶剂	20.0

配比

树脂组分	100	固化剂组分	40

2. 合成树脂固化型环氧树脂漆

（1）酚醛树脂固化环氧树脂漆　选用分子量在 2900～4000 之间的环氧树脂，醇溶性酚醛树脂、丁醇醚化二酚基丙烷甲醛树脂、热塑性酚醛树脂和苯基苯酚甲醛树脂。

环氧酚醛漆配方（质量分数/%）

环氧树脂（E-06）	30	二甲苯	15
环己酮	15	4%二酚基丙烷甲醛树脂液	25
二丙酮醇	15		

（2）环氧氨基树脂漆　选用相对分子质量为 2900～3750 的环氧树脂，丁醇醚化脲醛树脂和三聚氰胺甲醛树脂。该漆的漆膜柔韧性好、颜色浅、光泽强、耐化学品性能好。环氧树脂与氨基树脂的质量比在 70∶30 时漆的性能最好。

环氧氨基清漆配方（质量分数/%）

环氧树脂	28.0	二丙酮醇	26.0
60%丁醇醚化脲醛树脂	20.0	二甲苯	26.0

（3）环氧-氨基-醇酸漆　选用分子量为 900 的环氧树脂不干性短油度醇酸树脂。配漆时常用的质量比是环氧∶醇酸∶氨基＝30∶45∶25。三成分的烘干条件是 180℃最少烘 15min，150℃最少烘 30min 或 120℃烘 60min。

环氧氨基醇酸清漆配方（质量分数/%）

环氧树脂	15.4	环己酮	17.2
中油度蓖麻油醇酸树脂	32	二甲苯	13.4
丁醇醚化三聚氰胺甲醛树脂(50％)	21.4	1％硅油溶液	0.5

性能 （在 150℃，烘 1h）

| 干燥时间 | 1min | 耐冲击强度 | 50MPa |
| 弯曲试验 | 1min | | |

（4）多异氰酸酯固化环氧树脂漆　选用分子量在 1400 以上的环氧树脂，多异氰酸酯与多元醇的加成物。这种漆是双组分的：环氧树脂和溶剂为一组分；多异氰酸酯为另一组分。室温下两种树脂反应制成常温自干型涂料。涂膜有优越的耐水性、耐溶剂性、耐化学品性和柔韧性，用于化工设备等涂装。

聚异氰酸酯环氧磁漆配方 （质量分数/％）

组分一

钛白粉	34.0	环己酮	21.5
环氧树脂(E-03)	21.0	乙酸溶纤剂	10.75
环己酮树脂	2.0	二甲苯	10.75

组分二

TDI 加成物 （由甲苯二异氰酸酯和三羟甲基丙烷加成）

主要规格

| 固体含量(乙酸乙烯溶液) | 75％±1％ | 游离甲苯二异氰酸酯 | 0.5％以下 |
| 异氰酸酯基含量 | 13.0％±0.5％ | | |

配比

组分一 100kg，加组分二 18.7kg。

性能

| 干燥时间 | 硬干 2h |

习题

1. 按特性及专用性高分子精细化学品分为哪几类？
2. 什么聚合物称为水溶性聚合物？
3. 什么物质称为胶黏剂？
4. 什么物质称为涂料？
5. 画出聚乙烯醇生产流程示意图。
6. 简述胶黏剂的组成成分。
7. 胶黏剂分为哪几类？
8. 简述水溶性酚醛树脂的生产工艺。
9. 涂料的作用是什么？
10. 简述涂料的组成成分及分类。
11. 涂料分为哪几类？

第四章　功能高分子材料

第一节　概　　述

一、功能高分子材料的定义、特点

由于现代航天、军工、计算机等技术的发展对特种材料的需求，高分子材料得到了进一步的发展，从而出现了耐高温、高强度、高绝缘性的特种高分子材料，如有机硅聚合物、有机氟聚合物、聚芳烃、杂环高分子化合物等。通常使用这类高聚物的着眼点在于在特定环境中（如高温、低温、腐蚀和高电压）仍具有很好的物理机械性能，如高强度、高弹性及高绝缘等。这类高分子材料品种多、专用性强、产量小、价格贵。通常称为特种材料或精细高分子材料。

近年高科技的发展对材料又提出许多新的要求，例如信息工业、宇航工业、冶金工业、化学工业、医药工业和医疗器械工业等，提出了许多新的课题，使高分子材料发展提高到新阶段，即进入高分子材料分子设计的时代。相继开发出许多功能材料，例如具有分离功能的材料，如人们熟悉的离子交换树脂，以及近年来出现的对特定金属离子具有螯合功能的螯合性树脂、吸附性树脂、混合气体分离膜、混合液体分离膜；高分子催化剂；高分子表面活性剂；导电高分子；液晶高分子；感光树脂；生物活性高分子；高分子药物；高分子医用材料等。这些经过精细设计的高分子材料都具有某种特殊的功能。利用高分子本身结构或聚集态结构的特点，并引入功能基团，形成新型具有某种特殊功能的高分子材料，通常称为功能高分子材料。以这些材料为对象，研究其结构组成、物理化学性质、制备方法及应用的科学称为功能高分子材料化学。

功能高分子化学研究的目标和内容是建立聚合物结构与功能之间的关系，并以此为理论，指导开发功能更强或具有全新功能的高分子材料。

二、功能高分子材料的分类

按照性质和功能划分，功能高分子材料可分为六种类型：反应型高分子材料，包括高分子试剂和高分子催化剂；光敏型高分子材料，包括各种光稳定剂、光刻胶、感光材料和光致变色材料等；电活性高分子材料，包括导电聚合物、能量转换型聚合物和其他电敏材料；膜型高分子材料，包括各种分离膜、缓释膜和其他半透性膜材料；吸附型高分子材料，包括高分子吸附性树脂、高分子絮凝剂和吸水性高分子吸附剂等；其他未能包括在上述各类中的功能高分子材料。

按照用途可划分的类别将更多，如医药高分子材料、分离用高分子材料、高分子试剂、离子交换树脂等。

第二节　结构与性能的关系

功能高分子材料许多独特的性质，主要与其结构中的两方面性质有关。首先是分子中对表现出的特殊性质起关键作用的官能团的性质，如高分子化学反应试剂中的反应活性点的反应性质；其次是连接并承载这些官能团的聚合物骨架的性质，如溶胀性或润湿性等。两者的结合构成功能高分子材料的性能与其结构的关系，即材料的构效关系。

一、官能团的性质与聚合物功能之间的关系

化合物的物理化学性质往往主要取决于分子中的某些结构片段，如羧酸中的羧基、乙醇中的羟基等。在功能高分子材料中一般也存在着起类似作用的官能团。在功能高分子材料中的官能团一般起以下几种作用。

1. 官能团的性质对材料的功能起主要作用

当官能团的性质对材料的功能起主要作用时，高分子骨架仅仅起支撑、分隔、固定和降低溶解度等辅助作用。在这类功能高分子材料的研究都围绕发挥官能团的作用展开，这类材料都从小分子化合物出发，通过高分子化过程得到。高分子化过程往往使小分子化合物的性能得到改善和提高。

2. 骨架与官能团协同作用

官能团的作用需要通过与高分子骨架的结合，或者通过高分子骨架与其他官能团相互结合而发挥作用。固相合成用高分子试剂是比较有代表性的例子，固相合成以不溶在反应体系中的聚合物为载体，固相试剂与小分子试剂进行单步或多步高分子反应，简单过滤除去过量的试剂和副产物，通过固化键的水解从载体上脱下合成产物。

3. 骨架的作用

官能团与聚合物骨架在形态上无法区分，可以说官能团是聚合物骨架的一部分，或者说聚合物骨架本身就起着官能团的作用。例如电子导电型聚合物是由线型共轭结构的大分子构成，如聚乙炔、芳香烃以及芳香杂环聚合物，线性共轭结构也是高分子骨架的一部分，同时对导电过程起主要作用。

4. 官能团起辅助作用

除上述情况外，也有以聚合物骨架为完成功能过程的主体，而官能团仅起辅助作用。如利用引入官能团改善溶解性质、降低玻璃化温度、改善润湿性和提高机械强度等作用。

二、聚合物骨架的结构、组成与性能对功能高分子材料性能的影响

所有功能高分子材料，聚合物的结构（包括微观结构和宏观结构）、化学组成及物化性质都会对其功能的实现产生显著影响。例如，高分子功能膜材料要求聚合物有微孔结构，或者扩散功能，以满足被分离物质在膜内的选择性透过功能；反应型功能高分子要求聚合物要有一定溶胀性能，或者一定空隙度和孔径分布范围，以满足反应物质在其中进行扩散；其他功能高分子材料对聚合物化学的、机械的和热稳定性均有一定要求。

1. 聚合物骨架的种类、化学形态和物理化学性质

聚合物按化学形态区分，聚合物骨架主要分为两类。一类是线型聚合物，聚合物中有一条较长的主链，没有或较少分支；另一类是交联聚合物，是线型聚合物通过交联剂反应生成的网状大分子。这两类聚合物具有明显不同的物理化学性质，作为功能高分子材料的骨架，根据使用范围差异，各有特点。

2. 功能高分子材料对聚合物性质的要求

聚合物是功能高分子材料的骨架，其性质至关重要。应具有良好的稳定性、溶剂化性、多孔性、渗透性和反应性。聚合物的稳定性包括化学稳定性和机械稳定性。反应性高分子试剂和高分子催化剂骨架的应用，化学稳定性非常重要。高分子分离膜和聚合物液晶的应用，机械稳定性（机械强度和尺寸）是主要影响因素，增加交联度可提高机械稳定性。

3. 功能材料中聚合物骨架的高分子效应

通过研究发现有同样功能基团的高分子化合物的物理化学性质不同于其小分子类似物，这种由于引入高分子骨架后产生的明显差别定义为高分子效应。高分子效应表现在许多方面。有物理性质方面的，如挥发性、溶解性和结晶度下降；也有化学性质方面的，如高分子

骨架在反应型高分子使用中的无限稀释作用、高度浓缩作用和模板作用等。

第三节　功能高分子材料的制备方法

功能高分子材料的制备通过化学的或物理的方法，按照材料的设计要求将功能基与高分子骨架相结合。虽然功能高分子材料的制备方法千变万化，归纳起来主要有以下三种类型：通过功能型小分子材料的高分子化；已有高分子材料的功能化和多功能材料的复合；已有功能高分子材料的功能扩展。或者上述几种方法相结合制备。其中发挥主要作用的功能基可以在高分子的主链上，也可以直接或间接与高分子骨架相连。高分子骨架也可以是预先制备的聚合物，通过接枝、吸附、包络等方法实现功能化；也可以是由带有功能基团的单体通过均聚、共聚等高分子化方法制备。

一、功能型小分子材料的高分子化

功能型小分子材料的高分子化主要分为功能型单体的聚合法和聚合物包埋法两种类型。功能型单体的聚合法主要包括两个步骤，首先是合成功能型单体，然后进行均聚，或共聚反应生成功能型聚合物。合成可聚合的功能型单体目的是在小分子功能化合物上引入可聚合基团，这类基团包括端双键、吡咯或噻吩等基团。制备好功能型单体后，通过聚合反应制备功能高分子。聚合方法主要有缩聚、加聚和共聚反应。缩聚是双官能团化合物的聚合反应，通过脱去小分子副产物形成长链聚合物，所得聚合物化学组成与原来单体的化学组成不同；根据功能性小分子在单体中的位置，生成的功能聚合物功能基可以在聚合物主链上，也可以在侧链上。

加成聚合反应明显地分为三个阶段，即链引发、链增长和链终止。采用光引发的自由基聚合在功能高分子制备中较为常用，可以得到较为纯净的聚合物。根据聚合反应体系和聚合介质不同，加成聚合反应还分成本体聚合、溶液聚合、悬浮聚合和乳液聚合四种。本体聚合无溶剂参与，反应直接在单体中进行，故得到的聚合物纯度较高、分子量较大。溶液聚合在反应体系中加入较多的惰性溶剂用于稀释，降低单体浓度，同时吸收聚合反应所放出的热量，使反应易于控制。但是溶剂的存在易引起链转移反应和污染产物，故得到的聚合物纯度较低、分子量较小。悬浮聚合采用一种与单体不溶的溶剂，将单体悬浮在溶剂中，溶剂在反应中起分散作用和吸收反应放出的热量。悬浮聚合得到粒状或球状的产物，通过过滤与溶剂和引发剂等分离，这种方法适合于交联型聚合物的制备。乳液聚合的反应体系中包括单体、分散剂、乳化剂和水溶性引发剂；对于疏水性单体，分散剂常用去离子水，借助于乳化剂的作用，各种成分被分散在分散剂中，形成水包油型乳液，聚合反应在单体液滴中进行，得到的聚合物分子量较大。

除了单纯加成聚合和缩合聚合，使用多种单体进行共聚反应也是制备功能高分子的一种常用方法。特别是当需要控制功能基的单体在生成聚合物内分布的密度，或者需要调节生成聚合物的物理化学性质时，共聚是唯一可行的解决办法。根据单体结构不同，共聚物可以通过加成聚合，或者缩合聚合制备。在共聚反应中借改变单体的种类和两种单体的相对数量，可以得到多种不同性质的聚合物。在均聚反应生成的功能聚合物中每个结构单元都含有一个功能基，而共聚反应可以将两种以上的单体以不同结构单元的形式结合到一条聚合物主链上。根据不同结构单元在聚合物链中的排布，可以将共聚反应生成的聚合物分为交替共聚物和嵌段共聚物，分别表示在聚合物链中两种结构单元交替连接和成段连接。

电化学聚合是一种新型功能高分子材料的制备方法。含有端基双键的单体可以通过诱导还原电化学聚合；含有吡咯或噻吩的单体，氧化电化学聚合是比较适宜的方法。电化学聚合已用于电导型聚合物的合成和聚合物电极表面修饰过程。

第二种功能高分子制备方法是在单体溶液中加入小分子功能化合物，在聚合过程中小分子被生成的聚合物所包埋，称为聚合物包埋法。聚合物骨架与小分子功能化合物之间没有化学键连接，固化作用通过聚合物的包络作用实现。这样制备的功能高分子类似于共混法制备的产物，但均匀性更好。另外优点是方法简便，功能小分子的性质不受聚合物性质的影响，因此特别适宜对酶这种敏感材料的固化。但在应用过程中包络的小分子功能化物容易逐步失去。

通过聚合法制备功能高分子材料的主要优点在于可使生成的功能高分子功能基分布均匀，生成的聚合物结构可以通过小分子分析和聚合机理加以测定，产物的稳定性较好，因此获得了广泛的应用。不足之处主要包括：在功能型小分子中需要引入可聚合单体，而这种引入常需要复杂的合成过程；要求在反应中不能破坏原有结构和功能。当需要引入稳定性不好的功能基时需要加以保护。引入功能基后对单体聚合活性的影响也常是需要考虑的因素。

二、高分子材料的功能化

通过化学或物理方法对已有聚合物进行功能化，使这些寻常的高分子材料具备特定功能，成为功能高分子材料。此种制备方法可以利用大量的商品化聚合物，通过高分子材料的选择，得到的功能型聚合物力学性能比较有保障。高分子材料的功能化常用化学改性和物理共混两种方法。

1. 化学改性法

这种方法利用接枝反应在聚合物骨架上引入活性功能基，从而改变聚合物的物理化学性质，赋予新的功能。能够用于接枝反应的聚合材料包括聚苯乙烯、聚乙烯醇、聚丙烯酸衍生物、聚丙烯酰胺、聚乙烯亚胺、纤维素等，应用最多的是聚苯乙烯。但是购入的聚合物相对来说都是化学惰性的，一般不能直接与小分子功能化试剂反应而引入功能化基团。这样需要对聚合物进行结构改造，引入活性基团。结构改造的方法主要有以下几类。

（1）聚苯乙烯的结构改造　聚苯乙烯中的苯环较活泼，可以进行多种取代反应。例如，经硝化和还原反应，可以得到氨基取代聚苯乙烯；与氯甲醚反应可以得到聚氯甲基苯乙烯等，见表4-1。引入了这些活性基团后，聚合物的活性得到增强。在活化位置可以与许多小分子功能化合物进行反应，引入各种功能基。例如，得到的聚氯甲基苯乙烯可以和带苯环的化合物进行取代反应，在苄基位置与芳环连接，可以将邻羟基苯甲酸、8-羟基喹啉、氢醌等功能基引入聚苯乙烯；也可以和带有羧基的分子反应生成苄基酯键，引入各种带羧基的功能型小分子。聚合物中的氯甲基还可和带巯基的化合物反应生成硫醚键，或者与各种有机胺反应生成碳氮键与功能基连接。以这些反应为基础，还可进行更多的反应，引入多种类型的功能基团。得到的聚氨基苯乙烯在氨基上可和带羧基、酰氯、酸酐、活性酯等官能团的化合物反应，生成酰胺键从而引入功能基团。聚氨基苯乙烯也可通过与卤代芳烃化合物发生氨基取代反应，在氨基上引入芳烃取代功能基，重氮化后的聚氨基苯乙烯还可和多种芳烃直接发生取代反应。由聚苯乙烯经溴化后再与丁基锂反应得到的聚苯乙烯锂，其反应性非常强，可和带卤代烃、环氧、醛酮、酰氯、氰基结构的化合物反应生成碳碳键；也可和芳烃杂环反应，在苯环上直接引入芳烃功能基。同时，与二氧化碳反应生成的芳烃羧酸还可作为进一步反应的活性官能团。

聚苯乙烯的苯取代基比较活泼，可进行各种亲电芳烃取代，引入各种功能基团。这种聚合物与多种溶剂相溶性比较好，对制成的功能聚合物的使用范围限制较小。交联度容易通过二苯乙烯的加入量控制，可以得到不同孔径的聚合树脂。改变制备条件可以得到凝胶型、大孔型、大网型、米花型树脂。机械和化学稳定性好是聚苯乙烯的另一优点，因为聚乙烯型骨架较少受到常见化学试剂的影响。

（2）聚氯乙烯的结构改造　聚氯乙烯也是一种价廉并有一定反应活性的聚合物，经过结构改造，可以用作高分子功能化的底材。结构改造主要在氯原子取代位置，在此引入活性较强的官能团。如可和带苯环等芳烃化合物反应，引入芳烃基团；和硫醇钠反应，生成碳硫键；和二苯基膦锂反应，引入制备高分子催化剂的官能团二苯基膦；和丁基锂反应，以生成碳碳键方式引入活性官能团。聚氯乙烯脱去氯化氢生成带双键的聚合物，可进行各种加成反应；聚氯乙烯也可通过叠氮化，提高反应活性后再引入活性基团。总体来讲，聚氯乙烯的反应活性较低，需要反应活性较高的试剂和比较激烈的反应条件，其中部分合成反应见表4-2。

表 4-1 可用于在聚苯乙烯骨架上引入活性官能团的部分化学反应

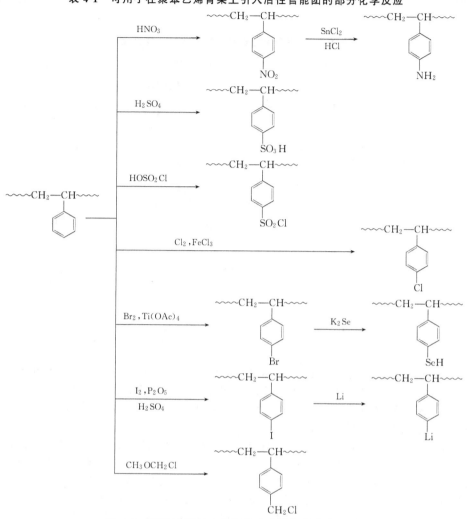

表 4-2 可用于聚氯乙烯结构改造的部分合成反应

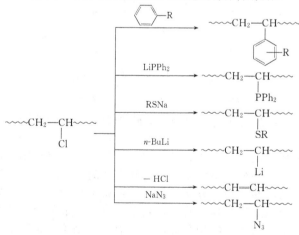

（3）聚乙烯醇的结构改造 聚乙烯醇也是一种常用于制备功能高分子材料的聚合物，聚合物上的羟基是引入活性官能团的反应点。羟基可和邻位具有活性基团的不饱和烃或卤代烃反应生成醚键；也可和反应活性较强的酰卤或酸酐发生酯化反应，生成酯键；和醛酮类化合

物进行缩聚反应，使被引入基团通过两个相邻醚键与聚合物骨架连接，双醚键可增强化学稳定性。这类反应见表 4-3。

表 4-3　可用于聚乙烯醇结构改造的合成反应

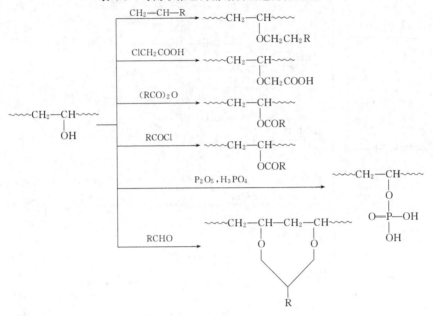

（4）聚环氧氯丙烷的结构改造　聚环氧氯丙烷或环氧氯丙烷与环氧乙烷的共聚物是制备功能高分子的另一类原料，聚合物链上的氯甲基与醚基氧原子相邻，和聚氯甲基苯乙烯具有类似的反应活性，可以在非质子型极性溶剂中与多种亲核试剂反应，生成叠氮，或酯键、碳硫键等结构，进一步增强反应活性。

（5）缩合型聚合物的功能化方法　缩合型聚合物力学性能良好，但多数稳定性稍差，容易发生降解反应。作为聚合物功能化底材，较多是用稳定性较好的聚苯醚型缩合物。为了增强反应活性，也必须在聚合物中引入活性基团。这类缩合物的芳环处在聚合物主链上，能够进行芳烃亲电取代反应。如在氯化锡存下和氯甲基乙醚反应，可在苯环上引入活性较强的氯甲基。如苯环上含有取代甲基，通过与丁基锂反应引入活性很强的烷基锂。反应式如下：

上述引入的两种官能团还可进行多种反应，用于聚苯醚的功能化。

2. 物理共混法

聚合物的功能化多数采用化学方法制备，部分功能高分子材料则通过物理功能化的方法制备。物理功能化主要通过小分子功能化合物与聚合物的共混实现。共混方法分为熔融态共混和溶液共混。熔融态共混与两种高分子共混相似，将聚合物熔融，在熔融态加入功能小分子，搅拌均匀；若小分子能在聚合物中溶解，则形成分子分散相获得均相共混体；否则小分子将以微粒状态存在，得到的是非均相共混体。溶液共混是将聚合物溶解在溶剂中，同时功能小分子溶解在聚合物溶液中，成分子分散相，或悬浮在溶液中成混悬体，溶剂蒸发后得到共混聚合物，这样都使功能小分子通过聚合物的包络作用而固化。由于功能小分子的加入，聚合物本身在使用中发挥相应作用而被功能化。

当聚合物（或功能小分子）缺乏反应活性，不能或不易用化学接枝反应功能化，以及被引入功能型物质对化学反应过于敏感，不能承受化学反应条件的情况下，则应采用物理功能化方法。如某些酶的固化、某些金属或金属氧化物的固化等。这种功能化方法也用于对电极表面进行功能聚合物修饰。与化学法相比，聚合共混修饰法的主要缺点是共混体不够稳定，在使用条件下（如溶胀、成膜等）功能聚合物容易由于功能型小分子的流失而逐渐失去活性。

三、功能高分子材料的多功能复合与功能扩大

1. 功能高分子材料的多功能复合

将两种以上的功能高分子材料以某种方式结合，形成具有任何单独功能高分子不具备的性能的新功能材料，这种结合称为功能高分子材料的多功能复合。例如，将不同氧化还原电位的两种聚合物复合，可以制成单向导电聚合物；选择性不同的修饰材料对电极表面进行多层修饰，也可制成具有多重选择性电极。采用类似的复合方法能够制备出多种新型功能材料。

在同种功能材料中，甚至在同种分子中引入两种以上的功能基团，也可制成新型功能聚合物。以此法制备的聚合物，或者集多种功能于一身，或者两种功能协同，创造出新的功能。比较典型的例子是模仿植物的光合成系统。

2. 原有功能高分子材料功能的拓展与扩大

在功能高分子材料的研究中，有时为了适应和满足应用，需要对已有功能高分子材料的功能进行拓展和扩大。采用多种方法主要包括物理法和化学法两种。物理法是对功能高分子材料进行机械处理和加工，改变宏观结构形态，使其具备新的功能。如离子交换树脂的成膜化，使其具有分离膜的性质，形成离子交换膜。将吸附性树脂微孔化，增加比表面积，用于微量成分的富集，以上均属于物理拓展功能法。用化学法拓展已有功能的典型例证包括对导电聚合物进行掺杂改性，提高导电性能等。对已有功能高分子材料的功能进行拓展和扩大，应根据材料本身的性质和实际需要来进行，没有什么特殊限制。

第四节　导电高分子材料

导电高分子材料也称导电聚合物，是由许多小的、重复出现的结构单元组成，即具有明显聚合物特征，如果在两端加上电压，材料中应有电流通过，即具有导体的性质。同时具备上述两条性质的材料称为导电高分子材料。虽然同为导电体，导电聚合物与常规的金属不同，首先它属于分子导电物质，而后者是金属晶体导电物质，因此其结构和导电方式也就不同。导电高分子材料按结构特征和导电机理还可分成以下三类：载流子为自由电子的电子导电聚合物，载流子为能在聚合物分子间迁移的正负离子的离子导电聚合物；以氧化还原反应为电子转移机理的氧化还原型导电聚合物，其导电作用由可逆氧化还原反应中电子在分子间的转移实现。

一、电子导电型聚合物

1. 导电机理与结构特征

有机材料（包括聚合物）与金属导电体不同，以分子形态存在。有机聚合物成为导体的必要条件应有能使其内部某些电子或空穴具有跨键离域移动能力的大共轭结构。事实上，所有已知的电子导电型聚合物的共同特征为分子内具有大的共轭 π 电子体系，具有跨键移动能力的 π 价电子成为这类导电聚合物的唯一载流子。目前已知的电子导电聚合物除了早期发现的聚乙炔外，大多为单环和多环芳烃以及杂环的共聚或均聚物。常见的电子导电聚合物的分子结构如下所示。

聚乙炔 ——— ——— 聚苯

聚苯胺 ——— ——— 聚苯乙炔

聚噻吩 ——— ——— 聚吡咯

应当指出，根据电导率聚合物仅具有上述结构还不能称其为导电体，而只能称其为半导体材料。因为导电能力仍处在半导体材料范围，由于纯净的或未"掺杂"的上述聚合物分子中各π键分子轨道之间还存在着一定的能级差。在电场作用下，在聚合物内部电子迁移必须跨越这一能级差，能级差的存在造成π价电子还不能在共轭聚合物中完全自由跨键移动，从而影响其导电能力，使电导率不高。

"掺杂"指在纯净的无机半导体材料（锗、硅、镓等）中加入少量不同价态的物质，从而改变半导体材料中空穴和自由电子的分布状态。在制备导电聚合物时，为了提高材料的电导率，也可以进行类似的"掺杂"操作。根据掺杂剂与聚合物的相对氧化能力不同，分成 p-型掺杂剂和 n-型掺杂剂两种。比较典型的 p-型掺杂剂（氧化型）有碘、溴、三氯化铁和五氟化砷等，在掺杂反应中为电子接受体。n-型掺杂剂（还原型）通常为碱金属，是电子给予体。在掺杂过程中掺杂剂分子插入聚合物分子链间，通过电子转移，使聚合物分子轨道电子的占有情况发生变化，同时聚合物能带结构本身也发生变化。这样使亚能带间的能量差减小，电子的移动阻力降低，使线型共轭导电聚合物的导电性能从半导体进入类金属导电范围。

2. 电子导电聚合物的制备方法

电子导电聚合物由大共轭结构组成，因此导电聚合物的制备围绕着如何形成这种共轭结构。从制备方法划分，可以分成化学聚合和电化学聚合两大类。化学聚合法还可进一步分成直接法和间接法。直接法是直接以单体为原料，一步合成大共轭结构；而间接法在得到聚合物后需要经历一个或多个转化步骤，在聚合物链上形成共轭结构。图 4-1 给出上述几种共轭聚合物的合成路线。

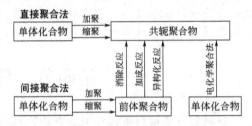

图 4-1　共轭聚合物的几种合成路线

聚乙炔的直接法制备是以乙炔为原料进行气相聚合的，称为无氧催化聚合。由催化剂 $[Al(CH_2CH_3)_3+Ti(OC_4H_9)_4]$ 催化反应。产物的收率和构型与催化剂组成和反应温度等因素有关，反应温度在 150℃ 以上时，主要得到反式构型产物；低温时主要得到顺式产物。以带有取代基的乙炔衍生物为单体，可以得到取代型聚乙炔，但电导率大大下降；其电导率的顺序为：非取代＞单取代＞双取代聚乙炔。

聚芳烃和杂环导电聚合物多采用氧化偶联聚合物制备。一般来讲，所有的弗瑞德-克莱福特催化剂和常见的脱氢反应试剂都能用于此反应，如三氯化铝和钯。这类聚合反应属于缩聚，在聚合过程中脱去小分子。如在强碱作用下，从对氯苯制备导电聚合物聚苯；在铜催化下，由 4,4′-碘代联苯通过缩聚反应得到同样产物。

聚苯等芳烃聚合物也可由间接法制备，以环己二烯为原料，经聚合脱氢等步骤可以得到聚苯。苯经历酶催化氧化得邻苯二酚，酯化，然后进行自由基聚合得聚合物，再加热脱羧可得聚苯产物。

电化学聚合法是近年来发展起来的电子导电聚合物的另一种制备方法。该法采用电极电位作为聚合反应的引发和反应驱动力，在电极表面进行聚合反应并直接生成导电聚合物膜。反应完成后，生成的导电聚合物膜已被反应时的电极电位所氧化（或还原）。同其他合成反应一样，反应条件的选择对电化学聚合反应的成功非常重要。重要的反应条件包括溶剂、电解质、反应温度和压力以及电极材料等。在电化学聚合反应中，水、乙腈和二甲基甲酰胺常被选做理想溶剂，一些季铵化的高氯酸、六氟化磷和四氟化硼酸盐为常用电解质；工作电极的电压应稍高于单体的氧化电位。在上述条件下，用电化学聚合法生成的聚合物的聚合度约为 $100\sim1000$。目前用电化学法生产导电聚合物已有多种工艺，采用

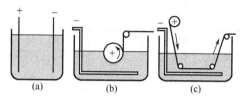

图 4-2　电化学制备导电聚合膜工艺示意图
(a) 间断生产过程；(b) 连续生产过程；
(c) 在金属带上连续生产

的电极系统有单池三电极系统即工作电极、参考电极和反电极，或者用两电极系统（没有参考电极），制得的产物多为膜状。图 4-2 所示的是德国 BASF 公司的部分制备方法，已可以小批量生产聚吡咯导电聚合膜。

3. 电子导电聚合物的应用

电子导电聚合物的应用开发主要依据其高电导率、可逆氧化还原性、不同氧化态下的光吸收特性、电荷储存性、导电与非导电状态的可转换性等物理化学性质。利用这些性质，电子导电聚合材料在作为导电材料、可充电电池电极材料、光电显示材料、信息记忆材料、屏蔽和抗静电材料、化学反应催化剂以及分子电子器件等方面已经或正在得到应用。

二、离子导电型高分子材料

1. 离子导电过程和离子导电体的特征

以正负离子为载流子的导电聚合物称为离子导电聚合物，也是一类重要的导电材料。离子导电与电子导电不同：首先，离子的体积比电子大得多，不能在固体的晶格间自由移动；常见的多数离子导电介质是液态的，离子在液相比较容易以扩散的方式定向移动。其次，离子可以带正电荷，也可以带负电荷，在电场作用下正负电荷的移动方向相反。

物体在液态时的扩散运动允许离子和分子相对自由移动。如果两端外加电压，溶液中带正负电荷的离子产生定向移动，而形成电流，这就是离子导电过程。具有这种能力的物体称电离子导电体。当液体由极性分子构成，分子的自由运动和旋转，使溶剂分子带有较多与离子相反电荷的一端朝向离子，构成溶剂合离子。以水为溶剂称水合离子。这种溶剂合离子的形成有利于离子对在溶剂中的"溶解"过程。这一过程将正负离子对（如某些盐）分开，从而形成独立的正负离子是有利的，而形成独立的正负离子是离子导电的基本条件。因此，具有能定向移动的离子和具有溶剂合能力是离子导电体的两个基本特征。由于大多数固体不具备上述两条性质，以往提到的离子导体往往是指含有独立正负离子的电解质溶液。同样，研制离子导电高分子材料也必须具备上述两条性质，即含有并允许体积相对较大的离子在其中"扩散运动"；聚合物对离子有一定"溶解作用"。

2. 固态离子导电原理

在电化学工业和其他应用场合液体电解质（即液体离子导电体）发挥了重要作用，但也存在某些难以克服的缺点，如易泄漏和挥发、腐蚀其他器件、体积和重量较大、制成电池的能量密度较低、无法成型加工或制成薄膜使用等。因此，迫切需要能克服上述缺点的固态电解质。固态电解质就是具有液态电解质的允许离子在其中移动，同时对离子有一定溶剂合作用，但又没有液体流动性和挥发性的一种导电物质。目前固态电解质主要分两类：一类是以无机盐为代表的晶体型固体电解质；另一类是离子导电聚合物。前者通常以压片形式使用，后者多制成薄膜使用。离子导电物质的形态和组成不同，其导电的机理也不同。根据离子导电理论，离子在固态物质中的迁移主要有三种可能的机理，即缺陷导电、无扰亚晶格离子迁移导电和非晶区传导导电。

3. 离子导电聚合物的制备

离子导电聚合物主要有聚醚、聚酯和聚亚胺三类，它们的名称、作用基团以及可溶解的

盐类列于表 4-4 中。

表 4-4　常见离子导电聚合物及使用范围

名　　称	缩写符号	作用基团	可溶解盐类
聚环氧乙烷	PEO	醚基	几乎所有阳离子和一价阴离子
聚环氧丙烷	PPO	醚基	几乎所有阳离子和一价阴离子
聚丁二酸乙二醇酯	PE succinate	酯基	$LiBF_4$
聚癸二酸乙二醇酯	PE adipate	酯基	$LiCF_3SO_3$
聚乙二醇亚胺	PE imine	氨基	NaI

聚环氧类聚合物是最常用的聚醚型离子导电聚合物，主要以环氧乙烷和环氧丙烷为原料。这些物质均是三元环醚，键角偏离正常值较大，分子内有很大的张力，容易发生开环反应，生成聚醚类聚合物。对于离子导电聚合物的制备来说，要求生成的聚合物有较大的分子量，因此多借助阴离子聚合反应。环氧乙烷的阴离子聚合，氢氧化物、烷氧基化合物等均可以作为引发剂进行阴离子开环聚合。环氧化合物的阴离子聚合为逐步聚合反应，生成的聚合物的分子量随着转化率的提高而逐步提高。平均聚合度与产物和起始物的浓度有如下关系：

$$X_n = \frac{[C_2H_4O]_0 \cdot [C_2H_4O]_t}{[CH_3O^-Na^+]}$$

式中，下标 0 和 t 分别代表起始时和 t 时间。在环氧化合物开环聚合过程中，由于起始试剂的酸性和引发剂的活性不同，引发、增长、交换（导致短链产物）反应的相对速率不同，对聚合速率、产品分子量的分布造成复杂影响。环氧丙烷的阴离子聚合反应存在向单体链转移，导致生成聚合物分子量下降，因此常采用阴离子配位聚合反应制备聚环氧丙烷。引发剂可以使用 $ZnEt_2$ 与甲醇体系。聚醚型离子导电聚合物的合成反应及产物结构如下所示。

聚酯和聚酰胺是另一类常见的离子导电聚合物，其中乙二醇的聚酯由缩聚反应制备。用二元酸和二元醇进行聚合得到的是线形聚合物，生成的聚合物柔性较大，玻璃化温度较低，适合作聚合电解质使用。二元酸衍生物与二元胺反应得到的聚酰胺也有类似的性质。这两类聚合物的聚合反应式如下：

$$n\ HOCH_2CH_2OH + nR'OOCR''COOR' \longrightarrow HO(CH_2CH_2OOCR''CO)_nOR'$$
$$n\ H_2NRNH_2 + n\ ClOCR'COCl \longrightarrow H(NHRNHOCR'CO)_nCl$$

4．离子导电聚合物的应用

离子导电聚合物最主要的应用是在各种电化学器件中代替液体电解质使用。由固态聚合物电解质和聚合物电极制成的全固态电池已经进入实用化阶段。由这些离子导电聚合物作为固态电解质构成的电化学装置具有容易加工成型，对其他器件无腐蚀之忧，且能量密度高和寿命长，特别适合用于植入式心脏起搏器，计算机存储器支持电源，自供电大规模集成电路等应用场合。

第五节　高分子液晶材料

一、定义及分类

物质有固态、液态和气态三种聚集状态，固态又分为晶态与非晶态。在外界条件变化时，物质可以在三种相态之间进行转换，即发生相变。大多数物质发生相变时直接从一种相态转变成另一种相态，中间不存在过渡态，如冰受热后从有序的固态晶体直接转变成分子呈无序状态的液态。而某些物质的晶体受热熔融或被溶解后，虽然失去了固态的大部分特性，外观呈液态的流动性，但与正常的液态物质不同，仍然保留着晶态物质分子的有序排列，从而在物理性质上呈现出各向异性，形成兼有晶体和液体部分性质的中间过渡相态，这种中间相态被称为液晶态。处于这种状态下的物质称为液晶。其主要特征是在一定程度上类似于晶体，分子呈有序排列；另一方面类似于各向同性的液体，有一定的流动性。如果将这类液晶分子连接成大分子，或者将其连接到聚合物骨架上，并仍保持其液晶特性，称为高分子液晶。

高分子液晶的分类方法主要有两种，即依据液晶分子的结构特征分类和根据形成液晶的形态分类。

（1）根据液晶分子特征分类 研究表明，能形成液晶的物质分子通常由刚性和柔性两部分组成，刚性部分多由芳烃和脂环构成，柔性部分多由可以自由旋转的σ键连接起来的饱和链构成。高分子液晶是将上述结构通过交联剂连接成大分子，或将上述结构连接到聚合物骨架上实现高分子化。根据刚性结构在分子中的相对位置和连接次序，可将其分成主链型高分子液晶和侧链型高分子液晶，分别表示分子的刚性部分处于主链上和连于侧链上，后者也称为梳状液晶。

（2）按液晶的形态分类 液晶的形态也称为液晶相，与液晶密切相关的物理化学性质一般都与液晶的晶相结构有关。液晶的晶相有三类：向列型晶相液晶，近晶型晶相液晶和胆甾醇型液晶。

除上述两种分类方法外，根据形成液晶的条件还可分成溶液型液晶和热熔型液晶。前者是溶解过程中液晶分子在溶液中达到一定浓度时形成有序排列，产生各向异性构成液晶。后者是在加热熔融过程中，不完全失去晶体特征，保持一定有序性的三维各向异性的晶体所构成的液晶。

二、结构特征

液晶物质分子结构中的刚性部分，从外形上看，呈现近似棒状或片状，这是液晶分子在液晶状态下维持某种有序排列所必需的结构因素。高分子液晶中的刚性部分被柔性链以各种方式连接在一起。

常见液晶中的刚性结构通常由两个苯环，或者脂肪环，或者芳烃杂环，通过一个刚性连接桥键 X 连接起来。这个刚性连接桥键包括常见的亚氨基、偶氮基、氧化偶氮基、酯基和反式乙烯基等。端基 R 可以是各种极性或非极性基团。

$$R^1 \text{—} \boxed{} \text{—} X \text{—} \boxed{} \text{—} R^2$$

表 4-5 中给出液晶分子中比较重要的常见结构部件。

表 4-5 液晶分子中棒状刚性部分的桥键与取代基

R^1	X	R^2
C_nH_{2n-1}—	$\boxed{}$	—F
$C_nH_{2n-1}O$—	—OCO—$\boxed{}$—COO—	—CH$_3$，—BF$_2$
$C_nH_{2n-1}OCO$—	—OCO—$\boxed{}$—COO—	—CN，—NO
	$\boxed{}$	—N(CH$_3$)$_2$
	—CH=N— ， —N=N—	
	—N=N— ， —COO—	
	$\quad\downarrow$	
	$\quad$O	
	—CH=CH— ， —C≡C—	

对于高分子液晶来说，如果刚性部分处在聚合物主链上，即成为主链型液晶；如果刚性部分是通过一段柔性链与主链相连，构成梳状，则称为侧链液晶。主链液晶和侧链液晶不仅在形态上有差别，而且在物理化学性质方面表现出相当大的差异。

三、制备方法

高分子液晶的合成主要通过小分子液晶的高分子化，即先合成小分子液晶，称为液晶单体。再通过共聚、均聚或接枝反应实现小分子液晶的高分子化。下面按照聚合物液晶的分类分别介绍各种聚合物液晶的制备方法。

1. 溶液型侧链高分子液晶的制备

当溶解在溶液中的液晶分子的浓度达到一定值时，分子在溶液中能够按一定规律有序排列，呈现部分晶体性质。当溶解的是高分子液晶时称为溶液型高分子液晶。为了有利于在溶液中形成液晶相，在溶液型液晶分子中一般都含有双亲活性结构，即结构的一端呈现亲水性，另一端呈现亲油性。溶液型高分子液晶是通过柔性主链将小分子液晶连在一起，其制备主要有两种方法。

（1）在液晶单体亲油一端连接乙烯基　聚合反应通过乙烯基实现高分子化，高分子化后的主链为聚乙烯。聚合用偶氮二异丁腈作为引发剂，反应机理是自由基历程。在聚合反应中，单体浓度对生成聚合物的聚合度有一定影响。单体浓度高，排列紧密，有利于得到聚合度高的聚合物液晶。实验结果表明，对十一碳烯酸钠的稀水溶液进行聚合，单体浓度必须超过临界胶束浓度，否则反应不能进行。

$$CH_2=CH(CH_2)_8COOH \xrightarrow{\text{聚合反应}} \overset{\displaystyle CH_2}{\underset{CH_2(CH)_7COOH}{CH}}$$

（2）通过接枝反应与高分子骨架连接　也可以用柔性线性聚合物与具有双键的单体通过加成接枝反应生成，如柔性聚硅氧烷与带有两亲结构的单体进行加成性接枝反应，生成侧链型聚合物液晶。

$$\left[\begin{array}{c} CH_3 \\ | \\ Si-O \\ | \\ H \end{array}\right]_n + CH_2=CHR \longrightarrow \left[\begin{array}{c} CH_3 \\ | \\ Si-O \\ | \\ CH_2CH_2R \end{array}\right]_n$$

式中，R 表示两亲基团。如用十一碳烯酸作为亲油基团，聚乙二醇作为亲水基团的两亲单体，反应以六氯铂酸作催化剂，用红外光谱中 $2140cm^{-1}$ 的 Si-H 信号监测反应进行的程度，通过加成反应接到聚硅氧烷主链上。

2. 溶液型主链高分子液晶的制备方法

主链型高分子液晶中的刚性部分是在聚合物的主链上，这类液晶主要包括聚芳胺类和聚芳杂环类，聚糖类也应属于这类。这类液晶的共同特点是聚合物主链中存在有规律的刚性结构。

（1）聚芳胺类高分子液晶的制备　此类液晶是通过酰胺键将单体连成聚合物，所有能形成酰胺的反应方法和试剂都能用于这类高分子液晶的制备。如酰氯或酸酐与芳胺进行缩合反应。聚对氨基苯甲酰胺的合成是以对氨基苯甲酸为原料，与过量的亚硫酰氯反应制备亚硫酰氨基苯甲酰氯，然后再进一步反应而得产品。

$$H_2N-\langle\ \rangle-\overset{O}{\underset{OH}{C}} \xrightarrow{SOCl_2} O=S=N-\langle\ \rangle-\overset{O}{\underset{Cl}{C}} \longrightarrow \underset{H}{N}-\langle\ \rangle-\overset{O}{\underset{NH_2}{C}}$$

（2）芳杂环主链高分子液晶的制备　此类高分子液晶也称为梯型聚合物，由其结构特征而得名。如聚双苯并噻唑苯的合成反应步骤如下，首先对苯二胺与硫氰胺反应生成对二硫脲基苯，在乙酸存在下与溴反应生成苯并杂环衍生物，经碱性开环和中和反应得到 2,5-二巯基-1,4-苯二胺，最后通过与对苯二甲酸缩合得到预期目标聚合物。

3．热熔型侧链高分子液晶的制备方法

热熔型侧链高分子液晶采用均聚反应、缩聚反应和接枝反应三种方法制备。均聚反应先合成间隔体一端连接刚性结构，另一端带有可聚合基团的单体，再进行均聚构成侧链液晶。缩聚反应在连有刚性体的间隔体自由一端制备双功能基，再与另一种双功能基单体进行缩聚构成侧链聚合物液晶。利用线型聚合物与刚性结构单体的接枝反应是制备侧链高分子液晶的一种较好方法，广泛用于制备具有聚硅氧烷聚合物骨架的梳状液晶。如带有乙烯基的刚性单体与带有活性氢的硅氧烷发生接枝反应，单体直接与聚硅氧烷中的硅原子相接，形成侧链液晶。

$$
\left\{\begin{matrix} CH_3 \\ Si-O \\ H \end{matrix}\right\} + \overset{}{\diagup}R \longrightarrow \left\{\begin{matrix} CH_3 \\ Si-O \\ R \end{matrix}\right\}
$$

4．热熔型主链高分子液晶的制备方法

热熔型主链高分子液晶的刚性结构处在聚合物的主链上，主要由芳烃化合物构成。

目前大多数热熔型主链液晶通过酯交换反应制备，如乙酰氧基芳烃衍生物与芳烃羧酸衍生物反应脱去乙酸，在聚合物的熔点以上并在惰性气体保护下进行反应，在聚合过程中即形成液晶相，其反应式如下。

$$
nCH_3-\overset{O}{\overset{\|}{C}}-O-\!\!\bigcirc\!\!-COOH + mCH_3-COO-\!\!\bigcirc\!\!\bigcirc\!\!-COOH \xrightarrow[\text{惰性气保护,脱乙酸}]{200\sim340℃}
$$

$$
\left\{CO-\!\!\bigcirc\!\!-O\right\}_n\left\{CO-\!\!\bigcirc\!\!\bigcirc\!\!-O\right\}_m
$$

芳烃的二元酸酯类与芳烃二酚也有类似反应。为了避免高温下的热降解，高熔点聚合物的合成需要在惰性导热物质中进行。由于聚合物的黏度影响传热，应在搅拌下慢慢提高反应温度。

四、高分子液晶的性质与应用

高分子液晶具有良好的热及化学稳定性，优异的介电、光学和力学性能，低燃烧性和极好的尺寸稳定性等许多特殊的性能，因而在许多领域获得了广泛应用。

1．在图形显示方面的应用

在电场作用下聚合物液晶具有从无序透明态到有序非透明态的转变能力，从而用于显示器件。在此利用向列型液晶（主要包括侧链高分子液晶）在电场作用下的快速相变和表现出的光学特点制成。把透明的各向同性液晶前体放在透明电极之间，施加电压，受电场作用，液晶前体迅速发生相变，分子按有序排列成为液晶态。有序排列部分不透明从而产生与电极形状相同的图像。据此原理可以制成数码显示器、电光学快门、电视屏幕和广告牌等显示器件。液晶显示器件的最大优点在于耗电极低，可以实现微型化和超薄型化。

2．作为信息存储介质

以热熔型侧链高分子液晶为基材制作信息存储介质已经引起人们的重视。这种存储介质的工作原理是制成透光的向列型晶体，在测试光照射下，光将完全透过，证实没有信息记录；当用激光照射存储介质时，局部温度升高使聚合物熔融成各向同性熔体，聚合物失去有序；在激光消失后，聚合物凝结成不透光的固体，信号被记录，记录的信息在室温下可永久保存。此时如果有测试光照射，将仅有部分光透过。当将整个存储介质重新加热到熔融态，可以将分子重新排列有序，消除记录信息，等待新的信息录入。同目前常用的光盘相比，由于依靠记忆材料内部特性的变化存储信息，因此液晶存储材料的可靠性更高，而且不怕灰尘和表面划伤，更适合于重要信息的长期保存。

3. 作为高性能工程材料应用

高分子液晶，特别是热熔型主链液晶具有高模高强等优异力学性能，特别适合于用作高性能工程材料。如高分子液晶作为优异的表面连接材料用于将电子元器件直接固定到印刷线路板表面，而无需打孔安装；加入玻璃和碳纤维增强高分子液晶是制作扬声器振动部件的极好材料；大直径的高分子液晶棒还可替代建筑用钢筋，具有重量轻、柔韧性好、耐腐蚀的优点，更重要的是膨胀率极低可以大大减小由于温度变化产生的内应力。目前已经生产出几种高分子液晶膜和片材，添加无机材料的高分子液晶板材已作为热成型和电镀印刷电路板材料；添加碳纤维的高分子液晶在航空航天工业中已经得到应用。

4. 作为色谱分离材料

硅氧烷作为骨架的侧链高分子液晶可单独作为气液色谱的固定相使用，小分子液晶的高分子化克服了在高温下使用小分子液晶的流失现象。引入手性液晶对光学异构体的分离是一种很好的分离分析工具。随着交联、键合等手段的采用，聚合物固定相广泛用于毛细管气相色谱、超临界色谱和高效液相色谱中。

第六节　光敏高分子材料

光敏高分子材料指在光线作用下能够表现出特殊性能的聚合物，是功能高分子材料中的重要一类，包括的范围很广，如光致抗蚀剂、高分子光敏剂、光致变色高分子、光导电高分子、光导高分子、高分子光稳定剂和高分子光电子器件等功能材料。

一、高分子光化学反应类型

与高分子光敏材料密切相关的两种光化学反应是光聚合（或者光交联）反应和光降解反应。两者都是在分子吸收光能后发生能量转移，进而发生化学反应。不同点在于前者反应产物是生成分子量更大的聚合物，溶解度降低；后者是生成小分子产物，溶解度增加。利用上述光化学反应可以制成许多有重要工业意义的功能材料。

1. 光聚合和光交联反应

光聚合指化合物吸收光能而发生化学反应，生成分子量较大产物。反应物是小分子单体，或分子量较低的低聚物。当反应物为线性聚合物时，光化学反应在高分子链之间发生交联，生成网状聚合物称其为光交联反应。光聚合的主要特点是反应温度范围宽，非常适合于低温聚合反应。光引发自由基聚合可有不同途径：一是由光直接将单体激发到激发态产生自由基引发聚合，或者首先激发光敏分子，进而发生能量转移产生活性物种引发聚合反应；二是吸收光能引起引发剂分子发生断键，生成自由基引发聚合反应；三是由光引发分子复合物，受激分子复合物产生自由基引发聚合。光聚合反应可以使用的单体包含：丙烯酸基、甲基丙烯酸基、丙烯酰氨基、顺丁烯二酸基、烯丙基、乙烯基醚基、乙烯基硫醚基、乙烯基氨基、环丙烷基、炔基等。为了提高光聚合反应的速率，经常加入光引发剂和光敏剂。光引发剂和光敏剂的作用是提高光效率，有利于自由基等活性物种的产生。光引发剂通常是含有发色团的有机羰基化合物、过氧化物、偶氮化物、有机硫化物、卤化物等。如安息香、偶氮二异丁腈、硫醇、硫醚、卤化银等。常见的光敏剂多为芳香族酮类，如苯乙酮和二甲苯酮。

光交联反应与光聚合反应不同，是以线性高分子，或线性高分子与单体的混合物为原料，在光作用下进行交联反应生成不溶的网状聚合物。光交联反应可分为链聚合和非链聚合两种。能够进行链聚合的线性聚合物和单体有三类：带有不饱和基团的高分子，如丙烯酸酯、不饱和聚酯、不饱和聚乙烯醇、不饱和聚酰胺等；具有硫醇和双键的分子间进行加成聚合反应；某些在链转移反应中能失去氢和卤素原子而成为活性自由基的饱和大分子。非链光交联反应体系中预聚物必须含碳碳双键，其反应速率较慢，需要加入交联剂。交联剂通常为重铬酸盐、重氮盐和芳烃叠氮化合物。

2. 光降解反应

光降解指在光的作用下聚合物链发生断裂，分子量降低的光化学过程。由于光降解反应使高分子材料老化、力学性能变坏而失去使用价值。光氧化降解反应是聚合物降解的主要方式，聚合物中加入光稳定剂可以减低其降解速度，防止聚合物的老化，延长其使用寿命。

二、光敏高分子的分类

光敏高分子有不同的分类方法。根据高分子材料在光的作用下发生的反应类型以及表现出的功能分类，光敏高分子可以分成光敏涂料、光刻胶、高分子光稳定剂、光导电材料、光能转换聚合物、光致变色高分子材料、高分子荧光剂和高分子夜光剂。当聚合物在光照射下可以发生光聚合或光交联反应，有快速光固化性能时，这种可以作为材料表面保护的特殊材料称为光敏涂料。在光的作用下可以发生光化学反应，反应后其溶解性发生显著变化的聚合材料，具有光加工性能，用于集成电路的光刻胶。能够大量吸收光能，阻止聚合物发生光降解和光氧化反应，这种加入聚合物材料中具有抗老化作用的大分子材料称为高分子光稳定剂。在光的作用下电导率发生显著变化的高分子材料称为光导电材料，这种材料可制作光检测元件、光电子器件和用于静电复印。吸收太阳光，并能将太阳能转化成化学能或电能的装置称为光能转移装置。其中起能量转换作用的聚合物称为光能转换聚合物，可用于制造聚合物型光电池和太阳能水解装置。在光的作用下其吸收光波长发生明显变化，从而改变材料外观的颜色，这种高分子材料称为光致变色高分子材料。有光致发光功能的光敏高分子材料是荧光或磷光量子效率较高的聚合物，可用于制造各种分析仪器和显示器件，称为高分子荧光剂和高分子夜光剂。

三、光敏涂料

光敏涂料是利用光化学反应，使聚合物分子量增大，或者生成网状结构，使之具有光敏固化功能的涂料。这种涂料在适当波长的光照射后，迅速干结成膜，从而达到快速固化的目的。由于固化过程没有像普通涂料那样伴随有大量溶剂挥发，因此降低了对环境污染，并减少了材料消耗，使用也更安全。光敏涂料的主要成分是可进一步聚合成膜的预聚物，此外还包括交联剂、稀释剂、光敏剂或者光引发剂、热阻聚剂和颜料。光敏涂料的预聚物应该具有能进一步发生光聚合或者光交联反应的能力。因此，必须带有可聚合基团。预聚体通常为分子质量相对较小的低聚物，或者为可溶性线性聚合物，在相对分子质量上区别于一般聚合树脂和可聚合单体。为了取得一定黏度和合适的熔点，相对分子质量一般要求在 1000～5000。常用于光敏涂料的低聚物主要有以下几类。

1. 环氧树脂型低聚物

带有环氧结构的低聚物是常见的光敏涂料预聚物。作为预聚体，为了增加光聚合能力，必须增加树脂中不饱和基团的数量，在光敏环氧树脂中常引进丙烯酸酯或者甲基丙烯酸酯，以引入适量的双键作为光交联的活性点。合成的方法主要有三种：第一种是丙烯酸或甲基丙烯酸与环氧树脂进行酯化反应生成环氧树脂的丙烯酸酯，反应如下：

$$\phi\!-\!OCH_2CH\!-\!CH_2 + CH_2\!=\!CHCOOH \longrightarrow \phi\!-\!OCH_2CHCH_2OOCCH\!=\!CH_2$$
$$\underset{O}{} \qquad\qquad\qquad\qquad\qquad \underset{OH}{}$$

$$\xrightarrow{CH_2=CHCOOH} \phi\!-\!OCH_2CHCH_2OOCCH\!=\!CH_2$$
$$\underset{OOCCH=CH_2}{}$$

第二种方法是由丙烯酸羟烷基酯、顺丁烯二酸酐或其他酸酐等中间体与环氧树脂反应制备具有碳碳双键的酯型预聚体；第三种方法由双羧基化合物的单酯，如反丁烯二酸单酯，与环氧树脂反应生成聚酯引入双键，从而提供光交联反应活性点。

2. 不饱和聚酯

用于光敏涂料的线性不饱和聚酯由二元酸与二元醇进行缩合反应生成酯。为了提高光交联活性需要引入不饱和基团，因此聚合原料中常包含有顺丁烯二酸酐和反丁烯二酸等不饱和羧基衍生物，典型的不饱和聚酯由1,2-丙二醇、邻苯二甲酸酐和顺丁烯二酸酐缩聚而成。聚酯型光敏涂料具有许多良好特性，应用范围较广。这种涂料坚韧、硬度高和耐溶剂性能好。为了降低涂料的黏度，提高固化和使用性能，在涂料中常加入烯烃作为稀释剂。

3. 聚氨酯和聚醚

不饱和聚氨酯也是常用的光敏涂料原料，具有粘接力强、耐磨和坚韧的特点。用于光敏涂料的聚氨酯一般通过含羟基的丙烯酸或甲基丙烯酸与多元异氰酸酯反应制备。如由己二酸与己二醇反应首先制备羟基端基的聚酯，再依次与甲苯二异氰酸酯和丙烯酸羟基乙酯反应得到聚氨酯树脂。作为光敏涂料树脂的聚醚由环氧化合物与多元醇缩聚而成，分子中游离的羟基是光交联的活性点。聚醚属于低黏度涂料，价格也较低。

光敏涂料的组成与涂层的性能关系密切，主要成分包括预聚物、光引发剂、交联剂、热阻聚剂和光敏剂等。涂料的性能包括流平性、力学性能、化学稳定性、光泽、粘接力和固化速度等。

由于光敏涂料的固化速度快、固化过程产生的挥发性物质少、操作环境安全、涂层的机械强度高而受到日益广泛的关注和使用，不仅逐步替代常规涂料，而且在光学器件、液晶显示器和电子器件封装、光纤外涂层等有特殊要求的领域里得到应用。

第七节　光导电高分子材料

光导电高分子指材料在无光照时是绝缘体，有光照时其电导率可以增加几个数量级而变成导体，这种光控导体在实际应用中有非常重要的意义。

一、光导电机理

光导电的理论基础是在光的激发下，材料内部的载流子密度增加，从而导致电导率增加。在理想状态下，光导聚合物吸收一个光子后跃迁到激发态，进而发生能量转移过程产生一个载流子，在电场的作用下载流子移动产生光电流。对于光导聚合物，形成光导载流子的过程经过两步完成。第一步是聚合物分子中的基态电子吸收光能后转变成激发态，这种转变可能有两种途径。一种是通过辐射和非辐射耗散过程回到基态，另一种是激发态分子发生离子化，形成电子-空穴对。第二步在外加电场的作用下，电子-空穴对发生解离，解离后的空穴或电子可以沿电场力作用方向移动形成光电流。

二、光导电聚合物的结构类型

从结构分析下述类型的聚合物具有光导电性质：高分子主链中共轭结构程度较高，此类材料的载流子为自由电子，表现出电子导电性质；高分子侧链上连接多环芳烃，如萘基、蒽基和芘基等，电子或空穴的跳转是导电的主要手段；高分子侧链上连接各种芳氨基，其中最重要的是咔唑基。含有咔唑的聚合物可由带咔唑基的单体均聚而成，也可由带咔唑基的单体与其他单体共聚合成，特别是带光敏化结构的共聚物更有特殊的重要意义。

在无光照条件下，咔唑聚合物是良好的绝缘体。吸收紫外光（360nm）后，形成激发态，并在电场作用下离子化，构成大量的载流子，从而使其电导率大大提高。如果要其在可见光下也具有光导能力，可以加入如硝基芴酮类的电子接受体作为光敏化剂。

三、光导电聚合物的应用

静电复印是光导电体最主要的应用领域，复印过程中在光的控制下光导体收集和释放电荷，借助静电吸附带相反电荷的油墨粉体而得到影像，再通过静电引力将影像转移到带有相反电荷的复印纸上，经过加热定影将图像在纸面固定，完成复印任务。

>>> 习题

1. 什么叫功能高分子材料？
2. 功能高分子材料分为哪六种类型？其中又包含哪些材料？
3. 功能高分子材料的制备方法有哪些？
4. 什么叫功能型小分子材料的高分子化？
5. 什么叫高分子材料的功能化？
6. 什么叫高分子液晶材料？
7. 什么叫光敏高分子材料？
8. 什么叫光导电高分子材料？

第五章　精细生物化工产品

生物技术与化学工程相结合，形成了化学工业的新领域——生物化学工业，简称生物化工。生物化工具有反应条件温和、能耗低、效率高、选择性强、投资少以及可利用再生资源作原料等优点，是 21 世纪重点发展的产业。

第一节　生物化学工程基本知识

酿酒、制醋、面团发酵是人类最早掌握的生物技术。从 19 世纪 80 年代起到 20 世纪 30 年代末为止，不少发酵产品，如乳酸、面包酵母、乙醇、甘油、丙酮、正丁醇、柠檬酸等相继投入生产，这些都属第一代生物化工产品。第二代生物化工产品是在 20 世纪 40 年代随着抗生素工业的兴起而出现的，青霉素、链霉素、氯霉素先后投产。1974 年以后，生物学取得了以重组 DNA（脱氧核糖核酸）技术和细胞融合技术为代表的一系列新的成就，从而出现了第三代生物化工产品，如用 DNA 重组体菌种生产的胰岛素、干扰素、疫苗以及用杂交瘤技术生产的单克隆抗体等。这些产品及其生产过程的特点，进一步要求生物化学工程开拓新的生物反应器以及新的单元操作。

一、生物化学工程的定义及特点

生物化学工程是化学工程的一个前沿分支，它应用化学工程的原理和方法，研究解决有生物体或生物活性物质参与的生产过程即生物反应过程中的基础理论及工程技术问题。它作为生物化学、微生物学及化学工程学之间的边缘学科，是生物技术中将近代生物学的成就转变成生产力所必不可少的重要组成部分。

生物反应过程是利用生物催化剂，即游离或固定化的活细胞或酶从事生物化工产品的生产过程。当采用活细胞催化剂（主要是整体的微生物细胞）时，称为发酵过程。而利用从细胞中提取得到的酶为催化剂时，则称为酶反应过程。生物反应过程包括 4 个组成部分。

（1）原料预处理　即底物（酶催化反应中的作用物）或培养基（发酵过程中的底物及营养物，也称营养基质）的制备过程，包括原料的物理、化学加工和灭菌过程。

（2）生物催化剂的制备　生物催化剂是指游离或固定化的活细胞或酶，微生物是最常用的活细胞催化剂，酶催化剂则是从细胞中提取出来的，只在经济合理时才被应用。不同菌株和不同酶的催化专一性、活力及稳定性有很大差异，因此有关菌种分离、筛选、选育是不可缺少的。目前，人们已有可能用重组 DNA 技术及细胞融合技术来改造或组建新的生物催化剂。固定化酶或固定化细胞的出现，使生物催化剂能较长时间地反复使用。

（3）生物反应的主体设备　即生物反应器，凡反应中采用整体微生物细胞时，反应器则称发酵罐；凡采用酶催化剂时，则称为酶反应器。为了设计生物反应器并确定其操作方式和操作条件，在发酵动力学、酶动力学以及传递过程原理的基础上形成了生物反应工程。

（4）生物化工产品的分离和精制　这一部分常称下游加工，是生化分离工程的主要内容。

生物反应过程与一般化学反应过程相比，具有以下特点：由于采用生物催化剂，可在常温常压下进行反应，但生物催化剂易于失活，易受环境影响和污染，一般采用分批操作；可采用再生性的生物资源为原料，且来源丰富，价格低廉，过程中产生的废料危害性较小，但往往形成原料成分不易控制，对生产控制和产品质量带来影响；生产设备较为简单，能量消耗较少，但由于反应液的底物和产物浓度不能太高，造成反应器体积很大；酶反应的专一性强、转化率高，但成本较高；发酵过程应用面广、成本较低，但反应机理复杂，难以控制，产物中常含有杂质，给提取带来困难。

二、生物催化剂

生物催化剂广义是指由生物产生用于自身新陈代谢，维持其生物活动的各种催化剂。工业用生物催化剂是游离或固定化的酶或活细胞的总称。它包括从生物体，主要是微生物细胞中提取出的游离酶或经固定化技术加工后的固定化酶（两者统称为酶催化剂），也包括统称为活细胞催化剂的游离的、以整体微生物为主的活细胞及固定化活细胞。酶催化剂用于催化某一类反应或某一类反应物，其过程则称为酶反应过程；而以整个微生物用于系列的串联反应的过程称为发酵过程。

与非生物催化剂相比，生物催化剂具有能在常温常压下反应、反应速率快、催化作用专一、价格较低等优点，但缺点是易受热、受某些化学物质及杂菌的破坏而失活，稳定性较差，反应时的温度和pH范围要求较严格。用作固定化酶或固定化细胞时，使用寿命一般不少于30批或连续使用90d，否则经济上不合理。在生物反应过程中，生物催化剂的选择应从技术上的可能性和经济上的合理性作全面比较，参见表5-1。

表5-1 酶催化剂与活细胞催化剂的比较

项　　目	酶催化剂（用于酶反应过程）	活细胞催化剂（用于发酵过程）
用途	单酶系统时，用于单一反应；多酶系统时，可用于若干串联反应	系列的串联反应，产物可以是细胞本身、简单的代谢物
来源和价格	从细胞中提取，技术较为困难，价格昂贵	在发酵开始时，接入少量种子液，即能在过程中自行产生，价廉
稳定性	较差	略高
原料要求	要求较高 纯度化合物	可用粗原料
反应时间	短，数分钟至数小时	长，一天以上至一周左右
反应器	体积较小，但较复杂	体积较大，但较简单
过程控制	简单	复杂
产品分离	简单	复杂
工业应用	较少	较多

1. 活细胞催化剂

目前，工业上用作活细胞催化剂的几乎都是活体微生物细胞。这些微生物统称工业微生物，包括多种细菌、放线菌、酵母菌、霉菌等。微生物个体虽小（直径约$0.5\sim10\mu m$，长度约$0.8\sim30\mu m$），但它是一个能在特殊条件下生活及具有某些特性的独立的生命体，有完整的酶系，代谢能力和繁殖能力都很强，对环境有很大的适应性，对营养要求一般不高。微生物还有易于改变遗传性能，包括改变其对环境的适应性、代谢途径等性能的特点，且可利用重组DNA技术及细胞融合技术对生产菌种作更深入的改造。

活体微生物含有多样维持其生命活动和特殊功能的酶系，能适用于多种由若干个串联反应所组成的复杂反应过程，且无需另行考虑辅酶再生问题。它的另一特点是只需在发酵开始时，往发酵罐中接入少量菌种培养液或孢子悬浮液，就能在发酵前期，也即菌体生长阶段形成大量所需的生物催化剂。正因其简便易得，经济实用而被广泛采用，其缺点是反应途径较难控制，发酵终了时副产物及菌体自溶物较多，给产品分离带来困难。

工业微生物主要应用于有机溶剂、有机酸、抗生素、氨基酸、酶制剂、维生素C、单细胞蛋白等生物化工产品的生产。同一产品可用不同微生物进行生产；有时一种微生物在不同条件下能产生不同的产物。为此，根据不同情况合理选择菌种是十分重要的。

2. 酶催化剂

酶是一类由生物体产生的具有高效和专一催化功能的蛋白质。在生物体内，酶参与催化几乎所有的物质转化过程，与生命活动有密切关系；在体外，也可作为催化剂用于工业生产。酶有很高的催化效率，在温和条件下（室温、常压、中性）极为有效，其催化效率为一般非生物催化剂的 $10^9 \sim 10^{13}$ 倍。酶催化剂选择性极高，即一种酶通常只能催化一种或一类反应，而且只能催化一种或一类反应物（又称底物）的转化，包括立体化学构造上的选择性。与活细胞催化剂相比，它的催化作用专一，无副反应，便于过程的控制和产品的分离。

在工业生产中，酶主要从微生物发酵获得。提取方法是将细胞破碎，取得含酶的浆液；胞外酶则直接从发酵液中提取，如用色谱法、分级沉淀法等。对于不同的用途，有不同的纯度要求，常见的酶制剂是粉状或浓缩液状态。酶通常是在游离状态下以稀溶液的形式与底物进行催化反应，反应完成后酶难以回收，或在回收过程中活力下降，只宜在釜式反应器中使用，分批操作。另一种酶制剂是将酶与某些不溶性大分子载体结合，形成固定化酶，其优点是易于从反应混合物中分离，可在连续流动的搅拌式反应器、固定床反应器或流化床反应器中反复使用。固定化后常可提高酶的稳定性，有些场合还可提高活力。

酶催化剂广泛应用于食品工业、纺织工业、皮革业、农业、制药业、轻工、化工等行业的生产；在精细化工方面，酶催化剂用于生产氨基酸、半合成抗生素、助消化药（酸性蛋白酶）、消炎药（溶菌酶）、抑制肿瘤药（天冬酰胺酶）以及用固定化酶制造人工脏器等。在利用资源和开发能源方面，生物催化剂有极为广阔的前景。

三、重组 DNA 技术

重组 DNA 技术，也称基因工程或遗传工程，是在分子遗传学、细胞生物学基础上发展起来的新技术，利用这种技术可以按照人们的设计改造和组建生物品种，包括进行菌种性能改良。它虽然问世不久，但已充分显示了无限的生命力和深远的发展潜力。

重组 DNA 技术的基本内容是按照人们预先的设计，在离体的条件下，将一段外源（供体）脱氧核糖核酸（DNA）片断，即所需的目的基因遗传物质的基本单元（它是 DNA 分子上具有特殊遗传功能的片断），与一个在宿主（受体）中能自我复制的 DNA 载体，由酶催化拼接成重组质粒，然后转入受体细胞，并在其中能存活、复制、表达和遗传。此技术有三个基本环节，即供给 DNA 片断的获得；载体 DNA 与供体 DNA 的体外拼接以及受体细胞接受已拼接供体 DNA 片断的载体。重组 DNA 技术示意如图 5-1 所示。

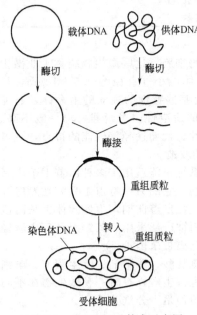

图 5-1 重组 DNA 技术示意图

重组 DNA 技术的步骤，首先是通过限制性内切酶（一种能从链状或环状 DNA 分子中识别特异 DNA 片断，能将该处切开，并产生互补末端的酶）切取供体中含所需基因的 DNA 片断，或通过反转录酶以外源 mRNA（信息核糖核酸）为模板合成的 cDNA（互补脱氧核糖核酸）作为外源基因；也可用人工合成的基因与载体相连接。载体通常是质粒（细胞中染色体外的遗传物质，常是环状的 DNA 分子）或病毒，它们都能在受体中自我复制并带有可供筛选的标记，含外源基因的 DNA 片断在连接酶的作用下与已被限制性内切酶切开的载体进行共价连接重组。最后在钙离子或聚乙二醇的帮助下，将重组的载体转入受体细胞。与外源基因相连接的质粒被称为重组质粒或嵌合质粒，其中的外源基因将随受体的繁殖或载体的扩增而大量增殖，这一过程称无性繁殖或基因克隆，所获得的重组 DNA 细胞称为克隆细胞（无性繁殖细胞）。

通过重组 DNA 技术可以将原来非微生物产生的产物由微生物来生产，如人体或动物产生的胰岛素、生长激素、干扰素、乙型肝炎表面抗原等的基因，都可以通过细菌或酵母来生产。以人血细胞干扰素为例，常规生产时约用 400L 的血液才能生产 10^6 单位的干扰素，而通过重组 DNA 技术得到的"工程菌"的培养，每升培养液可以生产 10^8 以上的单位。重组 DNA 技术还能用于农业生产中获得各种抗病、抗虫、抗逆的高产优质的新品种，实现植物的自身固氮等问题。

四、细胞融合技术

细胞融合技术是一种新的获得杂交细胞以改变细胞性能的技术。细胞融合可以在分类学上亲缘关系较远的生物之间进行，因此它不但是菌种改良的一种重要手段，而且是动物或植物品种改良的一种有潜力的方法。

细胞融合技术所采用的方法，首先是用能溶解细胞壁的特殊水解酶，将微生物或植物细胞的细胞壁溶解而形成原生质体；然后在灭活病毒或聚乙二醇等融合促进剂的作用下将两亲体的原生质体进行融合。融合开始形成的是具有双核的异核体，继而经有丝分裂形成单核的杂交原生质体；杂交原生质体在细胞壁再生后就具有繁殖能力。进行融合的两个亲体细胞应各有其标记（如营养缺陷型、抗药性等），以便确定其是否获得了杂交细胞。由于细胞融合大多在原生质体水平上进行，所以也常称原生质体融合。

目前，细胞融合技术在菌种改良上已被广泛采用，但最为有效的是杂交瘤技术和单克隆抗体的生产。这是将动物的脾脏细胞（具有产生多种抗体机能的 B 淋巴细胞，但不能离体生长）和骨髓瘤细胞（能离体无限制地生长）相融合，使获得一些具有能离体生长且仅能产生单一抗体的杂交瘤，它的产品即为单克隆抗体，用于诊断和治疗。

五、生物反应器

生物反应器是指以活细胞或酶为生物催化剂进行细胞增殖或生化反应提供适宜环境的设备，它是生物反应过程中的关键设备。生物反应器的结构、操作方式和操作条件的选定对生物化工产品的质量、收率和能耗有密切关系。从生物反应过程说，发酵过程用的反应器称为发酵罐；酶反应过程用的反应器则称为酶反应器。另一些专为动植物细胞大量培养用的生物反应器，称为动植物细胞培养装置。

1. 发酵罐

发酵罐若根据其使用对象可分为嫌气发酵罐、好气发酵罐、污水生物处理装置等。其中嫌气发酵罐最为简单，生产中不必导入空气，仅为立式或卧式的筒形容器，可借助发酵中产生的 CO_2 气体搅拌液体。若以操作方式区分，有分批操作和连续操作两种。前者一般用釜式反应器，后者可用连续搅拌式反应器或管式及塔式反应器。

好气发酵罐按其能量输入方式或作用原理区分，可有如下几种。

（1）具有机械搅拌器和空气分布器的发酵罐　这类发酵罐应用最普遍，称为通用式发酵罐（图 5-2）。所用的搅拌器一般为使罐内物料产生径向流动的六平叶涡轮搅拌器，它的作用为破碎上升的空气泡和混合罐内的物料。若利用上下都装有蔽板的搅拌叶轮，搅拌时在叶轮中心产生局部真空，可吸入外界的空气，则称为自吸式机械搅拌发酵罐。

（2）循环泵发酵罐　用离心浆料泵将料液从罐中引出，通过外循环管返入罐内。在循环管顶端再接上液体喷嘴，使之能吸入外界空气的，称为喷射自吸发酵罐（图 5-3）。

（3）鼓泡塔式发酵罐　以压缩空气为动力进行液体搅拌，同时进行通气的气升式发酵罐（图 5-4）。

2. 酶反应器

酶反应器分为游离酶反应器及固定化酶反应器两大类。

（1）游离酶反应器　酶以水溶液状态与底物反应。若用分批釜式反应器，酶就不能回收；若用连续釜式反应器并附有一个能把大分子的酶留在系统内的超过滤装置则可使酶连续使用。也可将酶液置于用超滤材料制成的 U 形管或中空纤维管中，并将其置于釜式或管式

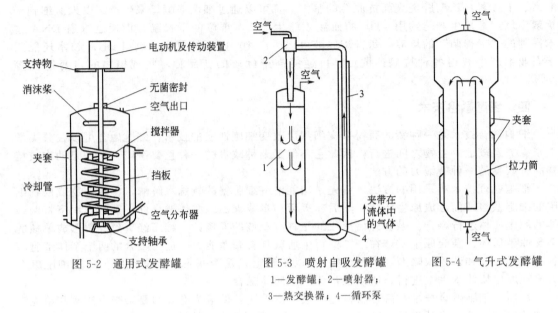

图 5-2 通用式发酵罐　　　　　图 5-3 喷射自吸发酵罐　　　　图 5-4 气升式发酵罐

1—发酵罐；2—喷射器；

3—热交换器；4—循环泵

反应器进行操作，这样也可使酶连续使用。

（2）固定化酶反应器　除了和化学反应器类似的固定床反应器和流化床反应器外，还有多种特殊设计。例如，将酶固定在惰性膜片上，再卷成螺旋状置于反应器中，或将酶固定在中空纤维的内壁制成反应器，也可将固定化酶置于金属网框中进行酶反应，即网框式酶反应器（图 5-5）。

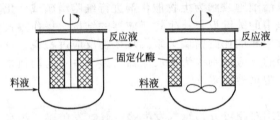

图 5-5　网框式酶反应器

3. 生物反应器的特点

生物反应器与一般化学过程的反应器相比，其基本原理和结构是相近的，但有如下特点：①在常温常压下操作，但要求能耐受蒸汽灭菌，设备制作应严密无隙以防染菌，且用对微生物或酶无毒害的材质制作；②当用微生物作催化剂时，催化剂本身是在发酵罐中产生的（开始时需接入菌种），为防止杂菌污染和活性衰退，一般采用分批釜式反应器；③酶常因底物的浓度过高发生抑制作用，微生物细胞因胞内外渗透压平衡问题，要求底物浓度也不能太高，因而反应器体积相当庞大；④在发酵过程中，生化反应机理和途径相当复杂，反应时又常是气、液、固三相并存，有的反应液黏度大，流变学性质复杂，给反应器中物料的混合和传递带来不利，使采用化学反应工程的原理和方法解决生物反应器的设计放大问题遇到较大困难。

六、发酵过程

发酵过程是指在活细胞催化剂作用下所进行的系列串联反应过程，以生产生物化工产品。发酵过程包括菌体生长和产物形成两个阶段，历时较长，鉴于微生物易变异及易受杂菌污染等原因，因此一般都采用分批操作的方式。目前，发酵过程的产品已有数百种，有的产品如乙醇、丙酮、丁醇、柠檬酸等也同时是农林化工产品。但有的产品，如大多数的抗生素和某些维生素，因其结构复杂，从技术经济角度讲，用化学合成方法进行工业生产是不合算的，只能用发酵方法来生产。因此，发酵过程在各国工业生产中，特别是化工、轻工、医药、食品工业都占有一定的地位。酶反应过程近年来亦有一定的发展，但酶的来源主要是微生物，还是要通过发酵的手段才能获得。至于动植物细胞大量培养技术也是在发酵技术基础上发展起来的。由上可见，发酵过程是生物反应过程的一个基本过程。

1. 发酵过程分类

按发酵产品的不同可将发酵过程分为4个主要类型：①以获得微生物细胞为产品的过程；②以获得微生物酶为产品的过程；③以获得微生物代谢产物为产品的过程，代谢产物包括分解代谢产物和合成代谢产物，分解代谢产物是指菌体利用基质，如淀粉或葡萄糖，分解成的小分子物质，而合成代谢产物又可分为初级代谢产物和次级代谢产物，其中初级代谢产物是指与微生物生长、繁殖有关的一类产物，而次级代谢产物是以初期代谢产物为母体衍生而得的，结构类型多样、复杂；④以获得微生物进行生物转化后产物为产品的过程，即利用微生物细胞内专一性酶将一种化合物转化为结构上与之相关的另一种产物的过程。参见表5-2。

表 5-2　按不同产物分类的发酵过程

类　　别	产　品　举　例
获取微生物细胞的过程	面包酵母、单细胞蛋白
获取微生物酶的过程	淀粉酶、蛋白酶、脂肪酶
获取分解代谢产物的过程	乙醇、丙酮-丁醇、甲醇、乳酸
获取合成代谢产物的过程	初级代谢产物：氨基酸、柠檬酸、核苷酸、维生素 次级代谢产物：抗生素、酶抑制剂
生物转化产物	山梨糖、甾类化合物、6-氨基青霉烷酸

按操作过程发酵过程可分为分批培养、连续培养和半连续培养法。按培养基的性质发酵过程还可分为固体培养和液体培养，后者又可分为表面培养和深层培养。大多数发酵产品，目前是采用分批深层培养法。嫌气性微生物分解代谢产物，如丙酮-丁醇、乙醇等发酵生产，采用连续培养法。

2. 发酵工艺流程

发酵法生产生物化工产品，其工艺流程（图5-6）可分成6个基本组成部分：①供菌体生长和产物形成所用培养基的制备；②培养基、发酵罐和附属设备的灭菌；③供发酵生产用的种子制备；④在发酵罐中提供最佳条件，以使菌体生长和形成产物；⑤产品的提炼和纯化；⑥生产中所产生的废物的处理。

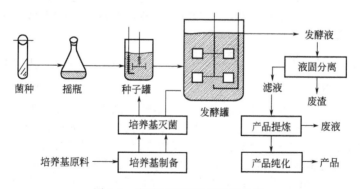

图 5-6　发酵过程工艺流程示意图

3. 发酵过程的控制

为了使细菌的生长和产物的形成能沿着所要求的方向进行，必须对发酵过程中的生物、化学和物理变量，即有关发酵参数进行检测和控制（表5-3）。

表 5-3　可被检测或控制的工艺参数

物理参数	罐温、罐压、搅拌转速、空气流量、泡沫状况、输入功率、料液流加量、培养液体积或质量、发酵液黏度
化学参数	pH、溶解氧水平、溶解二氧化碳水平、排气氧含量、排气二氧化碳含量、总糖浓度、还原糖浓度、总氮浓度、氨基氮浓度、铵氮浓度、代谢产物浓度
生物参数	菌体浓度、菌体干重、酶活力、菌体中核糖核酸和脱氧核糖核酸含量

参数检测尽可能采用能置于发酵罐内、可耐蒸汽灭菌的传感器，或采用与罐连通的测量装置通过在线控制仪表显示或记录。对过程的控制可以通过手控、常规控制仪表或计算机控制进行。

七、酶反应过程

酶反应过程是指利用酶催化剂所具有的特异催化功能，借助工艺学手段和生物反应器装置来生产所需的生物化工产品的过程，与发酵过程相比，它采用了反应专一性的酶为催化剂，无副产品，精制过程和产物分离纯化较方便。在生物反应器及操作方式上有较大的选择余地，除分批釜式反应外，可考虑用膜式反应器进行连续操作。在应用固定化酶为催化剂时，更可采用各种固定床和流化床的连续操作反应器。

以酶为催化剂的酶反应过程，可根据作用于底物的酶性质决定。以单一酶为催化剂的反应称单酶反应；以两个或两个以上酶参与反应的过程称多酶反应，或称多酶串联反应。从化学反应工程角度出发，酶反应过程可分为液相催化反应及多相催化反应，后者以液固相催化反应为主。游离酶的反应属于液相催化反应，而固定酶的反应则属于多相催化反应。

1. 酶反应步骤

以工业生产为目的的酶反应过程可由以下 5 个步骤所组成：①产生酶的微生物发酵过程；②胞内酶的微生物细胞破碎过程，可用机械研磨、高压匀浆器进行破碎，也可用加入溶菌酶的方法，或用超声波、反复冻融的物理方法处理；③酶的分离纯化过程，根据酶分子与其他蛋白质之间的性质差异（如分子大小、溶解度的不同），用盐析法、有机溶媒沉淀法、电渗析法、离子交换色谱和电泳法等技术，将酶进行分离纯化；④为了提高酶的催化性能，将酶固定在载体上的固定化过程；⑤酶反应器的设计和酶反应控制对于游离酶反应，通常采用分批搅拌槽式反应器；对于固定化酶反应，则常用连续柱式反应器。

2. 酶反应工艺流程

利用酶反应来生产所需的生物化工产品，其工艺流程可分为单酶反应和多酶反应两种。

（1）单酶反应　用氨基酰化酶对酰化 DL-氨基酸进行水解，析出为 L-氨基酸和酰基-D-氨基酸是典型的单酶反应，其反应式如下：

$$\text{DL-R—CHCOOH} + H_2O \xrightarrow{\text{氨基酰化酶}} \text{L-R—CHCOOH} + \text{D-R—CHCOOH}$$
$$\qquad\ \ |\qquad\qquad\qquad\qquad\qquad\quad |\qquad\qquad\qquad |$$
$$\ \ \text{NHCOR}'\qquad\qquad\qquad\qquad\ \ \text{NH}_2\qquad\quad \text{NHCOR}'$$

若采用液相催化反应，当间隙反应结束后，给产物的提取带来困难。由于缺乏适当分离手段，酶使用一次就被弃掉，很不经济。目前，工业上采用液固催化反应，即用固定化氨基酰化酶进行连续生产，其工艺流程见图 5-7。底物乙酰-DL-氨基酸溶液以一定流速进入酶连续柱式反应器，反应过程中对温度、pH 进行控制，经过浓缩后，利用溶解度不同进行分离得到产品 L-氨基酸。乙酰-D-氨基酸用化学方法进行消旋化反应后，作为基质进行循环使用。该法与用液态酶间歇式反应相比较，具有操作稳定、分离简便、收率高、成本低等优点。

（2）多酶反应　以 DL-α-氨基-ε-己内酰胺为原料通过由 L-α-氨基-ε-己内酰胺水解和 α-氨基-ε-己内酰胺消旋酶共同固定的酶柱式反应器后，即可获得产品 L-氨基酸。

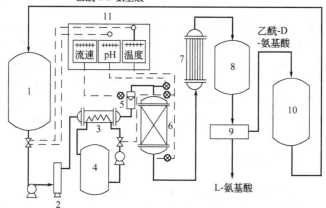

图 5-7　用固定化氨基酰化酶连续生产 L-氨基酸的工艺流程

1—乙酰-DL-氨基酸储罐；2—过滤器；3—热交换器；4—温水罐；5—流量计；6—酶柱式反应器；
7—连续浓缩器；8—结晶罐；9—分离器；10—消旋反应罐；11—控制盘

八、生化分离工程

生化分离工程是生物化学工程的一个组成部分。生物化工产品是通过发酵过程、酶反应过程或动植物细胞大量培养获得的，从上述培养液或反应液中分离、精制有关产品的过程即称为生化分离工程或称下游加工过程，它由一些化学工程的单元操作组成，但由于生物物质的特性，有其特殊要求，而且某些单元操作在一般化学工业中应用较少。

培养液是复杂的多相系统，其中所含欲提取的生物物质浓度很低，而杂质含量却很高，特别是基因工程产生的许多新的蛋白质常常伴有大量性质相似的杂质蛋白质，使分离、精制工作非常困难。同时在总成本中，下游加工费用常占很大比例（50%～70%），因此无论从技术角度、还是从经济方面，生化分离工程都应引起重视。生化分离过程的一般步骤包括提取和精制，见图 5-8。

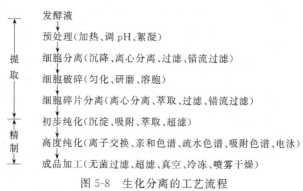

图 5-8　生化分离的工艺流程

1. 提取

提取包括培养液（如发酵液）的预处理和细胞的破碎与分离两部分。

（1）培养液的预处理　培养液预处理的目的在于改变培养液的性质，使其便于过滤和提取。一种有效的方法是加入絮凝剂，使细胞或溶解的大分子化合物聚结成较大的颗粒。无机絮凝剂有硫酸铝、氯化钙、氯化铁、碱式氯化铝等。有机絮凝剂有聚丙烯酰胺、聚丙烯酸钠、聚季铵酯等中性、阴离子型和阳离子型的絮凝剂。高聚物的分子量对絮凝效果有很大的影响。由于细胞表面常带负电，因此处理培养液常用阳离子型絮凝剂。还可在生物活性物质稳定性的范围内，利用酸化、加热、加入助滤剂，或把几种方法结合起来，能使过滤速度大大加快。一种新的过滤方法是利用超滤膜进行错流过滤，此时无滤饼形成，对细菌悬浮液，滤速达 $67\sim118L/(m^2 \cdot h)$。

（2）细胞的破碎和分离　细胞破碎的方法有机械、生物和化学等各种方法。生产中常用高压匀浆器和珠磨机，高压匀浆器是利用液相剪切力和与固定表面撞击所产生的应力；而珠磨机是利用固相剪切力，两者机理不同，可相互补充。细胞碎片分离通常用离心分离的方法，但非常困难。因为颗粒减小，密度差也减小，同时有高聚物分泌出来，使黏度增加。一种新的办法是双水相萃取法。由于高分子聚合物的不相溶性，使两种高聚物的水溶液（含盐或不含盐）可以分成两相甚至多相，如聚乙二醇与葡萄糖等的水溶液。细胞颗粒或蛋白质分子可在两相间进行分配。影响分配系数的因素有高聚物的种类和浓度、高聚物的分子量、离子的种类、离子强度、pH 和温度等。

2. 精制

生化产品精制的方法常用沉淀、萃取、吸附和离子交换以及超滤等，简要介绍如下。

（1）沉淀法　溶解的蛋白质由于表面电荷或极性基团所形成的水化层而达到稳定，加入高浓度的无机盐，如硫酸铵，可使蛋白质沉淀。

调节 pH 至等电点也可使蛋白质沉淀。加入有机溶剂也可使蛋白质沉淀，但会使蛋白质失活，所以应在低温下进行。也可加入非离子型聚合物，如聚乙二醇和聚电解质。分子量为 $40000\sim60000$ 的聚乙烯亚胺是常用的沉淀剂。

（2）萃取法　用通常的有机溶剂萃取法提取酶等蛋白质是不合适的，因为酶容易失去活性；双水相萃取法已成功地应用来提取甲酸盐脱氢酶、支链淀粉酶等，不足之处是所用的葡聚糖等价格较贵，一些新的萃取方法，如液膜萃取和超临界流体萃取也开始应用于生物工程中。

（3）吸附和离子交换　广泛用于抗生素和氨基酸提取。用一般的离子交换树脂易使酶在吸附、解吸过程中被破坏，将树脂的骨架由憎水性改为亲水性，如由经过加工的纤维素所制得的离子交换剂，则可用来提取蛋白质。

液体离子交换树脂多数是分子量为 $250\sim500$ 的胺或有机酸。使用时，将它溶于一种有机溶剂中，欲提取的溶质就从水溶液选择性地移向有机相。例如头孢菌素可以用液体离子交换剂进行提取。

（4）超滤法　主要用于胞外酶的浓缩和去除低分子量的杂质。在超滤时，随着溶剂的透过膜，保留液的体积逐渐减少，黏度逐渐增大，不利于超滤的继续进行。如果不断加入水或缓冲液，以保持原来的体积，就可以避免这个缺点，这种操作称为透析过滤法。

（5）色谱分离　随着重组 DNA 技术的发展，新的蛋白质不断出现，纯化这种蛋白质对色谱分离技术提出更高的要求。用于分离无机离子和低分子量有机物质的色谱分离介质已不能适用。用于分离蛋白质的介质的母体必须有足够的亲水性，以保证有较高的收率，同时应有足够的多孔性，以使大分子能透过，有足够的强度，以便能在大规模柱中应用。此外还应有良好的化学稳定性和能引入各种官能团，如离子交换基团、憎水烃链、特殊的生物配位体或抗体等，以适应不同技术的要求。工业上适用的母体有天然、半合成或合成的聚合物，如纤维素、葡聚糖、琼脂糖、聚丙烯酰胺等。要增大分离能力，可以增大色谱柱径而不是柱高，柱高可使压力降增大或流速减小。分级柱可使压力降在流速高时限制在某一水平。采用均匀、球形的分离介质可使压力降减小。强度较好的分离介质和色谱柱设计的化工问题的解决是色谱分离法工业化的关键。

九、生物化工产品

生物化工产品是一大类为数众多的由各种生物反应过程，即包括发酵过程、酶反应过程或动植物细胞大量培养等过程所获得的产品。它们的共同特点是以生物来源为主的物料为原料，通过生物催化剂的作用，在生物反应器中形成，并通过生化分离工程的有关技术将其提取纯化。这些产品有的可以用化学合成法生产，如乙醇、丙酮、正丁醇、甘油等，究竟采用化学合成法或生物合成法应从经济技术的综合考虑决定；有些产品则仅能通过生物合成法生产或以生物合成更为经济合理，如青霉素、淀粉酶、维生素 B_{12}、干扰素等分子结构复杂的物质；有些产品的生产则兼用化学合成和生物合成法，如半合成青霉素、可的松、维生素 C 等。

生物化工产品按产品性质可分为：①大宗化工产品，如乙醇、丙酮、正丁醇、甘油、柠檬酸、乳酸、葡萄糖酸、沼气等；②精细化工产品，如各种氨基酸、酶制剂、核酸产品，各种抗生素、多种甾体激素和维生素、常规菌苗、疫苗，生物农药、食用及药用酵母、饲料蛋白（单细胞蛋白）等；③现代生物技术产品，即通过重组 DNA 技术和细胞融合技术等方法生产的产品，如干扰素、单克隆抗体、新型疫苗等。

生物化工产品按产品特点和功能可分为大宗生物化工产品和精细生物化工产品两大类。

第二节　酶　制　剂

酶是由细胞产生的具有催化活性的特殊蛋白质，广泛地存在于动植物和微生物中。作为一类生物催化剂，它参与生物体内的一系列代谢反应，如果没有酶，就没有生物体的新陈代谢，也就没有生命活动。酶作为催化剂与一般化学催化剂相比，具有专一性强、催化效率高、反应条件温和、环境污染少和能耗少等特点。

目前，生物界发现的酶已有 3000 多种，其中大多数来自动物，但工业上大量生产的 20 多种酶主要来自微生物。随着酶的工业提纯技术的不断发展，新的有应用价值的酶正在不断开发，现在工业上有用的酶已达 50～60 种，它正为解决世界面临的能源、资源、粮食短缺及环境保护问题开辟新的途径。例如，酱油酿造与饴糖工业，由于用 α-淀粉酶代替麦芽和麸曲，节约了大量的粮食，葡萄糖的生产由于用了葡萄糖淀粉酶避免了过去使用的高温水解工艺，使得淀粉得糖率由 80％增加到 100％。在化学工业中用酶法生产过去依赖于石油化工的化工原料，使得化学工业受石油和能源制约的局面逐步改变。用酶法来合成过去用化学合成的种种有机化合物，例如用蛋白酶或多肽酶制备多肽激素，对复杂的大分子如蛋白质、多肽糖蛋白等进行修饰，这对制备新的药物提供了很大的潜力。

一、酶的基本概念

酶是活细胞成分之一，由活细胞产生，它是一种具有催化活性的蛋白质，其功能与化学催化剂相似。酶虽然是由活细胞产生的，但并非只能在细胞内才起作用。在一定的条件下，酶可以离开机体而发挥催化作用，这对酶的产生和应用有重要意义。

酶的化学本质是蛋白质，所以酶的性质、组成及结构都与蛋白质完全一致。

1. 酶的组成

酶是大分子，分子量在一万至数百万之间，酶的元素组成有 C、N、H、O 外，还有少量的 S、P、Fe 和其他元素。酶按其组成可分为单成分酶和多成分酶，单成分酶一般仅由蛋白质分子组成，多成分酶的组成除了蛋白质部分（称蛋白酶）外，还有非蛋白的部分。双成分酶中只有两个部分都存在时，酶才具有催化活性，双成分酶又称为全酶。在酶中，酶蛋白部分结合得比较牢固，不易用透析方法把它们分开，酶的非蛋白部分称为辅基，如果容易由透析方法分开，这种非蛋白部分称辅酶，辅酶能与不同的酶蛋白结合，形成不同的酶，这些酶能催化同一类的化学反应，但它们所作用的底物是不相同的。

2. 酶的结构

酶蛋白是球蛋白，酶的结构就是球蛋白的结构。蛋白质的分子都是由氨基酸组成的，氨基酸中有一个氨基连在与羧基相邻的 α-碳原子，所不同的是侧链结构，若用 R 表示侧链，则氨基酸的结构通式为：

$$\begin{array}{c} \overset{\text{H}}{\underset{\text{NH}_2}{\overset{|\,\alpha}{\text{R}-\text{C}-\text{COOH}}}} \end{array}$$

氨基酸之间，通过羧基和氨基作用脱去一分子水而形成肽键，由许多氨基酸组成的肽称为多肽，多肽呈链状，称为多肽链，而其中失水的氨基酸称为残基，肽链的通式如下：

$$H_2N-CH-\overset{O}{\overset{\|}{C}}-N-CH-\overset{O}{\overset{\|}{C}}-N-CH-\overset{O}{\overset{\|}{C}}-OH$$

对于酶蛋白，式中 R 可以是各种天然氨基酸侧链，不是单一氨基酸残基的重复，而且在其空间结构中存在着特殊的活性中心。

蛋白质根据其空间结构的不同可分为蛋白质的一级结构、二级结构、三级结构、四级结构，酶的分子结构也与蛋白质一样，具有四种结构。

3. 酶的蛋白质性质

自然界中一切生物均含有蛋白质。蛋白质是一类复杂的含氮的高分子化合物，它是由氨基酸构成。蛋白质是极为重要的活性物质，它在生物体内的生物功能是多种多样的。

酶是一类大量普遍存在的具有催化功能的蛋白质，它几乎催化着机体一切化学反应，酶所具有的性质和蛋白质完全一样，它在水溶液中显示蛋白质的两性性质、胶体性质、显色反应、变性等所有性质。

（1）两性性质　酶是两性介质，这是因为酶是蛋白质组成的，蛋白质的分子链两端含有自由的羧基和氨基，故既可酸性离解也可碱性离解，既是酸又是碱，当 pH 达到某一值时，酸碱离解相等，这就达到了蛋白质的等电点，此时蛋白质易沉淀。

（2）胶体性质　酶具有胶体性质，如存在着表面作用、吸附力等。在酶颗粒表面分布着许多亲水基，这些亲水基吸附着许多水分子，在表面形成一层水膜，这些水膜在热量的作用下失水干燥，干燥后又能吸水膨胀和溶解，利用这种性质，常将酶干燥成粉末后使用。

（3）显色反应　组成酶的氨基酸所含的基团能和某些化学试剂作用，产生某种颜色，所以具有显色反应。

（4）变性　当受到加热、振荡、放射线或紫外线照射、超声波处理、产生泡沫、强酸、强碱、氧化剂、还原剂、表面活性剂、有机溶剂、胍、尿素、重金属盐等作用时，酶的分子结构发生变化，性质也随之改变，这种现象叫变性，变性可导致酶的溶解度下降和一些理化性质显著改变。

4. 酶的活性中心

酶的活性中心是指酶蛋白分子中直接与底物结合，形成酶-底物复合物的特殊部位。酶的活性部位可分为结合部位和催化部位，前者的作用是直接和底物结合，后者的作用是催化底物进行特定的化学反应。

5. 酶的分类

现在已分离得到的酶有 2000 多种，酶的分类方法也很多，为了避免混乱，国际生化联合会规定将酶按所催化的类型，分为如下 6 大类。

（1）氧化还原酶类　氧化还原酶是指催化氧化还原反应的酶类，如葡萄糖氧化酶等。氧化还原酶催化反应的通式为：

$$AH_2+B \Longrightarrow A+BH_2$$

（2）转移酶类　转移酶类是催化一种化合物分子上的基团，转移到另一种化合物分子上，如谷丙转氨酶等。催化反应通式为：

$$A-R+B \Longrightarrow A+B-R$$

式中　R——被转移的基团。

（3）水解酶类　水解酶是催化大分子物质加水分解成小分子物质，其催化反应通式为：

$$AB+H_2O \Longrightarrow AOH+BH$$

这类酶大多属于细胞外酶，在生物体分布最广，数量也多，应用也最广泛，如淀粉酶、蛋白酶、脂肪酶、果胶酶、核糖核酸酶及纤维素酶等。

（4）裂解酶类　裂解酶类催化一个化合物分解成几个化合物，反应是可逆的，如脱羧酶等。其催化反应通式为：

$$AB \Longrightarrow A+B$$

（5）异构酶类　此类酶催化同分异构化合物相互转化，如葡萄糖异构酶等。其催化反应通式：

$$A \Longrightarrow B$$

（6）连接酶类　连接酶也称合成酶，系指能将两种物质合成一种物质，并必须与腺苷三磷酸（ATP）的分解相偶联的酶，这类酶关系着许多重要生命物质的合成，如蛋白质、核酸等。催化反应通式为：

$$A+B+ATP \Longrightarrow AB+ADP（腺苷二磷酸）＋无机磷酸$$

6. 酶在细胞内的分布

通常按酶的活动部位将酶分成胞外酶和胞内酶两大类。胞外酶是指由细胞产生后分泌于细胞外面进行作用的酶，这种酶主要包括水解酶类；而胞内酶是由细胞产生并在细胞内部起作用的酶，这类酶的种类很多，如氧化还原酶、转移酶、裂解酶、异构酶和合成酶等。

7. 酶的性质与催化反应

酶是生物催化剂，它具有催化剂的共性，但它也具有不同于一般催化剂的如下特点。

① 一般催化剂为小分子，而酶却为大分子，具有大分子的各种性质。

② 酶本身是蛋白质，具有蛋白质的共性，在较高温度或过大过小酸碱度下容易变性失活，酶反应在温和条件下进行不需要高温、高压或强酸强碱的反应条件。

③ 酶对反应物及反应有专一性，一种酶只对一类或一种底物（受酶作用的物质）发生特定的催化作用。

④ 酶催化的反应所需活化能极低，故反应速率较高，比一般催化剂高 $10^9 \sim 10^{13}$ 倍。

⑤ 酶反应可以受到各种因素（温度、pH、酶与底物浓度、抑制剂与激活剂等）的调节或控制。

温度对酶反应速率的影响有两个方面，一是加热可促进酶反应，另一方面加热可使酶失活，最适宜温度取决于这两方面的平衡。在不致引起酶失活的温度下，大致每升高 10℃，反应速率增加一倍，例如在 70℃ 时，葡萄糖异构酶转化葡萄糖成为果糖的量是 60℃ 时的 2 倍。

二、工业酶制剂的生产

工业酶是工业上生产过程中作为催化剂使用的酶制剂，对其剂型及纯度的要求因使用目的不同而异，有的只是含酶材料的粗粉，有的则是略加净化而浓缩的发酵液，有的是酶的提取液用盐析、有机溶剂沉淀而作成的粉状粗品，有的是直接使用细胞（如青霉素酰化酶等），但有时也需要使用纯度很高的酶（如固定化青霉素酰化酶等）。

酶按其来源可分为动物酶、植物酶或微生物酶三类，某些动物组织（如胰腺、胃膜），植物种子果实（如无花果、大豆、木瓜、山芋、麦芽、辣根等）都是提取酶的原料，而微生物更是酶的丰富来源，几乎所有的动植物酶都可通过微生物发酵来生产，微生物种类多，繁殖快，通过菌种改良，在良好的培养条件下，可以合成相当细胞蛋白质 60％ 的酶蛋白，是工业酶的主要来源。

1. 微生物酶的培养

微生物酶的生产方法，通常是筛选合适的微生物后，采用固体或液体深层培养方法，用一定组成的培养基，在一定温度、pH、通气量下培养适当时间，待酶产量达高峰时，停止培养而用适当方法来提取酶。

固体培养是利用麸皮，或再添加适量米糠、豆粕、玉米粉及微量元素，加 $50\%\sim60\%$ 水拌匀后，蒸热、冷却到 $30℃$ 左右，接种微生物菌种后，置浅盘（$1\sim2cm$ 厚）中，在相对湿度 $80\%\sim90\%$ 下培养，或将接种后的培养基，在通风池中或制曲机中，通入一定湿度与温度的净化空气进行培养，此法生产效率较高，占地面积少。

深层培养法是工业酶制剂生产的主要手段，采用发酵罐培养。培养是在一定的温度和强烈搅拌，并通入无菌空气下进行的，发酵罐的容积一般为 $10\sim20m^3$，也有大到 $50\sim200m^3$ 的，深层培养法设备占地面积少，生产效率高，但动力消耗大，技术管理要求严格，特别是防止染菌是生产成败的关键。

工业上生产酶的微生物主要是芽孢杆菌和真菌。一个新菌种在用于工业生产前必须通过一系列毒性试验以证明其安全性后方可允许使用。

2. 酶的提取

工业酶根据用途不同对酶纯度要求各异，有些酶不必提纯，含酶的材料直接可以作为酶来使用，如啤酒生产时作为糖化剂的麦芽，只需干燥粉碎即可使用。含胞内葡萄糖异构酶的链霉菌，可直接使用细胞于葡萄糖的异构化，富含乳糖酶的酵母细胞可略加处理后用于牛奶脱乳糖，此外淀粉加工用的 α-淀粉酶，糖化酶等均是微生物胞外酶，通常是使用浓缩的发酵滤液，也不需进一步加工。有些胞内酶在制成无细胞酶制剂时，必须先将细胞破碎，以利酶的抽提，常用的破碎细胞的方法有机械法，如研磨法、压力破碎法和超声波法等。工业上大规模破碎细胞常用细胞擂碎器或高压匀浆泵处理，后者将细胞在几十兆帕高压下喷出，在压力骤降下冲击在撞环上，经反复多次挤压冲击，破碎率可达 95% 以上。小规模处理可用石英砂研磨或在冷却下用 $10kHz$ 超声波处理，处理时间视细胞膜结构而异，一般为 $10\sim60min$。在低温下将细胞用丙酮处理，改变细胞膜的透性，也可使胞内酶容易地抽提出来。此外，利用溶菌酶或利用菌体自溶酶的作用，来破碎细胞也是常用之法，如多数革兰阳性细菌的细胞，在有卵清溶菌酶存在下，保温一定时间，可充分破壁。链霉菌胞内葡萄糖异构酶，酵母细胞内的一些酶，可以在甲苯、氯仿、乙酸乙酯等防腐剂存在下，保温一定时间使细胞自溶而溶出。由于有些胞内酶通常是与细胞壁或细胞颗粒结合在一起难溶于水，即使细胞破壁后仍难用水抽提出来，可向抽提液中添加少量丁醇等有机溶剂或表面活性剂来提高提取得率。

3. 酶制剂的制备

大多数的工业酶制剂是液体酶，是滤去菌体等固态物的发酵液或组织抽提液，采用薄膜蒸发、超滤等方法浓缩后添加稳定剂与防腐剂而成。

粉状干燥的酶制剂的制备主要采用溶剂沉淀法和盐析法。溶剂沉淀法是先向酶液添加一定比例的与水可互溶的溶剂，如丙酮、甲醇、乙醇、异丙醇以及这些溶剂的混合物，在一定 pH 下，使酶蛋白沉淀而同酶液中大量杂蛋白及其他杂质相分离。溶剂与酶液的质量比例，若是丙酮则为（$0.5\sim1.5$）:1，若为乙醇则是（$2.5\sim4.0$）:1，为节省溶剂，酶液宜先经超滤浓缩。酶在溶剂水溶液中很不稳定，故操作时宜在 $0\sim10℃$ 下进行，时间愈短愈好，通常只有几分钟。将沉淀的酶，在加有硅藻土为助滤剂下，用板框压滤机或用离心机进行固液分离。工业上离心机可采用管式高速离心机，含溶剂的酶泥可在 $20\sim50℃$ 温度下真空干燥，然后磨粉，测活力，标准化和包装。盐析法是向澄清浓缩的酶液，添加硫酸铵或硫酸钠至一定浓度，使杂蛋白和酶沉淀而析出。为了制取高纯度的酶，可采用分级沉淀法，向酶液先添加硫酸铵至一定浓度，使大部分杂蛋白盐析沉淀除去后，继续加硫酸铵到所需浓度，使酶充分沉淀，这样的酶纯度较高。制备纯度更高的酶，应采用其他手段，一切用于蛋白质提纯的手段都可以用在酶的提纯上，例如分级沉淀法、离子交换法、吸附法、凝胶过滤法、亲和色谱法等都是提纯酶的常用方法。

4. 酶制剂的稳定化

酶制剂的稳定化是制备酶制剂的重要环节，酶制剂的配方中，根据情况应含有稳定剂、活化剂、防腐剂与缓冲剂等物质以利酶的长久储存。

通常添加于酶制剂中的 pH 缓冲剂有磷酸盐、柠檬酸盐及其他有机酸与无机酸，防腐剂有苯甲酸盐、苯甲酸酯、山梨酸盐，稳定剂则有氯化钠、甘油、山梨醇、丙二醇、蔗糖等，此外柠檬酸盐、乙二胺四乙酸等金属螯合剂常用来作为对重金属有敏感的酶的稳定剂。酶的活化剂有钙盐、亚硫酸盐、镁盐、钴盐等。

为了将酶稀释到一定活性，酶制剂中常用的填料有高岭土、乳糖、乳清粉、木屑、淀粉、硅藻土、食盐、甘露醇，当然水也是液体酶的主要稀释剂。

5. 重要酶制剂

工业酶的主要应用对象：食品工业占 58%、洗涤剂工业占 25%、纤维工业 5%、其他 12%，预计今后酶在食品与洗涤剂工业以外领域中的应用将得到显著发展。有重要工业价值的酶简介如下。

(1) 淀粉酶　淀粉酶是水解淀粉、糖原和它们的降解产物的酶类，是工业酶制剂中具有广泛用途、产量最大的酶制剂之一。按酶的水解方式，与工业应用有关的淀粉酶可分为 α-淀粉酶、β-淀粉酶、葡萄糖淀粉酶、环糊精葡萄糖基转移酶、切枝酶等多种。α-淀粉酶主要用于棉布退浆、淀粉糖生产、酒精和啤酒酿造等。β-淀粉酶是啤酒酿造、饴糖制造的主要糖化剂。葡萄糖淀粉酶又称淀粉葡萄糖苷酶或糖化酶。此酶只存在于微生物，主要是真菌中，工业上由根霉、黑曲霉培养物中提取。糖化酶是一种重要的糖化剂，在淀粉糖浆、葡萄糖、蒸馏酒、酒精、发酵工业生产中，用以转化淀粉成为可发酵性的葡萄糖，也大量用作饲料添加剂；酶的最适宜反应温度 55～60℃，最适宜 pH4.5～5.5，视菌株不同而稍有差异。

α-淀粉酶的培养方法，分为固体培养法与液体培养法两种。固体法的培养基由麸皮、米粉、豆饼等配成，多用厚层通风槽法培养，菌种培养开始 8～9h 内间歇通风，10h 后改为连续通风，维持温度 35～40℃，整个培养时间为 28～30h，培养过程中原料由淡黄色变成棕色，臭气逐渐变浓后，产品干燥、备用。液体发酵法，所用培养基分为基础培养基与补充培养基，两者质量配比见表 5-4。

表 5-4　基础培养基与补充培养基的配料比　　　　　单位：%

培养基	脱脂豆粉	玉米粉	Na_2HPO_4	$(NH_4)_2SO_4$	NH_4Cl	$CaCl_2$
基础培养基	4.44	5.55	0.8	0.4	0.13	0.27
补充培养基	8.7	2.73	0.8	0.4	0.2	0.8

当培养枯草杆菌变异株时应用添加补充培养基的方法可获得高活性的 α-淀粉酶。

(2) 蛋白酶　蛋白酶是水解肽键的一类酶，蛋白质在蛋白酶作用下依次被水解成胨、朊、多肽、肽，最后成为蛋白质的组成单位——氨基酸。由于蛋白酶的专一性非常复杂，很难根据它们的专一性进行分类，实际上常按酶的来源分类，例如胃蛋白酶、胰蛋白酶、木瓜蛋白酶、细菌或霉菌蛋白酶等。微生物蛋白酶则常根据其作用最适 pH 分类而分为碱性蛋白酶、中性蛋白酶、酸性蛋白酶等。

① 碱性蛋白酶　细菌、曲霉都可以生产碱性蛋白酶，工业上大量生产的碱性蛋白酶，广泛用于洗涤剂制造和作为制革软化剂及用于制造蛋白水解物，是由地衣芽孢杆菌或嗜碱芽孢杆菌所生产。地衣芽孢杆菌的培养方法：培养基的质量分数为含麸皮 4%～6%、山芋粉 4%～5%、豆饼粉 3%～4%、Na_2HPO_4 0.4%、KH_2PO_4 0.03%～0.05%，pH9.0；36℃通风搅拌；培养时间 40h。细菌蛋白酶的产量几乎占蛋白酶市场的 60%，酶的最适反应 pH 为 9～11，最适反应温度约 60℃。

② 中性蛋白酶　中性蛋白酶主要由枯草杆菌和曲霉生产。枯草杆菌的培养法：培养基由豆饼粉、玉米粉、山芋粉、麸皮、Na_2HPO_4、KH_2PO_4、消泡豆油等配成，通风量与培养基的体积比为 1：0.6～1：1；温度 30～32℃；培养时间 30h。中性蛋白酶工业上用于啤酒生产、皮革脱毛、丝绸脱胶、毛皮柔化以及蛋白胨的制备等。中性蛋白酶最适 pH 为 7 左右，最适反应温度为 50℃。

③ 酸性蛋白酶　酸性蛋白酶主要由黑曲霉生产。黑曲霉的培养法：培养基的质量分数

为脱脂豆粉 3.75%、玉米粉 0.625%、鱼粉 0.625%、豆粉石灰水解液 10%、NH_4Cl 1%、$CaCl_2$ 0.5%、Na_2HPO_4 0.2%，pH5.5；通风量与培养基的体积比 1：0.6；发酵72h。酸性蛋白酶最适宜 pH 为 2～5，主要用途是啤酒澄清、毛皮软化，用于医药作为消炎、退肿、止咳、化痰等药物，也可作为饲料添加剂等。

（3）葡萄糖异构酶　葡萄糖异构酶的正式名称应是 D-木糖异构酶，这种酶能将 D-葡萄糖异构化为 D-果糖，即由醛糖异构化为酮糖。由于葡萄糖异构化为果糖后，可使甜味增加一倍，而具有重要的经济价值。葡萄糖异构酶可由放线菌、乳杆菌等微生物生成，工业上以采用放线菌为主。放线菌的培养法：培养基的质量分数为甜菜糖蜜 2%、豆粉 1.5%、K_2HPO_4 0.15%、$MgSO_4 \cdot 7H_2O$ 0.05% 等配成，pH7.0；培养条件为 30～32℃，通风量 1：0.3；培养时间48h；培养结果为每毫升发酵液可异构化15g葡萄糖。葡萄糖异构酶的最适 pH 为 7～8，最适反应温度为 70～80℃，是稳定性很好的酶，主要用途是生产果葡糖浆在食品工业中代替蔗糖。

三、固定化酶

固定化酶是指那些被完全地或严格地限制于一定空间活动，而保持着它们的催化活力，并能稳定地重复使用的酶。酶在体外应用时的种种弱点可依赖酶的固定化而消除。

固定化方法是将酶和载体结合起来的手段。可用物理和化学的方法将酶结合在载体上，或包埋在载体内。众多固定化方法按原理大致可分为四大类。吸附法、交联法、共价法和包埋法。

（1）吸附法　吸附法是将酶吸附在不溶性固态载体表面。含酶的水溶液和吸附剂接触一定时间，经过滤和洗涤除去不吸附的蛋白质，便制得固定化酶。按吸附原理又可分为物理吸附和离子吸附。物理吸附法是基于白土、膨润土、氧化铝和多孔玻璃等载体和酶之间的疏水作用结合。此类载体结合能力很低，1g 吸附剂结合的蛋白量少于 1mg。离子吸附法主要依靠离子交换剂和蛋白质分子间的盐键等次级键相互作用制备固定化酶。常用的载体有纤维素、葡聚糖凝胶、大孔阳离子树脂和阴离子树脂等。吸附法的优点是操作简便、价廉、条件温和，酶活力损失少，但缺点是酶结合不牢，条件变化时酶易脱落。

（2）交联法　交联法是利用双功能基团或多功能基团的试剂，将酶的各分子间交联，凝集成"网状"结构。常用的交联剂是戊二醛。该法操作简便，但在较剧烈条件下进行，一般固定化酶活性不高，形成的固定化酶颗粒太细，不易掌握。

（3）共价法　共价法是酶蛋白分子功能团与载体物表面反应基团之间形成化学共价键连接的方法。常用的载体有多孔玻璃和陶瓷以及合成高聚物等。共价法优点是酶与载体之间的连接键很牢固，使用过程中不会发生酶的脱落，稳定性较好。缺点是形成共价键时发生的化学反应可能会导致酶部分失去活性，并且成本较高。

（4）包埋法　利用物理方法将酶包埋在高聚物内的方法是一种不包含化学修饰酶蛋白的聚合反应，反应条件温和，酶蛋白结构极少受改变的固定化方法。而且固定化时保护剂的存在不影响酶的包埋产率。此方法对大多数酶、粗酶制剂甚至完整的微生物细胞都是适用的。包埋法仅适用于小分子底物和产物的酶，而且由于底物和产物扩散受阻，酶的反应速率可能受到影响。

以上方法各有特点，具体选用哪种方法主要取决于这种方法如何影响酶的催化活性。如果固定化酶十分稳定，在反应器中能长期有效运转，而活性保持良好，那么，它在经济上的竞争力是很强的。其次还要考虑固定化方法的成本。

四、微生物细胞固定化技术

微生物细胞固定化是在固定化酶技术发展之后发展起来的潜力很大的技术，它是利用酶或酶系的一条捷径，它所使用的固定化方法与固定化酶基本相似，但其实际应用的速度已超过了固定化酶。

固定化细胞具备了固定化酶所不具备的优点，首先，固定化酶所用的酶最好是胞外酶，但许多酶存在于微生物细胞内，所以先要破碎细胞提取酶，这样酶易受到损失而不稳定，如果将整个细胞固定化，则可省去酶的抽提与纯化操作，所以制备固定化细胞要比制备固定化酶成本低，并且稳定性也好。其次，固定化细胞可以再生许多生物合成反应中必需的辅助因子，从而再不必考虑辅酶的再生和固定化了，这正是固定化酶急于解决而未解决的问题。还有单批发酵细胞只用一次便排弃了，而固定化细胞可连续使用一个月以至几个月，因而它为分批过程连续化提供了手段，同时也节省了供微生物生长消耗的养料等。

目前，微生物固定化细胞已经在工业上应用，如利用固定化的凝固芽孢杆菌细胞生产高果糖浆，固定化黄色芽孢杆菌细胞生产苹果酸等。

第三节　精细生物化工产品工艺

精细生物化工产品是一大类为数众多的由各种生物反应过程，即包括发酵过程、酶反应过程或动植物细胞大量培养等过程所获得的产品。此处仅介绍有机酸、氨基酸、核酸、单细胞蛋白类有代表性的品种的生产方法、性质及用途。

一、有机酸及其发酵工艺

糖、淀粉、醇、石油等经过微生物的作用，可以生成数十种有机酸，如乙酸、乳酸、柠檬酸、葡萄糖酸、长链二羧酸、曲酸、次甲基丁二酸、没食子酸、α-酮戊二酸、水杨酸等，在食品、医药、香料等方面的应用广泛。

1. 次甲基丁二酸

次甲基丁二酸又名衣康酸，可以由柠檬酸加热分解得到。生物合成是由葡萄糖生成柠檬酸后，经顺乌头酸，脱羧而得。

$$
\underset{葡萄糖}{C_6H_{12}O_6} \longrightarrow \underset{柠檬酸}{\overset{CH_2COOH}{\underset{CH_2COOH}{|\,C(OH)COOH\,|}}} \xrightarrow{-H_2O} \underset{顺乌头酸}{\overset{CHCOOH}{\underset{CH_2COOH}{|\,CCOOH\,|}}} \xrightarrow{-CO_2} \underset{衣康酸}{\overset{CH_2}{\underset{CH_2COOH}{|\!|\,CCOOH\,|}}}
$$

衣康酸的工业生产菌种主要是土曲霉和衣康酸曲霉，可用蔗糖、葡萄糖或用高糖蜜、糖蜜作发酵原料，也可用木屑水解液作发酵原料。土曲霉深层发酵是现在工业上最流行、最经济的衣康酸生产方法，简要介绍如下。

(1) 接种材料的制备　为了缩短发酵生产周期，提高设备利用率，生产罐的接种一般采用预培养的菌丝悬浮液，使土曲霉孢子预先发芽。预培养在种子罐内进行。种子罐的容量是生产罐的8%～10%，因为生产罐的接种量为8%～10%。种子培养基与发酵培养基相同，其组成如下（g/L）：

一水葡萄糖	66	$(NH_4)_2SO_4$	2.7
$MgSO_4 \cdot 7H_2O$	0.8	玉米浆	1.8

灭菌条件也与发酵培养基相同，即用衣康酸调至 pH5.0 以下，直接通蒸汽加热至90℃，维持 30min。冷却至35℃时，接种孢子悬浮液（含孢子 10^9/mL）10mL/L，在35℃通气，每分钟通气量与培养基的体积比为 1：0.5～1：1.0，培养48h，接入生产罐。

(2) 发酵培养基的制备　如果发酵采用淀粉原料，则有必要对原料进行预处理，即水解制糖。发酵培养基成分与种子培养基相同。发酵液本身的 pH 约为 6.5，为了防止加热灭菌时氨的逃逸和提高灭菌效果，必须将它预先调酸，一般采用衣康酸或硫酸将 pH 调至 5.0 以下，约需衣康酸 0.5g/L，或硫酸 0.3g/L。间隙灭菌可以在发酵罐内进行，直接通蒸汽升温至90℃，维持 30min。灭菌之后打开发酵罐的冷却装置，冷至35℃备用。

（3）发酵过程及控制　发酵培养基制备好后，接入土曲霉菌丝悬浮液 8%～10%，维持温度 35℃，每分钟通气量与发酵培养基的体积比控制在 1∶0.13～1∶0.25，罐压 80～100kPa，搅拌转速 110～125r/min，进行发酵。发酵过程中生成泡沫可以用十八醇（0.75%乙醇溶液）控制。发酵过程中要每隔 2h 测定一次 pH 和残糖，以观察发酵过程是否正常。发酵后期要频繁测定残糖，当残糖降至 1g/L 时，说明发酵已经完成。整个发酵过程需要 60～70h。

（4）提取和精制　从发酵液中提取衣康酸的方法有结晶法、溶剂萃取法和离子交换法等。由于衣康酸是较易结晶的一种有机酸，所以结晶法是常用的方法。粗制衣康酸晶体由于含有色素等杂质而呈褐色，对于某些工业用途有必要进行精制。一般情况下都是用活性炭吸附法处理后再重结晶。提取和精制的步骤如下：

由于衣康酸有腐蚀性，接触衣康酸的容器和设备都应该使用不锈钢材料制作。

衣康酸及其酯类是制造合成树脂、合成纤维、塑料、橡胶、离子交换树脂、表面活性剂和高分子螯合剂等的良好添加剂和单体原料。

2. 羟基丁二酸

羟基丁二酸又名苹果酸，是一种白色晶状固体。苹果酸在生物体中普遍存在，它作为三羧酸循环的一员而参与细胞代谢。它具有明显的呈味作用，其酸味柔和别致，解渴爽口，是安全食用酸。苹果酸广泛用于食品、医药、烟草加工、日用化工等领域。它的质地稳定，在水中溶解度大，各种医药片剂、糖浆配以苹果酸可以呈水果味，并有利于在体内吸收、扩散。

L-苹果酸的发酵工艺可以分为三类：一步发酵法、两步发酵法和酶法转化。一步发酵又称为直接发酵，它用糖类为原料，用霉菌直接发酵产生苹果酸。两步发酵法也是用糖类为原料，先由根霉发酵成反丁烯二酸（又名富马酸），再由酵母或细菌转化成苹果酸。酶法转化是用富马酸（盐）为原料，用微生物酶转化成苹果酸。与化学合成法不同的是，发酵方法利用了微生物酶的立体异构专一性，生产的都是 L-苹果酸，是生物体内所存在和可以利用的构型，而化学合成法只能生产 DL-苹果酸，如作为食品和药物，则有一半不能得到利用。

直接发酵生产苹果酸工艺在国内已实现了工业化，简单介绍如下。

（1）菌种扩大培养　用于苹果酸直接发酵的黄曲霉和米曲霉都易于产生孢子。将保存在麦芽汁琼脂斜面上的黄曲霉孢子用无菌水洗下，接到装有种子培养基的锥形瓶中；在 33℃静置培养 2～4d，待长出大量孢子，接到种子罐中。种子罐装有下述种子培养基（g/L）：

葡萄糖	30	MgSO₄	0.1
K₂HPO₄	0.2	FeSO₄	0.5
CaCO₃	60（单独灭菌）	NaCl	0.01
豆饼粉	10		

种子罐培养的目的是使孢子发芽，以缩短生产罐的发酵迟滞期。种子罐的体积是生产罐的 10%，装液 70%，如 50L 罐装液 35L。将葡萄糖等培养基装入罐中，在 100℃灭菌 20～30min 后，冷至 40℃以下，加入单独灭菌的 CaCO₃，接种黄曲霉孢子后在 33～34℃通气培养，每分钟通气量与培养基的体积比为 1∶（0.15～0.3），罐压维持 100kPa，加入适量消泡剂抑制泡沫生成，培养 18～20h 后接入生产罐。

（2）发酵　发酵培养基采用葡萄糖 70～80g/L，其余成分与种子培养基相同。培养基除 CaCO₃ 以外，直接在生产罐内配制，在缓慢搅拌下直接通蒸汽升温至 100℃，维持 20min 灭菌。冷至 40℃时，加入单独灭菌（干热 160℃，2h）的 CaCO₃。当罐内温度降到 34℃时，接种 10%种子培养液，通气搅拌进行发酵。发酵时控制温度 33～34℃，每分钟通气量与发酵液的体积比为 1：0.7，搅拌转速 180r/min，泡沫由自控系统流加消泡剂控制。整个发酵过程约需 40h。待残糖降到 1g/L 以下，放罐进入提取工序。

（3）提取和精制　苹果酸的提取和精制工艺流程如图 5-9 所示。

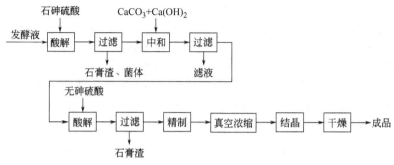

图 5-9　苹果酸提取和精制工艺流程

将发酵液放入酸解槽中，用无砷硫酸酸解至 pH1.5，用板框压滤机滤除石膏渣、菌体及其他沉淀物。滤液在中和槽中，加入 $CaCO_3$ 固体，用石灰乳调 pH 至 7.5。中和液放入沉滤槽中，静置 6～8h，让溶液中的苹果酸钙盐充分结晶沉淀下来。过滤，将苹果酸钙滤饼转到酸解槽中，加温水搅拌，加无砷硫酸酸化至 pH1.5，静置后过滤。滤液为粗制苹果酸溶液，还含有微量富马酸等有机酸，以及 Fe^{2+}、Ca^{2+}、Mg^{2+} 等金属离子和色素，必要时进行精制。苹果酸的精制一般采用离子交换和活性炭联合处理法。精制后的高纯度苹果酸溶液，在低于 70℃ 下减压浓缩，使浓度达到 65%～80%，再冷却到 20℃，添加晶种，就能获得高纯度苹果酸结晶。L-苹果酸晶体的干燥要求在真空条件下进行，温度控制在 40～50℃，干燥后要立即包装，否则易于吸收湿空气而潮解。

二、氨基酸及其发酵工艺

氨基酸是一类具有一个或多个氨基和一个或多个羧基的有机化合物。组成蛋白质的氨基酸有 20 多种，从营养上可分为两类，即必需氨基酸和非必需氨基酸。必需氨基酸是机体需要，但机体不能合成或合成量少，不能满足需要，必须由食物供给者；非必需氨基酸是指机体需要，但机体能合成，可不必由食物供给者。人类必需的氨基酸有下列 8 种：赖氨酸、色氨酸、缬氨酸、苯丙氨酸、苏氨酸、亮氨酸、异亮氨酸和蛋氨酸。现在绝大多数的重要氨基酸都可通过发酵过程及酶反应过程生产。氨基酸主要用于医药、食品添加剂、人造皮革、化妆品等方面。

1. 谷氨酸

用发酵法生产氨基酸，其中谷氨酸的产量居各种氨基酸首位。谷氨酸单钠盐俗称味精，分子式为 $NaNC_5H_8O_4 \cdot H_2O$，它具有肉类鲜味，是常用的调味品。

谷氨酸生产工艺流程主要分为 4 部分：①淀粉水解糖的制备；②谷氨酸生产菌的种子扩大培养；③谷氨酸发酵；④谷氨酸的提取精制。若要生产味精，用 Na_2CO_3 中和谷氨酸，即可生成谷氨酸单钠盐。下面着重介绍一下后三部分的内容。

（1）菌种扩大培养　用于谷氨酸发酵的菌多为棒状菌属，不形成孢子，要求生物素作为生长因素，在通气条件下发酵糖类生产 L-谷氨酸。培养基的组成因选用菌种不同会有差异，下面是使用纯齿棒杆菌 B9 的种子罐培养基（g/L）：

水解糖	30	玉米浆	6
$MgSO_4 \cdot 7H_2O$	0.4	K_2HPO_4	1～2
尿素	6	pH	7.0

（2）发酵　为使发酵正常进行，必须在发酵原料——水解糖中添加营养盐和生物素制成发酵培养基。使用 B9 菌株的发酵培养基的组成（g/L）如下：

水解糖	120~140	尿素	5
$MgSO_4 \cdot 7H_2O$	0.6	Na_2HPO_4	1.7
KCl	0.5	pH	7.0
玉米浆	6		

培养基在生产罐内配制，缓慢搅拌通蒸汽灭菌，当罐内温度降至 34℃ 时，接入种子培养液，通气搅拌进行发酵。发酵时控制温度在 34~36℃，每分钟通气的体积比为 1：0.4。整个发酵过程约需 40h。待残糖降到 7g/L 以下，放罐进入提取工序。

（3）提取和精制　由于谷氨酸是两性电解质，所以和酸或碱都可以成盐：

谷氨酸的等电点是 3.2。谷氨酸的溶解度和溶液的温度及 pH 有关，溶液的温度升高溶解度增大；溶液的 pH 为 3.2 时，溶解度最小，pH 偏离谷氨酸的等电点愈大，其溶解度也愈大。工业上提取精制谷氨酸，常用水解等电点法，其工艺过程为：

发酵液 → 浓缩 → 用盐酸水解 → 过滤 → 滤液脱色 → 浓缩

→ 用碱中和 → 低温放置 → 析晶 → 谷氨酸晶体

浓缩是在 70℃、80kPa 真空度下进行，浓缩至相对密度为 1.27（70℃）。水解在 130℃ 下进行 4h，工业盐酸用量为浓缩液体积的 0.8~0.85 倍。水解后的浓缩液先用碱中和至 pH1.2 左右，然后加入 1.5% 活性炭、搅拌 40min 进行脱色。滤液再用碱液中和至 pH 为 3.2，搅拌48h后放置，待谷氨酸结晶析出。

2. 赖氨酸

赖氨酸的结构式为：

$$H_2NCH_2-CH_2-CH_2-CH_2-\overset{\overset{\displaystyle NH_2}{|}}{CH}-COOH$$

赖氨酸为必需氨基酸之一，100% 是由体外供给。如缺乏则引起蛋白质代谢障碍及功能障碍，导致生长障碍。各类谷类蛋白质的赖氨酸含量不足，用赖氨酸强化的粮食，可以提高营养价值。

应用变异株法生产赖氨酸的发酵培养基组成（g/L）如下：

葡萄糖	130	K_2HPO_4	1
$(NH_4)_2SO_4$	35	玉米浆	30
$CaCO_3$	45	$MgSO_4 \cdot 7H_2O$	0.5
豆饼水解液	25	pH	7.4

3. 亮氨酸

亮氨酸的结构式为：

$$CH_3-\overset{\overset{\displaystyle CH_3}{|}}{CH}-CH_2-\overset{\overset{\displaystyle NH_2}{|}}{CH}-COOH$$

亮氨酸是必需氨基酸之一。为婴儿正常发育及成人的氮平衡所必需。可作为医药品、调味剂和配合饲料之用。

北京工业微生物研究所进行了亮氨酸突变株的选育及发酵条件的研究，获得了产亮氨酸的突变株 ASI·1004，该菌以生物素为生长因子，酪蛋白水解物对生长有促进作用，在含葡萄糖质量分数为 10%，硫酸铵 2%，乙酸铵 2%，KH_2PO_4 0.1%，$MgSO_4 \cdot 7H_2O$ 0.04%，

FeSO$_4$ · 7H$_2$O 2mg/L，MnSO$_4$ · 4H$_2$O 2mg/L，生物素 50μg/L，硫胺素 300μg/L，蛋白胨 0.3%，酵母膏 0.3%，CaCO$_3$ 2%，pH7.0 的培养基中，28℃振荡培养 4d，产亮氨酸 14mg/mL 以上。

三、核酸及其生产方法

核酸的研究，迄今已经 100 多年，但是核酸类物质和呈味核苷酸在食品工业上的应用不过 20 余年。近年来发现核酸类物质如肌苷、腺苷、腺苷三磷酸（ATP）、辅酶Ⅰ、辅酶A以及其他核酸衍生物，在治疗心血管疾病、肿瘤等疾病方面有特殊疗效，且用途正在日益扩大，蔚然形成独立的核酸产业。

核酸是生物遗传的物质基础，核酸分为两类，一类含有核糖即核糖核酸（RNA），一类含有脱氧核糖即脱氧核糖核酸（DNA）。核酸由有机碱、磷酸和一种戊糖组成。有机碱主要是嘧啶碱和嘌呤碱。RNA 中含有的嘧啶主要是尿嘧啶和胞嘧啶；DNA 中含有胸腺嘧啶和胞嘧啶。嘌呤以腺嘌呤和鸟嘌呤为主。戊糖，在 RNA 中是 D-核糖，它是呋喃糖，在 DNA 中是 D-2-脱氧核糖。由嘌呤或嘧啶与戊糖相结合的化合物称为核苷。腺嘌呤与核糖相连称为腺苷；鸟嘌呤核苷称为鸟苷，同样，嘧啶核苷有胞苷和尿苷。核苷酸是核苷的磷酸酯。核酸是核苷酸的聚合物。

核苷及核苷酸的生产方法有酶解法和直接发酵法两种。

1. 酶解法

RNA 的原料是用亚硫酸纸浆废液或糖蜜培养的假丝酵母菌体。单位菌体量的 RNA 含量高的一般是细菌，但酵母中 RNA 含量也有约 12%，加上其菌体收率高，回收、提取等操作较易，故现在以采用酵母菌体为主。从酵母菌体中提取 RNA，可用食盐添加法，加盐的目的是使酵母中的 RNA 在高渗溶液中易于释放出来。将干酵母粉制成质量分数为 10% 的悬浮液，加入食盐，使其最终质量分数约达 10%。加热至 100℃，约 2h 后，迅速冷至 4℃，用盐酸调节 pH 至 2~2.5，低温放置，让 RNA 下沉，弃去清液后余下的 RNA 泥浆用乙醇洗去其他杂质，过滤，烘干。

RNA 水解法有酸水解法、碱水解法和酶水解法三种。酸、碱水解产物以 2'-核苷酸或 3'-核苷酸为主。酿造业所需的核苷酸以 5'-单核苷酸为主，因此一般采用酶解法。现在酶解法工业上使用的是橘青霉菌株。橘青霉在麸皮上 30℃培养 3~5d 后，制成的曲用水抽提制成酶液。将质量分数为 1% 的 RNA 溶液加质量分数约 10% 的酶液，起始 pH 为 5.8，温度为 63~68℃，时间2h，RNA 分解 90% 以上，生成 5'-核苷酸。

2. 直接发酵法

核苷及核苷酸可用直接发酵法生产。核苷发酵多用枯草杆菌的变异株，核苷酸多用产氨短杆菌或其他谷氨酸产生菌的变异株。核苷如肌苷、鸟苷、腺苷等均可用直接发酵法生产，核苷酸如 5'-肌苷酸发酵生产已经工业化。

四、单细胞蛋白（SCP）及其制法

二十多年来，世界人口急剧增长，粮食生产不足，从工业开发新蛋白质资源，以弥补蛋白质供应的不足，已成为当务之急的任务。

微生物菌体内含有丰富的蛋白质，大多数用于生产的微生物是从单一的或者丝状的个体形成生长的，由此得名单细胞蛋白，简称 SCP。单细胞蛋白的特点可概括如下：①生长繁殖迅速，比植物或动物快得多。可在大型发酵罐中培养，不占大面积耕地，不受季节变化、旱涝灾害的影响。生产率高，生产能力可达 2~6kg/(m³ · h)。②营养价值高，含有 40%~80% 粗蛋白质。氨基酸组成齐全，配比良好。尤为可贵的是赖氨酸含量高，可与植物性蛋白质配合起强化作用。此外，还含有丰富的 B 类维生素。③可利用的原料广泛，包括糖质、淀粉、纤维以及工农业废弃物等再生资源，也可利用有机及无机矿物资源。根据原料的不同，选用的微生物有酵母、细菌、放线菌及丝状真菌等。

在工业生产条件下，单细胞蛋白中蛋白质的含量约为 50%（干基）。常以制糖厂的废料糖蜜，制酒厂、造纸厂的废液，农、林业的下脚料中可获得的诸如糖、淀粉和纤维素等有机物作为原料。所以，减少环境的污染是研究和开发这类原料生产 SCP 的一个动力。从发酵废液生产 SCP，国内已完成中试工作。以甲醇、乙醇等石油化工产品为原料，生产饲料用单细胞蛋白的装置在欧美已大规模投产。

五、生物农药及其生产方法

1. 生物农药的定义及分类

生物农药是指应用生物体及其代谢产物制成的用于防治危害农作物及农林产品的害虫、螨类、病菌、杂草等有害生物的制剂，它还包括保护生物活体的保护剂以及提高这些制剂效力的辅助剂、增效剂。

生物农药的分类方法很多，可根据其成分及来源进行分类，也可根据防治对象和作用方式进行分类。按其成分和来源可分为微生物活体农药、微生物代谢产物农药、植物源生物农药、动物源生物农药等。按照防治对象可分为杀虫剂、杀菌剂、除草剂、杀螨剂等。每一大类又有不同的分类方法，可分为若干小类。总的来说，目前生物农药主要有微生物农药、农用抗生素和生物化学农药三大类。在生物农药中，微生物农药是一个重要的分支，随着生物技术的进步，微生物农药的生产得到了迅速发展，品种不断增加，目前它已包括利用细菌、真菌、病毒、原生动物及防病增产有益菌制成的制剂。

2. 生物农药的生产

（1）细菌杀虫剂的生产　目前筛选得到的杀虫细菌大约有 100 多种，其中被开发成产品投入实际应用的主要有 4 种，即日本金龟子芽孢杆菌、缓死芽孢杆菌、球形芽孢杆菌和苏云金杆菌。苏云金杆菌是一种卓有成效的生物杀虫剂，作为低毒农药对其评价很高，是目前微生物杀虫剂中产量最多、应用面积最大的一种，具有较大的开发利用潜力。

苏云金杆菌是一种革兰阳性、产生伴孢晶体、能寄生于昆虫体内并引起虫体发病的芽孢杆菌。苏云金杆菌制剂的基本工艺流程包括菌种制备、发酵、后处理（浓缩、干燥）、产品质量和安全检测、分装等五道工序。工艺流程如图 5-10 所示。

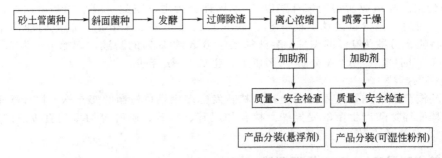

图 5-10　苏云金杆菌制剂的基本工艺流程

苏云金杆菌在 12～40℃均能生长，但以 28～32℃较为适宜，35～40℃生长很快，很易衰弱；温度低则生长慢。苏云金杆菌是一种好气性细菌，特别是芽孢形成时，缺氧会延迟芽孢的形成，甚至不形成芽孢。培养苏云金杆菌要求中性或偏碱性环境，培养前期 pH 7.0～7.2 最适宜，培养后期升高到 pH 8～8.5，甚至 pH 9 还能正常形成芽孢，但如降至 pH 5 以下则不能形成芽孢。苏云金杆菌发酵培养基可选择各种农副产品为主要原料，以合适的配比组成，常用的是黄豆饼、花生饼、棉籽饼以及玉米浆、玉米粉、淀粉、酵母粉等。通过采用适合于生产不同菌株的相应培养基配方和工艺技术提高物料浓度和发酵溶解氧水平，从而使发酵单位孢子数达到（7～8）×10^9 个/mL。后处理工艺采用离心富集，或刮板浓缩、薄膜浓缩。

苏云金杆菌作为一种微生物杀虫剂，与化学农药相比，其突出优点之一就是对人、畜无害，不污染环境。防治费用和传统化学农药大致相同。

（2）真菌杀虫剂的生产　真菌杀虫剂是仅次于细菌杀虫剂的另一类生物杀虫剂。全世界已知的虫生真菌达 800 种以上，在国内已报道的有 150 种左右，是昆虫病原微生物中最大的一个类群，是极有利用价值的虫生真菌。

目前白僵菌已经成为我国防治松毛虫、玉米螟的常规微生物杀虫剂，同时其安全性已经通过确认，其研究应用处于国际领先水平。白僵菌常用的生产工艺见图 5-11。在发酵罐中生产菌丝体，然后于固体培养基上接种，快速形成分生孢子，使两相生产连为一体，具有生产量大、杂菌污染少、产率高等优点，培养时间比传统方法缩短一半左右，大幅度降低了生产成本。

斜面种子 $\xrightarrow[\text{接种}]{\text{孢子悬液}}$ 30～50L 种子罐培养 $\xrightarrow[25～27℃]{\text{大量菌丝体接种}}$ 2～5t 二级发酵罐培养

$\xrightarrow[26℃放罐]{\text{形成大量菌体}}$ 菌体与载体混拌 $\longrightarrow$ 棚房筐盘培养 $\xrightarrow{26℃，7d}$ 烘干（40℃以下）

$\longrightarrow$ 旋风分离孢子粉 $\longrightarrow$ 产品包装 $\longrightarrow$ 储存备用

图 5-11　白僵菌生产工艺流程

白僵菌对营养条件的要求不严格，在多种培养基上均可生长。常用的培养料有米糠、麦麸、谷壳、豆饼粉等。白僵菌在中性或微酸性环境下生长良好，pH 8.0 以上不生长，一般控制培养基为 pH 6～7。白僵菌现已有多种剂型，有油剂、乳剂、颗粒胶囊制剂、粉剂和可湿粉、胶黏剂等。

（3）微生物除草剂的生产　微生物除草剂是利用微生物或其代谢产物防除杂草的制剂。虽然近年来对真菌除草剂的研究和开发比较活跃，但是到目前为止，已成功生产和大量使用的还仅限于我国的"鲁保一号"和美国的"Devine"和"Collego"等少数几种。

"鲁保一号"是一种真菌除草剂，其菌种是属于半知菌亚门黑盘孢目毛盘孢菌属的炭疽菌，能使菟丝子感染炭疽病死亡。其生长适宜温度为 25～28℃。菌种孢子附着于菟丝子藤上，当气温适宜、空气潮湿或有露水时，孢子萌发出芽管，侵入菟丝子体内使其发生炭疽病。"鲁保一号"的生产工艺和培养条件如下。

① 工艺流程　斜面菌种培养→二级种子扩大培养→三级固体发酵→成品。

② 斜面培养基　马铃薯、蔗糖、琼脂培养基，pH 7.0～7.2。

③ 二级种子扩大培养　分为固体扩大培养和液体扩大培养两种扩大培养方法。

a. 固体种子培养　培养基配方：麦麸 80%，豆饼粉 10%，玉米面 8%，硫酸铵 1%，氢氧化钠 0.5%。按 1:1.1 加水拌匀。

b. 液体种子培养　培养基配方：花生饼粉（或豆饼粉）3%，淀粉 3%，玉米浆 2%，硫酸铵 1%，碳酸钙 0.4%。

④ 三级固体发酵　麦麸 80%，豆饼粉 5%，玉米面 5%，谷壳 10%，按 1:1.1 加水拌匀。

3. 生物农药的加工剂型和辅助剂

（1）剂型

① 水剂　水剂是生物农药最常用、最简单的一种剂型，是在作为喷雾等使用的微生物单细胞个体（或单个多角体）中加入防腐剂、展着剂等后加工制成的水悬浮液；用微生物发酵液直接稀释也是一种水剂类型。它的优点是加工简单、稀释方便、容易直接使用。缺点是不易长期保存，特别是真菌孢子在水中极易发芽而丧失侵染力或被杂菌污染。

② 粉剂　粉剂是微生物固体发酵或其他方法生产得到的干燥产品与填充剂或载体、助剂混合、粉碎加工后过筛制成的一种剂型。常用的填充剂或载体有黏土、滑石粉、高岭土、糠麸等。载体或填充剂必须对被稀释的病原体无毒，而且在田间喷洒以后不会溶于雨水或露水中形成对病原体有害的溶液。粉剂的优点是使用简便、不必加水，但粉粒在大气中的飘移比较严重。

③ 可湿性粉剂　系将微生物发酵生产或用其他生产法得到的干燥产品加入填充剂、展着剂、湿润剂等加工制成的剂型。使用时一般用水稀释到规定的浓度进行喷雾。

④ 乳油　系用微生物的发酵液经离心、薄膜浓缩或刮板浓缩的方法收集有效代谢产物的混合物，然后直接加入乳化剂、湿润剂和黏着剂等助剂配制而成的剂型。乳油的稳定性取决于制剂中加入的各组分，还与发酵技术和后处理过程有关，但要求乳油在存放过程中分层以后，经过振摇能重新乳化。使用时按防治所需要的浓度加水稀释即可。

⑤ 颗粒剂　系在粉剂或水剂中加入适当惰性物质制成的颗粒菌剂。例如，用玉米粉或黏土制成的白僵菌颗粒剂用来防治玉米螟时比喷粉或喷雾的效果好。

⑥ 微胶囊制剂　微胶囊制剂是一种缓释剂，它采用天然或合成的高分子成膜材料，通过物理或化学的方法在农药表面上形成一层具有黏附力的薄膜，然后制成制剂。

（2）辅助剂　展着剂和黏着剂是生物农药的常用辅助剂。在喷施药剂时，由于植物叶片的特性（如蜡质、光滑、油质等）导致其不容易被水湿润，以致雾滴以水珠形式滚落下来，造成药剂浪费。展着剂通常是能够降低雾滴表面张力的湿润剂。常用的展着剂有肥皂、洗衣粉、茶枯粉（茶子饼）、酪蛋白、明胶等。人工合成的展着剂效果比天然展着剂好。为了提高微生物农药的黏着性，防止药滴被雨水或露水冲刷，在制剂中还要加入各种黏着剂。

>>> 习题

1. 什么叫生物化工？
2. 生物化学工程的定义是什么？
3. 生物反应过程与化学反应过程相比具有哪些特点？
4. 生物反应过程包括哪几个组成部分？
5. 发酵法生产生物化工产品，其工艺流程由哪些基本操作程序组成？
6. 简述生物化工产品分离、精制的工艺流程。
7. 什么叫生物催化剂？其具有哪些特点？
8. 酶催化剂的特点及其应用范围有哪些？
9. 生物农药与化学农药相比，其突出优点是什么？
10. 简述苏云金杆菌制剂的基本工艺流程。
11. 简述白僵菌生产工艺流程。
12. 简述"鲁保一号"真菌除草剂的生产工艺和培养条件。
13. 生物农药的加工剂型和辅助剂有哪些？

第六章　表面活性剂

表面活性剂是一种有双亲结构的有机化合物，至少含有两种极性、亲液性迥然不同的基团部分。它在加入量很少时即能大大降低溶液表面张力，改变体系界面状态，从而产生润湿、乳化、起泡以及增溶等一系列作用；可用来改进工艺、提高质量，增产节约收效显著，有"工业味精"之美称，广泛应用于洗涤剂、纺织、皮革、造纸、塑料、选矿、食品、化工、金属加工、采油、建筑、化妆品、农药等工业。它是精细化工产品中产量较大的门类之一，已形成了一个独立的工业生产部门。

第一节　概　　述

一、定义

表面活性物质是指能使其溶液表面张力降低的物质。然而，习惯上只把那些溶入少量就能显著降低溶液表面张力、改变体系界面状态的物质，称为表面活性剂。

二、特点

表面活性剂只有溶于水或有机溶剂后才能发挥其特性。因此，表面活性剂的性能是相对其溶液而言应具有下面特点。

（1）双亲性　表面活性剂的分子中同时含有亲水性的极性基团和亲油性的非极性基团，因而使表面活性剂既具有亲水又有亲油的双亲性。

（2）溶解性　表面活性剂至少应溶于液相中的某一相。

（3）表面吸附　表面活性剂的溶解，使溶液的表面自由能降低，产生表面吸附，当吸附达平衡时，表面活性剂在溶液内部的浓度小于溶液表面的浓度。

（4）界面定向排列　吸附在界面上的表面活性剂分子，能定向排列成单分子膜，覆盖于界面中。

（5）形成胶束　表面活性剂溶于水，并达到一定浓度时，表面张力、渗透压、电导率等溶液性质发生急剧的变化。此时，表面活性剂的分子会产生凝聚而生成胶束，开始出现这种变化的极限浓度称为临界胶束浓度（critical micella concentration，简称CMC）。CMC可以作为表面活性剂表面活性的一种量度。溶液的物理性质在CMC处有一转折点，说明溶液的本体性质与表面现象相互关联。CMC越小，则表面活性剂形成胶束的浓度越低，在表面的饱和吸附浓度越低，也即表面活性剂的吸附效力越高，表面活性越好。

（6）多功能性　表面活性剂在其溶液中显示多种功能。如能降低表面张力，具有发泡、消泡、分散、乳化、湿润、洗涤、抗静电、增溶、杀菌等功能。有时也可表现为单一功能。

三、分类

表面活性剂的品种约有2500多种，分类的方法也不一。最常用的分类方法是根据表面活性剂在水溶液中能否解离出离子和解离出什么样的离子来分类。凡是在水溶液中能解离成离子的叫离子型表面活性剂，按照离子所带的电荷不同，又分为阴离子型、阳离子型及两性型表面活性剂。在水溶液中不能解离，只能以分子状态存在的叫非离子型表面活性剂。

1. 阴离子型表面活性剂

这类表面活性剂在水溶液中能解离出带负电荷的亲水性原子团，按其亲水基又可分为：

（1）羧酸盐类　$R—COONa$

（2）磺酸盐类　$R—SO_3Na$

（3）硫酸酯盐类　$R—OSO_3Na$

（4）磷酸酯盐类　$R—OPO_3Na_2$

（5）酰基氨基酸盐类　$R'CONHR''COOM$

2. 阳离子型表面活性剂

该类表面活性剂在水溶液中能解离出带正电荷的亲水性原子团，又可分为：

（1）伯胺盐类　$R—NH_2 \cdot HCl$

（2）仲胺盐类　$R—NH(CH_3) \cdot HCl$

（3）叔胺盐类　$R—N(CH_3)_2 \cdot HCl$

（4）季铵盐类　$R—N^+(CH_3)_3Cl^-$

3. 两性离子表面活性剂

该类表面活性剂在它的分子中同时含有可溶于水的正电荷基团和负电荷基团。在酸性溶液中正电荷基团呈阳离子性质，显示阳离子型表面活性剂性质；在碱性溶液中，则负电荷基团呈阴离子性质，表现为阴离子型表面活性剂性质；而在中性溶液中呈非离子性质。主要包括以下三类：

（1）氨基酸类　$R—NHCH_2CH_2COOH$

（2）甜菜碱类　$RN^+(CH_3)_2CH_2COO^-$

（3）咪唑啉类

$$R—C\begin{array}{c} N—CH_2 \\ \Big\| \qquad \Big| \\ N^+—CH_2 \\ \diagup \quad \diagdown \\ CH_3CH_2CH_2 \quad CH_2COO^- \end{array}$$

4. 非离子型表面活性剂

该类表面活性剂溶于水后不解离成离子，因而不带电荷，但同样具有亲水性和亲油性。按其亲水基结构又可分为以下四类：

（1）醚类　$R—O\{CH_2CH_2O\}_nH$，其亲水基为氧乙烯基$\{OCH_2CH_2\}_n$

（2）酯类　为多元醇的脂肪酸酯　$\begin{array}{c} H_2CCOOR \\ | \\ HC—OH \\ | \\ H_2C—OH \end{array}$

（3）醚酯类　为多元醇脂肪酸酯的氧乙烯醚　$R—COOR'\{OCH_2CH_2\}_nOH$

（4）醇酰胺类　$R—CONH—R'—OH$

5. 特种表面活性剂

含氟型是指表面活性剂中的碳氢链中，氢原子全部被氟原子取代。而含硅型是指以聚硅氧烷链为疏水基团。尚有含锡、硼、磷等特种用途的表面活性剂，它们均具有高表面活性。

四、化学结构与性能

表面活性剂各种性质的表现，其主要由于化学结构不同。不同的结构有不同的性质，性质的变化则与物质所处的条件有关。

1. 表面张力的降低

在溶液中，表面活性剂使溶剂（一般为水）的表面张力降低是表面活性的标志，也是其最重要的性质之一，故溶液表面张力的降低可作为表面活性剂表面活性大小的量度。这个量度可分为两种：一是降低溶剂表面张力至一定值时所需表面活性剂的浓度，称为表面活性剂表面张力降低的效率；二是表面张力降低所能达到的最大程度，称为表面活性剂表面张力降低的能力。

在水溶液中，表面活性剂的效率随其亲油性增加而增加，即随碳原子数增加而增加。经验表明，亲油基中的一个苯环（—C_6H_4—）约相当于 3.5 个—CH_2 基。亲油基链有分支或双键时，则表面活性剂降低表面张力的效率变小；与同碳原子数的直链相比，带有分支的链所起的作用大致等于同碳原子数直链的 2/3。对于有相同亲油基的聚氧乙烯化的非离子表面活性剂，其降低表面张力的效率，随聚氧乙烯链中氧乙烯数目的增加而缓慢地下降。

一般直链离子表面活性剂降低表面张力的能力相互差别不大。表面活性剂亲油基结构的变化，往往也会引起降低表面张力能力的改变。亲油基碳氢链中引入分支，将使胶团不易形成，CMC 显著地变大。若用碳氟链取代一般表面活性剂亲油基的碳氢链，则降低表面张力的效率与能力皆大为增加。从实验数据可知，亲油基为碳氟链或含硅氧烷的表面活性剂，其降低表面张力的能力是非常突出的。其原因大致可归结于此类亲油基自身之间的内聚力较弱。亲油基链不长时，非离子表面活性剂的降低表面张力的能力，明显地随聚氧乙烯链长增加而下降。

2. 表面活性剂亲水亲油平衡值及其实用意义

亲水亲油平衡值（hydrophile lipophile balance，HLB）是表示表面活性剂的亲水性、亲油性好坏的指标。HLB 值越大，该表面活性剂的亲水性越强；HLB 值越小，该表面活性剂的亲油性越强。根据表面活性剂的 HLB 值的大小，就可知道它的适宜用途。例如 HLB 值在 2～6 时，可作水分散在油中的乳化剂，用符号 W/O 表示油包水型；HLB 值在 8～10 时，可作润湿剂；HLB 值在 12～14 时，可作洗涤剂；HLB 值在 16～18 时，可作增溶剂；HLB 值在 12～18 时，表面活性剂可作水包油型（O/W）乳化剂。

以上所述 HLB 值仅为经验值。

3. 表面活性剂亲水基的相对位置与性能

表面活性剂分子中，亲水基所在位置往往影响表面活性剂的性能。一般情况是：亲水基在分子中间（亲油基链的中间）者，比在末端的润湿性强；亲水基在末端的，则比在中间的去污力好。

对于同类表面活性剂在相对分子质量相同的条件下，只是结构不同，由实践得知，极性基处于中间位置而碳氢链分支较多者，润湿性最好。对洗涤性能而言，情况则相反；极性基处于末端的表面活性剂，洗涤作用较好。对于起泡性，一般以极性基在碳氢链中部者为最佳。

4. 亲油基结构中分支的影响

如果表面活性剂的种类相同，分子大小相同，则一般有分支结构的表面活性剂具有较好的润湿、渗透性能。

5. 分子大小的影响

表面活性剂分子的大小对其性质的影响是比较显著的。在同一品种的表面活性剂中，随亲油基中碳原子数目的增加，其溶解度、CMC 等有规律地减小，但在表面活性上，则有明显的增长。这就是表面活性剂同系物中分子增大对性质的影响。这种影响也表现在润湿、乳化、分散、洗涤作用等性质上。一般的经验是：表面活性剂分子较小的，其润湿性、渗透作用比较好；分子较大的，其洗涤作用、分散作用等性能较为优良。在不同品种的表面活性剂中，大致也以相对分子质量较大的洗涤力为较好。

6. 亲油基种类与性质的关系

表面活性剂的亲油基一般为碳氢链，但亲油基的细致结构的变化，也会对表面活性剂的一些性质发生影响。根据实际应用情况，可将亲油基分为以下几种（按其亲油性的大小排序）：

脂肪族烷烃≥环烷烃＞脂肪族烯烃＞脂肪基芳香烃＞芳香烃＞带弱亲水基的烃基

就亲油性而言，则全氟烃基及硅氧烷基比上述各种烃基都好，而全氟烃基最好。因此，在表面活性的表现上，以氟表面活性剂为最高，硅氧烷表面活性剂次之，而一般碳氢链为亲油基的表面活性剂又次之。

在选择乳化剂进行油、水的乳化时，除考虑乳化剂的 HLB 值外，还应考虑乳化剂亲油基与油的亲和性与相容性。一般的经验是：疏水基与油分子的结构越相近，则亲和性与相容性越好。

亲油基中带弱亲水基的表面活性剂，其显著特点是起泡力弱。这类表面活性剂有硫酸化油酸丁酯、蓖麻油酸丁酯等，均为低泡性的润湿、渗透剂。又如聚醚型表面活性剂，由于其亲油基为大分子量的聚氧丙烯链，含有很多醚键（—O—，弱亲水基），故为一种典型的低泡性表面活性剂，甚至还可用作消泡剂，在工业生产中得到广泛应用。

7. 表面活性剂的生物降解

表面活性剂对环境的污染，主要靠自然界微生物对其分解而得以消除。表面活性剂被微生物分解（有机部分最后分解成为 H_2O 及 CO_2）的过程，称为表面活性剂的生物降解。为了消除环境污染，应该生产和使用容易生物降解的表面活性剂。

什么样的表面活性剂比较容易生物降解？一般说来，表面活性剂化学结构与生物降解性的关系是：①对于碳氢链亲油基，直链者较有分支者易于生物降解；②对于非离子表面活性剂中聚氧乙烯链，则链越长者，越不易于生物降解；③含芳香基的表面活性剂，其生物降解比仅有脂肪基的表面活性剂更困难。

8. 表面活性剂的生物活性

表面活性剂的生物活性是指其毒性及杀菌力，两方面基本是相应的，即毒性小者杀菌力弱，毒性大者杀菌力强。

阳离子表面活性剂，特别是季铵盐类，是有名的杀菌剂，但同时对生物也有较大的毒性；非离子表面活性剂毒性小，有的甚至无毒，但其杀菌力相应也弱；阴离子表面活性剂的毒性与杀菌力则介于二者之间。表面活性剂分子中含有芳香基者，毒性较大。聚氧乙烯链型的非离子表面活性剂，其毒性随链长而增加。

表面活性剂对皮肤的刺激和对黏膜的损伤，与其毒性大体相似，阳离子型的作用大大超过阴离子及非离子型。总的说来，长的直链产品，其刺激性比短的直链和有支链的小。非离子型中，以脂肪酸酯类和聚醚型的作用更为温和。

第二节　阴离子表面活性剂的生产工艺

阴离子表面活性剂溶于水时，能解离出发挥表面活性作用的带负电荷的基团，故由此而得名。阴离子表面活性剂是应用最广的表面活性剂，也是各类表面活性剂中产量最大的一类。阴离子表面活性剂的亲油基通常是 C_{12}～C_{18} 的烃基或含有其他基团的烃基。它的亲水基可以是羧酸基、磺酸基、硫酸基与磷酸基。与极性基结合的阳离子通常是水溶性的 Na^+、K^+、NH_4^+。多价金属离子如 Ca^{2+}、Ba^{2+}、Mg^{2+}、Co^{2+} 的阴离子表面活性剂是油溶性的。阴离子表面活性剂的三乙醇胺盐有良好的乳化性能。

阴离子表面活性剂中亲水基的引入方法有直接连接和间接连接两种。所谓直接连接就是用亲油基物料与无机试剂直接反应，例如，油脂的皂化，烷基苯、烯烃、脂肪酸的三氧化硫磺化，烷烃的磺氯化或磺氧化，烯烃和硫酸、亚硫酸盐、亚磷酸二酯的加成，脂肪酸和硫酸、磷酸的酯化等。所谓间接连接就是利用两个官能团以上的多功能、高反应性化合物使亲油基与亲水基相连接。间接连接的方式，在实际应用的表面活性剂中例子非常多。主要的连接剂有含活性的不饱和基、卤素、环状化合物，还有多元醇、二胺等。

一、羧酸盐

1. 脂肪酸盐

最常用的脂肪酸盐阴离子表面活性剂俗称皂类，是应用最多的表面活性剂之一。肥皂是直链 C_9～C_{21} 烃基羧酸盐，它的分子式是 $RCOO^- M^+$，M^+ 通常是 Na^+、K^+ 或 NH_4^+。肥皂是由天然动植物油脂或它的脂肪酸与碱皂化制得。

$$\begin{array}{l} R\!-\!COOCH_2 \\ R\!-\!COOCH \\ R\!-\!COOCH_2 \end{array} +3NaOH \longrightarrow 3R\!-\!COONa+ \begin{array}{l} CH_2\!-\!OH \\ CH\!-\!OH \\ CH_2\!-\!OH \end{array}$$

传统的生产工艺设备简单、制备容易，生产周期较长。其主要生产过程是先将油脂与碱液放入皂化釜，加热煮沸，待皂化后转入盐析池，加浓食盐水进行盐析，上层肥皂精加工而成产品；下层甘油回收加工作为副产品。生产周期需数日。为了缩短皂化时间已有采用氧化锌、石灰作催化剂，先将油脂高压水解，再加碱中和。先进的连续皂化法是利用油脂在高温高压（200℃、20～30MPa）下快速皂化的原理，4min 即可得到 40%～80% 的肥皂，产品质优价廉。

肥皂在软水中是良好的洗涤剂，但在硬水中肥皂的表面活性就减弱甚至丧失，由于肥皂是长链羧酸盐，在水中离解成弱酸基，与硬水中的钙、镁离子相遇生成水不溶解脂肪酸钙盐、脂肪酸镁盐，吸附在衣服纤维上易发黄并产生不愉快气味。在肥皂内加入适量的钙皂分散剂可防止钙、镁皂的沉积与改善肥皂在硬水中的洗涤性能。

肥皂主要用于家用和个人洗涤用品，如香皂、洗衣皂、皂粉等。肥皂也是纺织工业常用的洗涤剂，煤油的胶凝剂，与蜡基烃类酸制润滑剂，以及涂料的干燥剂。

2. 脂肪醇聚烷氧基醚羧酸盐

脂肪醇聚烷氧基醚羧酸盐的典型代表是脂肪醇聚氧乙烯醚羧酸盐，它的分子式是 $R\!-\!(OC_2H_4)_n OCH_2 COOM$，R 是 $C_{10}\!\sim\!C_{18}$ 烷基或烷基芳基，n 是大于 1 的整数，它是非离子表面活性剂脂肪醇聚氧乙烯醚进行阴离子化后的产品。

脂肪醇聚氧乙烯醚羧酸盐的制备是在粉状 NaOH 存在下将等摩尔的氯乙酸加至脂肪醇聚氧乙烯醚内，在50～55℃温度下搅拌进行反应。

$$R\!-\!(OC_2H_4)_n OH+ClCH_2COOH \xrightarrow{NaOH} R\!-\!(OC_2H_4)_n OCH_2COONa+NaCl$$

脂肪醇聚氧乙烯醚羧酸盐的碱稳定性、润湿性、去污力良好，是纺织工业的良好助剂，用于棉花与羊毛的漂煮、洗净。它也是制备化妆品的良好表面活性剂。

二、酰基氨基酸盐

酰基氨基酸盐主要是酰基肌氨酸盐与酰基多肽。N-酰基氨基酸的碱金属盐有良好的润湿、去污、发泡、分散性，在硬水中对钙离子稳定。N-酰基肌氨酸盐结构式是：

$$R\!-\!\underset{\substack{\\ }}{CONCH_2COO^-} M^+$$，其中 CH_3，R 是 $C_9\!\sim\!C_{17}$ 烃基。将肌氨酸钠水溶液在碱性介质中，pH 控制在 10.5、温度为50℃条件下与酰氯反应，可制得 N-酰基肌氨酸钠，反应式如下：

$$CH_3NHCH_2COONa+C_{11}H_{23}COCl+NaOH \longrightarrow C_{11}H_{23}CON(CH_3)CH_2COONa+NaCl+H_2O$$

椰油酸、油酸、棕榈酸与硬脂酸的酰氯常用于生产各种 N-酰基肌氨酸盐。N-酰基肌氨酸盐兼有脂肪醇硫酸盐与肥皂的优良性能，去污力强，对人的皮肤与头发的亲和性好，可用于化妆品配方。酰基肌氨酸盐还是润滑脂的增稠剂、金属电镀的添加剂。

酰基多肽是脂肪酸与水解蛋白的缩合物，其分子式是

$$RCONH\!-\!\underset{\substack{R^1\\H}}{CH}\!-\!\overset{O}{\underset{}{C}}\!-\!N\!-\!\underset{\substack{R^2\\H}}{CH}\!-\!\overset{O}{\underset{}{C}}\!-\!N\!-\!\underset{\substack{R^3\\H}}{CH}\!-\!\overset{O}{\underset{}{C}}\!-\!N\!-\!\underset{\substack{R^4\\H}}{CH}\!-\!\overset{O}{\underset{}{C}}\cdots N\!-\!\underset{\substack{R^n\\}}{CH}\!-\!COOM$$，R 是 $C_{11}\!\sim\!C_{17}$ 烃基，

M 可以是 Na^+、K^+、NH_4^+ 或二乙醇胺。工业生产是将铬鞣碎皮或其蛋白质（畜皮、脱脂蚕蛹等）用碱液加热水解，得蛋白质水解物，再与脂肪酰氯反应成为酰基蛋白质水解物，具体生产方法如下。

（1）蛋白质的水解　将动物皮屑脱臭，加入 10%～14% 的石灰和适量的水，以蒸汽直

接加热，保持 0.35MPa 的压力，搅拌 2h，过滤后可得到含多缩氨基酸钙的滤液，加纯碱使钙盐沉淀，再过滤，将滤液蒸发浓缩，便可用于与油酰氯的缩合。

（2）油酰氯的制备　油酸经干燥脱水后放入搪瓷反应釜，加热至50℃，搅拌下加入约油酸量20%～25%的三氯化磷，55℃下保温搅拌 0.5h，放置分层，得相对密度为 0.93 的褐色透明状产物。

（3）缩合　将水解得到的精制多缩氨基酸溶液放入搪瓷反应釜，于60℃下搅拌加入油酰氯，保持碱性反应条件，最后加少量保险粉，升温至80℃，并将 pH 调至 8～9；为了分离水层，先将产物用稀酸沉淀，放置分层，再进行分水，然后加氢氧化钠溶解，即得产品。当用于洗发或沐浴香波时，可用氢氧化钾中和。

酰基多肽有良好的去污、分散、发泡与抗硬水性能，对羊毛亲和，是纺织工业的优良助剂；对皮肤既有亲和又有护肤作用，可用于化妆品制备；它也是良好的乳化剂。

三、磺酸盐

磺酸盐表面活性剂是阴离子表面活性剂的主要品种，其亲油基可以是长链烃基、烷基芳基以及含有酯、醚、酰氨基的烃基，其亲水基磺酸的 C—S 键对氧化和水解都较稳定，在硬水中不易生成钙、镁磺酸盐沉淀物。它是生产洗涤剂的主要原料，并广泛用作渗透剂、润湿剂、防锈剂等工业助剂。

（一）烷基苯磺酸盐的生产

烷基苯磺酸盐是合成洗涤剂的主要表面活性物，它的结构式是 R—⟨⟩—SO_3M，R 是 C_{10}～C_{15} 烷基，M 通常是 Na^+、K^+、NH_4^+，如 M 是碱土金属，那么磺酸盐是油溶性表面活性剂。烷基苯磺酸盐是阴离子表面活性剂中最重要的一个品种，产品占阴离子表面活性剂生产总量的 90% 左右。其中烷基苯磺酸钠是我国洗涤剂活性物的主要成分，洗涤性能优良，去污力强，泡沫稳定性及起泡力均良好。

烷基苯磺酸钠的工业生产过程包括：烷基苯的生产，烷基苯的磺化和烷基苯磺酸的中和三个部分。

1. 长链正构烷烃的制备

正构烷烃俗称轻蜡或液体石蜡，通常是炼油厂从天然煤油中提取出来的。天然煤油中正构烷烃仅占 30% 左右，其余 70% 为非正构烷烃，如异构烃、环烷烃、芳烃、烯烃等并含氮、氧、硫的化合物。正构烷烃的碳数分布不宜过宽，一般要求是 C_{10}～C_{15}，平均碳数是 C_{12} 或 C_{13}。碳数分布宽，产物低分子烷基苯与原料中的高碳烷烃可形成交叉馏分，其沸点相近，精馏法难以分开，从而使精烷基苯得率降低和未磺化物增加。正构烷烃提取方法有尿素络合法和分子筛法，前者工艺繁琐，设备投资较大，产品质量较差，后者产品质量较优，又分为固定床（间歇式）和模拟流动床两种工艺。

2. 烷烃的氯化

正构高碳卤代烷是制备烷基苯的中间体，由烷烃的氯化反应而得，属自由基连锁反应。工业上一般采用热氯化法，烷烃的氯化温度是130～165℃，氯化反应器可以是搪瓷塔式或搪瓷管道，为了减少二氯代烷的产生，烷烃氯化深度在 20%，单氯代烷得率在 90%。氯化反应式如下：

$$RCH_2CH_2CH_3 + Cl_2 \longrightarrow RCHClCH_2CH_3 + HCl$$

氯化反应物是未反应烷烃与氯代烷的混合物，经分离后为成品。

3. 烷基苯的制备

氯代烷与苯缩合属费-克反应。

烃基化的工艺过程随反应器不同而异，烃基化反应器通常有塔式和釜组式两种。以铝作催化剂可采用二塔或三塔串联的连续反应装置，反应器为筛板塔，塔体装有冷却夹套并用搪瓷防腐，塔内装铝块。投料比氯代烃：苯：三氯化铝为1：（5～10）：（0.05～0.1），反应温度为65～75℃，总停留时间约0.5h。釜式连续化烃化反应装置一般由三个带夹套搪瓷釜串联组成。投料按1/3氯代烷与苯和催化剂在混合器中混合后，用泵进入第一釜的底部，反应物料从第一釜的上部流出，与外加1/3氯代烷一起进入第二釜下部，并依次经第三釜进入分离器。各釜的反应温度控制在100℃，反应压力第一釜为0.15MPa，第二釜为0.13MPa，第三釜为0.1MPa，催化剂的加入量为整个物料量的15%（体积）。釜组式流程的特点：氯代烃分段加入，有利于单烷基苯的生成，并减少多烷基苯；在较高温度和压力下反应，可提高烃基化速率，设备利用率较高；设备比塔式反应器略为复杂，动力消耗有所增加。

4. 烷基苯的磺化与中和

磺化是个重要而广泛应用的有机化工单元反应，工业生产中常用的磺化剂是硫酸、发烟硫酸、三氧化硫、氯磺酸。磺化反应过程对烷基苯磺酸钠表面活性剂的质量影响很大，单体中活性物的高低、颜色的深浅以及不皂化物的含量都与磺化工艺有密切关系。生产过程随烷基苯原料的质量和组成及磺化剂的品种不同而异。长期以来，烷基苯的磺化工业生产上一直采用发烟硫酸作磺化剂，发烟硫酸用量大，能生成废酸，然而该工艺较成熟，产品质量稳定，易于操作控制，所以至今仍有采用。近年来，三氧化硫磺化在我国已逐步推广。使用三氧化硫作磺化剂进行磺化所得到的单体含盐量低，可按化学计量要求投料，无废酸生成，具有节约烧碱并降低成本的优点。

（1）用发烟硫酸生产烷基苯磺酸钠　该反应是一个可逆反应：

$$ArH + H_2SO_4 \rightleftharpoons ArSO_3H + H_2O$$

① 影响因素

a. 磺化剂的用量　磺化过程生成的水，可能导致如下平衡的移动，增加 H_3O^+ 及 HSO_4^- 离子的浓度：

$$H_2SO_4 + H_2O \rightleftharpoons H_3O^+ + HSO_4^-$$

H_3O^+ 和 HSO_4^- 的增加，会显著地降低磺化活泼质点 $H_3SO_4^+$、SO_3 及 $H_2S_2O_7$ 等的浓度，为使反应向正向进行，硫酸的浓度必须维持在极限浓度以上。在烷基苯磺化中，常用发烟硫酸作磺化剂，当用20%的发烟硫酸时，理论酸烃比（质量）为0.37：1，生产中实际用酸量高于理论值，一般控制20%发烟硫酸∶精烷基苯＝(1.1～1.2)∶1，此时烷基苯磺化转化率最高。过大的酸烃比会导致若干副反应，生成非磺酸物质或多磺化物，也会使产品的颜色变深。

b. 温度的影响　升高温度可降低磺化产物的黏度，有利于热量传递及物料混合，对反应完全及防止局部过热有利，亦可提高对位产品百分率，但温度过高会引起多磺化、氧化及磺基进入邻、间位等副反应。一般情况，发烟硫酸磺化精烷基苯的温度可控制在35～40℃。

c. 传质的影响　磺化反应物料较黏，并随反应深度的增加而急速提高，因此，强化传质过程对反应是非常必要的。对于用发烟硫酸的连续磺化过程中，提高反应泵的转速，加大回流量，以提高物料的流速，加强传质和传热效果，这对提高烷基苯的磺化收率和产品质量是有利的。

② 工艺过程　用发烟硫酸连续磺化的工艺流程如图6-1所示。

烷基苯和发烟硫酸从高位槽分别经流量计按一定比例和循环物料一起进入磺化反应泵（不锈钢泵）4内，在泵内两相充分地混合，基本上完成反应。反应物大部分经冷却器循环回流，回流比控制在1/20～1/25，反应温度保持在35～45℃。另一部分经盘管式老化器6进一步完成磺化反应，然后送去中和或分酸。磺化率一般在98%以上，酸烃质量比为(1.1～1.2)∶1，老化时间为5～10min。

用发烟硫酸进行磺化，常采用过量硫酸，因此，为提高烷基苯磺酸的含量，除去杂质，提高产品质量，从磺化产物中去除废酸是必要的。分酸工艺条件：温度50～55℃，磺酸中和值160～170mgNaOH/g，废酸中和值620～638mgNaOH/g，相应的废酸质量分数76%～78%。

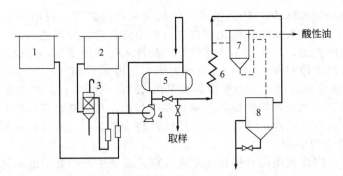

图 6-1　泵式发烟硫酸磺化（包括分油）工艺流程

1—烷基苯高位槽；2—发烟硫酸高位槽；3—发烟硫酸过滤器；4—磺化反应泵；

5—冷却器；6—盘管式老化器；7—分油器；8—混酸储槽

获得的烷基苯磺酸需用 NaOH 中和，为防止烷基苯磺酸钠呈絮状和烧碱的凝结作用，中和过程应保持 40～50℃在碱性条件下，具有一定的水量，并应具有良好的传质条件和足够的传热面。中和可以采用间歇、半连续和连续式的工艺流程。

（2）用三氧化硫生产烷基苯磺酸钠　与发烟硫酸磺化比较，三氧化硫磺化具有反应不生成水、无废酸产生、反应速率快、装置适应性强、产品质量高等优点，故应用日益增多。

三氧化硫连续磺化生产过程主要包括：空气干燥、三氧化硫制取、磺化及尾气处理三个部分。

a. 空气干燥　在洗涤剂工厂，多数采用燃硫法来制取三氧化硫，即在过量的空气存在下，硫磺直接燃烧成二氧化硫，再经催化剂作用转化为三氧化硫。燃硫和转化以及磺化工序均需要压力和流量稳定的干燥空气。

空气干燥的程度决定于带入系统水分的多少，脱水的不良，不但影响三氧化硫的发生，而且会使磺化质量低劣。因此作为磺化用的空气，要求其露点在－40℃以下，国际上先进装置的露点可达到－60℃以下。

空气脱水干燥方法有冷却法、吸收法、吸附法或几种方法结合使用。目前，采用较多也较为经济的是冷却干燥与吸附剂干燥相结合的方法。即首先经过冷却脱水，除去空气中大部分水分，余下少量水分通过吸附剂硅胶（或氧化铝）吸附除去，最后得到露点在－40℃以下的干燥空气，供给燃硫、转化、磺化之用。

b. 三氧化硫制取过程　首先将固体硫磺在150℃左右熔融，过滤，送入燃硫炉燃烧，在600～800℃下与空气中的氧反应生成二氧化硫。炉气冷却至 420～430℃进入转化器，在五氧化二钒催化下，二氧化硫与氧转化为三氧化硫。进入系统的空气所含微量水经冷却，会与三氧化硫形成酸雾，必须经过玻璃纤维静电除雾器除去，否则将影响磺化操作和产品质量。由于磺化装置对三氧化硫要求较严，生产操作要求稳定，否则也会影响磺化操作及产品质量，因此在开停车时必须有一套制酸装置，随时引出不稳定的三氧化硫气体。

c. 三氧化硫磺化的工艺流程与设备　三氧化硫磺化为气-液反应，反应速率快，放热量大，磺化物料黏度可达 1200mPa·s，三氧化硫用量接近理论量，生产上磺化剂与烃的摩尔比为 （1.03～1.05）∶1。为了易于控制反应，避免生成砜、多磺酸及发生氧化、焦化等副反应，三氧化硫常被干燥空气稀释为 3%～5%，反应温度则控制在 30～50℃，温度不宜太高。此反应属瞬间完成的气-液相反应，扩散速度为控制因素，因此，强化设备的传质及传热效果是必要的。

用于三氧化硫磺化的设备及工艺流程有多釜串联及膜式反应器两种。

多釜串联的连续化工艺流程如图 6-2 所示。

磺化系统由多个反应釜串联排列而成，反应釜一般有 3～5 个，其大小和个数由生产能力确定，反应釜之间有一定的位差，以阶梯形式排列，反应按溢流置换的原理连续进行。烷

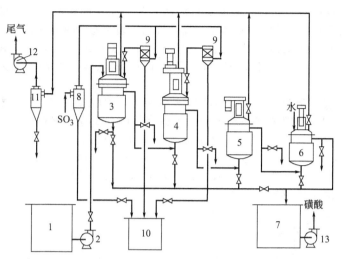

图 6-2　罐组式三氧化硫磺化工艺流程

1—烷基苯储罐；2—烷基苯输送泵；3—1 号磺化反应器；4—2 号磺化反应器；

5—老化器；6—加水罐；7—磺酸储罐；8—三氧化硫雾滴分离器；

9—三氧化硫过滤器；10—酸滴暂存罐；11—尾气分离器；

12—尾气风机；13—磺酸输送泵

基苯通过计量泵进入第一釜，然后依次溢流至下一釜中。三氧化硫和空气按一定比例从各个反应釜底部的分布器通入，通入量以第一釜为最多，并依次减少，使大部分反应在物料黏度较低的第一釜中完成。第一釜控制操作温度为 45℃，停留时间约 15min；第二釜控制操作温度为 55℃，停留时间约 8min。中和值控制为第一釜出口 80～90mgNaOH/g，第二釜出口为120～125mgNaOH/g，最终产品为 130～136mgNaOH/g。

以三氧化硫为磺化剂的膜式磺化反应器，不仅可以制取烷基苯磺酸钠（LAS），也可以生产 α-烯烃磺酸盐（AOS）、脂肪醇硫酸盐（AS）、脂肪醇醚硫酸盐（AES）等阴离子表面活性剂。因而，可以得到比较通用的工艺流程，如图 6-3 所示。

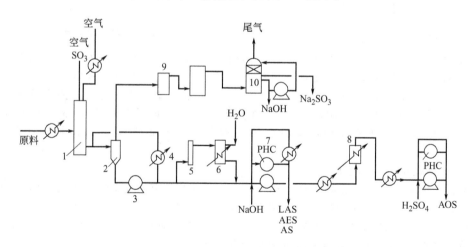

图 6-3　膜式反应器制取磺化或硫酸化产物的工艺流程

1—磺化器；2—分离器；3—循环泵；4—冷却器；5—老化器；6—水化器；

7—中和器；8—水解器；9—除雾器；10—吸收塔

进入磺化器的三氧化硫浓度为 3%～5%，温度 40℃左右，原料烷基苯（或脂肪醇、脂肪醇醚、α-烯烃）由供料泵进入磺化器 1，沿磺化器进行反应，磺化反应可在瞬间完成。磺化产物经循环泵 3、冷却器 4 后，部分回到反应器底部，用于磺酸的急冷，部分反应产物被送入老化器 5、水化器 6，然后经中和器 7，就可得到烷基苯磺酸钠（LAS）、脂肪醇硫酸盐（AS）及脂肪醇醚硫酸盐（AES）。若要生产 α-烯烃磺酸盐（AOS），则经中和后的物料还需通过水解器 8，将酯水解，然后用硫酸调整产品的 pH。尾气经除雾器 9 除去酸雾，再经吸收后放空。

　　膜式反应器有升膜、降膜、单膜、双膜等多种形式，现以降膜磺化反应器为例说明。降膜反应器分单膜多管和双膜隙缝式两种类型。单膜多管磺化反应器是由许多根直立的管子组合在一起，共用一个冷却夹套。反应管内径为 8～18mm，管高 0.8～5m，反应管内通入用空气稀释约 3%～5% 的三氧化硫气体，气速在 20～80m/s。气流在通过管内时扩散至有机物料液膜，发生磺化反应，液膜下降至管的出口时，反应基本完成。图 6-4 为意大利 Mazzoni 公司多管式薄膜磺化反应器示意图。

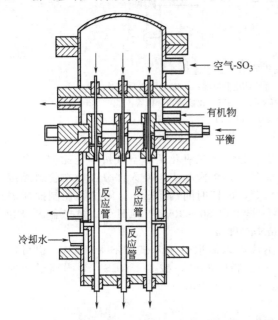

图 6-4　Mazzoni 多管式薄膜磺化反应器示意图　　图 6-5　双膜隙缝式磺化反应器示意图

　　双膜隙缝式磺化反应器由两个同心的不锈钢圆筒构成，并有内外冷却水夹套。两圆筒环隙的所有表面均为流动的反应物所覆盖。反应段高度一般在 5m 以上，空气和三氧化硫混合气通过环形空间的气速为 12～90m/s，气体浓度为 4% 左右。整个反应器分为三部分：顶部为分配部分，用以分配物料形成液膜；中间反应部分，物料在环形空间完成反应；底部尾气分离部分，反应产物磺酸与尾气在此分离。其结构简图如图 6-5 所示。

（二）α-烯烃磺酸盐的生产

　　α-烯烃磺酸盐（AOS）具有生物降解性好，在硬水中去污、起泡性好以及对皮肤刺激性小等优点；并且生产工艺流程短，化工原料用得较少。AOS 主要组成是由 64%～72% 的烯基磺酸盐、21%～26% 的羟基磺酸盐和 7%～11% 的二磺酸盐所组成。其性能与碳链长度、双键位置、各组分的比例、杂质含量等因素有关。

　　单一碳链 AOS 当 C_{11}～C_{12} 时，具有较高的溶解度；C_{15}～C_{17} 具有较低的表面张力，而 C_{12} 以上具有较好的去污性、起泡性及润湿性，尤以 C_{13} 为最佳。

　　AOS 的工业生产有高碳 α-烯烃磺化和水解两个主要反应过程。

　　由磺化反应机理可知，高碳 α-烯烃磺化反应可生成多种不同位置异构体，因而 AOS 的组成是很复杂的。其反应式如下：

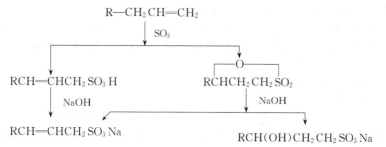

磺化产物中含有：烯基磺酸 40%、二磺内酯 20%、1,3-磺内酯和 1,4-磺内酯 40%。由于磺内酯不溶于水，没有表面活性，因此采用碱性水解，使磺内酯变成羟基磺酸盐或烯基磺酸盐。α-烯烃和三氧化硫的反应速率较快，约为烷基苯磺化的 100 倍，并放出大量的热量，因此磺化设备需有良好的传热性能。

1. AOS 生产的工艺条件选择

（1）三氧化硫和 α-烯烃摩尔比的选择　由生产实践得知，当摩尔比低于 1.05 时，随比值的增加其转化率和单磺酸含量同时上升，而达 1.05 后二磺酸含量明显增加，则单磺酸含量显著下降，且产品的颜色也明显加深，这可能是单磺化和二磺化分段进行的结果。因此，三氧化硫和 α-烯烃摩尔比以 1.05 为宜，三氧化硫用量不宜过高。

（2）磺化反应温度和时间的选择　当三氧化硫和 α-烯烃的摩尔比为 1 时，二磺酸含量低，随温度升高变化不大，但 α-烯烃的转化率则在 50℃时出现最大值，这可能是高温导致了 α-烯烃的异构化，影响磺化反应。因此，在三氧化硫不过量的情况下，以不高于 50℃为宜。在此温度条件下，适当地提高反应温度，可减少二磺内酯的生成；适当地延长反应时间，如从 7.0s 延长到 10.6s，α-烯烃的转化率可由 58% 提高到 75%，且 1,2-磺内酯的生成量也相应减少，如在上述时间内，1,2-磺内酯的生成量由 74% 减少到 40%，这可能是 1,2-磺内酯环不稳定的缘故。生产中使用老化器，延长反应时间对此过程是有利的。

（3）磺化设备的选择　三氧化硫和 α-烯烃的反应属瞬时反应，因此反应初期作用非常剧烈，反应膜温出现峰值，可高达 120℃，产品色泽深，二磺酸含量高。三氧化硫用惰性气体稀释至 3%～5% 以及引入二次保护风（空气），隔离三氧化硫气体和 α-烯烃的作用，降低液膜内三氧化硫的浓度，可控制磺化初期的激烈反应。为此，选用具有二次风结构的 T.O. 型双膜磺化反应器为宜。

（4）磺内酯水解条件的选择　水解温度与磺内酯的残存量呈反比关系，水解温度由 140℃上升至 180℃，磺内酯残存量由体积分数为 568×10^{-6} 降为 30×10^{-6}。一般水解条件选定为：在 160～170℃、1MPa 的条件下，水解 20min 为好。

2. AOS 生产的工艺流程

由上可知，AOS 具有热敏性，要求采用具有二次风结构的膜式（T.O. 型）磺化反应器，可采用图 6-3 所示的工艺流程，选用浓度为 3%～5% 的三氧化硫，磺化温度为 40℃，三氧化硫和 α-烯烃的摩尔比为 1.05，中和后，在 160～170℃、1MPa 的条件下水解 20min。

（三）烷基磺酸盐（SAS）

烷基磺酸盐是 $C_{13} \sim C_{18}$ 的仲烷烃磺酸盐，分子式是 $CH_3(CH_2)_n CHSO_3 M(CH_2)_n CH_3$。它的生产方法是 $C_{13} \sim C_{18}$ 正构烷烃经过磺氧化或磺氯酰化法。德国 Hoechst 公司采用磺氧化法将正构烷烃与水在紫外光照射下，温度 30℃下通入二氧化硫与氧反应，其反应式如下。

$$RH + 2SO_2 + O_2 + H_2O \xrightarrow{\text{紫外光}} RSO_3 H + H_2 SO_4$$
$$RSO_3 H + NaOH \longrightarrow RSO_3 Na + H_2 O$$

磺氯酰化法是在紫外光下通入二氧化硫与氯气与烷烃反应。

$$RH + SO_2 + Cl_2 \longrightarrow RSO_2 Cl + HCl$$
$$RSO_2 Cl + 2NaOH \longrightarrow RSO_3 Na + NaCl + H_2 O$$

以上两种方法磺酸基可随机接在烃基任一碳上。

烷基磺酸盐有良好的去污、润湿与水溶解性，它的生物降解性好，对皮肤亲和性也较好，是配制液体洗涤剂、洗发香波、浴液的有效表面活性剂，也是工业清洗剂的良好原料与纺织助剂。

（四）其他磺酸盐型表面活性剂

1. 烷基萘磺酸盐

烷基萘磺酸盐具有良好的渗透及分散能力，在纺织印染、橡胶工业、造纸工业及色淀工业用作润湿剂和分散剂。烷基萘磺酸盐的烷基碳链不宜太长，否则不仅溶解性能要降低，而且不能在低温下使用；烷基数一般为 1～2 个（异丙基、丁基、异丁基），也可以有 3 个。

目前，该类产品中，广泛应用的品种为二异丁基萘磺酸钠（商品名称渗透剂 BX，俗名拉开粉），丁醇与萘和硫酸可以同时发生烷基化和磺化反应：

$$\text{（萘）} + 2C_4H_9OH + H_2SO_4 \longrightarrow \text{（萘—SO}_3\text{H）—(C}_4\text{H}_9\text{)}_2 + 3H_2O$$

生产方法：在搪瓷反应釜内加入丁醇，在搅拌下加入精萘，然后在 40～45℃下，慢慢地加入规定量的硫酸，升温至 50～55℃，并在此温度下保温数小时。反应结束后，静置分层，分去下层废酸。上层磺化产物稀释后，加碱中和，中和温度不超过 60℃，pH 控制为 7～8，料液蒸发至干，磨粉，即得成品。

2. 萘系磺酸甲醛缩合物

萘系磺酸甲醛缩合物的表面活性低，是一类重要的分散剂，大量地用于固-液分散体系，如用于煤-水燃料浆，用量为 0.3%～0.5%，就可大大降低煤-水浆的黏度；也可提高水泥浆的流动度，还可用作染色助剂和不溶性染料的分散剂。

此类产品生产的主要过程为芳核上的磺化及芳烃磺酸和甲醛的缩合。现以商品分散剂 NNO 为例，介绍其生产条件如下。

（1）磺化　将精萘投入搪瓷反应釜内，加热熔融，搅拌并升温至 135℃，按萘∶硫酸的摩尔比为 1∶1.3 向釜内加入 98% 的浓硫酸。再升温至 160℃，以利于磺化的主要产物为 β-萘磺酸，保温反应数小时，反应毕，冷却，并调整磺化液总酸度为 27% 左右。

（2）缩合　磺化物降温至 95～100℃后，按摩尔比萘∶甲醛为 1∶0.8 左右，一次投入 37% 甲醛，密闭反应釜，在压力为 0.15～0.2MPa、温度 130℃ 左右反应数小时。缩合反应结束，物料放至中和桶，用 30% 液碱及石灰乳调整 pH 至 8 左右，放料吸滤，滤液蒸发至干，磨粉，即为分散剂 NNO 成品。

3. 琥珀酸酯磺酸盐

琥珀酸酯磺酸盐系列表面活性剂，是由亚硫酸钠或亚硫酸氢钠对顺丁烯二酸酐（亦称琥珀酸酐或马来酸酐）与各种羟基化物酯化而得的琥珀酸酯双键的加成反应制得的产品。按羧基的酯化情况，可分为单酯和双酯两大类：

$$\text{ROOCCH}_2\text{CH(SO}_3\text{Na)COONa}, \text{ROOCCH}_2\text{CH(SO}_3\text{Na)COOR}$$

由单酯和双酯的结构式可以看出，式中 R 的结构决定了此类表面活性剂亲油性的大小及其使用性能。单酯有两个亲水基团，一个是磺酸盐基团，另一个是羧酸盐基团。双酯只有一个磺酸盐亲水基团。正因为如此，通过改变 R 的结构和改变单、双酯的比例，可以生产出一系列的琥珀酸酯磺酸盐表面活性剂，并具有不同的使用性能。双酯是极好的润湿剂，广泛用在纺织印染工业，促进水溶液渗透到纤维中并使染料分散；双酯在软水中泡沫性较好，但在硬水中较差，水溶性不好，作用也不温和，所以在洗涤用品中，双酯的用处不大。琥珀酸单烷酯磺酸盐是洗净剂与发泡剂，具有优良的起泡性和泡沫稳定性，优良的钙皂分散能力；并且毒性低，性能温和，对皮肤和眼睛的刺激性低；生产工艺简单，原料来源广泛，与其他温和型产品（如咪唑啉等）相比，成本低，价格便宜，故在化妆品等个人保护用品中应用最广。

琥珀酸酯磺酸盐的工业生产路线是：在硫酸或甲苯磺酸等酸性催化剂存在下，加热羟基化合物或其盐和顺丁烯二酸酐，反应生成顺丁烯二酸单酯或双酯，其反应式如下：

$$\begin{array}{c} CHCO \\ \| \qquad O \\ CHCO \end{array} + ROH \xrightarrow{60\sim90℃} ROOCCH=CHCOOH$$

$$\begin{array}{c} CHCO \\ \| \qquad O \\ CHCO \end{array} + 2ROH \xrightarrow{120\sim125℃} ROOCCH=CHCOOR + H_2O$$

与顺丁烯二酸酐反应的羟基化合物可以是脂肪醇，也可以是脂肪醇聚氧乙烯醚、脂肪酸单乙醇酰胺、脂肪酸甘油酯、聚乙二醇等含有羟基的化合物。当顺丁烯二酸酐与羟基化合物的投料摩尔比为1∶1时，在温和条件下主要生成单酯；生成单酯时，反应必须在无水条件下进行，少量的水分即会使顺丁烯二酸酐水解为顺丁烯二酸，而酸与羟基化合物的脱水酯化反应需要较高的温度，这样就会产生部分双酯，因此必须严格控制反应物料的含水量。当顺丁烯二酸酐与羟基化合物的投料摩尔比为1∶2时，在较高温度下主要生成双酯。为使反应向生成双酯的方向进行，采用真空或共沸蒸馏及时除去反应生成的水，对反应有利。另外，酯化反应过程中最好用氮气保护，使双键免受空气中氧的作用，酯化反应产物不宜放置过久，应当接着进行磺化反应，否则会使产物色泽加深。

酯化产物中的双键可在酸性条件下与亚硫酸钠或亚硫酸氢钠发生反应，这是顺丁烯二酸酯类双键的特殊反应；不论是单酯还是双酯均与亚硫酸钠等摩尔反应，在双键处引入磺酸基，生成琥珀酸烷基酯磺酸钠。其反应式如下：

$$ROOCCH=CHCOOH + Na_2SO_3 \longrightarrow \underset{85\%}{ROOCCH_2CH(SO_3Na)COONa} + \underset{15\%}{ROOCCH(SO_3Na)CH_2COONa}$$

$$ROOCCH=CHCOOR + NaHSO_3 \longrightarrow ROOCCH(SO_3Na)CH_2COOR$$

磺化反应在水相中进行，酯本身在水中溶解度很低，但与亚硫酸盐的反应能在水中顺利地进行，这主要是由于反应生成的琥珀酸酯磺酸盐的增溶、分散、乳化等作用所致。为使反应在均相中进行，促进磺化率的提高，最终成品的琥珀酸酯磺酸盐的浓度一般不超过40%；否则黏度太大，不利于均相反应，成品极易成膜，进而转为凝胶。

4. 木质素磺酸盐

木质素磺酸盐是生产亚硫酸纸浆的副产物，从亚硫酸废液可回收粗磺酸盐，经除尘精制，可得精制木质素磺酸盐，其大部分是4-羟基-3-甲氧苯基丙烷单元的缩聚物，分子量在200～100000之间变化，通常是4000，磺酸基在分子内最多可到8。

精制木质素磺酸盐大量用于石油钻井泥浆配方，控制钻井泥浆的流动性；也可用作水泥的减水剂，以增加水泥的流动性及提高水泥的强度。它还可用作矿石的浮选剂、制造橡胶的炭黑分散剂。

四、硫酸酯盐

硫酸酯盐是重要的阴离子型表面活性剂，其亲油基可以是$C_{10}\sim C_{18}$烃基、烷基聚氧乙烯基、烷基酚聚氧乙烯基、甘油单酯基等。硫酸酯盐是硫酸的半酯盐，因此比磺酸盐更具有亲水性，它的C—O—S键合要比磺酸盐的C—S键合更容易水解，在酸性条件下硫酸酯盐不宜长期保存。它的生物降解性好，并有良好的表面活性。近年来随着不少国家要求合成洗涤剂的生物降解性好与限磷配方，脂肪醇聚氧乙烯醚硫酸盐与脂肪醇硫酸盐得到较快发展。

1. 脂肪醇硫酸盐

脂肪醇硫酸盐（简称AS）是硫酸的半酯盐，其通式是$ROSO_3M$，R是$C_{12}\sim C_{18}$的烃基，$C_{12}\sim C_{14}$的醇最理想；M为碱金属、铵或有机胺盐，如二乙醇胺或三乙醇胺。

常用的脂肪醇硫酸化剂是氯磺酸、氨基磺酸与三氧化硫，为了取得色泽浅、纯度高的硫酸酯盐，三氧化硫膜式硫酸化技术被广泛用于生产。采用膜式反应器，三氧化硫浓度为

4%，平均反应温度为34℃，三氧化硫与脂肪醇的摩尔比为1.05，反应转化率可达99%。用三氧化硫作硫酸化剂生产脂肪醇硫酸盐可选用前述膜式反应器及图6-3所示的工艺流程。硫酸化后应立即进行中和，中和温度低于50℃，在中和过程中必须避免缺碱或局部缺碱。脂肪醇硫酸盐可经喷雾干燥而制成粉状产品。市场供应的商品有25%～40%浆状物与>90%的粉状或片状物。

脂肪醇硫酸盐有良好的去污、乳化、分散、润湿、泡沫性能，在硬水中稳定，是生产合成洗涤剂、洗发香波、牙膏、地毯香波、化妆品的主要表面活性剂，也可作纺织工业用助剂和聚合反应的乳化剂。

2. 脂肪醇聚氧乙烯醚硫酸盐

脂肪醇聚氧乙烯醚硫酸盐（简称 AES）是近年来发展较快的硫酸酯盐，其通式为$RO(CH_2CH_2O)_nSO_3M$，R 是 C_{12}～C_{18} 烃基，通常是 C_{12}～C_{14} 烃基，$n＝3$，M 是钠、钾、铵或胺盐。由化学式可以看出，AES 与 AS 不同，其亲水基团是由—SO_3M 和聚氧乙烯醚中的—O—基两部分组成，因而具有更优越的溶解性和表面活性。

脂肪醇聚氧乙烯醚的膜式三氧化硫硫酸化是工业上常用的生产方法（工艺流程参见图6-3）；反应条件为：温度 35～50℃，SO_3 气体浓度为 3%～4%，SO_3 与醇醚的摩尔比为1.04：1，转化率可达97%。硫酸化后的产物需经中和，中和过程主要由泵和热交换器组成，泵使大量中和物料循环，并使酯和碱在循环物料中得到充分的混合，中和反应热由热交换器连续移去，产品 pH 控制在 7～8。也可采用两步中和的工艺，即首先中和90%～95%，然后再经第二步中和而达到较高的转化率。

脂肪醇聚氧乙烯醚硫酸盐常以 30%～60%溶液出售。脂肪醇聚氧乙烯醚硫酸盐大量用于制备液体洗涤剂、洗发香波、餐具洗涤剂，也用于乳胶发泡剂、纺织工业助剂与聚合反应的乳化剂。

3. 烷基酚聚氧乙烯醚硫酸盐

烷基酚聚氧乙烯醚硫酸盐的分子式是 $RC_6H_4(OC_2H_4)_nOSO_3M$，R 是 C_8～C_{12} 烃基，通常是壬基，氧乙烯基的聚合度 $n＝4$。当 $n<4$，则硫酸酯盐的水溶性下降；$n>4$，则硫酸酯盐的抗硬水性增大，但泡沫性开始减弱。烷基酚聚氧乙烯醚硫酸盐的商业产品是 30%～60%浓度的水溶液。

烷基酚聚氧乙烯醚硫酸盐有良好的去污、润湿、乳化、发泡性能。由于它的生物降解性能比脂肪醇聚氧乙烯醚硫酸盐差，它的用途仅限于工业，可用作纺织工业助剂、聚合反应的乳化剂，以及配制工业清洗剂与机车用的洗涤剂。

第三节　非离子型表面活性剂的生产工艺

非离子型表面活性剂不同于离子型表面活性剂，它的亲水基在水中不电离，是由含氧基团组成的，主要是醚基和羟基，其他含氧基有羧酸酯与酰氨基。非离子型表面活性剂的亲水性是由醚基氧原子及羟基与水的氢原子很快形成氢键，酯及酰胺虽也能形成氢键，但不如醚基及羟基。这种氢键作用使非离子型表面活性剂溶解于水。但是，由于醚基和羟基的亲水性较弱，只靠一个醚基或羟基结合是不能将很大的亲油基溶解于水的。要达到一定的亲水性，就必须有几个醚基和羟基。醚基和羟基越多，亲水性越强；反之，亲水性越弱。因此，根据亲油基碳链的长短和结构的差异，以及亲水基的数目，可人为地控制非离子型表面活性剂的性质与用途，其亲油基由含活泼氢的亲油性化合物如脂肪醇、烷基酚、脂肪酸、脂肪胺等提供，其亲水基由含能和水形成氢键的醚基、羟基的化合物如环氧乙烷、多元醇、乙醇胺等提供。

非离子型表面活性剂，特别是含有醚基或酯基时，其在水中的溶解度随温度的升高而降低，开始是澄清透明的溶液，当加热到一定温度，溶液就变浑浊，溶液开始呈现浑浊时的温度叫做浊点。这是非离子型表面活性剂区别于离子型表面活性剂的一个特点。溶液之所以受热变浑浊，是水分子与醚基、酯基之间的氢键因温度升高而逐渐断裂，使非离子型表面活性剂的溶解度降低。当亲油基相同时，加成的环氧乙烷分子数越多，亲水性越大，浊点越高。反之，加成的环氧乙烷数相同时，亲油基的碳原子数越多，疏水性越大，浊点越低。因此，可用浊点来衡量非离子型表面活性剂的亲水性。

聚氧乙烯类非离子表面活性剂是由含活泼氢的亲油性化合物与多个环氧乙烷加成的含有聚氧乙烯基的化合物。根据亲油基的种类不同，主要品种有脂肪醇聚氧乙烯醚、烷基酚聚氧乙烯醚、脂肪酸聚氧乙烯酯、聚氧乙烯烷基胺、聚氧乙烯烷基酰胺等，聚氧乙烯类是非离子型表面活性剂中品种最多、产量最大、应用最广的一类。多元醇类是脂肪酸与多元醇生成的多元醇部分酯，主要品种有乙二醇酯、甘油酯、失水山梨醇酯、蔗糖酯等，此类表面活性剂的亲水性比较差，为提高其亲水性，将多元醇部分酯聚氧乙烯化，生成的化合物具有很好的亲水性。聚醚类（嵌段共聚）是以聚环氧丙烷部分作亲油基，聚氧乙烯部分作亲水基的一类高分子类非离子型表面活性剂。烷醇酰胺类是由脂肪酸与乙醇胺缩合形成的醇酰胺类化合物，乙醇胺可以是单乙醇胺，也可以是二乙醇胺；也可将醇酰胺进一步乙氧基化，以提高其亲水性能和表面活性。

非离子型表面活性剂由于没有离子解离，在酸性、碱性及金属盐类溶液中稳定，可与阴离子、阳离子或两性离子型表面活性剂混配，其 HLB 值可人为地调整，低浓度时表面活性良好，而且泡沫低、毒性低。它主要用来配制农药乳化剂，也可作纺织业、印染业和合成纤维生产的助剂和油剂，原油脱水的破乳剂，民用及工业清洗剂。目前，就世界范围看，非离子型表面活性剂的增长速度最快，已超过阴离子型表面活性剂而跃居首位。随着脂肪醇自给能力的提高和环氧乙烷商品量的增加及其质量的提高，我国非离子型表面活性剂的生产将会得到更快的发展。

一、聚氧乙烯类非离子表面活性剂

（一）乙氧基化

环氧乙烷是生产聚氧乙烯类非离子表面活性剂的主要原料之一，它是带有乙醚气味的无色透明液体，能与水以任意比例混合，易燃，空气中环氧乙烷的体积分数在 3%～100% 时会引起爆炸。当环氧乙烷与氮气混合时，环氧乙烷的体积分数在 75% 以下就不会发生爆炸。为安全起见，一般不超过 65%。

1. 乙氧基化的反应原理

环氧乙烷是三元环醚，因环的张力很大，所以反应活性很强，在酸、碱甚至中性条件下环氧乙烷的 C—O 键都容易断裂。乙氧基化可在碱性或酸性催化剂存在下进行，工业上常用的是碱性催化剂，反应分两步，首先是环氧乙烷与具酸性羟基的脂肪醇、烷基酚与脂肪酸形成单氧乙烯加成物，然后进一步与环氧乙烷反应生成聚氧乙烯加成物。

2. 乙氧基化的影响因素

（1）反应物的结构　①脂肪醇同系物中，反应速率一般随碳链长度增加而降低，且按其羟基的位置不同，反应速率的排序为伯醇＞仲醇＞叔醇。仲醇、叔醇的反应性低于其乙氧基加成产物，因此它们的乙氧基化产物分子量分布较伯醇宽。②按醇、酚、酸的乙氧基加成反应速率，则伯醇＞酚＞羧酸，这是共轭酸随其酸度增加亲核性降低的缘故。由于酸、酚的反应速率比伯醇慢，所以表现为酸、酚的乙氧基化有诱导期，而伯醇则没有。③取代酚的取代基对反应速率也有影响，其次序为 CH_3O—＞CH_3—＞H—＞Br—＞—NO_2，如苯酚比对硝基苯酚的反应速率要快 17 倍。

（2）催化剂　工业上常用碱性催化剂，如金属钠、甲醇钠、氢氧化钾、氢氧化钠、碳酸钾、碳酸钠、醋酸钠等，当采用 195～200℃ 反应温度时，前 4 种催化剂活性相近，后 3 种则较低；若温度降低，后 3 种催化剂则无催化活性，氢氧化钠的活性也显著低于前 3 种。显然碱性催化剂的碱性越强，则其效率也越高。一般情况下，催化剂浓度增高，反应速率加快，且在低浓度时，反应速率随浓度增高的增加高于高浓度时。通常催化剂钠、甲醇钠、氢氧化钠、氢氧化钾的投入量为醇质量的 $0.1\% \sim 0.5\%$。

（3）温度　乙氧基化反应的加成速度随温度的提高而加快，但不呈线性关系，即在同一温度的增值下，高温区的反应速率的增加大于低温区。反应温度常在 $130 \sim 180^\circ\text{C}$。

（4）压力　环氧乙烷的压力和其浓度成正比，随压力增加反应速率增加。为了缩短反应时间，可在 $0.05 \sim 0.5\text{MPa}$ 压力下反应。

3. 乙氧基化工艺过程

各种不同的聚氧乙烯类非离子表面活性剂的乙氧基化工艺过程大致相同，目前采用的工艺过程有：用搅拌器混合的间歇操作法、循环混合的间歇操作法、Press乙氧基化操作法。

（1）用搅拌器混合的间歇操作法　乙氧基化反应釜配置有搅拌器，操作转速为 $90 \sim 120\text{r/min}$。先向反应釜内投入含活泼氢化合物的原料，启动搅拌器，边搅拌边加入预先配好的 50% 的碱催化剂，加热至 100°C，同时抽真空，至无水分馏出后关闭真空阀。充氮气、再抽真空然后将计量的环氧乙烷液体用氮气压入反应釜，压入速度根据反应要求的压力和温度来调节。一般情况下表压为 $0.15 \sim 0.20\text{MPa}$，但必须低于环氧乙烷储罐内的压力（否则是极危险的！）。当环氧乙烷加完后，继续搅拌直至反应釜压力不下降为至。反应结束后，将反应物冷却至 100°C 以下，用氮气将其压入漂白釜内，用冰醋酸中和至微酸性，加入反应物总质量 1% 的双氧水进行漂白，于 $70 \sim 90^\circ\text{C}$ 缓缓滴加，保温 0.5h 后冷却出料，可得高黏度液状成品。

（2）循环混合的间歇操作法　用反应物料的循环来取代搅拌器，工艺流程见图 6-6 所示。

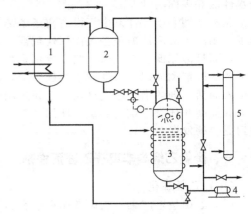

图 6-6　循环式间歇操作装置
1—疏水原料计量槽；2—环氧乙烷计量槽；
3—反应器；4—循环泵；
5—热交换器；6—文丘里管

起始原料和催化剂在原料罐中加热到 $150 \sim 160^\circ\text{C}$ 经干燥后，经循环泵 4 和循环物料一起进入反应器 3 中的文丘里管式的喷出装置 6，在此装置中，借助循环物料喷出的速度，形成真空，抽入气相的环氧乙烷，在喷管中得到混合和反应，然后喷入反应器 3 中，反应温度保持在 $150 \sim 175^\circ\text{C}$。热量通过反应器 3 的外加蛇管及循环系统的热交换器 5 进行传递。当按计量所需环氧乙烷全部加完后，反应产物就可送入成品储罐中。此操作法中物料混合较好，故反应速率较快，设备生产能力较大，温度较宜控制，产品质量较好。

（3）Press乙氧基化操作法　该法是意大利 Press 工业公司推出的全新的乙氧基化工艺，由于采用原料液相向环氧乙烷气相分布的方式，从而获得很高的反应速率；并且液相中溶解的环氧化物浓度很低，操作十分安全，聚乙二醇副产物也大大减少。该操作法是：将原料送到预热器，在此加入催化剂，在真空下加热脱除水分。系统内的空气用氮气置换，然后将环氧乙烷送入气液接触反应器中，在高压下呈雾状并充满整个反应器上部空间。脱除水分的物料由输送泵送入反应器的喷嘴管中，通过管子上的许多小孔向外喷出液滴，小液滴立即与雾状的环氧化物反应；反应器内压力保持在 $0.29 \sim 0.49\text{MPa}$，温度 $100 \sim 120^\circ\text{C}$。经过老化阶段后，反应物送到中和冷却器中进行后处理。由于该法反应速率快，所以产品色泽好，一般不需漂白处理，产品分子量分布较窄，产品质量好。

（二）脂肪醇聚氧乙烯醚的生产

脂肪醇聚氧乙烯醚（AEO）是非离子表面活性剂中的主要品种之一，它的生物降解性好，有较好的抗硬水性与耐电解质性，结构式是 $RO(CH_2CH_2O)_nH$，亲油基 R 可以来自天然脂肪醇、合成 $C_{12} \sim C_{18}$ 伯醇与仲醇。脂肪醇聚氧乙烯醚合成由如下两个反应阶段完成：

$$ROH + \underset{O}{\overset{CH_2-CH_2}{\diagdown\diagup}} \xrightarrow{NaOH} ROCH_2CH_2OH$$

$$ROCH_2CH_2OH + (n-1) \underset{O}{\overset{CH_2-CH_2}{\diagdown\diagup}} \xrightarrow{NaOH} RO(CH_2CH_2O)_nH$$

此两个反应阶段具有不同的反应速率,反应开始较慢,待醇单醚生成后反应趋快。

环氧乙烷与脂肪醇的乙氧基化是放热反应,反应热是 80kJ/mol(环氧乙烷),反应热的即时去除对乙氧基化反应的安全是至关重要的。脂肪醇聚氧乙烯醚的生产可以采用搅拌器混合的间歇操作法,也可用循环混合的间歇操作法以及 Press 乙氧基化连续操作法。一般情况下,生产上是将氢氧化钠配成 50% 左右的水溶液,加入醇中,催化剂用量为脂肪醇质量的 0.1%~0.5%,在真空下脱水,在 135~140℃、0.1~0.2MPa 下,与环氧乙烷反应,环氧乙烷的加入量由制取聚合物的分子量决定。脱水操作必须严格控制,水的存在会导致副产聚乙二醇,后者含量增大会使产品的表面活性降低,故产品要控制聚乙二醇的含量小于 2.5%。乙氧基化反应温度应注意控制,在反应激发阶段,温度可以略高;聚合阶段,若温度过高,会导致产品色泽较深。

脂肪醇聚氧乙烯醚有良好的乳化、润湿、分散、增溶、去污性能,大量用于合成洗涤剂制备,是配制洗衣粉、液体洗涤剂的重要原料,也广泛用于纺织品加工、化妆品配制、金属清洗、乳液聚合等方面。

(三) 烷基酚聚氧乙烯醚

烷基酚聚氧乙烯醚的结构式为 $RC_6H_5O(CH_2CH_2O)_nH$,R 可以是辛基、壬基或十二烷基,n 为 4~25 或更大。它在酸、碱溶液中稳定,不受次氯酸盐、过氧化物等氧化剂的影响,但生物降解度差。烷基酚聚氧乙烯醚的合成可分为两个阶段,第一阶段为烷基酚与等摩尔环氧乙烷的加成,直至烷基酚全部转化成单一的加成物后,才开始第二阶段即环氧乙烷的聚合反应。这是由烷基酚的酸度所决定的,因此,烷基酚醚产物中,几乎没有未反应的酚存在,其聚合度也较脂肪醇醚为窄。其反应过程如下:

$$RC_6H_5OH + \underset{O}{\overset{CH_2-CH_2}{\diagdown\diagup}} \xrightarrow{k_1} RC_6H_5OCH_2CH_2OH$$

$$RC_6H_5OCH_2CH_2OH + (n-1) \underset{O}{\overset{CH_2-CH_2}{\diagdown\diagup}} \xrightarrow{k_2} RC_6H_5O(CH_2CH_2O)_nH$$

烷基酚和环氧乙烷加成条件及工艺类似于脂肪醇醚的合成。间歇操作条件为:温度 (170±30)℃,压力 0.15~0.3MPa,催化剂加量为 0.1%~0.5% 氢氧化钠或氢氧化钾,在压入环氧乙烷以前应用氮气置换设备,反应后可用酸中和,漂白,或用活性炭脱色。也可用管式反应器进行连续化操作,环氧乙烷应多点引入,操作温度为 120~180℃,压力为 3MPa 左右。按烷基碳链不同及加成乙氧基单元多少之异,可以得到一系列不同的烷基酚聚氧乙烯醚化合物。壬基及辛基酚与环氧乙烷加成的系列产品见表 6-1。

表 6-1 烷基酚聚氧乙烯醚主要品种

商 品 名	引入乙氧基数,n	HLB	用 途	商 品 名	引入乙氧基数,n	HLB	用 途
乳化剂 OP-4	4	8.8	乳化剂	匀染剂 OP-12	12	—	匀染剂、乳化剂
乳化剂 OP-7	7	11.7	乳化剂	乳化剂 OP-15	15	15	匀染剂、乳化剂
匀染剂 OP-9	9	—	匀染剂、乳化剂	匀染剂 OP-20	20	—	匀染剂、乳化剂
乳化剂 OP-10	10	13.3	匀染剂、乳化剂	匀染剂 OP-30	30	—	匀染剂、乳化剂

由于烷基酚聚氧乙烯醚的生物降解性差,被限用于家用与个人用产品,仅限于工业应用。它是优良的 O/W 或 W/O 的乳化剂,是农药、涂料、乳胶的乳化剂,它对酸碱的稳定及良好的去污性能是配制金属清洗剂、医院用清洗剂的主要组分,也可用作油田开采助剂。

(四) 聚氧乙烯脂肪酸酯

聚氧乙烯脂肪酸酯的结构式为 $RCOO(CH_2CH_2O)_nH$,R 主要是 C_{12}~C_{18} 天然脂肪酸与硫酸盐纸浆的副产物妥尔油或松香酸，$n=1\sim8$，是油溶性的，$n=12\sim15$ 则从水分散性转变到水溶性。聚氧乙烯脂肪酸酯液的黏度随 n 的增加而增大，但随温度的升高而降低。它在酸、碱液中敏感易水解，在碱液中皂化为脂肪酸皂与聚乙烯乙二醇，但聚氧乙烯松香酸酯在碱液中是稳定的。

脂肪酸与环氧乙烷的加成反应和酚类相似，第一阶段先生成 1mol 的环氧乙烷单酯，速度较慢，当转入第二阶段后聚合反应迅速进行：

$$RCOOH + \underset{O}{\overset{CH_2-CH_2}{\diagup\diagdown}} \xrightarrow{NaOH} RCOOCH_2CH_2OH$$

$$RCOOCH_2CH_2OH + (n-1)\underset{O}{\overset{CH_2-CH_2}{\diagup\diagdown}} \xrightarrow{NaOH} RCOO(CH_2CH_2O)_nH$$

同时也存在酯基转移副反应：

$$2RCOO(CH_2CH_2O)_nH \rightleftharpoons RCOO(CH_2CH_2O)_nOCR + HO(CH_2CH_2O)_nH$$

生成的产品是聚氧乙烯脂肪酸单酯、双酯与聚乙二醇的混合物，它们之间的比例决定于反应物料的比例与反应条件。脂肪酸聚氧乙烯酯的生产条件类似醇醚和酚醚，可采用氢氧化钾或氢氧化钠作催化剂，当和原料酸一起脱水后，反应釜用氮置换空气，然后可压入环氧乙烷，反应温度为 $180\sim200℃$，压力为 $0.2\sim0.3MPa$，然后冷却出料。

脂肪酸聚氧乙烯酯也可通过脂肪酸和聚乙二醇的酯化来生产，以等摩尔比脂肪酸与聚乙二醇在酸性催化剂下酯化可得到聚氧乙烯脂肪酸单酯为主的产品，其反应式如下：

$$RCOOH + HO(CH_2CH_2O)_nH \rightleftharpoons RCOO(CH_2CH_2O)_nH + H_2O$$

催化剂一般用浓硫酸、苯磺酸或聚苯乙烯磺酸类阴离子交换树脂。为使此反应获得较高转化率，必须及时排除反应生成的水。对以上两种方法得到的产品都需要脱色、脱臭处理以提高其质量。聚氧乙烯脂肪酸酯可以是液体、浆状物或蜡状物。

聚氧乙烯脂肪酸酯有良好的乳化、润湿、分散、去污性能，但泡沫性差。在纺织工业中用作油剂的乳化剂、抗静电剂、软化剂与纤维润滑剂，也可作农药的乳化剂与造纸工业的再润湿剂和脱墨剂。

（五）聚氧乙烯烷基胺

聚氧乙烯烷基胺其结构式为 $RCON\left\langle\begin{array}{l}(CH_2CH_2O)_xH\\(CH_2CH_2O)_yH\end{array}\right.$，R 主要是 $C_8\sim C_{18}$ 的烷基。脂肪胺与环氧乙烷作用生成表面活性剂聚氧乙烯烷基胺，随着氧乙烯基链的引入逐渐使阳离子性质转变为非离子性，它在碱性溶液中比较稳定，呈非离子性；而在酸性溶液中则呈阳离子性，可以很强地吸附在物体表面，可用作中性或酸性溶液中的乳化剂、起泡剂、防腐剂、破乳剂、润湿剂、钻井泥浆添加剂和匀染剂等。

脂肪胺与环氧乙烷的反应分两个阶段进行，第一阶段为 2mol 环氧乙烷加成到胺的两个活泼氢原子上，此时不需要催化剂，反应可在100℃进行；第二步为氧乙基链的增长反应，由于反应速率较慢，需加入粉状氢氧化钠或醇钠催化剂，温度提高至150℃以上。反应式如下：

$$R—NH_2 + 2\underset{O}{\overset{CH_2-CH_2}{\diagup\diagdown}} \longrightarrow R—N\left\langle\begin{array}{l}CH_2CH_2OH\\CH_2CH_2OH\end{array}\right.$$

$$R—N\left\langle\begin{array}{l}CH_2CH_2OH\\CH_2CH_2OH\end{array}\right. + n\underset{O}{\overset{CH_2-CH_2}{\diagup\diagdown}} \longrightarrow RN\left\langle\begin{array}{l}(CH_2CH_2O)_xH\\(CH_2CH_2O)_yH\end{array}\right.$$

$$(x+y=n+2)$$

催化剂的碱性越强，反应速率越快。环氧乙烷加成的物质的量增加，则聚氧乙烯烷基胺水溶性增加。

（六）聚氧乙烯聚氧丙烯嵌段聚醚

聚氧乙烯聚氧丙烯嵌段聚醚这类表面活性剂的分子结构，决定于引发剂醇与两种环氧烷加入的顺序与数量。若丙二醇作为引发剂，在120℃时以氢氧化钠为催化剂，通入环氧乙烷与丙二醇，进行加成反应，达到所需的分子量。然后加入环氧乙烷，继续反应直至达到规定量，产物结构式是 $HO(C_2H_4O)_n-(C_3H_6O)_m-(C_2H_4O)_nH$，其中聚氧丙烯基是亲油部分，两端聚氧乙烯基是亲水部分。亲油部分的分子量可达到900或更大，加入的环氧乙烷量，可占整个分子量的20%～90%。若引发剂醇是乙二醇，可先与环氧乙烷加成反应，生成亲水的聚氧乙烯，然后与环氧丙烷反应，两端的聚氧丙烯基是亲油部分，分子量至少900，其结构式为 $HO(C_3H_6O)_n-(C_2H_4O)_m-(C_3H_6O)_nH$，其中聚氧乙烯占30%～60%。

聚氧乙烯聚氧丙烯嵌段聚醚表面活性剂，对皮肤刺激性小，毒性小，对酸碱稳定，具有较好的润湿、乳化、去污、消泡、分散与增溶作用，可用作洗发剂、低泡洗涤剂、乳化剂、破乳剂、防静电剂等。

二、脂肪酸多元醇酯类非离子表面活性剂

脂肪酸多元醇酯简称羧酸酯，是多元醇的部分脂肪酸酯，它的亲油基是脂肪酸的烃基，而多元醇的未反应羟基与氧结合的酯基给分子以亲水性。它溶于芳烃溶剂与矿物油，是W/O与O/W的良好乳化剂；但泡沫性能差，在酸、碱液中易水解。

1. 脂肪酸甘油酯

甘油酯是甘油单脂肪酸酯或双脂肪酸酯及其混合物，其组成随条件的变化而不同。甘油酯工业上常用油脂和甘油的酯交换反应来制取。

$$\begin{array}{ccc} RCOOCH_2 & CH_2-OH & RCOOCH_2 \\ | & | & | \\ RCOOCH & + \quad CH-OH \quad \longrightarrow & CH-OH \\ | & | & | \\ RCOOCH_2 & CH_2-OH & CH_2-OH \end{array}$$

油脂与甘油在碱性催化剂存在下加热到180～250℃反应，催化剂可采用氢氧化物、氢氧化钾、甲醇钠、碳酸钾等。反应中，甘油用量一般为油脂质量的25%～40%，催化剂用量为0.05%～0.2%。例如，椰子油和油脂质量25%的甘油，在0.1%氢氧化钠存在下，180℃反应6h，可得到45.2%的单酯、44.1%双酯及10.7%的三酯。为得到高含量的单酯产品，可采用分子蒸馏，则甘油单酸酯含量可达90%以上。

甘油单脂肪酸酯与双酯是良好的乳化剂、增溶剂、润湿剂、润滑剂、可塑剂，它在食品工业中用作面包、糕点、焙烤食品的添加剂，可使面包等焙烤食品保鲜，增强食品的可塑性。

2. 脂肪酸二元醇酯

脂肪酸二元醇酯的二元醇是乙二醇、丙二醇、二乙二醇，常用的脂肪酸是月桂酸、棕榈酸、硬脂酸与油酸。脂肪酸二元醇酯的制取是将酸与醇在170～210℃酯化，可用碱性或酸性催化剂进行酯化反应，产品是单酯与二酯的混合物。在常温下饱和脂肪酸二元醇酯是固体，不饱和酸二元醇酯是液体。

脂肪酸二元醇酯是亲油乳化剂、不透明剂、增稠剂，可用于化妆品膏体的制备与液体洗涤剂的配制。

3. 失水山梨醇酯

失水山梨醇脂肪酸酯是羧酸酯表面活性剂中的重要类别，它的单、双、三酯均为商品，商品名为斯盘（Span）。山梨醇可由葡萄糖加氢制得，是不含醛基而有6个羟基的多元醇，因此具有较好的对热和氧的稳定性。山梨醇在硫酸中140℃下形成的失水山梨醇，主要是1,4-失水山梨醇与异失水山梨醇的混合物；常用的脂肪酸是月桂酸、棕榈酸、硬脂酸、油酸与妥尔油脂肪酸等。酯化反应可直接将脂肪酸与失水山梨醇在225～250℃与碱性或酸性催化剂反应。失水山梨醇酯是油溶性乳化剂、增溶剂，它低毒、无刺激性，且有利于人们的消

化，因而广泛用于食品、饮料及医药生产中的乳化及增溶。

失水山梨醇酯不溶于水，在许多情况下限制了它的应用，但如果与其他水溶性表面活性剂复配，具有良好的乳化力。尤其与失水山梨醇脂肪酸酯的聚氧乙烯醚复配最为有效。失水山梨醇聚氧乙烯醚酯是重要的多元醇聚氧乙烯醚羧酸酯，这类产品的商品名为吐温。失水山梨醇酯的乙氧基化是在130～170℃以甲醇钠为催化剂进行的，在反应过程中，酯基经过酯转移到聚氧乙烯基尾端重新排列。失水山梨醇聚氧乙烯醚酯一般含有5～20个氧乙烯基，在常温下是黄色液体。

失水山梨醇聚氧乙烯醚酯是乳化剂、增溶剂、抗静电剂、润滑剂，应用于纺织工业、食品加工和化妆品制备，与甘油酯、失水山梨醇酯混合使用，可改善HLB值，得到良好的乳化性能。

第四节　阳离子型表面活性剂的生产工艺

阳离子型表面活性剂的化学结构中至少含有一个长链亲油基和一个带正电荷的亲水基。长链亲油基通常是由脂肪酸或石油化学品衍生而来，表面活性阳离子的正电荷除由氮原子携带外，也可由硫原子及磷原子携带，但目前应用较多的阳离子型表面活性剂其正电荷都是由氮原子携带的。脂肪胺与季铵盐是主要的阳离子型表面活性剂，它们的氨基与季铵基带有正电荷；氨基低碳烷基取代的仲、叔胺水溶解度增大，季铵是强碱，溶于酸或碱液，胺、季铵与盐酸、硫酸、羧酸形成中性盐。阳离子型表面活性剂通常不与阴离子型表面活性剂混合使用，两者易生成水不溶性的高分子盐。

阳离子型表面活性剂的最大特征是其表面吸附力在表面活性剂中最强，具有杀菌消毒性，对织物、染料、金属、矿石有强吸附作用。它可用作织物的柔软剂、抗静电剂、染料固定剂、金属防锈剂、矿石浮选剂与沥青乳化剂。

一、脂肪胺

长链脂肪烃的单胺、二胺和多胺属于此类表面活性剂，$C_{12} \sim C_{18}$ 烷基的伯胺、仲胺、叔胺是主要的脂肪胺，结构式是 $R-N\begin{smallmatrix} R' \\ \\ R'' \end{smallmatrix}$ ，R 是 $C_{12} \sim C_{18}$ 烷基，R'、R'' 可以是 H、CH_3 或其他低碳烷基。伯胺可从天然动植物油脂或妥尔油制得。从油脂分解得到的脂肪酸与氨在 $0.4 \sim 0.5 MPa$、$300 \sim 320℃$ 下反应生成脂肪酰胺：

$$RCOOH + NH_3 \Longrightarrow RCONH_2 + H_2O$$

然后用氧化铝作催化剂，进行高温脱水，得脂肪腈：

$$RCONH_2 \Longrightarrow RCN + H_2O$$

脂肪腈用金属镍作催化剂，加氢还原，在温度150℃、压力 $1.5 \sim 4MPa$ 下进行。长链二烷基仲胺可将伯胺在镍催化剂与氢存在下、温度250℃转化制得。

$$RCN + 2H_2 \longrightarrow RCH_2NH_2$$

$$2RCH_2NH_2 \longrightarrow (RCH_2)_2NH + NH_3$$

仲胺也可在氢与 Ni 催化剂存在下，将脂肪醇与氨反应制取。叔胺可从伯胺或仲胺衍生得到。脂肪胺溶解于酸生成盐，以醋酸盐、油酸盐、环烷酸盐等商品出售。

脂肪胺在金属表面形成紧密的憎水基膜，是金属的防锈剂，它也可作矿石浮选剂、化肥的防结块剂、沥青乳化剂。

二、季铵盐

季铵盐是阳离子型表面活性剂中最重要的一类，有强碱性，它使表面活性剂有强亲水性，能溶于水与碱液。它的结构式是：

$$\left[\begin{array}{c} R^1 \diagdown \quad \diagup R^3 \\ N^+ \\ R^2 \diagup \quad \diagdown R^4 \end{array}\right] Cl^-$$

其中 R^1 是高碳烷基（$C_{12} \sim C_{18}$），R^2 可以是高碳烷基或甲基，R^3 是甲基，R^4 可以是甲基、苄基、烯丙基等。N-烷基三甲基氯化铵、N,N-二烷基二甲基氯化铵与烷基苄基二甲基氯化铵是常见的季铵盐表面活性剂。它们的生产方法，是将烷基伯胺或二烷基仲胺与一氯甲烷，在极性溶剂如乙醇或水中，于 $60 \sim 130℃$ 下反应，为了提高产率，必须保证反应物不呈酸性，因此要加入碳酸钠（或碳酸钾）作为中和剂促使反应顺利进行。例如，十二烷基三甲基氯化铵（防黏剂 DT），从十二胺或 N,N-二甲基十二胺制取。

$$C_{12}H_{25}NH_2 + 3CH_3Cl \xrightarrow[125℃]{3NaHCO_3} C_{12}H_{25}N(CH_3)_3 \cdot Cl$$

$$C_{12}H_{25}N(CH_3)_2 + CH_3Cl \longrightarrow C_{12}H_{25}N(CH_3)_3 \cdot Cl$$

这一产品能溶于水，呈透明状，具有优良的表面活性，常用作黏胶凝固液的添加剂。

N-烷基三甲基氯化铵类阳离子型表面活性剂可用作金属的防锈剂，钾、磷矿的浮选剂，沥青乳化剂。N-烷基二甲基苄基氯化铵具有优越的抗菌活性，可用于消毒抗菌。

三、氧化叔胺

氧化叔胺 $R(CH_3)_2N \rightarrow O$，是烷基二甲基叔胺或烷基二羟乙基叔胺的氧化产物，烷基为 $C_{16} \sim C_{18}$ 烃基。氧化叔胺的胺氧基是极性的，对 H^+ 有强结合势，形成羟基铵离子 $R(CH_3)N^+ —OH$，所以它在酸性溶液中是阳离子，在中性与碱性溶液中是非离子，在酸液中与阴离子表面活性剂相遇，会产生沉淀物。在中性与碱性溶液中能与阴离子型表面活性剂配伍。

工业上氧化叔胺由烷基二甲基叔胺、烷基二羟乙基叔胺氧化制得，过氧化氢是常用的氧化剂，叔胺在60℃与略过量的 35％ 过氧化氢反应，反应式如下：

$$RN(CH_3)_2 + H_2O_2 \longrightarrow R(CH_3)_2N \rightarrow O + H_2O$$

$$RN(CH_2CH_2OH)_2 + H_2O_2 \longrightarrow R(CH_2CH_2OH)_2N \rightarrow O + H_2O$$

反应中常加入螯合剂抑制重金属离子，提高过氧化氢利用率。

氧化叔胺具有优良的发泡与泡沫稳定性，用于洗发香波、液体洗涤剂、手洗餐具洗涤剂。它的润湿、柔软、乳化、增稠、去污作用，除用于洗涤剂制备外，还用于工业洗净、纺织品加工、电镀加工。

第五节　两性表面活性剂的生产工艺

两性表面活性剂的亲水部分至少含有一个阳离子基与一个阴离子基，理论上它在酸性介质中表现为阳离子性，在碱性介质中表现为阴离子性，在中性溶液中表现为两性活性。实际上受阴离子基或阳离子基的强弱的影响，它不像阴离子与阳离子表面活性剂相互配伍时会形成电荷中性的沉淀复合物，它可以与阴离子型或阳离子型表面活性剂混合使用。两性表面活性剂的阳离子基，通常是仲胺、叔胺或季铵基，阴离子基通常是—COOH、—SO$_3$H、—OSO$_3$H。

两性表面活性剂耐硬水性好，具有较好的抗静电能力，以及低刺激性、高生物降解性等，因此其应用范围正在不断扩大，特别是在抗静电、纤维柔软、特种洗涤剂以及香波、化妆品等领域。

一、咪唑啉羧酸盐

咪唑啉型是两性表面活性剂中产量和商品种类最多、应用最广的一种，制备这类表面活性剂，首先是由脂肪酸与多胺缩合，脱去 2mol 水而形成 2-烷基-2-咪唑啉，脂肪酸通常为 $C_{12} \sim C_{18}$ 的脂肪酸，多胺通常是羟乙基乙二胺、二亚甲基二胺等。然后在 2-烷基-2-咪唑啉的基础上引入羧基成为羧酸咪唑啉型，引入磺酸基成为磺酸咪唑啉型。

咪唑啉羧酸盐的典型代表是 2-烷基-1-(2-羟乙基)-2-咪唑啉乙酸盐，它的生产方法，是将脂肪酸与羟乙基乙二胺在减压加热下脱水环合得到 2-烷基-2-咪唑啉，然后与氯乙酸钠烷基化反应。烷基化反应条件：咪唑啉和氯乙酸按配比 1：1（摩尔比），将氯乙酸溶液用氢氧化钠调至 pH13，在常温下慢慢加入咪唑啉，然后升温至 90℃ 反应，当溶液 pH 从 13 降至 8～8.5 时，即为反应终点，得到咪唑啉乙酸钠产品。

$$RCOOH + NH_2CH_2CH_2NHCH_2CH_2OH \xrightarrow{\text{脱水}} RCONHCH_2CH_2NHCH_2CH_2OH +$$

$$RCON\Big\langle {}^{CH_2CH_2NH_2}_{CH_2CH_2OH} \xrightarrow{\text{再脱水}} R-C \begin{smallmatrix} N-CH_2 \\ \\ N-CH_2 \\ | \\ CH_2CH_2OH \end{smallmatrix} \xrightarrow{+ClCH_2COONa} R-C \begin{smallmatrix} N-CH_2 \\ \\ N^+-CH_2 \\ | \\ {}^-OOCH_2C \quad CH_2CH_2OH \end{smallmatrix}$$

咪唑啉羧酸盐对皮肤亲和无毒，对眼无刺激，用于制备婴儿香波、洗发香波、调理剂与化妆品。它有温和杀菌性能，毒性比阳离子型表面活性剂小，也可作沥青乳化剂。

二、烷基甜菜碱

烷基甜菜碱的结构式是 $R(CH_3)_2N^+CH_2COO^-$，它是有一个季铵阳离子与一个羧基阴离子的内铵盐，R 是 $C_8 \sim C_{18}$ 的饱和或不饱和烷基。烷基甜菜碱在 pH 较低时，呈阳离子性，但在碱性溶液中并不显示阴离子性质。在水中有较好的溶解度，即使在等电点其溶解度也不显示较大降低。烷基甜菜碱类两性表面活性剂有羧酸型、磺酸型、硫酸酯型等，其中最有商业价值的是羧酸甜菜碱两性表面活性剂，其他类型的也正迅速地发展。

烷基羧酸甜菜碱常用的生产方法，是将等摩尔的十二烷基二甲胺慢慢加入以氢氧化钠中和的氯乙酸水溶液中，在 70～80℃ 反应数小时，即可完成反应，所得产物为透明状水溶液。

$$C_{12}H_{25}(CH_3)_2N + ClCH_2COONa \xrightarrow{70 \sim 80℃} C_{12}H_{25}(CH_3)_2N^+CH_2COO^- + NaCl$$

烷基甜菜碱在硬水、酸碱液中都有良好的泡沫性能，与阴离子型表面活性剂合用有增效作用；它是钙皂分散剂，与肥皂混合使用起协同作用，提高去污力；它对皮肤柔和刺激性小，可用于家用及个人洗涤剂，还可作氯代烃为溶剂的干洗剂。它是合成纤维的抗静电剂、织物柔软剂，纺织品加工的匀染剂、润湿剂与洗涤剂。

第六节　特种表面活性剂的生产工艺

近年来发展了一些在分子的亲油基中除碳、氢外还含有其他一些元素的表面活性剂，如含有氟、硅、锡、硼等的表面活性剂。它们数量不大，也不符合前述之电荷分类法，其用途又特殊，故通称为特种表面活性剂。特种表面活性剂可分为氟碳表面活性剂、硅表面活性剂、高分子表面活性剂及生物表面活性剂等，因篇幅有限，这里仅作简单介绍。

一、氟碳表面活性剂

从分子结构上看，氟碳表面活性剂与碳氢表面活性剂的差别在于亲油基的不同，生产方法的差别也主要在亲油基上。生产的关键是得到一定结构的氟碳链，通常碳原子数为 6～12；然后再按设计要求，引入亲水基，引入亲水基的方法与碳氢表面活性剂相类似。工业上制取氟碳链主要有电解氟化法、调聚法和全氟烯烃齐聚法，此处简要介绍一下电解氟化法。

将磺酸或羧酸的酰氯化物溶于无水氢氟酸液体中，用镍板阳极进行电解氟化，电极间电压在 4～6V，电解控制在无氟气体排出条件下。碳氢化合物在阳极氟化成全氟有机化合物，然后水解，用碱中和，可得氟碳盐阴离子型表面活性剂。

$$C_7H_{15}COCl \xrightarrow[\text{电解}]{\text{HF}} C_7F_{15}COF \xrightarrow{\text{H}_2\text{O}} C_7F_{15}COOH \xrightarrow{\text{NaOH}} C_7F_{15}COONa$$

$$C_8H_{17}SO_2Cl \xrightarrow[\text{电解}]{\text{HF}} C_8F_{17}SO_2F \xrightarrow{\text{H}_2\text{O}} C_8F_{17}SO_3H \xrightarrow{\text{NaOH}} C_8F_{17}SO_3Na$$

电解过程中，由于 C—C 键断裂而产生大量副反应，一般羧酸酰氯电解的收率在 10％～15％，磺酰氯则为 25％，收率虽低，但从原料酰氯经一步合成即得保存有反应性官能团的全氟烃化合物，为进一步制取氟碳表面活性剂提供了方便。

由于氟碳表面活性剂具有优良的表面活性和高稳定性，因而用途甚广，可用于氟树脂的乳液聚合和化妆品的乳液稳定，也可用于灭火剂、塑料调匀剂、油墨润湿剂等。此类表面活性剂具有憎水憎油性，故常用于既防水又防油的纺织品、纸张及皮革等。

二、硅表面活性剂

以硅烷基链或硅氧烷基链为亲油基，聚氧乙烯链、羧基、磺酸基或其他极性基团为亲水基构成的表面活性剂称为硅表面活性剂。硅表面活性剂按其亲油基不同又可分为硅烷基型和硅氧烷基型；若按亲水基分则和其他表面活性剂类似，有阴离子型、阳离子型和非离子型。硅表面活性剂的生产也包括有机硅亲油链的合成和亲水基团的引入两步，第一步常由专业有机硅生产厂完成，此处仅就含硅阳离子型表面活性剂的生产作一简介。阳离子型含硅表面活性剂可通过含卤素的硅氧烷与胺类反应来生产，其反应式如下：

$$(CH_3O)_3Si(CH_2)_3Cl+C_{18}H_{37}N(CH_3)_2 \longrightarrow \left[(CH_3O)_3-Si(CH_2)_3-\overset{\overset{\displaystyle CH_3}{|}}{\underset{\underset{\displaystyle CH_3}{|}}{N}}-C_{18}H_{37} \right]^+ Cl^-$$

这是一种很好的持久性抑菌卫生剂，可用于袜品、内衣、寝具的卫生整理。

由于硅表面活性剂具有良好表面活性和较高的热稳定性，可用于合成纤维油剂及织物的防水剂、抗静电剂、柔软剂，在化妆品中可用作消泡剂、调理剂等。含硅阳离子型表面活性剂也具有很强的杀菌作用等。

三、生物表面活性剂

微生物在一定条件下，可将某些特定物质转化为具有表面活性的代谢产物，即生物表面活性剂。生物表面活性剂也具有降低表面张力的能力，加上它无毒、生物降解性能好等特性，使其在一些特殊工业领域和环境保护方面受到注目，并有可能成为化学合成表面活性剂的替代品或升级换代产品。

生物表面活性剂是由细菌、酵母菌和真菌等多种微生物在一定条件下分泌出的代谢产物，如糖脂、多糖脂、脂肽或中性类脂衍生物等，它们与一般表面活性剂分子在结构上类似，即分子中不仅有脂肪烃链构成的亲油基，同时也含有极性的亲水基，如磷酸根或多羟基基团等。根据其亲水基的类别，生物表面活性剂可分为 5 类：①糖脂类，亲水基可以是单糖、低聚糖或多糖；②氨基酸酯类，是以低缩氨基酸为亲水基；③中性脂及脂肪酸类；④磷脂类；⑤聚合物类，其代表物有脂杂多糖、脂多糖复合物、蛋白质-多糖复合物等。

生物表面活性剂能显著降低表面张力和油水界面张力，具有良好的抗菌性能，由于其独特性能，可应用于石油工业提高采油率、清除油污等，另外它在纺织、医药、化妆品和食品等工业领域都有重要应用。

>>> 习题

1. 什么叫表面活性剂？

2. 表面活性剂具有哪些特点?

3. 表面活性剂常用的分类方法是什么?

4. 表面活性剂分为哪几类?

5. 阴离子表面活性剂分为哪几类?

6. 阳离子表面活性剂分为哪几类?

7. 两性离子表面活性剂分为哪几类?

8. 什么叫表面活性剂的生物降解?

9. 什么叫表面活性剂的生物活性?

10. 阴离子表面活性剂中亲水基的引入有哪些方法?

11. 简述脂肪酸盐的生产过程。

12. 脂肪酸盐的特点是什么? 它具有哪些用途?

13. 简述烷基苯磺酸盐的工业生产过程。

14. 简述烷基苯的工业生产过程。

15. 简述烷基苯的工业磺化生产过程。

16. 简述用三氧化硫生产烷基苯磺酸钠的工业生产过程。

17. 简述 AOS 生产的工艺条件选择。

18. 简述 AOS 生产的工艺流程。

19. 乙氧基化的影响因素是什么?

20. 简述用搅拌器混合的间歇操作法的乙氧基化工艺过程。

21. 脂肪醇聚氧乙烯醚的生产过程。

第七章 皮革化学品

第一节 概 述

从动物体剥下没有经过任何化学处理和机械加工的皮称生皮，生皮由上层表层、中层真皮和下层结缔组织构成。生皮不耐微生物和化学药品的作用，易腐烂、易断裂，透气性和透湿性不好，不宜直接使用。生皮经过浸水、浸灰、脱脂、酶软等工序，除去上下两层，留下中层真皮，留下的这层真皮又称裸皮。裸皮经化学处理和机械加工过程即成为革。革遇水不膨胀、不腐烂，有较好的耐湿热性，能耐微生物的分解，并有一定的成型性、多孔性、挠曲性和半满度等。革具有很好的应用价值，可以制作靴鞋、服装和其他革制品。

革既保留了皮的纤维结构，又具有优良的物理化学性能。要使裸皮获得以上特性，必须经过鞣制、整理等过程，特别是革的手感性能，就是经过加脂、填充和机械整理、涂饰等加工而进一步完善起来的。其中鞣制是使皮发生决定性改变的过程。能将皮变为革的化学材料称为鞣剂，鞣剂与皮蛋白质结合后，在皮蛋白质多肽链之间生成交联键，增加皮蛋白质结构的稳定性，故革比生皮更耐湿热、化学药品和微生物等作用。

鞣剂的种类很多，按化学成分可分为无机鞣剂和有机鞣剂两大类。常见的无机鞣剂是具有鞣性的金属化合物如铬、铝、铁、钛等的盐类，以及非金属化合物如偏磷酸盐、聚硅酸等；金属化合物都是碱式盐，而且具有一定的碱度，才是良好的鞣剂。有机鞣剂又可分为植物鞣剂和合成鞣剂，合成鞣剂是一类很有发展前途的鞣剂。

加脂是制造皮革的一道重要工序，它是将加脂剂引入鞣好的坯革中，使皮革具有一定的柔软度，提高革的强度和使用性能，如提高弹性、不透水性、耐弯折以及韧性等。皮革加脂剂可分为不溶于水的加脂剂和能溶于水的加脂剂两类。

涂饰是制革厂的最后一道工序，也是最重要的一个环节。涂饰主要是在皮革表面上涂覆一层美观、有色或无色、挠曲延伸性好、经久耐用的成膜材料。皮革涂饰剂由成膜物质、着色物、溶剂及其他添加剂组成；成膜物质即黏合料是皮革涂饰剂的主要成分，起着成膜和黏结着色物于革面的作用。着色物则使革呈现各种颜色，溶剂是用来稀释着色物和黏合料的，其他添加剂，如光亮剂、防黏剂、固化剂、防水剂、增稠剂、滑爽剂、增塑剂、稀释剂、固定剂等则起着辅助的作用。涂饰剂大多以所用的黏合料的种类来分类。

涂饰工作一般是分四层分别完成的，各层对黏合料的要求不同：① 填充层以取代革的粒面层中的空气为目的，以克服粒面缺陷和改善粒面状态，要求所用的黏合料易于渗透，膜的弹性模数要与革纤维的弹性模数相近；② 底层要求黏着力强、挠曲性好、成膜柔软；③中层则要求硬度大、耐摩擦、手感好、色泽鲜艳（加有着色物）；④面层多要求涂膜光亮、手感滑爽、耐摩擦、抗水及抗一般溶剂的作用。

在将动物皮加工成坚牢、耐用的皮革过程中所需用的化学品称为皮革化学品。皮革化学品很多，可分为基础化学品和制革专用化学品；前者如酸、碱、盐等，后者又可分为脱毛剂、脱灰剂、脱脂剂、软化剂、浸酸剂、鞣剂、合成鞣剂、染料、加脂剂、涂饰剂、防腐剂、防霉剂和防水剂等。其中以鞣剂、合成鞣剂、加脂剂和涂饰剂等对皮革的性能和质量更为重要，用量也较大。

以目前主要发展的四种皮革化学品即合成鞣剂、加脂剂、涂饰剂和皮革助剂来说，国内与国外在品种与质量等方面存在有一定差距。国内合成鞣剂的生产在产量、产品品种、产品结构上都少而单一，没有形成系列化；国外革制品生产中，非常注意复鞣，而国内复鞣革占制革总量还不到15％。加脂剂的发展趋势是多功能和专用性的，如具有耐洗和阻燃等功能；国内高档品仅占20％，大部分产品功能单一。聚氨酯涂饰剂是一类新兴的涂饰材料，其涂膜具有弹性好、强度高、光亮、耐光、耐磨等优点。

第二节 合成鞣剂生产工艺

凡能与生皮作用发生质变使之成革的鞣皮物质，称为鞣剂。合成鞣剂是以有机化合物或它们的工业混合物为原料合成的，能溶于水，具有鞣性，可用以代替一部分或大部分天然植物鞣质鞣皮，常和无机鞣剂、植物鞣剂一起应用，用以调节鞣制过程和成品革性能。

按合成鞣剂的化学结构分类，可分为脂肪烃合成鞣剂和芳烃合成鞣剂两大类。脂肪烃合成鞣剂又可分为磺酰氯和树脂两类，芳烃合成鞣剂可分为酚醛类和萘醛类。目前，皮革厂所用的合成鞣剂大部分为芳烃鞣剂。

一、鞣制作用与鞣剂结构

1. 鞣制作用

鞣制作用的一个必要条件是，把皮变成革时，鞣剂分子必须和胶原结构中两个以上的反应点作用，生成新的交联键；只和胶原在一点反应的化合物是无鞣性的。

裸皮用硫酸盐溶液、浸酸液、有机溶剂脱水，或冰冻干燥等，均能使胶原获得革的某些性质，如多孔性、成型性、挠曲性等，但用水处理后，鞣制效应就完全消失，所以这种作用称为假鞣。真正的鞣制作用，相对地说，是不可逆的，即用水处理不会再变为裸皮。

鞣制作用能在胶原分子链间产生交联，将胶原结构基体间的相互位置固定下来，使干燥时所发生的收缩程度减小，提高皮的成型性。鞣剂作用能使胶原纤维束的强度提高，是分子交联的直接结果。鞣制作用的另一显著效应，是能提高皮的收缩温度。

鞣剂必须是一种具有多官能团的活性物质，它的分子结构中至少要含有两个或两个以上的官能团。鞣剂能与胶原结构中两个或两个以上的作用点形成分子间键，同时还能破坏胶原中一部分分子键，以产生出更多的新的分子间交联，从而具有鞣制效应。

2. 化学结构对鞣剂性能的影响

芳烃合成的鞣剂，其鞣性与分子的结构有关，并取决于分子中所含有官能基团的种类、数量、所处位置及连接芳环的桥键的类型。

制革实践证明，鞣剂中的羟基有提高鞣性的作用。

另外，分子的大小对其鞣性也有重要的影响，如一元酚无鞣性，增加羟基成多元酚后，仍然不具有鞣性，即使是含有2个苯环的α-萘酚也无鞣性，而必须通过缩合使分子中的酚羟基增大到一定程度后，化合物方有鞣性。

在有机精细化工品的生产中，常引入磺酸基使产品具有水溶性、表面活性或对纤维的亲和力。为促使合成鞣剂溶于水，也采用此法。但磺酸基在增加合成鞣剂水溶性的同时，却会削弱合成鞣剂的鞣性，且随磺酸基数量的增加这种负面作用更为显著。生产实践表明，磺化时以每3～4个芳烃上有1个磺酸基为宜。

酚羟基与磺基的比值，对化合物的鞣性也有较大影响；酚羟基的相对量越多，化合物的鞣性越好，磺基的位置距离酚羟基越远，或者不在一个苯环上，对酚羟基作用的干扰越小。当然，磺基也是必需的，在增加化合物酚羟基和分子量的基础上，用最小量的磺基使之溶解，其鞣性最佳。

苯环上的甲基和酚羟基的相对位置对合成鞣剂的鞣性能产生一定影响。例如，在一元酚合成鞣剂中，以苯酚缩合制成的鞣剂其鞣性最好，甲酚缩合的次之，二甲酚缩合的最差；在由二元酚合成的鞣剂中，以间苯二酚缩合的鞣剂鞣性最好，邻苯二酚缩合的次之，对苯二酚缩合的鞣剂鞣性最差。

羧基等取代基对合成鞣剂的鞣性也能产生一定影响。鞣制作用的一个显著效应是能提高皮的收缩温度，故可以用收缩温度作为评价鞣制作用的一个重要指标。

合成鞣剂的芳环间桥键的类型，也影响其鞣性和耐光性。如砜桥（—SO$_2$—）和磺酰亚胺（—NH—SO$_2$—）桥键均能增强芳烃合成鞣剂的鞣性和耐光性。芳烃合成鞣剂的分子大小要适当，太小了，仅能和胶原发生单点结合，缺乏鞣性；太大了，又影响合成鞣剂向皮内的渗透。

3. 合成工艺对鞣剂性能的影响

芳烃鞣剂的合成过程主要有缩合和磺化两种单元反应。

芳烃合成鞣剂多以甲醛缩合成亚甲基桥，若以丙酮代替甲醛，则形成另一种桥型键：—CH$_2$—、—C(CH$_3$)$_2$—，后一种桥型键无助于鞣制作用，反会使鞣性减少。

砜桥键（—SO$_2$—）缩合，即由砜桥键把芳烃环连起来，则可增加芳烃酚羟基的鞣性，并且鞣革色泽浅淡。如苯酚以发烟硫酸在100～110℃下磺化，形成苯酚磺酸物，再在180～190℃下加入苯酚进行缩合，所得产物即为砜桥键结构。

$$\text{—OH} + H_2SO_4 \xrightarrow{100\sim110℃} HO_3S\text{—}\text{—OH} + H_2O$$

$$HO_3S\text{—}\text{—OH} + \text{—OH} \xrightarrow{180\sim190℃} HO\text{—}\text{—}SO_2\text{—}\text{—OH} + H_2O$$

在芳烃之间含有磺酰胺桥键（—NH—SO$_2$—）的合成鞣剂，即使分子中无酚羟基，也具有鞣性。因为分子中的磺酰氨基上的氢原子受吸电子能力较大的氧原子的影响，变得活泼，所以磺酰胺桥键上的氢原子和酚羟基一样，具有良好的鞣性。

为了使芳烃合成鞣剂能溶于水，必须在芳环上引入一定数量的亲水性基团。合成鞣剂中引入的亲水性基团主要是磺酸基，但磺化程度越高其鞣性就越低，故应尽量减少磺化程度，只要能使鞣剂溶解就可。磺化时，由于反应条件不同，所得产物的芳环上可能引入单、双或多磺基，在高温条件下，磺基还能转变为砜基。

磺酸基直接连在苯环上时，因苯环能氧化成醌，使鞣剂颜色变深。如以亚硫酸钠及甲醛代替硫酸作磺化剂，则可形成侧链磺化的产物，此种磺化反应称为磺甲基化。磺甲基化可以解决合成鞣剂颜色变深的缺点。磺甲基化反应的温度较低，而且是在水溶液中进行的，缩合与磺化可同时进行。磺甲基化反应如下：

$$\begin{array}{c}OH\\ \text{—}\end{array} + HCHO + Na_2SO_3 \longrightarrow \begin{array}{c}ONa\\ \text{—}CH_2SO_3Na\end{array} + H_2O$$

芳烃合成鞣剂产品中含有磺甲基后，其耐光性虽不及砜键或磺酰胺键好，但比单纯的亚甲基桥键好。磺甲基化除用亚硫酸钠外，也可用亚硫酸氢钠或亚硫酸氢铵。磺甲基化反应适用于苯酚、酚醛清漆、多元酚等类合成鞣剂的制造。

采用先磺化后缩合的合成工艺，生成磺化-缩合型的合成鞣剂，又称为芳烃磺酸缩合物。此合成工艺的特点是每个芳环上都引入了磺基，产品含磺基较多，一般用于辅助性合成鞣剂的生产。

采用先缩合后磺化的合成工艺，生产缩合-磺化型的合成鞣剂，又称为酚醛清漆磺化物。为了提高合成鞣剂的鞣性，还可采用缩合、磺化、再缩合的合成工艺，使分子增大，并含有更多的酚羟基。缩合程度愈大，其鞣性越好，但分子过大，渗透性降低。缩合-磺化与缩合-磺化-缩合的工艺生产的合成鞣剂，磺化程度较小，只磺化30%～50%，即每摩尔酚用0.3～0.5mol硫酸磺化，使最后产品变为可溶的。所以这两种工艺合成的鞣剂中，磺酸基少，酚羟基多，特别是后一种工艺，缩合的酚羟基更多，磺酸基更少，故所得鞣剂具有较好的鞣性与较大的填充性，完全属于代替型的合成鞣剂。

二、芳烃合成鞣剂的主要生产过程

目前所用的合成鞣剂约 80% 为芳烃鞣剂。芳烃合成鞣剂的品种虽多，生产工艺条件的合成单元反应和加工方法却为数不多。主要生产过程分为：磺化反应、缩合（缩聚）反应、中和反应及分离干燥后处理过程。

1. 磺化反应

磺化反应是以浓硫酸、发烟硫酸或氯磺酸作磺化剂，与熔融态的芳烃化合物反应，引入磺酸基。根据磺化反应条件的不同，可以生成芳烃一磺酸、芳烃二磺酸和芳烃多磺酸以及砜型化合物。磺酸基（也称磺基）的引入可以提高产品的溶解度，而砜型化合物的生成，则使原料的分子变大，具有良好的鞣制作用。

影响磺化过程的因素有：磺化剂的性质、浓度和用量，磺化的温度和时间。

应用 Na_2SO_3 代替硫酸作磺化剂并同时和甲醛缩合，可将磺基引入原料酚的侧链中。这样的磺化叫做磺甲基化：

$$\text{OH} + HCHO + Na_2SO_3 \longrightarrow \text{ONa} \quad -CH_2-SO_3Na + H_2O$$

生成的磺酸基位于侧链中。芳香环中含磺基的合成鞣剂，要比磺基位于侧链中的酸性强一些。所以，生产合成鞣剂时，应用磺甲基化比应用硫酸或发烟硫酸磺化的效果好一些。加入甲醛，可使磺化和缩合同时发生。

2. 缩合（缩聚）反应

缩合一般指两个或两个以上分子间通过生成新的碳-碳、碳-杂原子或杂原子-杂原子键，从而形成较大的单一分子的反应。缩合反应往往伴有脱去某一种简单分子如 H_2O、HX、ROH 等现象。两个分子形成碳-碳键的缩合反应，其实就是 C-烷基化反应。醛是反应能力较弱的烷基化剂，适用于活泼芳烃的烷基化，如苯酚、萘类化合物；常用的烷基化催化剂有质子酸，如硫酸、磷酸、盐酸等。

缩合在合成鞣剂的生产过程中是一个重要单元反应，其可以提高合成鞣剂中芳环的数量（最适宜芳环数量，以分子量在 1000 以下为妥）。此时缩合已超出有机合成的范畴，进入高分子合成范围，应称为缩聚。缩聚反应兼有缩合出小分子和聚合成高分子化合物的双重意义，是缩合反应的发展。缩聚反应往往是官能团间的反应。酚类和醛类化合物在酸性或碱性催化剂作用下经缩聚反应可得到具有反应活性的酚醛树脂。

苯酚为 3 官能度单体，甲醛为 2 官能度单体，因此苯酚与甲醛充分反应后可以生成体型结构的高聚物。但皮革厂应用的酚醛树脂鞣剂，是分子量在 1000 以下的线型结构的低聚物，为热塑性树脂。可以根据原料组分比例和缩聚反应的深入程度来控制产物的分子量，应当避免体型结构的生成，以满足鞣制的需要。

在酸性催化剂作用下，醛与酚的摩尔比与缩合树脂的分子量有密切关系，详见表 7-1。

表 7-1　醛与酚摩尔比对酚醛树脂分子量的影响

摩尔比(甲醛/苯酚)	分子中酚环的平均数	近似的分子量
0.5	2	300～350
0.66	3	450～500
0.75	4	600～700
0.80	5	750～900
0.90	10	1500～2000

必须指出，合成鞣剂的分子量太小，鞣皮效果不好；分子量太大，则较难渗透入皮内。为使合成鞣剂能够充分溶于水，需要一定的磺化度，但过度磺化就会降低鞣性。

3. 中和分离过程

磺化后的产物中，含有少量游离酸，若不除去，将对革的质量有不利影响，故应控制鞣剂中不含游离硫酸。中和游离酸时，可应用氢氧化钠、碳酸钠、亚硫酸钠、氨水或氧化镁进行中和。利用中和时生成硫酸钠、硫酸铵或硫酸镁去除游离酸，并使磺酸以钠盐、铵盐或镁盐的形式盐析出来。

中和要使一部分具有鞣性的磺酸转变成没有鞣性的盐类。选用不同的中和剂，生成的磺酸盐的水解程度也不一样。磺酸的钠盐水解时呈中性，磺酸的镁盐水解时呈酸性，因为氢氧化镁是极弱的碱，实际上不溶解，故磺酸的镁盐有鞣性。由于用镁或白云石中和时，要增加不溶物的量，因而限制了它们在生产上的应用。磺化物稀释后用氢氧化钙的悬浮液进行中和，生成的磺酸钙能溶于水，用过滤法除去硫酸钙沉淀后，得到不含有无机盐的磺酸钙溶液。将此溶液再用碳酸钠溶液处理，使磺酸钙盐转变为钠盐：

$$(ArSO_3)_2Ca + Na_2CO_3 \longrightarrow 2ArSO_3Na + CaCO_3$$

再过滤除去碳酸钙沉淀，就得到不含无机盐的磺酸钠溶液，蒸发浓缩成磺酸钠盐固体。

4. 后处理过程

后处理包括用木质素磺酸使树脂分散和清除铁杂质以及盐析、干燥等过程。

若合成鞣剂和植物鞣剂联合鞣革时，铁离子可使革色变黑，故必须除去铁质。其方法是先使溶液酸化，用水稀释，加入质量分数为 10% 的 $K_3Fe(CN)_6$ 溶液，使铁离子成为 $Fe_3[Fe(CN)_6]_2$ 沉淀，过滤即可除去。也可用六偏磷酸铁除去铁离子。

大部分合成鞣剂要用盐析法使之沉淀，或采用浓缩干燥法。个别合成鞣剂，如芳香族碳氢化合物的磺酸不需浓缩，冷却后即成为固体产品。

盐析法比较经济，可以改变鞣剂的品质，但鞣质沉淀不完全，应考虑回收。盐析是先用盐酸使鞣剂酸化，然后添加硫酸铵的饱和溶液使其沉淀，离心分离、冷却，鞣剂即变成容易粉碎的固体物质。

经上述磺化、缩合、中和以及浓缩或干燥后，即可包装成鞣剂产品供皮革厂使用。

5. 生产设备与装置的材质

合成芳烃鞣剂的生产过程，大致可分为磺化、缩合、中和、分离和后处理过程，上述各过程中几乎都遇到酸或碱等强腐蚀性化学品，因此生产设备与装置的材质必须耐腐蚀，同时还要避免铁离子的污染。低温反应器用衬铅的钢材构制可满足生产需要，高温反应器需用衬搪瓷或玻璃的钢材或用不锈钢构制方可。反应器应具有加热或冷却的夹套，有的还需设冷却管。反应器内设置的冷却管应考虑选用防腐蚀的材料构成。

三、芳烃合成鞣剂生产工艺

(一) 苯酚类合成鞣剂

以苯酚及其衍生物与甲醛为原料制成的合成鞣剂通称为酚醛合成鞣剂，它是芳烃合成鞣剂中最重要的一种。苯酚是应用最广泛的原料，有时也用甲酚或甲酚-苯酚的混合物，近年来也有使用多元酚的。酚醛合成鞣剂由于磺化和缩合反应条件不同，可以分为亚甲基桥型、磺甲基型和砜桥型合成鞣剂，它们都属于代替性合成鞣剂，但在性能和应用上各有特点。

酚醛类合成鞣剂的合成原理基本相同，生产上有磺化、缩合、中和与缩合、磺化、中和两种工艺路线。

1. 亚甲基桥型酚醛合成鞣剂

苯酚和甲醛缩合，生成酚醛树脂，它是一种热塑性树脂，其硬度和分子量都取决于甲醛对酚的比率，控制合适摩尔比，可以获得分子量平均为 300～400 的酚醛清漆树脂，但它不溶于水，须加入硫酸磺化后才能在水中分散并用于鞣革。用于鞣制软革时，可以代替一部分植物鞣剂。

合成亚甲基桥型酚醛鞣剂的反应过程，可表示如下：

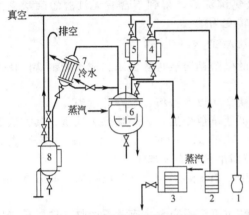

亚甲基桥型酚醛合成鞣剂的工业生产一般是采用缩合磺化的工艺，工艺流程如图7-1所示。

先将原料苯酚330kg熔化后打入反应器中，再加入17kg硫酸作催化剂，开始搅拌并缓缓加热至65℃，然后滴加甲醛200kg进行缩合反应，控制温度不超过90℃，约3～3.5h滴加完毕，升温至90～95℃并保温3h。然后在真空度66.6～79.9kPa下脱水，约3～4h水可脱完。检验脱水是否完全，可取出一些树脂，如不粘手或用双手一拉树脂就完全断裂，说明脱水完全。

脱水后降温到80℃，开始滴加乙酸酐，此时内温应不超过85℃，68kg乙酸酐加完后降温至70℃以下，滴加浓硫酸，控制内温不超过75℃，179kg酸加完后再升温至85℃，保温反应2h，取样检验，如样品溶于水中完全透明，表明磺化完毕，否则要延长磺化反应时间。稀释至要求浓度即得成品。

2. 磺甲基化酚醛合成鞣剂

在有亚硫酸氢钠和亚硫酸钠存在下，使苯酚和甲醛缩合，可以合成磺酸基在侧链上的磺甲基化酚醛合成鞣剂。这种鞣剂的鞣性比磺酸基直接连到苯环上的鞣剂要好，磺甲基化和合成酚醛鞣剂一般有两种工艺，一种是将苯酚、甲醛和亚硫酸同时加入反应器，进行缩合与磺甲基化反应；另一种是先用苯酚与甲醛缩合再加入甲醛和亚硫酸钠进行磺甲基化反应。缩合与磺甲基化同时进行，可简化工序，但碱性介质中缩合反应进行较快，操作中应控制好反应条件，防止生成体型树脂。在酸性条件下缩合，再进行磺甲基化反应，操作工序虽较长，但易于控制，生成线性树脂，鞣剂性能较好。

图7-1 亚甲基桥型酚醛合成鞣剂生产工艺流程

1—硫酸罐；2—甲醛桶；3—苯酚熔化罐；4—甲醛高位计量槽；5—硫酸高位计量槽；6—反应器；7—冷凝器；8—接水槽

一步法生产磺甲基化酚醛合成鞣剂的工艺流程如图7-2所示。启动真空泵，将熔化后苯酚100kg，35％的甲醛85kg，亚硫酸氢钠14kg，亚硫酸钠12kg和水25kg，依次加入反应器内，搅拌30min，缓缓加热至70℃左右。停止加热，内温自动上升至100℃以上，沸腾，保温3h，取样检验，若能溶于水，并用乙酸酸化不变浑浊，再向反应器内加入苯酚30kg，在90～95℃保温30min，然后再加入甲醛21kg，在85～90℃保温20min，降温至50℃左右，用萘磺酸甲醛缩合物中和至pH5～6即可出料。这种合成鞣剂为红棕色黏稠液体，易溶于水，适于制作山羊夹里革，可代替30％的植物鞣剂，能减少沉淀，加速鞣制。

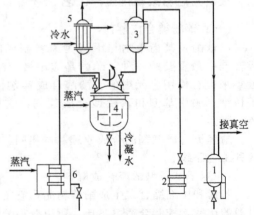

图7-2 磺甲基化酚醛合成鞣剂生产工艺流程

1—真空泵缓冲罐；2—甲醛桶；3—甲醛高位计量槽；4—反应器；5—冷凝器；6—苯酚熔化罐

3. 改进型酚醛合成鞣剂

酚磺酸合成鞣剂不耐光，其主要原因是分子中的亚甲基键不牢固所致。实践证明，在缩合时加入尿素，可使鞣剂有较好的耐光性。生产中可以采用下述方法，先把尿素加入酚磺酸中，而后与甲醛进行缩合反应，如合成鞣剂 ST 即用此生产工艺；或者把尿素与甲醛混合生成二羟甲基脲，再加入酚磺酸中进行缩合反应；也可把固体二羟基脲加入酚磺酸中进行缩合反应。

合成鞣剂 ST 的工业生产一般是采用磺化后加入尿素和甲醛进行缩合成盐的工艺，其反应表示如下：

$$2 \ \text{(对羟基苯磺酸)} + H_2N-C(=O)-NH_2 + 2HCHO \xrightarrow{\text{NaOH}} \text{(产物)} + 4H_2O$$

生产时是先将 560kg 苯酚熔融后打入反应器中，在 40～50℃ 加入浓硫酸 690kg，开动搅拌器，加温至 80～100℃，回流保温 4～5h。用水稀释磺化物，温度降至 56～60℃ 时，把 280kg 尿素和 700kg 甲醛混合后加入反应器内，继续搅拌 6～7h，缩合完成，冷却降温至 50℃ 左右，再将氢氧化钠 340kg 配成质量分数为 20％ 的溶液，慢慢加入，并不断搅拌，约 3h 加完，即得浅茶色胶状产物，适用于浅色鞋面革染色前的复鞣，复鞣后革粒面紧密，并可调整染色液的 pH，具有匀染作用。

（二）砜桥键型合成鞣剂

分子中含有砜桥键（ —SO₂— ）的合成鞣剂，具有和蛋白质反应的能力，并影响邻近的羟基及微弱的酸基，使它们的离解作用提高，故此类鞣剂具有高度的成型和填充性能。

在砜桥键型合成鞣剂生产中最常用的原料是 4,4′-二羟基二苯砜，它可由苯酚在高温时磺化或由酚磺酸和苯酚加热制得。4,4′-二羟基二苯砜是一种白色固体物，几乎不溶于冷水，但可溶于热水和乙醇中，熔点为 249.5℃，耐氧化和还原作用，故制得鞣剂的耐光性能较好。为使二羟基二苯砜成为优质的合成鞣剂，必须使其分子增大，并使其具有水溶性。向二羟基二苯砜中引入磺酸基或使砜和芳磺酸缩合，都能使合成鞣剂具有水溶性。由于向砜的分子上引入磺酸基，要降低所制鞣剂的填充性能，所以生产这类鞣剂时，一般应用甲醛使砜和芳磺酸缩合。

1. 115 号合成鞣剂

115 号合成鞣剂是以苯酚为原料，用浓硫酸在 100℃ 时磺化得对羟基苯磺酸，将后者加热至 145～150℃ 即生成 4,4′-二羟基二苯砜，再将二羟基二苯砜和对羟基苯磺酸和甲醛缩合即得产物，反应如下：

$$\text{(苯酚)}-OH + H_2SO_4 \xrightarrow{100℃} HO_3S-\text{(苯环)}-OH + H_2O$$

$$2 \ HO-\text{(苯环)}-SO_3H \xrightarrow{145～150℃} HO-\text{(苯环)}-SO_2-\text{(苯环)}-OH + H_2O$$

$$HO-\text{(苯环)}-SO_2-\text{(苯环)}-OH + HCHO + HO-\text{(苯环)}-SO_3H \longrightarrow \text{(产物)} + H_2O$$

生产上是先将 600kg 苯酚熔融后抽入反应器中，然后在 3h 左右将 684kg 浓硫酸缓缓加入，内温自动升至 95℃，再加热至 100℃，反应 2h，然后逐渐升温至 150℃ 进行砜反应，保温 3～5h，取样滴入自来水中，若在 15min 内有白色结晶析出，表示成砜完成。最后将反应物的温度降至 45～50℃，开始缩合反应，在 8～9h 内慢慢将 205kg 的甲醛滴入，搅拌，保温 0.5h，在 1h 左右徐徐升温至 98～102℃，保温 2h，冷却，即为成品。115 号合成鞣剂为棕红色黏稠液体，易溶于水，水溶液呈鹅黄色；由于分子中含有多个羟基和砜桥结构，鞣性好，属代替型鞣剂，成革颜色浅淡，并具有良好的耐光性。

2．磺甲基化砜合成鞣剂

将二羟基二苯砜和甲醛、亚硫酸氢钠进行磺甲基化反应，然后用甲醛缩合，可以制成白色或浅色革用合成鞣剂，其化学反应式如下：

$$HO\text{—}\overset{\displaystyle O}{\underset{\displaystyle O}{S}}\text{—}OH + HCHO + NaHSO_3 \longrightarrow HO\text{—}\overset{\displaystyle O}{\underset{\displaystyle O}{S}}\text{—}\overset{CH_2SO_3Na}{\underset{OH}{}}$$

$$HO\text{—}\overset{\displaystyle O}{\underset{\displaystyle O}{S}}\text{—}\overset{CH_2SO_3Na}{\underset{OH}{}} + HCHO \longrightarrow$$

$$NaO_3SH_2C\text{—}\overset{OH}{}\text{—}\overset{\displaystyle O}{\underset{\displaystyle O}{S}}\text{—}CH_2\text{—}\overset{OH}{}\text{—}\overset{\displaystyle O}{\underset{\displaystyle O}{S}}\text{—}\overset{CH_2SO_3Na}{\underset{OH}{}}$$

生产上是以苯酚为原料，采用磺化、成砜、磺甲基化、缩合的工艺，具体方法是先将40kg苯酚熔融后抽入反应器中，开动搅拌器，再将44kg的浓硫酸慢慢加入，在97～100℃下进行磺化反应2h，生成对羟基苯磺酸。然后将温度升至150～155℃，进行成砜反应3h，生成4,4′-二羟基二苯砜。将砜化物放入缩合反应器中，慢慢加入30%的氢氧化钠溶液190kg，控制pH为10～11，降温。向缩合反应器内加入33%的亚硫酸氢钠溶液100kg，使pH在8～9，再滴加35%的甲醛溶液27kg，加完后又升pH10～11，升温至98～110℃，回流缩合反应4h，即得产品。

（三）萘醛类合成鞣剂

1．萘-甲醛合成鞣剂

萘经磺化生成萘磺酸后再与甲醛缩合可得萘醛合成鞣剂，它是一种棕红色的黏稠液体，属辅助性合成鞣剂。它的钠盐是一种扩散剂，主要用作染料的匀染剂和分散剂。

萘-甲醛合成鞣剂的合成原理可用下式表示：

$$\overset{}{\text{萘}} + H_2SO_4 \xrightarrow{160℃} \overset{}{\text{萘}}\text{—}SO_3H + H_2O$$

$$2\overset{}{\text{萘}}\text{—}SO_3H + HCHO \xrightarrow{98～107℃} HO_3S\text{—}\overset{}{\text{萘}}\text{—}CH_2\text{—}\overset{}{\text{萘}}\text{—}SO_3H + H_2O$$

萘-甲醛合成鞣剂的生产工艺流程如图7-3所示。

将200kg精萘粉碎后，从加料口加入到磺化反应器内，并打开反应器夹层蒸汽加热，使反应物料温度升至125℃。将浓硫酸和发烟硫酸混合物共240kg，用真空泵吸入硫酸高位槽内，然后计量加入到磺化反应器内。开动搅拌器，停止加热，内温逐渐上升至160℃，待反应放热终止后再加热。磺化时控制夹层蒸汽压力不超过588.42kPa，物料温度不超过160℃，保持7h，取样3～4滴，溶于250mL水中清澈透明无片状结晶物，说明磺化反应完成。磺化结束后，降温至140～150℃，放入缩合反应器内，并打开夹层的冷却水使物料温度降至110℃，同时用真空泵将84kg甲醛抽入高位计量槽内待用。加水稀释磺化物，当温度降至98℃左右，打开高位槽滴加甲醛，温度控制在107～110℃，加料时间约为3h，然后在此温度下保温3h。反应完成后加入约1倍水

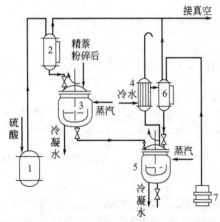

图7-3　萘-甲醛合成鞣剂生产工艺流程
1—配酸槽；2—硫酸高位槽；3—磺化反应器；
4—冷凝器；5—缩合反应器；6—甲醛高位槽；
7—甲醛桶

118

稀释至所要求浓度，降温至 70℃ 出料即得成品。

2. 萘酚-甲醛合成鞣剂

β-萘酚经磺化再与甲醛缩合即得萘酚-甲醛合成鞣剂，实际皮革厂应用的萘酚-甲醛合成鞣剂，一般都是 β-萘酚和部分苯酚混合物与甲醛缩合的产物。该鞣剂属代替性合成鞣剂，外观是一种棕黑色的黏稠状液体，冬天为棕黑色固体，在温水中极易溶解。用它鞣制的皮革有很好的手感和丰满度，粒面具有弹性，而且它具有良好的渗透性，可缩短鞣期，是一种良好的对各种皮革都适用的合成鞣剂。

萘酚-甲醛合成鞣剂的合成原理可表示如下：

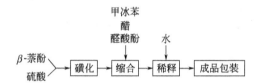

萘酚-甲醛合成鞣剂的生产工艺流程与萘-甲醛合成鞣剂的非常相似，可简单表示如下。

```
                          甲冰苯
                          醛  酸酚     水
                             醋酸
β-萘酚                        ↓         ↓
      →  磺化  →  缩合  →  稀释  →  成品包装
硫酸
```

将硫酸 64kg 与发烟硫酸 63kg，用真空泵吸入磺化反应器，然后加入 150kg β-萘酚。开动搅拌器，打开反应器夹层蒸汽加热升温，温度达到 110～115℃，保持此温度磺化反应 2h。然后取样 0.5mL 滴入 200g 水中，摇动，若没有不溶片状物沉淀，表明磺化结束。磺化后往磺化物中加入 200kg 水，然后将物料放入缩合反应器内。将已按定量苯酚和冰醋酸熔化好的混合液用真空泵也吸入缩合反应器。使物料温度降至 55℃，开始滴加质量分数为 37% 的甲醛 150kg，滴加速度使内温不超过 60℃，在滴加甲醛过程中，若发现物料稠厚应加水防止结块。滴加完甲醛，在 60℃ 保温缩合 3h。然后加水稀释至要求浓度即得成品。

四、脂肪烃合成鞣剂生产工艺

（一）树脂类鞣剂

树脂鞣剂主要分为两大类：一类是氨基树脂，含氮的羟甲基化合物，如羟甲基脲、二羟甲基脲、羟甲基三聚氰胺和甲醛的缩合物；一类是苯乙烯和顺丁烯二酸酐的共聚物以及丙烯酸聚合物。

1. 脲醛树脂鞣剂

脲和甲醛在微碱性或中性介质中，温度 20～35℃ 时，根据它们的摩尔比例的不同，按下式缩合生成一羟甲基脲或二羟甲基脲：

$$H_2N-\underset{\underset{O}{\|}}{C}-NH_2 + HCHO \longrightarrow H_2N-\underset{\underset{O}{\|}}{C}-NH-CH_2OH$$

$$H_2N-\underset{\underset{O}{\|}}{C}-NH_2 + 2HCHO \longrightarrow HOH_2C-NH-\underset{\underset{O}{\|}}{C}-NH-CH_2OH$$

一羟甲基脲和二羟甲基脲的反应性是一样的，在酸性条件下，一羟甲基脲缩聚成线型聚合物，而二羟甲基脲则缩聚成凝胶和体型结构聚合物：

$$n\,H_2N\overset{O}{\overset{\|}{C}}NHCH_2OH \xrightarrow{H^+} H_2N\overset{O}{\overset{\|}{C}}NHCH_2 \left(HN\overset{O}{\overset{\|}{C}}NHCH_2 \right)_{n-2} NH\overset{O}{\overset{\|}{C}}NHCH_2OH + (n-1)H_2O$$

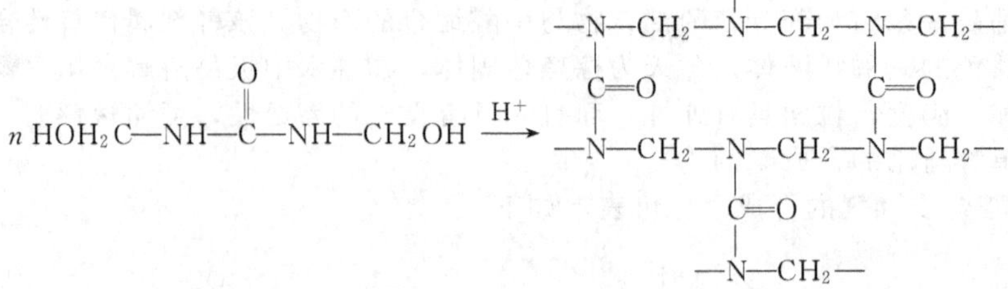

二羟甲基脲的反应性较大，所以，在鞣剂中主要应用它。为了降低二羟甲基脲在鞣制过程中的反应速度，可应用低碳醇如甲醇、乙醇、丙醇等进行醚化，以封闭羟基，使在鞣制过程中醚键逐渐破裂而释放出羟甲基脲。

脲醛树脂鞣革，具有纯白、耐光、耐酸碱等优点；不足之处是吸水快，而且可能产生甲醛，使皮纤维干枯和脆裂，故常和铬盐鞣剂联合应用。

2. 三聚氰胺树脂鞣剂

三聚氰胺在中性或微碱性介质中能与甲醛缩合，根据三聚氰胺和甲醛的摩尔配比、介质的 pH、反应时间和温度等的不同，可以制得由一羟甲基至六羟甲基三聚氰胺的各种衍生物；皮革生产上主要应用三羟甲基三聚氰胺及其醚化产品。三聚氰胺的羟甲基化反应如下：

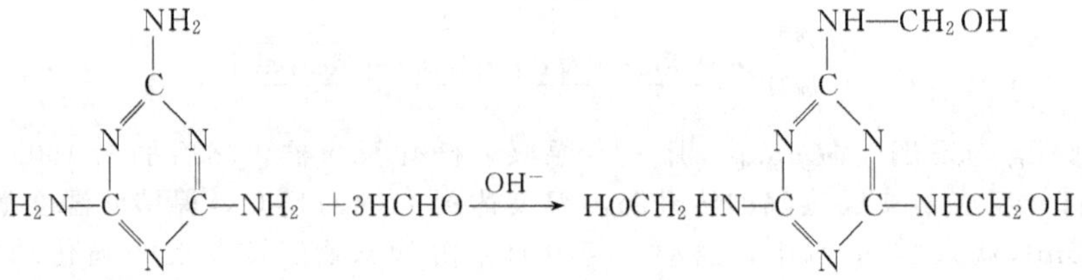

生产这种水溶性良好的鞣剂，三聚氰胺和甲醛的摩尔比最好为 1∶(3～3.5)，控制 pH 为 9.0，加热 20min 左右，随即冷却结晶、分离、干燥，即制得晶体产品。

三羟甲基三聚氰胺树脂鞣制的革，色白、丰满、紧实、耐光，收缩温度达 80～90℃，但由于在缩合过程中要释出甲醛，对成革有不良影响，所以用量宜少，并常和其他鞣剂联合应用。

为了更好地应用羟甲基树脂以及扩大其品种，可以利用许多化合物来封闭其羟甲基而加以改性。例如：

（1）用多元酚、羟基羧酸或羧基磺酸或它们的盐、亚硫酸盐等进行醚化：

$$RNHCH_2—\boxed{OH + H}—OR \longrightarrow RNHCH_2OR + H_2O$$

$$RNHCH_2—\boxed{OH + H}—OCH_2COOH \longrightarrow RNHCH_2OCH_2COOH + H_2O$$

（2）用磺酸盐、氨基羧酸或氨基磺酸或它们的盐处理：

$$RNHCH_2—\boxed{OH + H}—SO_3Na \longrightarrow RNHCH_2SO_3Na + H_2O$$

$$RNHCH_2—\boxed{OH + H}—NHCH_2CH_2SO_3Na \longrightarrow RNHCH_2NHCH_2CH_2SO_3Na + H_2O$$

$$RNHCH_2—\boxed{OH + H}—NHC_6H_4SO_3Na \longrightarrow RNHCH_2NHC_6H_4SO_3Na + H_2O$$

改性产品，特别是含有磺酸基的，具有较大的水溶性，比含羟甲基的树脂更稳定，性能更良好。

3. 氰基胍树脂鞣剂

氰基胍又名双氰胺。1mol 氰基胍和 3.6～5mol 甲醛，在碱性溶液中可缩合成氰基胍树脂鞣剂，缩合反应式如下：

$$NCHN-\overset{\underset{\displaystyle |}{NH}}{C}-NH_2 + HCHO \xrightarrow{OH^-} NCHN-\overset{\underset{\displaystyle |}{NH}}{C}-NH-CH_2OH \xrightarrow[HCHO]{OH^-}$$

$$\left\{\begin{array}{l} NCHN-\overset{\underset{\displaystyle |}{N-CH_2OH}}{C}-NHCH_2OH \\[4ex] NCHN-\overset{\underset{\displaystyle |}{NH}}{C}-NH-CH_2-O-CH_2OH \end{array}\right.$$

生产上可将 1mol 氰基胍和 3.6～5mol 甲醛投入反应器中，在 pH7 以上加热，直到不溶于水的缩合物溶解为止，然后喷雾干燥，可制成氰基胍树脂粉状鞣剂。也可将氰基胍按质量比为 84 份、38% 的甲醛溶液 292 份和硼酸钠＋盐水（可用磷酸三钠、碳酸钠、氢氧化钠代替）1.8 份投入带有回流冷却设备的反应器中，加热回流 4h 可得产品；加热 0.5h 后，缩合物即不溶于水，继续加热后又变为水溶性的氰基胍树脂鞣剂。

氰基胍和甲醛缩合，根据摩尔比例的不同，可能获得阳离子型（1∶4.5）和阴离子型（1∶4.1）树脂鞣剂。氰基胍树脂的填充性能比三聚氰胺和脲甲醛树脂都好。氰基胍甲醛树脂没有显著的鞣性，常和铬盐联合应用。

氰基胍可和三聚氰胺或脲制成混合型树脂，即改性氰基胍树脂鞣剂。例如，将配料比为氰基胍 0.35～0.60mol、甲醛 2.5～4.5mol、三聚氰胺 0.40～0.65mol 和低分子中性芳烃磺酸钠 0.2～0.4mol 的混合物投入反应器中，在 50～100℃ 内缩合反应 0.5～3.0h，使溶液的 pH 不大于 5.5，树脂即沉淀析出，干燥，即得改性氰基胍树脂鞣剂成品，可作为铬鞣的预鞣剂或复鞣剂。

使氰基胍和尿素、甲醛，在甲酸存在下进行缩合反应，可以制成阳离子型树脂，作为铬鞣的预鞣剂；DLT-6 号合成鞣剂即是按氰基胍、尿素、甲醛按 1∶1∶8 的配料比合成的，用作毛皮鞣剂，鞣制毛皮使成品具有皮板轻软、毛白、洁净等优点。

4. 苯乙烯-顺丁烯二酸酐共聚物鞣剂

苯乙烯-顺丁烯二酸酐共聚物的 20%～25% 溶液使用方便，它具有加稠和起沫性能，可用作稠厚剂和乳化剂。苯乙烯-顺丁烯二酸酐共聚物的半钠盐，具有鞣性，可以鞣制白色和有色皮革，常和无机物鞣剂如铬鞣剂联合应用，成革丰满、粒面紧密、颜色浅淡。

苯乙烯和顺丁烯二酸酐可以用本体法或溶液法进行自由基聚合，却不宜用悬浮聚合或乳液聚合，因为在水存在下顺丁烯二酸酐极易水解。苯乙烯和顺丁烯二酸酐共聚反应式如下：

$$m\ \underset{}{\overset{\displaystyle CH=CH_2}{\bigcirc}} + n\ \overset{\displaystyle CH=CH}{\underset{\displaystyle \overset{C}{\underset{O}{\diagdown}}\overset{C}{\underset{O}{\diagup}}}{} \xrightarrow{引发剂} \left[CH-CH_2 \right]_m \left[CH-CH \right]_n$$

生产上多采用溶液聚合工艺，用二甲苯作溶剂，将苯乙烯精制后，按等摩尔比与顺丁烯二酸酐配料，把两种单体投入聚合釜中，加入 0.5% 的过氧化苯甲酰作引发剂，于 70℃ 左右反应，直至生成不溶性共聚物完全析出沉淀为止，分子量 2000～7500 左右，然后过滤晾干。所得共聚物不溶于水也不溶于苯中，但能溶于含氢氧化钠的碱水中，生成可溶性的碱性盐，即苯乙烯-顺丁烯二酸酐共聚物的半钠盐。一般制成 20%～25% 共聚物溶液，即生产上所谓的 KS-1 号合成鞣剂。

5. 丙烯酸树脂鞣剂

将丙烯酸类聚合物制成具有多羟基的水分散体，就可用来鞣革。将甲基丙烯酸、丙烯酸或它们的混合物与磺化油共聚的水溶性树脂鞣剂作为复鞣剂，可赋予革以极好的手感和柔软，粒面很细，耐光性很好。聚丙烯酸的合成，可由单体在水溶液中用过硫酸盐或加还原剂引发聚合：

$$n\ CH_2\!=\!CH \xrightarrow[30\sim90℃]{(NH_4)_2S_2O_8} \underset{COOH}{\underbrace{}}\!\!\!\left[CH_2\!-\!CH\right]_n$$

生产上可采用水溶液聚合法，将单体和水通过计量泵打入聚合反应器中，用过硫酸铵和焦亚硫酸钾作引发剂，其用量均为单体质量的 0.3%，引发剂分两次间隔数分钟后加入聚合反应器内，控制聚合温度在 60℃ 左右，用硫酸氢钠或硫酸调节溶液的 pH 为 6.5～7.0，可得聚丙烯酸钠盐，分子量为 4 万～6 万，易溶于水，配制成含固体量 30% 的水溶液即可应用于鞣革，与铬或铝进行结合鞣，可改善革的外观。

（二）烷基磺酰氯鞣剂

烷基磺酰氯合成鞣剂由石油烷烃经磺酰氯化而制得，外观为微黄透明油状物，不溶于水，因这种鞣剂通常是由 C_{15} 烷烃制备的，且磺酰氯化后更易溶解油脂。因此在使用磺酰氯类鞣剂前一般无需将裸皮预脱脂，而且经它鞣制的革一般对碱类较稳定。

烷基磺酰氯的制备方法和原理是：烃在紫外光的引发下进行磺酰氯化，反应式为：

$$RH+SO_2+Cl_2 \xrightarrow{紫外光} RSO_2Cl+HCl$$

在搅拌条件下通入氯气和二氧化硫，反应温度为 50℃ 左右，此反应放热，故反应器必须具有冷却装置，氯气和二氧化硫的摩尔比约为 1∶1.2，取样测定反应物相对密度约为 0.2（45℃），皂化值为 260mgKOH/g 左右时，即可结束反应。副产物 HCl 可中和吸收除去。

磺酰氯化反应是一种比较复杂的光化学自由基反应，产品中有单磺酰氯、二磺酰氯、多磺酰氯等，其中单磺酰氯为主要产品。我国所制的烷基磺酰鞣剂就是一种由液体石蜡经磺酰氯化制成的。分子式为 RSO_2Cl（R 为 $C_{15}\sim C_{18}$ 烷基）。使用时，一般要和润湿剂、碳酸钠、甲醛等混合使用。

烷基磺酰氯用于鞣制手套革、服装革及其他软革，成革结实色白，容易为多数染料染色，耐肥皂和有机溶剂洗涤。

（三）脂肪醛鞣剂

具有鞣性的醛类物质有多种：甲醛、乙醛、戊二醛、丙烯醛、2-丁烯醛、乙二醛、丙酮醛（CH_3COCHO）、一甘醇双醛、二甘醇醛、呋喃甲醛等。其中以甲醛鞣性最强，而以戊二醛鞣制效果较好，两者都可用于鞣制皮革和毛皮。

1. 戊二醛鞣剂

戊二醛是一种含 5 个碳原子的醛鞣剂。戊二醛是以丙烯醛和乙烯基乙醚为原料，进行加成反应得乙氧基二氢吡喃，通过蒸馏、水解得 25% 的戊二醛水溶液，呈淡黄色透明液体。合成反应如下：

$$CH_2\!=\!CHCH+CH_2\!=\!CHOC_2H_5 \longrightarrow \text{（乙氧基二氢吡喃）} \xrightarrow{+H_2O} HCCH_2CH_2CH_2CH + C_2H_5OH$$

戊二醛有芳香味，性质活泼、易挥发、聚合和氧化。戊二醛鞣性像甲醛，但反应能力较大，可独自鞣革和鞣制毛皮，常作为铬鞣的预鞣剂和复鞣剂，可获得优良的耐洗、耐汗性的成革。

2. 呋喃甲醛鞣剂

呋喃甲醛又名糠醛。纯呋喃甲醛外观为无色液体，在空气中不稳定，在光及酸存在时很快变成黄色或暗红色。呋喃甲醛鞣剂，可单独鞣革，并可省去加油，能提高革防霉性能，用于鞣制面革。

几乎所有的植物都含有戊糖和戊聚糖，将其水解，即得呋喃甲醛，其反应式如下：

$$\underset{戊聚糖}{(C_5H_8O_4)_n} \xrightarrow[nH_2O]{H_2SO_4} \underset{戊糖}{n\ C_5H_{10}O_5}$$

$$C_5H_{10}O_5 \xrightarrow{-3H_2O} \text{（呋喃甲醛结构式）}$$

农副产品和农业废物如玉米芯、麸皮、棉籽皮、花生壳、甘蔗渣等均可用作制取呋喃甲醛的原料，它们的工艺过程相同，现以玉米芯为例，叙述其生产工艺过程。先将玉米芯粉碎至 1～2 cm，再拌入 6%～7% 的稀硫酸，酸液比为 1：0.4。然后在 0.5MPa 下水解，反应时间 5h，再经纯碱中和（pH7.5～8）、旋风分离、冷凝、蒸馏、分层、真空蒸馏而得。生产 1t 呋喃甲醛，约消耗含水约为 20% 的玉米芯 12.5t，93% 的硫酸 0.34t。

呋喃甲醛是一种重要的精细化工中间体，除用作鞣剂外，还可以用作塑料、涂料、增塑剂、医药、农药、香料等的中间体。

五、木质素磺酸鞣剂和木质素磺酸合成鞣剂

为了改进合成鞣剂的性能以及降低成本，在合成鞣剂生产中，广泛应用亚硫酸盐纸浆废液为原料，作皮革鞣剂。因为亚硫酸盐纸浆废液中含有的大量木质素磺酸是鞣革的有效成分。

应用亚硫酸盐法制造纸浆时，有大量的纤维素和木质素的水解物即木质素磺酸及其盐进入溶液中，煮浆后所得的废碱液就叫纸浆废液，其中除主要成分木质素磺酸盐外，还有其他有机和无机盐的杂质，而游离的亚硫酸和钙盐的存在对鞣革不利，常用硫酸、硫酸钠（或铵）、亚硫酸氢盐或碳酸钠等处理除去，即可制得木质素磺酸鞣剂。

这种木质素磺酸鞣剂具有较高的分散力和稳定性，且透入速度较快，常用作分散剂。工业上，常用各种芳香族合成鞣剂对其改性，以获得高性能的代替性合成鞣剂。木质素磺酸与酚醛缩合的鞣剂制备原理如下。

$$\text{木质素—SO}_3\text{H} + \text{（苯酚）} + \text{HCHO} \longrightarrow \text{（酚—CH}_2\text{—木质素—SO}_3\text{H）}$$

在搅拌下将 66kg 木质素磺酸和 200kg 苯酚投入反应釜内，升温到 40℃，在 0.5h 内缓缓加入甲醛溶液 22kg，维持温度在 80℃ 以下反应。亦可加入酚质量的 2%～3% 的浓硫酸（用水稀释）来催化反应。即可得到改性的木质素磺酸鞣剂。

若用砜与木质素磺酸、甲醛缩合，同样可制成下列砜型合成鞣剂。

$$\text{（二羟基二苯砜）} + \text{木质素—SO}_3\text{H} + \text{HCHO} \xrightarrow[-H_2O]{105℃,6h}$$

$$\text{HSO}_3\text{—木质素—CH}_2\text{—（结构）—CH}_2\text{—（结构）—CH}_2\text{—木质素—SO}_3\text{H}$$

其制法是：用苯酚制备二羟基二苯砜，然后将亚硫酸盐法纸浆废液在 110℃ 与其混合，纸浆废液用量为苯酚质量的 385.5%。混合后，冷却至 65℃，再加入甲醛（30%），用量为苯酚量的 38.5%，不断搅拌，升温至 105℃，反应 6h 即成。

这种用二羟基二苯砜、亚硫酸盐纸浆废液及甲醛缩合成的合成鞣剂，为代替型的。鞣性与天然鞣剂相仿，成本较低。在单独使用时，得革率很大，成革坚实，手感丰满，适合制作底革，代替栲胶使用。它的渗透性并不太快，其主要效用是增加革重，而分散植物鞣剂及溶解沉淀的作用均不显著。用它单独鞣革，颜色为浅棕色，成革对光稳定，染色性能良好。

六、无机鞣剂和植物鞣剂

1. 无机鞣剂

很多种无机盐对蛋白质都有或多或少的结合作用，但是有工业价值、可以作为鞣剂使用的无机盐并不多，只有铝、铁、铬、钛、锆等少数几种元素的化合物。

铬鞣剂的制备通常是将六价铬的重铬酸钾盐或钠盐还原成三价铬化合物而得到。因二价和六价铬不具有鞣性，还原剂种类很多，但目前使用得最好最普遍的是糖类，如工业葡萄糖或一般食用糖。在还原反应中还要加些硫酸，其作用是生成碱式硫酸铬和硫酸钾。反应方程式为：

$$K_2Cr_2O_7 + H_2SO_4 + C_6H_{12}O_6 \longrightarrow Cr(OH)SO_4 + K_2SO_4 + CO_2 + H_2O$$

工艺流程如下：

重铬酸钾 → 溶解 →(水) 酸化 →(硫酸) 还原 →(葡萄糖) 静置 → 成品

工艺操作：在一个足够大的耐酸容器中，把重铬酸钾 100kg 用自重 2～3 倍的水溶解，在搅拌下慢慢加入 94kg 浓硫酸（98%）。然后再把事前溶解于自重 20 倍左右的葡萄糖（其量为 $K_2Cr_2O_7$ 的 25%）溶液以细流状慢慢加入，并不断搅拌。最初的反应十分猛烈，温度迅速上升到 100℃左右，溶液沸腾，产生大量的 CO_2 和水蒸气，其中挟带着很多重铬酸溶液的微粒，四处飘溅。因此，为了安全，配制铬鞣剂应在带有自动搅拌装置的密闭设备中进行。随着反应的进行，溶液由橘红色逐渐变为深绿色，反应即告完成，然后放冷，静置数天即得成品。

2. 植物鞣剂

将植物的皮、木，如树皮用水浸提、浓缩、干燥后的物质，主要含有多元酚类化合物，是植物鞣剂的主要成分。现在一般认为多元酚与胶原分子发生氢键结合而完成鞣制过程。这种植物鞣剂一般是制成栲胶后再在制革厂使用，不同植物鞣剂用于鞣制不同的革。一般来说，植物鞣剂适合鞣制底革、重革、装具革等。但其制备方法基本相同：植物（根、皮、叶等）→粉碎→浸提→净化→浓缩→干燥。

这里简介一种利用废树皮、果壳等制备栲胶的方法。将废树皮、果壳等切碎，粒径为小于 0.5cm，装入事先做好的竹篓或麻袋里浸入锅内，可采用多锅循环浸提。水温约为 75～80℃，不断翻搅。浸提浓度一定时即可送入浓缩锅，取样测定浓缩液，其含水量约为 35% 以下，放入干燥器中，于 70～80℃下加热脱水，烘干后，即得含水量为 15% 左右的固体栲胶。成品外观为棕黑色粉状或块状，略带酸性，具有涩味，能溶于水、乙醇、丙酮。

第三节　合成加脂剂生产工艺

皮革加脂是皮革生产中的一个重要环节。皮革通过与加脂剂作用，可使其具有适宜的柔软、丰满、坚韧、防水、抗折、抗磨等特性。这是由于加脂剂能够渗透到皮革胶原纤维之间，起到润滑和增塑的作用，使分子链及链段易于运动。加脂剂种类很多，目前常用的有：

加脂剂 ┬ 天然油脂：鱼油、牛油、牛蹄油、猪油、植物油
　　　　├ 矿物油：机油、石蜡、液体石蜡
　　　　└ 合成加脂剂：合成牛蹄油、烷基磺酰氯、阳离子加脂剂等

其中，合成加脂剂是皮革加脂剂中的主要部分，它有许多优点。

一、氯化石蜡

氯化石蜡又称合成牛蹄油，具有优良的加脂性能，与皮纤维结合力强，所以它广泛应用在各种皮革的加脂。用它处理后的皮革柔软、丰满、不显油腻，具有一定的耐光性，而且可

使皮革的透水性显著降低。

以液体石蜡即 C_{13}～C_{17} 饱和烷烃为原料与氯气在光的作用下进行氯化反应，生成氯化石蜡。反应式如下：

$$RH + Cl_2 \longrightarrow RCl + HCl$$
$$\text{石蜡} \qquad \text{氯化石蜡}$$

氯化石蜡的生产工艺流程如图 7-4。①将石蜡液通过计量槽放入氯化反应器，石蜡放入量是反应器容量的 70%。②开启反应器内日光灯，并通入氯气。调节液氯钢瓶针形阀使汽化器内氯气压力维持在 196.14kPa。打开流量计控制阀，使 Cl_2 保持一定流量，并打开冷却装置，使反应温度控制在 40～60℃。③开动尾气吸收系统抽风机和水流喷射泵，排除反应器内的氯化氢和未反应的氯气，并打开盐酸回收塔的喷淋水，吸收 HCl。④在操作过程中，检查氯化石蜡相对密度及氯含量，当达到所要求的氯含量时，停止通氯，并关闭反应器内冷却水和日光灯。⑤将反应完的氯化石蜡打入脱气塔，脱气 3～4h，除去其含有的氯化氢和未反应的氯气。⑥将经过脱气的氯化石蜡在 100℃ 左右，边搅拌边加入 40% 烧碱液，中和至pH 6～7，出料过滤即得成品。

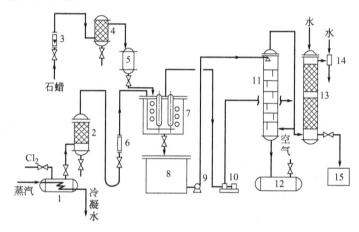

图 7-4　间歇法氯化石蜡生产工艺流程

1—汽化器；2—缓冲干燥器；3,6—流量计；4—石蜡干燥器；5—石蜡计量槽；7—反应器；8—储槽；
9—泵；10—抽风机；11—脱气塔；12—氯化石蜡储槽；13—吸收塔；
14—水流喷射泵；15—盐酸储槽

二、合成脂加脂剂

合成脂是皮革和毛皮工业中广泛采用的另一种比较好的合成加脂剂，它可以用于各种类型的皮革的加脂，加脂以后的皮革，革身柔软，板面丰满有弹性，成品无油腻现象，革的粒面和绒里均有光泽。这种加脂剂还可降低皮革的吸水量，提高皮革的防水性。

合成脂类加脂材料可分为两个品种，一个是合成脂本身，它是一种非水溶性的软蜡状产品，可以与其他天然油脂或代替性合成油混合应用于植鞣底革和结合鞣革的干加油，或与其他磺酸化油脂一起用于铬鞣革乳液加油。另一个产品是直接把合成脂加工成乳化性加脂剂，它使用方便，主要应用于猪皮服装革和山羊皮手套革等柔软轻革的加脂方面。下面以乳化性合成脂加脂剂为例介绍合成脂的制备原理及工艺。

合成脂的制备原理是：①合成脂肪酸与乙二醇在以硫酸为催化剂条件下进行酯化反应。②将酯化后的产物与脂肪酸的皂类和乳化油混合即可得到乳化性合成脂加脂剂。反应方程式如下：

$$2RCOOH + HOCH_2CH_2OH \rightleftharpoons R-COOCH_2CH_2O-CO-R + 2H_2O$$
$$RCOOH + NaOH \longrightarrow RCOONa + H_2O$$

生产工艺流程如图 7-5 所示。

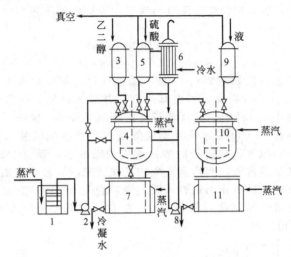

图 7-5　合成脂加脂剂生产工艺流程

1—预热槽；2,8—泵；3—乙二醇高位槽；4—酯化反应器；
5—硫酸高位槽；6—冷凝器；7—合成脂储槽；9—碱液高位槽；
10—皂化反应器；11—加脂剂成品储槽

（1）酯化　将合成脂肪酸放入预热槽中，直接通入蒸汽加热，使合成脂肪酸完全熔化。熔化后的脂肪酸用泵输送到酯化反应器中。利用真空泵将乙二醇和硫酸分别抽入高位槽中，打开酯化反应器夹套的蒸汽加热，使釜内合成脂肪酸升温至 110～130℃，蒸除其中水分后，将硫酸高位槽的硫酸约 2/3 加入反应釜中，开始滴加乙二醇，当滴加至乙二醇约余 1/3 时，再将其余的 1/3 硫酸全部加入反应釜中。这时反应物温度控制在130～135℃，继续反应，伴随着反应有大量的水从分水器中流出，流入水接收槽内。反应一个多小时后，脱出的水分逐渐减少，继续升温至 150～160℃反应，直至脱出的水量大约接近理论出水量，并分析其酸值在 25mgKOH/g 酯以下，反应完成即停止加热。并关闭加热蒸汽而改为通入冷却水，使反应物料降温至 120℃停止搅拌，放入合成脂储槽。

（2）皂化和乳化　将酯化产物从合成脂储槽中用泵打入皂化反应器内（皂化反应器是一个带有搅拌器和加热装置的耐酸搪瓷反应锅），再加入已经熔化的部分合成脂肪酸，其量为合成脂的 23%，开动搅拌器，保温于 80～90℃，由碱液高位槽以细流加入 20%烧碱液，其量为皂化用合成脂肪酸的等物质的量。加碱速度不能太快，如有大量泡沫产生可暂停加碱，避免因加碱过快出现溢锅现象造成危险。维持这样操作直至加完全部碱液，碱液加完后，温度控制在 70～80℃，搅拌 0.5h，加入硫酸化蓖麻油和烷基磺胺乙酸钠乳化剂。加入量各占成品组成的 10% 和 20%。加完后继续搅拌 1h 即得成品。

三、阳离子加脂剂

阳离子加脂剂大部分是由阳离子表面活性剂和代替性油脂或中性油脂所组成，而比较好且应用广泛的阳离子表面活性剂通常为季铵盐，代替性油脂则主要是氯代烃或其他矿物油。下面以主要成分为烷基三甲基氯化铵和氯化石蜡的加脂剂为例说明阳离子型加脂剂的性能和制备工艺。

该加脂剂是氯化石蜡和烷基三甲基氯化铵组成的混合物，是由液体石蜡、液氯、三甲胺等合成而来的，反应式为：

$$RH + Cl_2 \longrightarrow RCl + HCl$$
$$RCl + N(CH_3)_3 \longrightarrow [RN(CH_3)_3]^+ Cl^-$$

烷基三甲基氯化铵和氯化石蜡加脂剂的生产工艺流程如图 7-6。

126

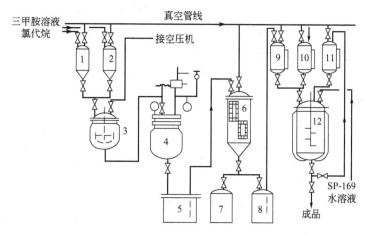

图 7-6 阳离子加脂剂生产工艺流程

1—氯代烷高位计量槽；2—三甲胺溶液高位计量槽；3—混合罐；4—高压反应釜；5—反应物储槽；
6—分层器；7—废水储槽；8—阳离子液储槽；9—阳离子液高位计量槽；
10—氯化液蜡高位计量槽；11—油相物料高位槽；12—成品配制罐

（1）季铵盐的制备　将 11kg 氯化石蜡和 14kg 三甲胺溶液（30%）在混合罐中搅拌 5min，然后将混合后的物料打入高压反应釜，加热，控制反应温度为 240℃±5℃，反应釜表压3.14～3.54MPa，反应 3h，停止加热，当压力表压力为零时，将物料放入分离器静置分层至物料透明为止。取上层液得烷基三甲基氯化铵 105kg（含量 30% 以上为合格）。

（2）阳离子加脂剂的配制　将上述制得的上层液体 20kg（合格品）放入配制罐中，在搅拌下将 80kg 氯化石蜡分批加入混合，继续搅拌 30min 制成油相。再将 40kg 30～40℃的水和 10kg 破乳剂 SP-169 加入另一配制罐中搅拌至完全溶解，制成水相。然后将油相在搅拌下缓缓加入水相中，搅拌 30min 得白色黏稠乳液即为成品。

第四节　涂饰剂合成工艺

经过鞣制、染色、加脂、干燥以后的皮革，除少数新产品，如绒面革、劳保手套革、底革等不需要涂饰外，大多数产品，如正面革、修饰面革、苯胺革、美术革等必须进行涂饰。

皮革涂饰的目的是：①增加皮革的美观和提高皮革的耐用性能。未经涂饰的革，粒面粗糙，缺乏光泽，颜色不鲜艳；经涂饰后，革面光滑，有光泽，颜色鲜艳且均匀一致，更加美观。另外，皮革经过涂饰后，在其表面形成了一些保护性涂层，这层涂层具有耐热、耐寒、耐水、耐有机溶剂、耐干湿擦、耐碰擦等各种优良性能。所以涂饰后的成品不易沾污，即使沾污，也容易擦掉，便于保养。②修正皮革表面上的缺陷，使次皮能够做成好革，从而提高皮革的使用价值和扩大皮革的使用范围。③采用各种涂饰剂和不同的涂饰方法，把皮革制成各种颜色的革，从而增加成革花色品种。可见皮革涂饰在皮革制造过程中是一个非常重要的程序，皮革涂饰质量的好坏，对面革质量，特别是对其外观质量影响很大。在涂饰过程中使用的对皮革起着修饰、美化作用的化学品称为皮革涂饰剂。

皮革的涂饰一般由三层组成，即底涂层、颜料层和光亮层。底涂层必须非常柔软，能够不太深地渗入革面内，有牢固的黏着能力，同时又能保持皮革粒面原有的柔软性和弹性。颜料层要求具有一定的弹性和耐磨性。光亮层要求手感优良，光泽柔和，耐磨、耐热、耐鞋油并具有弹性。

涂饰剂的主要成分为成膜剂和颜料。颜料的功用是着色和遮盖皮革表面。成膜剂的功用是将颜料固定于表面。根据涂饰剂中成膜剂的不同，常用的涂饰剂主要有以下几类：

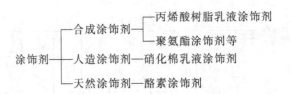

```
                          ┌─丙烯酸树脂乳液涂饰剂
          ┌─合成涂饰剂────┤
          │               └─聚氨酯涂饰剂等
涂饰剂────┼─人造涂饰剂─硝化棉乳液涂饰剂
          └─天然涂饰剂─酪素涂饰剂
```

一、成膜剂合成工艺

　　成膜剂也可称为黏合剂，它是皮革涂饰剂的主体，是天然或合成的高分子物质。例如乳酪素、硝化纤维、丙烯酸树脂及聚氨酯等，它的主要作用是在皮革表面形成均匀透明的薄膜。这种薄膜不但自身可以和皮革牢固地黏着，并且还可将皮革涂饰剂的其他组分同时固着在皮革表面，所以成膜剂也可以看作一种黏合剂。

　　成膜剂所成之膜必须具有一定的弹性、延伸性、光泽、透气性和物理机械强度，还应有一定的耐热性，热时不发黏，冷时不脆裂，不易老化变质等性质。不同涂饰剂中的成膜剂性能差异甚大，而同一成膜剂亦可因加入其他物质改性而表现出不同性能。

1. 乳酪素成膜剂

　　乳酪素又称干酪素，普遍存在于动物乳中，牛乳中约含 3%。它是一种高分子磷蛋白质，其化学构成大致可用下式表示：$C_{170}H_{268}N_{42}PSO_{51}$，其分子量约 75000～375000。工业用乳酪素主要来源于脱脂牛乳。将脱脂牛乳加热至 35℃ 时加入稀盐酸或稀硫酸，调节 pH 至 4.60 左右，则乳酪素可以完全沉淀；然后压去水分，烘干，磨成粉状，呈淡黄色细粒或粉末，即为工业用乳酪素。乳酪素并不具有好的成膜性，实际上只是形成凝胶，而且凝胶较脆硬，因此在涂饰应用时，常加入硫酸化蓖麻油、甘油等增塑剂，使之成膜柔软。为了从根本上克服乳酪素凝胶的脆性，近来采用改性物质来改变乳酪素的分子结构，所用的改性剂主要是丙烯酸酯或己内酰胺等。

2. 丙烯酸树脂乳液成膜剂

　　丙烯酸树脂是以丙烯酸单体为主的高分子聚合物，系由多种丙烯酸酯的单体经乳液共聚而成的。涂饰用的丙烯酸树脂，外观为白色乳液，它的特点是粒子细、黏着力强、具有良好的成膜性能。同时，形成的薄膜透明、柔韧、富有弹性。用它涂饰皮革，其涂层耐光、耐老化、耐干湿擦性能优于乳酪素涂饰剂；而透气性、透水性则优于硝化纤维和聚氨酯涂饰剂。所以，是目前正面革涂饰的主要成膜物质。

　　（1）聚丙烯酸酯乳液成膜剂　聚丙烯酸酯乳液是由单体的自由基型加成聚合反应完成的，一般由链引发、链增长和链终止等基元反应组成。此外，还可能伴有链转移反应。

　　乳液聚合是液态的乙烯基单体或二烯烃单体在乳化剂存在下分散于水中成为乳状液，此时是液-液乳化体系；然后在引发剂分散生成的自由基作用下，液态单体逐渐发生聚合反应，最后生成了固态的高聚物分散于水中的乳状液，此时转变为固-液乳化体系。这种固体微粒的粒径在 1μm 以下，静置时不会沉降析出。

　　在丙烯酸乳液聚合中，常采用的单体有丙烯酸甲酯、丙烯酸丁酯等；工业上采用的乳化剂多数是 C_{12}～C_{18} 烷基的硫酸盐、磺酸盐或脂肪酸盐，如十二醇硫酸钠等。

　　在乳液聚合过程中，乳化剂的用量与其分子量、单体用量、要求生产的胶乳粒子的粒径大小等因素有关。增加乳化剂用量，反应速率加快，但回收反应单体时，容易产生大量泡沫而使操作发生困难。因此，一般用量为单体质量的 5% 以下。丙烯酸酯乳液聚合的聚合引发中心主要在水相中，因此要求使用水溶性的引发剂如过硫酸铵、过硫酸钾等。作为涂饰用的丙烯酸酯乳液，其乳液聚合配料可参考表 7-2。

表 7-2　聚丙烯酸酯乳液成膜剂配料质量比

树脂品种	Ⅰ	Ⅱ	Ⅲ	树脂品种	Ⅰ	Ⅱ	Ⅲ
丙烯酸甲酯	50	50	60	十二醇硫酸钠	1	1	1
丙烯酸丁酯	50	50	30	过硫酸钾	0.075	0.079	0.2
丙烯酸	—	—	2	渗透剂 JFC	—	2	—
丙烯腈	—	—	8	去离子水	配成总固体含量（质量分数）为 40% 的乳液		

丙烯酸丁酯-丙烯酸甲酯共聚物乳液成膜剂的生产工艺流程如图 7-7 所示。①将乳化剂十二烷基硫酸钠和引发剂过硫酸钾分别用少量蒸馏水溶解备用。②将丙烯酸甲酯和丙烯酸丁酯分别用真空泵抽入各自的洗涤槽中，并加入等量的质量分数为 1% 的氢氧化钠水溶液，搅拌数分钟后静置 2h，分去下层水溶液，上层单体再用蒸馏水洗涤一次。③将洗涤好的两种单体、乳化剂和蒸馏水依次抽入乳化器中。搅拌，在室温下乳化 40min。④乳化完毕，将乳化器中的物料抽至聚合反应釜中，开始加热升温。内温达 55℃，将过硫酸钾水溶液抽至引发剂高位槽，开始滴加引发剂，于 20min 内加入全量的 3/5。在 78℃ 以下进行聚合反应。⑤反应放热，温度上升，此时可用夹套冷却水调节反应温度在 88～90℃。放热结束后，当内温降至 85℃ 时在 5～10min 内加完剩余的 2/5 的过硫酸钾溶液。并在 85℃±0.5℃ 保温反应 1.5～2h。⑥保温结束后，打开真空泵使反应釜真空度控制在 46.66～53.33kPa，抽游离单体 30min。冷却至 45～55℃，用氨水调节至 pH4～5。取样分析，然后放料过滤，校正总固体含量后包装。

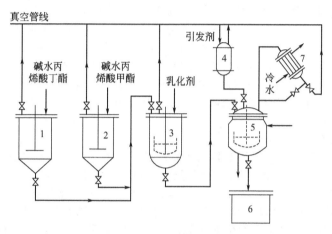

图 7-7 丙烯酸丁酯-丙烯酸甲酯共聚物生产工艺流程

1—丙烯酸丁酯洗涤罐；2—丙烯酸甲酯洗涤罐；3—乳化罐；
4—引发剂高位槽；5—聚合反应釜；6—成品储槽；7—冷凝器

（2）改性丙烯酸树脂成膜剂 对丙烯酸树脂的改性，主要目的在于克服它"冷脆热黏"、不耐有机溶剂的缺点，以改善涂层的性能。丙烯酸树脂的改性途径有如下两种：①共聚法改性，其一为使用增塑剂（挥发性小的低分子）增加链段的润滑性，并使某些组分优先溶剂化，从而改进薄膜性能；二是选择不同性质的单体，调整比例，进行共聚，以获得成膜性能软硬符合要求的高聚物。这种改性，前者为外增塑，后者为内增塑。②交联法改性，此法系借交联剂的作用，使线型高聚物的分子链之间形成体型交联，降低其对温度的敏感性，或提高抗溶剂性能。实践表明，交联法改性效果更佳。

在丙烯酸树脂的交联改性过程中，所用的含有两个以上官能团的化合物，称为改性剂。改性剂对丙烯酸树脂薄膜性能有较大影响，故选择适宜的改性剂尤为重要。实践表明，用甲醛-丙烯酰胺为改性剂的效果较为理想，改性后的树脂薄膜"冷脆热黏"性能获得明显改善，其脆裂温度在 −20℃ 以下，90℃ 熨平不粘板。例如，皮革厂应用的 FX-1 丙烯酸树脂乳液，就是甲醛-丙烯酰胺改性丙烯酸酯共聚物，其乳液稳定性好，涂层具有高强度、耐温达 −30～40℃ 之特点。

3. 聚氨酯乳液成膜剂

聚氨酯是一种新兴的涂饰材料，系皮革涂饰剂的成膜材料，兼有光泽剂的功能。聚氨酯所成薄膜柔软平滑、光泽宜人，并且有耐摩擦、耐曲折、耐老化、耐热、耐寒及抗溶剂等优良性能，是制革工业用于革面涂饰的理想涂饰成膜材料之一，其缺点是透气性较差，成本较高。

聚氨酯是聚氨基甲酸酯的简称，是由二元或多元异氰酸与二元或多元羟基化合物作用而成的高分子化合物的总称。在其分子结构中含有氨酯键（—NHCO—O—）。除此以外，还含有其他键，如醚键、酯键、脲键、脲基甲酸酯键、油脂的不饱和双键等。

制造聚氨酯所采用的二异氰酸酯主要有甲苯二异氰酸酯（TDI）、二苯基甲烷二异氰酸酯（MDI）和己二异氰酸酯（HDI）三种。主要的二元或多元羟基化合物有聚酯型和聚醚型两大类。异氰酸酯与聚酯或聚醚反应即生成聚氨酯，反应通式可表示如下：

$$nHO—R—OH + nO=C=N—R'—N=C=O \longrightarrow (O—R—CO—NH—R'—NH—CO)_n$$

聚酯或聚醚   异氰酸酯   聚氨酯

聚氨酯成膜剂按其水溶性可分为溶于水的乳液型聚氨酯和不溶于水的溶剂型聚氨酯两种。二者所形成的膜都具有优良的黏结性、弹性、柔软性、光滑性和耐磨耐久性。但乳液型除了具有溶剂型聚氨酯的优异性外，还由于用水代替溶剂，把聚氨酯分散于水中，制成水乳液，具有价格便宜、使用简单、操作安全、减少污染等优点，因而近年来发展非常迅速。

聚氨酯乳液的制备分为两大类，一类是利用乳化剂和乳化技术，把聚氨酯分散于水中形成乳液的外乳化法。使用这种方法必须注意选择适合的乳化剂，采用强有力的机械分散法，在聚氨酯分子中不应含有游离的NCO基，以免它与水分子反应导致乳液不稳定。另一种方法是采用能同聚氨酯预聚体的NCO基发生反应，且带有成盐亲水基团的物质与预聚体反应生成一种亲水的"聚氨酯盐"，这种盐再借机械作用而形成乳液。这种方法称为内乳化法。这两种类型的乳液又都可以分别制成阳离子、阴离子和非离子型。目前，聚氨酯乳液成膜剂通常采用内乳化法制备。

（1）聚氨酯乳液反应原理

PU-Ⅰ型聚氨酯乳液是阴离子型乳液成膜产品。阴离子型乳液比阳离子型乳液对电解的稳定性好，与颜料的相容性也较大，特别适合于皮革工业用的成膜剂。PU-Ⅰ型乳液是以己二酸、乙二醇线型聚酯和己二酸、一缩二乙二醇、甘油支化聚酯，同甲苯二异氰酸酯（TDI）反应生成预聚体，再以一缩二乙二醇为扩链剂，以酒石酸为成盐亲水组分，三乙胺为中和剂制成的水乳液。PU-Ⅰ型聚氨酯乳液是由不同分子量和不同结构的聚合物组成的混合物。其反应原理如下。

在羟基化合物的组成中使用了支化聚酯、线型聚酯和扩链剂一缩二乙二醇，支化聚酯含有少量甘油的组分（甘油：己二酸的摩尔比为1：24），该组分中的三官能团能提高成膜的耐水、耐热和拉伸强度，但成膜能力差。线型聚酯的成膜能力好，但成膜强度低、弹性差。扩链剂组分对聚酯来说链段较短，因此扩链组分增加到一定程度时影响成膜能力，但对提高膜的机械强度有好处。采用这三种羟基化合物可取长补短，达到预期效果。乳液生产过程中—NCO与—OH之比应相等，但在实际上，—NCO基稍微过量，主要因为引进成盐的亲水组分原料中的水分会消耗—NCO基。反应物中的—COOH含量一般控制在质量分数为2.5%左右，因—COOH含量过高会使乳液的亲水性增强，稳定性增高，但成膜的耐水解性能下降。

$$HO—R—OH + OCN—R—NCO \xrightarrow[\text{（扩链）}]{HOCH_2CH_2OCH_2CH_2OH} —R\sim\sim R\sim\sim R\sim\sim R—$$

$$\xrightarrow{\begin{array}{c}HO—CHCOOH\\HO—CHCOOH\end{array}} —R\sim\sim R\sim\sim \overset{H}{\underset{HOOC}{C}}—\overset{H}{\underset{COOH}{C}}\sim\sim R\sim\sim R— \xrightarrow[\text{（中和）}]{N(CH_2CH_3)_3}$$

$$—R\sim R\sim\sim \overset{H}{\underset{[(CH_3CH_2)_3HN]OOC}{C}}—\overset{H}{\underset{COO[NH(CH_2CH_3)_3]}{C}}\sim\sim R\sim\sim R— \xrightarrow{H_2O} \text{PU-I型聚氨酯乳液}$$

由于PU-Ⅰ型聚氨酯乳液是含有少量支化结构的线型高分子化合物，在大分子链中引进了成盐基团，依靠这种成盐基团的亲水性可以很容易地在水中分散成乳液。但成膜后这种亲水基团如未被破坏，会使成膜的耐水解性较差，故要提高膜的耐水解性，必须使其发生化学交联形成网状结构。因此除乳液本身含有的三官能团羟基以及游离—NCO 基与水反应产生交联外，在乳液涂膜过程中还可采用甲醛溶液进行交联。

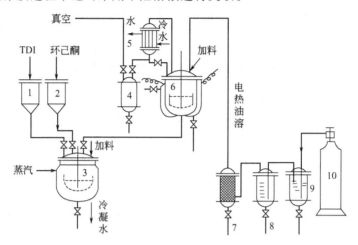

图 7-8　聚氨酯乳液生产工艺流程

1—TDI 高位槽；2—环己酮高位槽；3—聚氨酯反应釜；4—接收器；5—冷凝器；6—聚酯反应釜；

7—氯化钙过滤器；8—碱性没食子酸储罐；9—硫酸铜溶液储罐；10—氮气钢瓶

（2）PU-Ⅰ型聚氨酯乳液成膜剂生产工艺　将羟值为 62mgKOH/g、酸值<1mgKOH/g 的线型聚酯二元醇 13.9kg 与羟值为 60.4mgKOH/g、酸值<1mgKOH/g 的支化聚酯（三元醇）7.22kg，加入聚合反应器中，搅拌升温，物料熔化后开始反应。当反应温度升至 120℃ 时，在真空度为 8.0～13.3kPa 条件下开始脱水，脱水 0.5h。然后降温至60℃时缓缓加入甲苯二异氰酸酯（TDI），控制反应温度不超过 100℃。从加完 TDI 开始计算保温时间，在 80℃下保温反应 1h，制成含游离异氰酸酯基的预聚物。在预聚物中添加扩链剂—缩二乙二醇 1.655kg，继续保温 80℃反应 3h。将扩链后的预聚物降温至 50℃，然后加入由 1.473kg 酒石酸与 39kg 丙酮组成的酒石酸丙酮溶液，升温至 55～60℃，回流保温 1h，然后用 65kg 丙酮稀释，将溶液冷却至室温，慢慢加入由 1.014kg 三乙胺与 7.8kg 丙酮组成的三乙胺丙酮溶液，搅拌均匀后放入乳化器中。于室温下，以 400～500r/min 的速度进行搅拌，缓慢加入蒸馏水，开始时树脂透明，然后变成白色糊状物，加水到一定程度后开始变稀，最后制成乳状液。将此液体放入蒸馏釜中，搅拌，当温度升至 55～60℃时，开始抽真空，控制真空度为 54.65～61.32kPa，蒸出丙酮，蒸馏时间大约为 1.5h。最后测 pH，合格后出料包装（工艺流程参见图 7-8）。该乳液产品外观为白色，含固体 25%，黏度为 0.005～0.006Pa·s（25℃），pH 为 7～8，储存稳定，可达半年以上。用于皮革涂饰，涂层具有耐寒、耐热、耐溶剂、耐干湿擦等性能，而且手感、光泽均好。

二、制革专用涂饰剂

1. 改性丙烯酸树脂涂饰剂

丙烯酸树脂系改性剂与多种丙烯酸酯单体，经乳化共聚而成的高分子化合物。产品因共聚单体、改性剂和配料比的不同而异。改性原理如前所述。

（1）原材料配比　改性丙烯酸树脂的配料（质量份），列出三例，参见表 7-3。

（2）生产工艺　采用乳液聚合滴加工艺，单体和改性剂同时滴加，聚合温度控制在 85℃±3℃，滴加时间 3～3.5h，保温反应 2h。

（3）改性丙烯酸树脂涂饰剂产品质量指标　改性丙烯酸树脂涂饰剂产品质量指标参见表 7-4。

表 7-3 改性丙烯酸树脂涂饰剂的原料配料(质量份)

原 料	I	II	III	原 料	I	II	III
丙烯酸丁酯	75	75	73	甲醛	5	5	2.8
丙烯酸甲酯	25	—	—	十二烷基硫酸钠	1.4	1.4	1
丙烯腈	—	25	23	过硫酸铵(钾)	0.19	0.19	0.3
丙烯酸(100%计)	1～5	1～5	1	蒸馏水	230	230	150
丙烯酰胺	3～8	3～8	3				

表 7-4 改性丙烯酸树脂涂饰剂产品质量指标

型 号	J1-2	J1-3	B_N
产地	北京	北京	上海
外观	白色乳液(带黄光)		白色乳液
固含量/%	30	30	＞38
pH	3～4	3～4	6.5～7.0
未反应单体/%	＜2	＜3	＜3
薄膜溶胀度(丙酮)	65～80/40	65～75/40	
薄膜耐热耐寒性/℃	＜－30	＜－25	－20～40
放置稳定性/月	＞6	＞6	9

2. 改性硝化纤维涂饰剂

硝化纤维即硝酸纤维,系由纤维经硝酸与硫酸的混合物酯化而成,一般称为硝化棉。硝化纤维是涂饰剂的成膜物质。目前,硝化纤维涂饰剂已发展成为皮革修饰工艺中的重要组成部分。

皮革涂饰用的硝化纤维涂饰剂主要是乳液型的,一般用于光亮层涂饰,所以多属有光泽不着色的。以醇酸树脂改性的硝化纤维涂饰剂,成膜薄而光亮,耐寒、耐折、耐干湿擦,可作为猪、牛、羊面革的光亮剂用。与丙烯酸树脂蛋白的光亮剂比较,可更显著改善成革光泽、手感滑爽、表面细致,可取代乳酪素清光涂饰,省去固定剂。

乳液型涂饰剂,根据乳化组分和方式可分成 O/W 和 W/O 型两类。常用硝化纤维、增塑剂、溶剂及稀释剂;水相组分为水、乳化剂、稳定剂。

(1) 原料配比 以光亮剂 EHG 为例,改性硝化纤维素涂饰剂的原料配料,可参见表 7-5。光亮剂 EHG 是经醇酸树脂改性的硝化纤维乳液,属 O/W 型。

表 7-5 改性硝化纤维素乳液(光亮剂 EHG)的配料

水相材料	质 量 份	油相材料[①]	质 量 份
蒸馏水	30	硝化纤维	12.5
渗透剂 T	0.5	醇酸树脂(349#)	11
吐温-80	2	醇酸树脂(3139#)	15
		邻苯二甲酸二辛酯	1
		磷酸三苯酯	3
		硬脂酸丁酯	0.2
		醋酸苄酯	42
		醋酸丁酯	73
		甲苯	15
		单硬脂酸甘油酯	0.1
		斯盘-80	0.15

① 醇酸树脂 349# 系蓖麻油改性醇酸树脂;醇酸树脂 3139# 系松香蓖麻油改性醇酸树脂。

(2) 生产工艺

① 油相配制 首先将已测定含醇量并折算至干基的硝化纤维及醇酸树脂、邻苯二甲酸二辛酯、硬脂酸丁酯、斯盘-80 溶解在醋酸丁酯内,待其基本溶解,加入已经加热熔融的磷酸三苯酯及单硬脂酸甘油酯,然后加入醋酸苄酯及甲苯,将混合物抽入反应器中,加热至

25～30℃，搅拌溶解 3～4h，放置 24h，油相应透明澄清，测定其黏度为0.072Pa·s。

② 水相配制　将吐温-80、渗透剂 T 溶于蒸馏水中，配成水相，抽入乳化器，加热至 40～50℃，搅拌 1h，冷却至室温。

③ 改性硝化纤维涂饰剂的生产：将配制好的油相抽入高位槽内，水相抽入滴加反应器内，在200r/min 条件下边搅拌边滴加油相，控制温度在 25～30℃之间，控制滴加速度以生产 100kg 乳液滴加 1～1.5h 为宜，滴加完毕，继续乳化 1h，然后过滤，经强力粉碎 5～10min 后出料即为产品。

④ 影响产品质量的因素　硝化纤维应选择低黏度为宜，生产成的乳液含固量高，成膜丰满性、光泽度均好，唯弹性、延伸性稍差，则可选用丙烯酸甲酯、聚氨酯、醇酸树脂、乙基纤维等改性材料进行改性。乳化剂的乳化性能应良好，以非离子型乳化剂为宜，乳化类型以 O/W 为宜，油相：水相＝17：8，生产时以油相滴入水相并不断搅拌的乳化操作方法为宜。稳定剂的作用是作为乳液的保护胶体，使之稳定，水相稳定以长碳链烷基纤维素醚的效果较好，一般乳酪素、聚乙烯醇、羧甲基纤维素、甲基纤维素均可使用。

（3）改性硝化纤维素涂饰剂产品质量指标　改性硝化纤维素涂饰剂产品质量指标可参见表 7-6。

表 7-6　改性硝化纤维素涂饰剂产品质量指标

指　标	光亮剂 EHG（上海产品）	硝化棉乳液（天津产品）	指　标	光亮剂 EHG（上海产品）	硝化棉乳液（天津产品）
固含量/%	15～16	20±1	燃点/℃	38～40	38～40
相对密度（25℃）	0.975～0.985	1	黏度/Pa·s	0.054	—
pH	3～3.3	5～5.6	外观	白色乳状液	白色乳状液
闪点/℃	28～30	28～30	储放稳定性	6 个月以上	6 个月以上

>>> **习 题**

1. 什么叫皮革化学品？

2. 皮革化学品分哪几类？

3. 鞣剂分哪些类别？

4. 芳烃合成鞣剂的主要生产过程是什么？

5. 简述磺甲基化酚醛合成鞣剂生产工艺流程。

6. 简述磺甲基化砜合成鞣剂生产过程。

7. 简述萘醛类合成鞣剂生产工艺流程。

8. 简述萘酚-甲醛合成鞣剂生产工艺流程。

9. 简述植物鞣剂制备方法。

10. 简述合成加脂剂生产工艺流程。

11. 简述阳离子加脂剂生产工艺流程。

12. 皮革涂饰剂主要由哪些成分组成？

13. 简述丙烯酸丁酯-丙烯酸甲酯共聚物乳液成膜剂的生产工艺流程。

14. 简述改性丙烯酸树脂成膜剂的改性途径。

15. 简述聚氨酯乳液生产工艺流程。

第八章　石油化学品

石油是一类非常重要的能源，广泛用作动力燃料，属于战略性物资，同时又是石油化工产品的基础原料，用于生产各种化学品。

石油生产和油品消费不仅要用到大宗的通用化学品，还需要多种多样的添加剂。用来改进和完善石油生产、提高采油率、充分利用油品的热力学性能和动力性能，小批量、多品种、高附加价值的精细化学品，统称为石油化学品。

石油化学品涉及面很广，包括钻井、采油气、油气集输、炼油和油品应用等各方面所用到的化学品，按其应用对象可分为油田化学品、石油炼制化学品和石油产品用化学品。油田化学品指在原油和天然气的钻探采输、水质处理及提高采收率过程中所用的一大类化学品。油田化学品按油田施工工艺又可分为：钻井泥浆处理剂、固井水泥添加剂、油气开采添加剂、油气集输添加剂、油田水处理剂和提高采收率添加剂等六类。石油炼制化学品按其在炼制过程中所起的作用，可分为催化剂类、溶剂和其他化学品。石油产品用化学品，又称石油产品添加剂，它是一类能显著改进石油产品某些特性的化学品，通常按其主要用途分为：润滑油添加剂、润滑脂添加剂、石油燃料添加剂、石油沥青和石油蜡的添加剂等四大类。

第一节　油田化学品

油田化学品是解决油田钻井、固井、注水，提高采收率及集输等过程中化学问题时所使用的助剂，随着石油天然气工业的迅速发展，对油田化学品的需求量也越来越大。油田化学品品种繁多，大部分属于水溶性聚合物和表面活性剂等有机化合物。

一、钻井泥浆处理剂

石油和天然气开采的第一步就是钻井，在钻井中钻浆起着非常重要的作用。为了保持钻浆各项性能的优良稳定，以适应钻井工作的需要，须向各类钻浆中加入处理剂（添加剂），尤其是在复杂地层（如坍塌层、盐膏层）进行深钻或水平钻时，需要各种各样的处理剂。市场泥浆处理剂的牌号多达 2520 种，实际上其中所含的化学品大约为 $100 \sim 200$ 种，按用途还可分为 10 多类，如增黏剂、降失水剂、腐蚀抑制剂、稀释分散剂、堵漏剂、乳化剂、页岩控制剂、杀菌剂、消泡剂、絮凝剂、起泡剂、润滑剂、表面活性剂等。

泥浆处理剂分成无机处理剂、有机高分子处理剂和表面活性剂三大类。

（一）有机泥浆处理剂

有机泥浆处理剂大多是水溶性高分子，对黏土悬浮体都有不同程度的护胶稳定作用。从其来源和发展上看，也可分为天然高分子及其加工产品和合成高分子两大类。前者来源广、成本低，目前使用也较广泛；后者成本较高，但有一些特殊的效果和作用。

1. 降失水剂

（1）褐煤和腐殖酸　褐煤是一种炭化（煤化）程度比较低的煤，质地疏松，可用手捻成粉末，相对密度在 $0.8 \sim 1.3$ 之间，呈棕褐色或黑褐色。褐煤的主要成分是一种有机酸——腐殖酸，含量 $20\% \sim 80\%$。腐殖酸是几个分子大小不同、结构组成不一致的羟基芳香羧酸族混合物。从元素分析得知，腐殖酸的化学组成一般为：$C 55\% \sim 65\%$；$H 5.5\% \sim 6.5\%$；$O 25\% \sim 35\%$；$N 3\% \sim 4\%$；另含少量 S 和 P。腐殖酸有多种官能团，如羧基、酚羟基、醇酸基、烯醇基、磺酸基、氨基等，还有游离的醌基、半醌基、甲氧基、羰基等，其中主要的是羧基、酚羟基和醌基。腐殖酸的分子量在 1000～5000。

腐殖酸难溶于水，但易溶于碱溶液，和氢氧化钠作用生成腐殖酸钠，处理泥浆时使用的就是腐殖酸钠。

煤碱剂是由褐煤粉加适量烧碱和水配成，其中主要有效成分为腐殖酸钠，是一种低成本处理剂。值得注意的是对于一定量的褐煤和水，随着碱比增大，煤碱剂中腐殖酸全部溶解，过量的煤碱又有聚结作用，反使腐殖酸含量下降。具体的煤碱剂配方主要视褐煤中的腐殖酸含量和具体使用条件而定。配制煤碱剂的质量比例一般为：褐煤：烧碱＝15：(1～3)。

由于腐殖酸分子中含有较多可与黏土吸附的官能团，特别是邻位双酚羟基，又含有水化作用较强的羧钠等基团，使腐殖酸钠既有降失水作用，又有稀释作用。煤碱剂在泥浆混油时还有乳化分散作用。由于腐殖酸分子的基本骨架是碳链和碳环结构，因此它的热稳定性相当突出，它在232℃的高温下仍能有效控制淡水泥浆的失水量。

(2) 磺甲基褐煤　磺甲基褐煤可用甲醛和 Na_2SO_3（或 $NaHSO_3$）在 pH9～11 的条件下，对褐煤进行磺甲基化反应制得。所得产品进一步用 $Na_2Cr_2O_7$ 进行氧化和螯合，生成的磺甲基腐殖酸铬处理效果更好。磺甲基腐殖酸铬可在 200～220℃高温下有效地降低淡水泥浆的黏度、切力和失水量，是良好的深井稀释剂和降失水剂。

(3) 硝基腐殖酸　硝基腐殖酸可用 3mol/L 左右的稀硝酸与褐煤在 40～60℃下反应制成，配比以腐殖酸：硝酸＝1：2 较好。反应包括氧化和硝化，均为放热反应。反应使腐殖酸平均分子量降低，羟基增多，并引入硝基等。硝基腐殖酸具有良好的降失水作用和稀释作用，还有良好的乳化作用和较高的热稳定性（抗温可达 200℃以上），其突出的特点是抗盐力大大增强，加盐 20%～30%后仍能有效地控制失水量和黏度。

(4) 羧甲基纤维素钠　羧甲基纤维素(CMC)用作泥浆处理剂的都是钠盐，叫羧甲基纤维素钠（NaCMC）。NaCMC 是长短不一的链状水溶性高分子，为白色粉末、粒状或纤维状，无味，无嗅，它的两个重要性能指标是聚合度和取代度（或醚化度）。聚合度 n 是组成 NaCMC 分子的环式葡萄糖链节数；同一种产品中各分子的链长不一，实测的是平均聚合度，一般产品的聚合度为 200～600。NaCMC 的聚合度是决定水溶液黏度的主要因素，对于等浓度溶液，其黏度随聚合度增加而增大，而且浓度越高黏度差别越大。

NaCMC 是由纤维素（棉花或木屑）用烧碱处理成胶态碱纤维素，在空气中干燥陈化；然后用 $ClCH_2COOH$ 进行醚化反应，反应可在水介质中（称水媒法）或在丙醇、乙醇等溶剂中（称溶剂法）进行，则得羧甲基纤维素钠。醚化反应过程中产生副产品氯化钠，如不除去，得到的只是粗制品，通常称为碱性 NaCMC（含有 3%～15%NaCl）；若用酒精漂洗除去氯化钠，则可得到纯的 NaCMC，通常称为中性 NaCMC。

NaCMC 是一种抗盐、抗温能力较强的降失水剂，也有一定的抗钙能力。降失水的同时还有增黏作用，适用于配制海水泥浆、饱和盐水泥浆和钙处理泥浆，目前应用比较广泛。

(5) 水解聚丙烯腈　聚丙烯腈分子中的腈基比较活泼，可以在酸性、碱性或中性加压条件下进行水解，得部分水解的聚丙烯腈，具有水溶性。采用碱性水解的方法，将聚合度 n 为 2350～3760、平均分子量为 12.5 万～20 万的聚丙烯腈在氢氧化钠作用下，加热，即生成部分水解聚丙烯腈产物：

$$\text{(CH}_2\text{—CH)}_n + x\text{NaOH} + y\text{H}_2\text{O} \longrightarrow \text{(CH}_2\text{—CH)}_x\text{(CH}_2\text{—CH)}_y\text{(CH}_2\text{—CH)}_z + x\text{NH}_3\uparrow$$

其中腈基 CN，羧钠 COONa，酰氨 CONH₂，腈 CN

实质上是丙烯酸钠、丙烯酰胺和丙烯腈的共聚物。其中的丙烯酰胺在 NaOH 存在的情况下还可继续水解生成丙烯酸钠，故其水解程度可用羧基与酰氨基之比值来表示。水解聚丙烯腈处理泥浆的性能与其聚合度、水解度有关。聚合度较高的降失水能力较强，但增黏也较多。水解度较低的有絮凝作用，水解度太高降失水能力减弱（可用作增稠剂），羧基与酰氨基之比（质量比）为 4：1～2：1 时降失水性能较好。水解聚丙烯腈抗盐能力较强。

水解聚丙烯腈的优点是热稳定性较高，但成本贵，多在超深井的高温段用作降失水剂。

135

使用腈纶（聚丙烯腈）下脚料制备水解聚丙烯腈，处理泥浆效果良好，还能降低成本，已在某些油田上推广使用。由于它不削弱选择性絮凝剂絮凝钻屑的能力，用它代替聚丙烯酸钠作为不分散低固相聚合物泥浆的降失水剂，比用任何其他分散剂都更有利于固相控制。腈纶下脚料的最优水解条件为：①腈纶与烧碱的质量比为1：（0.4～0.5）；②浓度：15%～18%（质量分数）；③温度：90～95℃；④时间：2～3h。

（6）磺甲基酚醛树脂　磺甲基酚醛树脂（SMP）是近年来发展起来的一类泥浆处理剂，具有抗高温（180℃以上）、抗盐（Ca^{2+}、Mg^{2+}等离子）、控制泥浆失水和黏度、防塌等优良性质。SMP的合成开始多数是采用酸性介质下先缩合后磺甲基化的方法，但此法加料频繁、反应速率快、难以控制操作，后改用一次投料法在碱性介质中进行缩合和磺甲基化的方法，该法工艺流程短、操作简单、反应缓和、易于控制、产品质量稳定。

苯酚、甲醛与焦亚硫酸钠在碱催化下发生缩合和磺甲基化反应，总反应式为：

$$x \text{（酚）} + y\text{CH}_2\text{O} + \text{Na}_2\text{S}_2\text{O}_3 \longrightarrow \text{（磺甲基酚醛树脂）}$$

具体操作方法是：将苯酚水溶液加入反应釜中，注入适量水加热搅拌成透明水溶液，并按一定配比加入甲醛、亚硫酸钠和焦亚硫酸钠，控制pH在8.5～10和反应温度，根据反应液颜色判断反应过程和终点，数小时后便可得到棕红色黏稠的磺甲基酚醛树脂水溶液。

2. 稀释剂

（1）单宁　单宁又称鞣质，广泛存在于植物的根、茎、皮、叶、果壳或果实中，是一大类多元醇的衍生物。单宁的分子式由于原料来源不同而有一些差异。国内从五倍子里提出的单宁质的成分，分子式一般为$C_{14}H_{10}O_9$，分子量为322.1。单宁是一种植物加工制品。将五倍子原料经电磁处理除去铁屑，送入轧碎机轧碎，过筛，除去虫尸及虫的排泄物等杂质，然后置入缸内，加软水浸渍。注意制备器具必须为铜质或木质制成。浸出液为黏稠体，将其降温至0℃，大粒的单宁体即凝缩成胶状物而沉淀。然后分离，在真空下浓缩、干燥即成工业品。

（2）磺甲基单宁　磺甲基单宁是用单宁酸与甲醛和亚硫酸氢钠在pH9～10条件下进行磺甲基化反应制得。磺甲基单宁进一步用重铬酸钠进行氧化反应螯合所得的磺甲基单宁铬螯合物，处理效果更好。碘甲基单宁和磺甲基单宁铬是近几年发展的新型稀释剂，在180～200℃高温下能有效地控制淡水泥浆的黏度、切力，为良好的深井稀释剂。

3. 高聚物絮凝剂

（1）聚丙烯酰胺　丙烯酰胺分子中有共轭结构，具有很强的反应能力，在引发剂作用下，通过自由基反应，很容易聚合成高分子量的聚丙烯酰胺。目前国外工业聚合方法有：水溶液聚合、有机溶剂聚合、乳液聚合、悬浮聚合及本体辐射聚合。生产中广泛采用的引发方法主要是引发剂引发和辐射引发。引发剂主要有过氧化物、偶氮化物和氧化还原体系，辐射引发最常用的是[60]Co源、γ射线引发。所用原料，有的使用丙烯酰胺均聚，有的使用丙烯酰胺与丙烯酸共聚。反应式如下：

$$n\text{CH}_2=\text{CH(CONH}_2) \xrightarrow{\text{引发剂}} \text{[CH}_2-\text{CH(CONH}_2)]_n$$

$$n\text{CH}_2=\text{CH(CONH}_2) + m\text{CH}_2=\text{CH(COOH)} \xrightarrow{\text{引发剂}} \text{[CH}_2-\text{CH(CONH}_2)]_n\text{[CH}_2-\text{CH(COOH)]}_m$$

根据使用需要，非离子型聚丙烯酰胺可进一步制得阴离子型和阳离子型聚丙烯酰胺。非离子型聚丙烯酰胺经碱性水解，可制得部分水解的阴离子型聚丙烯酰胺，反应式如下：

$$\begin{array}{c}\text{—}\!\!\left[\!\text{CH}_2\text{—CH}\right]_{n}\!\!\text{—} \xrightarrow[\triangle]{\text{NaOH}} \text{—}\!\!\left[\!\text{CH}_2\text{—CH}\right]_{n-y}\!\!\left[\!\text{CH}_2\text{—CH}\right]_{y}\!\!\text{—}\\ \quad\;\; |\qquad\qquad\qquad\qquad\quad |\qquad\qquad\;\; |\\ \quad\;\; \text{C=O}\qquad\qquad\qquad\qquad \text{C=O}\qquad\quad \text{C=O}\\ \quad\;\; |\qquad\qquad\qquad\qquad\qquad |\qquad\qquad\;\; |\\ \quad\;\; \text{NH}_2\qquad\qquad\qquad\qquad\;\; \text{NH}_2\qquad\quad \text{ONa}\end{array}$$

阴离子聚丙烯酰胺的特点是：在水中可解离，使高分子的一些链节带负电；在地层中吸附量较少，增黏能力好。

非离子型聚丙烯酰胺与甲醛和胺的盐酸盐反应，即得阳离子型聚丙烯酰胺，反应式如下：

$$\begin{array}{c}\text{—}\!\!\left[\!\text{CH}_2\text{—CH}\right]_{n}\!\!\text{—} \xrightarrow[\substack{\text{pH}=8\sim10\\45\sim50\,℃}]{\text{HCHO}} \text{—}\!\!\left[\!\text{CH}_2\text{—CH}\right]_{n-m}\!\!\left[\!\text{CH}_2\text{—CH}\right]_{m}\!\!\text{—} \xrightarrow[70\sim75\,℃]{\text{R}_2\text{NH}\cdot\text{HCl}}\\ \quad |\qquad\qquad\qquad\qquad\qquad\quad |\qquad\qquad\;\; |\\ \quad \text{C=O}\qquad\qquad\qquad\qquad\quad \text{C=O}\qquad\quad \text{C=O}\\ \quad |\qquad\qquad\qquad\qquad\qquad\qquad |\qquad\qquad\;\; |\\ \quad \text{NH}_2\qquad\qquad\qquad\qquad\quad\;\; \text{NH}_2\qquad \text{NHCH}_2\text{OH}\end{array}$$

$$\begin{array}{c}\text{—}\!\!\left[\!\text{CH}_2\text{—CH}\right]_{n-(m+p)}\!\!\left[\!\text{CH}_2\text{—CH}\right]_{m}\!\!\left[\!\text{CH}_2\text{—CH}\right]_{p}\!\!\text{—}\\ \qquad |\qquad\qquad\qquad\qquad |\qquad\qquad\qquad\quad |\\ \qquad \text{C=O}\qquad\qquad\qquad \text{C=O}\qquad\qquad\qquad \text{C=O}\\ \qquad |\qquad\qquad\qquad\qquad |\qquad\qquad\qquad\quad |\\ \qquad \text{NH}_2\qquad\qquad \text{NHCH}_2\text{OH}\quad \text{NHCH}_2\text{NR}_2\cdot\text{HCl}\end{array}$$

这种聚丙烯酰胺的特点是：在水中可解离，使高分子的一些链节带正电荷；增黏能力强，在地层中吸附量大，可用作注水井调整吸水剖面处理剂、油井堵水剂等。

在油田开发中，聚丙烯酰胺作为钻井泥浆处理剂，起着润滑钻头并能延长钻头寿命（约20%）和提高钻速的重要作用。

（2）部分水解聚丙烯酰胺　在泥浆中除使用原生的非离子型水溶性线状聚丙烯酰胺高聚物（PAM）外，还经常使用它的水解物，即部分水解聚丙烯酰胺（PHP）。PHP 是 PAM 在一定温度下与一定量的 NaOH 溶液进行水解反应的产物。水解反应后，PAM 长链大分子上的部分链节的酰氨基转化成羧钠基团，而其余部分链节上的酰氨基保持原状。这个反应表示如下：

$$\begin{array}{c}\text{—}\!\!\left[\!\text{CH}_2\text{—CH}\right]_{n-y}\!\!\text{—}+y\text{NaOH} \longrightarrow \text{—}\!\!\left[\!\text{CH}_2\text{—CH}\right]_{n-y}\!\!\left[\!\text{CH}_2\text{—CH}\right]_{y}\!\!\text{—}+y\text{NH}_3\uparrow\\ \quad\;\; |\qquad\qquad\qquad\qquad\qquad\qquad |\qquad\qquad\;\; |\\ \quad\;\; \text{C=O}\qquad\qquad\qquad\qquad\qquad \text{C=O}\qquad\quad \text{C=O}\\ \quad\;\; |\qquad\qquad\qquad\qquad\qquad\qquad\quad |\qquad\qquad\;\; |\\ \quad\;\; \text{NH}_2\qquad\qquad\qquad\qquad\qquad\;\; \text{NH}_2\qquad\quad \text{ONa}\end{array}$$

水解后，聚丙烯酰胺整个大分子主链并未发生变化，只是有 y 个链节上的分支由酰胺基团变成了羧钠基团。羧钠基团的链节数目 y 与整个链节数 n 的比值用百分数表示称为水解度。PHP 的羧基常电离成带负电的—COO^-，故属阴离子型高聚电解质。上列水解反应的速度主要与温度和水解度有关，温度越高反应越快；开始反应快，随着水解度的升高反应越来越慢。而产物的水解度主要取决于加碱量。泥浆工艺中常用质量分数为 1%～0.7%、水解度小于 60% 的 PHP 溶液，水解时加碱量可按下式计算：

$$w_{\text{NaOH}}=\frac{w_{\text{PAM}}H}{71}\times 40$$

式中　w_{NaOH}——所需 NaOH 的质量分数；

　　　w_{PAM}——PAM 的固体质量分数；

　　　H——所需的水解度；

　　　40——NaOH 的相对分子质量；

　　　71——PAM 的链节相对分子质量。

实验指出，配制质量分数为 0.8% 左右、水解度为 30% 左右的 PHP 溶液，加碱量需按上式计算量附加 5%～10%，加热至近沸点温度水解 2～3h，或在 25～30℃ 的常温下水解 5～7h，才能达到所需的水解度，此时的 pH 下降到 8 左右。

（二）表面活性剂泥浆处理剂

在钻井液中使用表面活性剂是泥浆工艺的重要发展。实践表明，选用适当的表面活性剂处理泥浆，对于提高泥浆的热稳定性，保护油层，降低泥饼摩擦系数，防塌、防腐，提高钻速，预防和解除钻井中的复杂问题等方面，都有突出的效果。此外，表面活性剂还直接用作乳化泥浆的稳定剂（乳化剂）和泥浆除泡剂等。

1. 非离子型表面活性剂

这是一类在水中不会电离而以整个分子起表面活性作用的活性剂。由于它们一般抗盐、抗钙、抗酸、抗碱性能强，又不易与常用的阴离子有机处理剂互相干扰，故在泥浆中使用非离子表面活性剂越来越多。

（1）聚氧乙烯苯酚醚（P 型） P-30 型，分子式为 $C_6H_5O(CH_2CH_2O)_{30}H$，能提高泥浆的抗盐、抗钙和抗温性能；P-20 型，分子式为 $C_6H_5O(CH_2CH_2O)_{20}H$，其作用和 P-30 相似，有时稍强；P-8 型，分子式为 $C_6H_5O(CH_2CH_2O)_8H$，此活性剂曾用于打开油层，获得提高日产量百分之几十的效果。

（2）聚氧乙烯辛基苯酚醚（OP 型） OP-10 型，分子式为 $C_8H_{17}C_6H_4O(CH_2CH_2O)_{10}H$，此剂亲水（HLB＝13.5），曾用于防黏卡和改进泥浆结构力学性质，也可作乳化剂。OP-30 型，分子式为 $C_8H_{17}C_6H_4O(CH_2CH_2O)H$，此剂亲水（HLB＝17.3），可用作混油泥浆乳化剂和防黏卡剂，能提高泥浆抗温性能。OP-20 型的处理性能与 OP-30 型相近。

（3）聚氧乙烯壬基苯酚醚（NP 型） NP-30 型，分子式为 $C_9H_{19}C_6H_4O(CH_2CH_2O)_{30}H$，此剂亲水（HLB＝17.1），曾用作泥浆混油的乳化剂，乳化稳定作用相当强，同时还可改进泥浆的切力和黏度，有利于提高钻速，防止黏卡和提高泥浆的热稳定性。

（4）山梨（糖）醇酐脂肪酸酯（斯盘型） 山梨（糖）醇酐单油酸酯（斯盘-80），此剂亲油（HLB＝4.3），用于混油泥浆，可降失水和增加泥饼润滑性，有防黏卡和防塌作用，和十二烷基苯磺酸钠一起用于盐水泥浆混油，能降失水，提高泥浆稳定性。

2. 阴离子表面活性剂

这是一类在水溶液中电离生成阴离子起表面活性作用的活性剂，这类活性剂与阴离子有机处理剂也不易互相干扰，但羧酸盐类抗高价离子性能较差。

（1）羧酸盐油酸钠 分子式为 $CH_3(CH_2)_7CH=CH(CH_2)_7COONa$，为水溶性活性剂，可作起泡剂、乳化剂、润湿剂和洗涤剂，但遇 Ca^{2+}、Mg^{2+}、Fe^{3+} 等易生成沉淀。

（2）烷基磺酸钠（AS） 分子通式为 $R-SO_3Na$。其中 R 表示 $C_{14}\sim C_{18}$ 的烃基，为水溶性活性剂，对碱水、硬水都稳定，泥浆中用作起泡剂和盐水泥浆乳化剂。

（3）烷基苯磺酸钠（ABS） 十二烷基苯磺酸钠，分子式为 $C_{12}H_{25}C_6H_5SO_3Na$，为水溶性活性剂，在淡水中起泡性很强，还可作硬水中的洗涤剂，在盐水泥浆中与斯盘-80 配合用作乳化剂，起泡性很小。

（4）十二烷基磺酰胺乙酸钠 分子式为 $C_{12}H_{25}SO_2NHCH_2COONa$，为亲水乳化剂，也可作润湿剂，对钢铁表面有良好的黏附性。

（5）磺化沥青 沥青主要含沥青质、胶质、沥青质酸及它们的酸酐。沥青质是含 C、H、O、S 的复杂稠环大分子化合物，常温下呈黑色非晶态固体，不溶于烷烃，可溶于芳香烃，软化点越高其沥青质的含量越高。胶质为棕色半固态物质，能溶于所有石油产品中，胶质在空气中加热氧化可以转变为沥青质。氧化沥青中沥青质含量高，软化点也高。氧化沥青是一种重要的防塌材料，将氧化沥青——柴油胶体乳化分散到聚合物盐水或泥浆中，都有增进防塌能力的功效。氧化沥青还广泛用于油基泥浆的增黏和降滤失量。

磺化沥青为沥青的磺化产物，主要成分为沥青磺酸钠，还含有少量沥青酸盐、氧化物和氧化沥青。磺化剂用发烟硫酸或三氧化硫，磺化时应控制产品中含有水溶物约 70%，既溶于水又溶于油的成分约 40%（此部分属表面活性剂类）。磺化沥青是一种较好的泥浆处理剂，用它处理的泥浆，泥饼变薄，可压缩性增大，失水下降，还能增加泥饼的润滑性，从而降低钻具的提升阻力和扭矩，可延长钻头使用期，预防和解除泥饼卡钻。此外，磺化沥青有良好的乳化作用，是泥浆混油的良好乳化剂；磺化沥青还能抑制页岩的分散，具有良好的防塌能力。

3. 阳离子表面活性剂

这是一类在水溶液中电离后生成阳离子起表面活性作用的活性剂，在水基泥浆中易受阴离子有机处理剂干扰，多用于搬土亲油化，保护油层渗透率和防腐蚀。

（1）氯化双十六烷基二甲基铵　结构式为 $\left[\left(C_{16}H_{33}\right)_2N\left(CH_3\right)_2\right]^+Cl^-$，它能交换黏土表面的阴离子，吸附于黏土颗粒表面使之亲油化，这样处理过的亲油搬土可分散于油中。用于控制油基泥浆和油包水乳化泥浆的切力、黏度和过滤性。

（2）氯化十二烷基吡啶　结构式为 $\left[C_{12}H_{25}-N\bigcirc\right]^+Cl^-$，它能交换吸附于黏土和砂岩表面的阴离子使之亲油化。用于打开油层可提高渗透率。实验室试验表明，用它处理钠搬土，可使搬土的吸水量从 70% 降到 65%。

（3）乙酸伯胺盐　结构式为 RNH_3OOCCH_3，其中 R 表示 $C_{12}\sim C_{18}$ 的烃基。这类活性剂能吸附于铁和钢的表面，有较好的防腐蚀作用，可用于砂和管线防腐蚀。

二、油气开采添加剂

油气开采过程中，为了稳产、高产，常常在进行酸化、压裂和其他作业时，需要添加一些化学品，可以去除黏土颗粒、沉淀物对地层的堵塞，达到扩大原油渗透率的目的，或者改变原油的物性如黏度、凝固点等，使油气增产。按油田作业可把油气开采用化学添加剂分为：压裂添加剂、酸化添加剂、堵水剂、调剖剂、防蜡抑制剂和采油用其他化学添加剂。

（一）压裂添加剂

压裂就是利用压力将工作液压入井下，将地层压开，形成裂缝，并由支撑剂将裂缝支撑起来，以减少流体流动的阻力，达到增产增注的目的。采用压裂措施，不仅能解除近井地层或油气井（水井）井壁堵塞，而且将裂缝延伸至数十、数百米以上，扩大了泄油面积，提高了导流能力。一次大型压裂，总用液量达 $3000m^3$，砂子 $500m^3$ 以上，这样大量流体压入裂缝，就要求工作液应具有良好的造缝性、悬砂性、摩擦阻力小，滤失量低，且不伤害地层，即不乳化不沉淀，对地层不堵塞等性能。

压裂过程中所用的工作液称为压裂液，目前国内外使用的压裂液有水基压裂液、油基压裂液、乳化型压裂液和特种压裂液，共计有三十多个品种。在压裂作业过程中，为满足工艺要求，提高压裂效果，保证压裂液的良好性能所添加的化学剂称为压裂添加剂。压裂添加剂分 14 类：稠化剂、交联剂、破胶剂、缓蚀剂、助排剂、黏土稳定剂、减阻剂、防乳化剂、起泡剂、降滤失剂、pH 控制剂、暂堵剂、增黏剂、杀菌剂。

1. 稠化剂

水（油）基压裂液是以水（油）为溶剂或分散介质的压裂液。通常将稠化剂（天然或合成高分子聚合物）溶于水（或油）配成稠化水（油）压裂液。

① 天然高分子及其改性产物　羧甲基纤维素、羟乙基纤维素、羟甲基羟乙基纤维素、羧甲基田菁胶、羟乙基田菁胶、黄原胶等。

② 合成高分子产物　聚丙烯酸胺、部分水解聚丙烯酰胺，丙烯酰胺与 N,N-亚甲基二丙烯酰胺共聚物。

稠化剂在水中的质量分数为 0.5%～5%。

2. 压裂用交联剂

在压裂过程中，能将聚合物的线型结构交联成体型结构的化学剂称为压裂用交联剂。天然高分子（香豆胶、田菁胶、魔芋胶和纤维素衍生物）和合成高分子化合物，通过交联剂的作用形成三维网状结构的冻胶，具有很好的悬砂能力，滤失量低，摩擦阻力低，使压裂性能提高。

硼、钛和锆是最常用的交联剂。

国外在高温地层普遍采用有机钛交联剂，常用的品种有乙酰丙酮钛、三乙醇胺钛和乳酸钛。国内也开展 $TiCl_4$ 和有机钛交联剂的研究和开发工作，使压裂液的作业温度进一步提高。例如，羟乙基田菁钛冻胶、羟丙基羧甲基田菁钛冻胶和田菁冻胶耐温可达 $120\sim140℃$，香豆钛冻胶可耐 $150℃$，聚丙烯酰胺钛冻胶压裂液也可用于 $130\sim150℃$ 的作业。

3. 压裂液用破胶剂

（1）过硫酸盐破胶剂　这是油田常用的破胶剂，如过硫酸钾、过硫酸钠、过硫酸铵，它们在热引发下会产生原子态氧：

$$(NH_4)_2S_2O_8 + H_2O \longrightarrow 2NH_4HSO_4 + [O]$$

新生态氧通过氧化降解反应，使冻胶破胶：

$$\sim\sim CH_2-CH-CH_2-CH\sim\sim + 2[O] \longrightarrow \sim\sim CH_2-\underset{\substack{|\\CONH_2}}{C}-CH_2-\underset{\substack{|\\CONH_2}}{CH}\sim\sim \longrightarrow$$

（冻胶网络上的 PAM）

$$\sim\sim CH_2-\underset{\substack{\|\\CONH_2}}{C}=O + HO-CH_2-\underset{\substack{|\\CONH_2}}{CH}\sim\sim$$

新生态的氧也会使植物胶中半乳甘露聚糖（田菁胶的主成分）氧化降解，引起破胶。

过硫酸盐在常温下几乎没有活性。如香豆硼冻胶压裂液中，加入质量分数为 0.05% 过硫酸盐，在常温下需 8 天才能破胶，而在 45℃ 时，加入质量分数为 0.01% 过硫酸盐只需 40h 就破胶，若温度高于 50℃，在 24h 内便使香豆硼冻胶破胶。

（2）自生酸型破胶体系　自生酸型破胶剂，是通过化学反应使溶液缓慢显酸的化学剂，可作为半乳甘露聚糖水解反应的催化剂。这类破胶剂有：

甲酸甲酯 $HCOOCH_3$，乙酸乙酯 $CH_3COOC_2H_5$，

氯化苄 $C_6H_5-CH_2Cl$，磷酸三乙酯 $PO-(OC_2H_5)_3$

（二）酸化添加剂

在酸化作业过程中，为满足工艺要求，提高酸化效果所用的化学剂称为酸化添加剂。

酸化添加剂分为以下 11 类：缓蚀剂、缓速剂、助排剂、乳化剂、防乳化剂、起泡剂、降滤失剂、铁稳定剂、暂堵剂、稠化剂、防淤渣剂。

1. 酸化和酸化缓蚀剂

油井酸化是指采用机械的方法将大量酸液挤入地层，通过酸液对井下油页层、缝隙及堵塞物（氧化铁、硫化亚铁、黏土）溶蚀，恢复并提高地层渗透率，达到油井稳产高产的目的。

油田酸化时常用的酸：HCl，6%～37%；HF，3%～15%；土酸，3%HF＋12%HCl；HCOOH，10%～11%；CH_3COOH，19%～23%；NH_2SO_3H；此外还有添加各种助剂配成的缓速酸、稠化酸、乳化酸、微乳酸、泡沫酸、潜在酸等。

随着钻井深度增加，井深超过 4～5km 时，井底温度高达 180℃ 左右，有的高达 200℃，此时若采用浓酸酸化作业，必须解决高温浓酸对油井设备腐蚀的保护问题，因此，投加有效的缓蚀剂是酸化作业的关键之一。

缓蚀剂吸附理论认为，酸化缓蚀剂主要是有机缓蚀剂，它是由电负性较大的 O、N、S 和 P 等原子为中心的极性基和 C、H 原子组成的非极性基（如烷基 R—）所构成，这些缓蚀剂通过物理吸附或化学吸附形成吸附膜对金属起到保护作用。

合成油田用酸化缓蚀剂的主要原料是吡啶、4-甲基吡啶、氯化苄、苯胺、甲醛、苯乙酮、丙炔醇、卤代烷、烷基磺酸盐等有机物。甲醛是最早使用的油井酸化缓蚀剂，由于当时油井较浅，井温不高，且使用的盐酸质量分数低于 15%，因此，酸化施工时使用甲醛作为缓蚀剂，对设备管线有一定的保护作用。代号为 7801 缓冲剂，是以酮胺醛缩合物为主的多

组分复合缓蚀剂，在 150℃ 的质量分数为 28％ 的盐酸中具有优良的缓蚀性能，可用于 5km 深的油气井酸化用。

2. 缓速剂

缓速剂是用来降低酸化反应速率的化学剂，这样能使酸液渗入离井眼较远的地层，提高酸化效果。通常采用下面两种方式。

向酸液添加少量能提高酸黏度的高分子化合物，如黄原胶、聚乙二醇、聚氧乙烯、聚丙烯、丙二醇醚、丙烯酰胺与 2-丙烯酰氨基-2-甲基-丙基磺酸钠共聚物等，由于酸黏度增大，就会降低酸中氢离子扩散到地层裂缝表面的速度和反应产物扩散到酸液的速度，使酸化距离延长。

在酸中添加一些易于吸附地层表面的化学剂，即可降低酸与地层的反应速率，如烷基磺酸钠（R：C_{12}～C_{18}）；烷基苯磺酸钠（R：C_{10}～C_{14}）；聚氧乙烯烷基醇醚（R：C_{10}～C_{18}）；聚氧乙烯烷基酚醚（R：C_8～C_{12}）；烷基氯化吡啶（R：C_{12}～C_{18}）等，这些添加剂的加入，在酸液与地层接触初期，地层吸附量大，降低酸化反应速率的能力大，随着酸液渗入地层深处，添加剂浓度已降低，地层对它的吸附量也小，它对酸化反应速率降低能力减少，达到缓速酸化的目的。

3. 铁稳定剂

在酸化作业时，钢铁会受到腐蚀，以及地层中的氧化铁、硫化亚铁等溶于酸中，生成铁盐。随着酸化距离的延长，酸浓度越来越低，当酸液的 pH 达到某一值时，铁盐水解，可能重新生成沉淀（称为二次沉淀）易堵塞地层：

$$FeCl_2 + 2H_2O === Fe(OH)_2\downarrow + 2HCl$$
$$FeCl_3 + 3H_2O === Fe(OH)_3\downarrow + 3HCl$$

酸化作业时，需要加入铁稳定剂。该药剂通过络合、还原或 pH 控制等作用，防止铁离子沉淀。油田用铁稳定剂有：乙酸、草酸、乳酸、柠檬酸、次氮基三乙酸、乙二胺四乙酸二钠。

（三）堵水剂、调剖剂

堵水剂是指用于油井堵水时由油井注入，能减少油井产水的化学处理剂，而调剖剂则是用于注水井调整吸水剖面的化学剂，它是能调整注水地层吸水剖面的处理剂。这两种剂各有特性，但共性更多，多数情况下两剂可以互相通用，为方便起见，有时把这两种剂统称为堵水调剖剂，简称堵剂。

1. 水泥类堵剂

这是油田应用最早的堵剂，由于价格便宜，强度大，可以适用于各种温度，至今还在研究和应用。主要品种有油基水泥、水基水泥、活化水泥和微粒水泥等。由于水泥颗粒大，不易进入中低渗透性地层，而且造成的封堵是永久性的，因此，这类堵剂的应用范围受到很大限制。

2. 热固性树脂类堵剂

用作堵剂的热固性树脂包括酚醛树脂、脲醛树脂、糠醛树脂、环氧树脂等。主要用于油井堵水、堵窜、堵裂缝、堵夹层水。优点是强度高，有效期长，缺点是成本高。若误堵油层后，解堵困难。

3. 颗粒类堵剂

这类堵剂的品种较多，有非体膨性颗粒的果壳粉、青石粉、石灰乳等，体膨性聚合物颗粒如轻度交联的聚丙烯酰胺颗粒、聚乙烯醇颗粒等，土类如膨润土、黏土、黄河土等。近年来使用较多的是土类和体膨性颗粒，土类与聚丙烯酰胺配合使用，既可增强堵塞作用，又可防止或减少颗粒运移。

4. 无机盐沉淀类堵剂

这类堵剂的主要成分是水玻璃（$Na_2O \cdot mSiO_2$），分子中 SiO_2 与 Na_2O 的摩尔比 m 称为水玻璃的模数，是水玻璃的一个主要特征指标。模数小的水玻璃的碱性强，易溶解，生成的凝膜强度小，模数大的则生成的凝膜强度大。国产水玻璃模数 m 值一般为 2.7～3.3。硅酸钠溶液遇酸先生成单硅酸（H_2SiO_3），然后缩合成多硅酸。多硅酸呈长链状，可形成空间网状结构，呈凝胶状，称为硅酸凝胶。通常，硅酸钠遇酸生成凝膜可用下式表示：

$$Na_2SiO_3 + 2HCl \Longrightarrow \underset{(凝膜)}{H_2SiO_3} + 2NaCl$$

硅酸钠也可与多价金属离子反应生成不溶于水的盐沉淀，也会堵塞地层孔隙，例如，硅酸钠与氯化铝、硫酸亚铁等在地层中反应如下：

$$Na_2SiO_3 + CaCl_2 \Longrightarrow CaSiO_3 \downarrow + 2NaCl$$
$$Na_2SiO_3 + FeSO_4 \Longrightarrow FeSiO_3 \downarrow + Na_2SO_4$$

5. 水溶性聚合物冻胶堵剂

水溶性聚合物冻胶堵剂是我国应用最广的一类堵水调剖剂，它包括合成聚合物、天然改性聚合物和生物聚合物等。这类堵剂的共同点是溶于水，在水中有优良的增黏性，线性大分子链上都有极性基团，能与某些多价金属离子或有机基团（交联剂）反应，生成体型的交联产物——冻胶。

这类堵剂品种多，其中有聚丙烯酰胺（PAM）、水解 PAM、水解聚丙烯腈（HPAN）以及采用不同交联剂的合成高分子聚合物堵剂和共聚物堵剂，此外，还有木质素衍生物。黄原胶与适当的交联剂构成堵剂，也在油田获得应用。

6. 改变岩石表面性质的堵剂

这类堵剂有阳离子聚丙烯酰胺，有机硅聚合物等。当这些堵剂吸附于带负电荷的岩石表面时，亲油基（烃基）朝外，使岩石表面由亲水性变为憎水性，致使加快油相渗透，而水相渗透受阻起到堵水效果。

三、强化采油用添加剂

油井生产一次采油率仅 5%～30%，为了提高采油率，采用压气法或注水法进行二次回采，油田收率可达到 40%～50%，但仍有 50% 以上的原油滞留在储油层中。近年来，国内外采用强化三次回采，油回收率可达到 60%～65%，油田生产的二次回采及三次回采法总称为强化回采法。中国的三次采油技术研究达到了世界先进水平。目前，三次采油方法可分为：热驱法、气驱法和化学驱法。热驱法是利用热能使油层中的原油降低黏度而被驱出，如注蒸汽驱法、火燃油层法。气驱法是向油层中注入能与原油相混的气体，降低油在油层中的界面张力，从而提高油的流动能力。这类气体有甲烷、天然气、二氧化碳、烟道气、氮气等。化学驱法是在注入水中加入化学品，降低油水界面张力，提高驱油能力。现将常用的化学驱油法介绍如下。

（1）聚合物驱油　把少量增稠剂溶于水中，增加水的黏度，提高原油采收率。注聚合物的工艺比较简单，只需将注水系统稍作改装即可实施。一般来说，适于注水的砂岩油藏，都可以注聚合物，驱油效果好，经济效率高。常用的有高分子量的聚丙烯酰胺和生物聚合物黄原胶。

（2）表面活性剂段塞驱　表面活性剂段塞是由石油磺酸盐或合成磺酸盐与助剂配成的微乳液，它具有超低界面张力（$< 10^{-8}$ N/cm），能够将毛细管中的原油驱替出来，提高原油采收率。这种方法驱替效果好、驱油效率高。所用的表面活性剂一般要求为亲水性的而且耐碱性较好，如脂肪醇醚硫酸盐、石油磺酸盐、木质素磺酸盐、烷基酚聚氧乙烯醚、烷基酚聚氧乙烯醚硫酸盐及聚醚等，在采油中均得到广泛应用。

表面活性剂驱油剂配方

组　分	质量分数/%	组　分	质量分数/%
十二烷基苯磺酸钠	0.4	月桂基二乙醇胺	0.2
月桂醇聚氧乙烯醚硫酸酯盐	0.2	水	余量

将此表面活性剂水溶液注入油层再注入纯水，采油率可提高 50%。

（3）碱水驱　将烧碱水注入油井，与原油中的活性组分反应，形成乳化液，以提高原油采收率。

（4）微乳液驱油　微乳液驱油是提高原油采收率的最有效方法，可使原油采收率提高到80%～90%，但成本较高，每生产一桶原油耗用 4.4～7.2kg 表面活性剂。微乳液是将表面活性剂溶于水中，加入一定量的油，形成乳状液，然后在搅拌下逐渐加入辅助表面活性剂，至一定量后可得到透明液体。应用时，将其注入地层形成表面活性剂段塞或胶束段塞，溶解残留在地层孔隙中的原油，达到饱和后再分离形成油相从井中采出。用作此驱油剂的表面活性剂主要有石油磺酸盐、石油磺酸盐与聚氧乙烯醚磺酸盐的复配物、脂肪醇聚氧乙烯醚硫酸酯盐与 α-烯烃磺酸盐复配物、聚醚与聚丙烯酰胺复配物、烷基酚聚氧乙烯醚与烷基苯磺酸盐等。所用的辅助表面活性剂一般为极性醇类。

四、油气集输用添加剂

我国原油含蜡量高、黏度大、凝固点也高，在生产中往往于井口或井底添加一些具有特殊性能的化学剂，以利于原油的开采和输送。在油气集输过程中，为保证油气质量，保证生产过程安全和降低能耗所用的化学剂称为油气集输用添加剂。这类添加剂包括如下 14 个类型：缓蚀剂、破乳剂、减阻剂、乳化剂、流动性改进剂、天然气净化剂、水合物抑制剂、海面浮油清净剂、防蜡剂、清蜡剂、管道清洗剂、降凝剂、降黏剂、抑泡剂。

通常采出的原油是乳状液的，含水量也高，在集输过程中，原油下部溶有 H_2S、CO_2 的水对管线底部造成严重的腐蚀（呈沟槽状、条状），应加入缓蚀剂进行保护。同时，原油在采油场需投加破乳剂（并结合其他脱水装置），使原油含水<0.5%，再输送炼油厂，大量的采出水流至污水处理站，经处理后回注地层。

采油过程中，若将一些防蜡或清蜡作用的化学剂注入井底，就能防止井壁、集输管线上结蜡，使原油流动性提高，利于输送并降低能耗。

（一）防蜡剂、清蜡剂

石蜡是 C_{18}～C_{60} 以上的碳氢化合物。在地下油层条件下，蜡是溶解在原油中的，当原油从井底上升到井口以及在集输过程中，由于压力、温度降低，就会出现结蜡。

结蜡过程分三个阶段：析蜡、蜡晶长大和蜡沉积。蜡晶呈薄片状或针状，长大能形成固态的三维网络，因而蜡晶结构在一定的温度下，有一定的牢固性。若在油井壁或输油管线上产生结蜡，就会堵塞管道，直接影响原油开采和集输。

通常采用加热输送的办法，这种方法存在燃料消耗大、设备投资和管理费用高的缺点，为此，国内外重视各种防蜡剂和清蜡剂的研制和应用。

能清除蜡沉积的化学剂称为清蜡剂。能抑制原油中蜡晶析出、长大、聚集或在固体表面沉积的化学剂称为防蜡剂。

1. 防蜡剂的类型

（1）稠环芳烃型防蜡剂　主要是萘、菲、蒽、芘、苊、苯并芘等，它们主要来自煤焦油。稠环芳烃及其衍生物可用作防蜡剂。通常将稠环芳烃溶于溶剂中，再加到原油中使用。这些物质很容易吸附在蜡晶表面上，阻止蜡晶体长大。

（2）高分子型防蜡剂　这种类型防蜡剂都是油溶性的，具有石蜡链节结构的支链型高分子。这些高分子在很低浓度下，就能遍布原油中的网络结构。若原油温度下降，石蜡就在网络上析出，其结构疏松且彼此分离，不能聚结长大，因此石蜡不易在钢铁表面沉积而被油流带走。这类防蜡剂有：聚乙烯，分子量为 20000～27000 的高压聚乙烯，或分子量为 6000～20000 并含有 10%～50% 支链结构的聚乙烯；乙烯与羧酸乙酯共聚物，乙烯与羧酸丙烯酯共聚物，乙烯、羧酸乙烯酯与乙烯醇共聚物，乙烯、丙烯酸酯与丙烯酸共聚物等。

（3）表面活性剂型防蜡剂　这类防蜡剂有油溶性表面活性剂，如石油磺酸盐、胺型表面活性剂和水溶性表面活性剂，有季铵盐型、平平加型、OP 型、吐温型、聚醚型等。

油溶性表面活性剂是通过改变蜡晶表面性质，使蜡不易进一步沉积，而水溶性表面活性剂吸附在结蜡表面，使蜡表面或管壁表面形成一层水膜，阻止蜡在其上沉积。

2. 清蜡剂

(1) 油基清蜡剂　这类清蜡剂主要是溶解石蜡能力较强的溶剂，如二硫化碳、四氯化碳、三氯甲烷、苯、甲苯、二甲苯、汽油、煤油、柴油等。

油基清蜡剂的主要缺点是毒性问题，特别是含硫、氯的芳烃化合物，不仅对人体有毒，而且含硫化合物进入原油对炼油的催化剂也有毒性。

(2) 水基清蜡剂　水基清蜡剂是以水为分散介质，加有水溶性表面活性剂、互溶剂（如醇、醇醚，用以增加油和水的相互溶解）或碱性物（氢氧化钠、磷酸钠、六偏磷酸钠等）。这类清蜡剂既有清蜡作用，又有防蜡作用，但清蜡温度较高，一般为 $70 \sim 80℃$。例如，表面活性剂和碱配制的清蜡剂，其质量分数为：$R—O{\overset{}{+}}CH_2CH_2O{\overset{}{+}}_n H 10\%$，$Na_2O \cdot mSiO_2$ 2%，$H_2O\ 88\%$。

(二) 降凝剂

降凝剂又称倾点下降剂，具有降低油品的倾点或凝固点的作用，根据应用对象的不同，有润滑油降凝剂和原油降凝剂之分；根据化合物结构，可分为聚酯、聚烯烃和烷基萘等。

在高含蜡原油的开采和输送过程中，若无强化措施，原油便会凝固在管道内，为防止原油在管道中的凝固，经常采用的方法有加热法、稀释法、热处理法和添加化学降凝剂等，其中加热降黏方法，燃料消耗大，一旦停输，很难重新启动；稀释法造成后处理上的一系列困难；热处理方法虽然可以改变蜡晶，但对某些原油无效，特别是处理含蜡量在 15% 以上的原油时，效果很差；而添加降凝剂的方法相对比较经济、有效。如在某些油田的原油中加入一定量的乙烯-乙酸乙烯酯共聚物，可使凝固点降至 $3 \sim 5℃$，从而节省了冬季运费开支。添加降凝剂的方法不仅成本低，而且可用于海上采油和集输。从含蜡原油制取低凝点的润滑油。后者虽然可以采用深度冷冻脱蜡等方法处理，但油品收率会显著降低。另外，石蜡烃是润滑油的良好组分，将其脱除有损油品质量，故为了保证油品的质量和收率，不宜过度脱除石蜡烃。然而，石蜡烃的存在，又导致油品倾点上升，使油品在较高温度下失去流动性，给使用带来很多不便。在油品中添加降凝剂是解决这一问题的有效途径。

1. 聚 α-烯烃降凝剂

聚 α-烯烃是含 $C_6 \sim C_{24}$ 的 α-烯烃的共聚物。这些 α-烯烃由软蜡裂解而成，经适当精制后，在 $TiCl_3/Al(C_4H_9)_3$ 催化剂存在下进行聚合，用氢气调节分子量。聚合完毕，通过酯化和水洗脱去催化剂。原料 α-烯烃的转化率可达 90% 以上，后处理完毕，通过蒸馏将未聚合的 α-烯烃除去，加入稀释油并混合均匀，即得产品。

$$nR—CH{=\!}CH_2 \xrightarrow[H_2]{TiCl_3/Al\ (C_4H_9)_3} {\overset{}{+}}CH—CH_2{\overset{}{+}}_n$$
$$\underset{R}{|}$$

$R = C_7 \sim C_{18}$ 的烷基

制备工艺过程如图 8-1 所示。

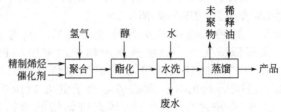

图 8-1　聚 α-烯烃制备工艺过程示意图

聚 α-烯烃合成工艺简单，价格很便宜，色度浅，且具有良好的降凝效果。

2. 氢化聚丁二烯降凝剂

氢化聚丁二烯是由丁二烯均聚物或丁二烯与含 $C_5 \sim C_8$ 的共轭脂肪族二烯烃共聚物加氢

而得。二烯烃单体在环己烷或甲苯溶液中配位聚合得到不饱和度大于 97% 的聚合物，然后，用 Raney 镍作为催化剂，在 $2.03\sim3.03MPa$，$60\sim70℃$ 下进行催化加氢，使产物不饱和度达到 $40\%\sim70\%$。若加氢量不足，不饱和度高于 80% 时，聚合物几乎不表现出任何降凝效果，反之，若聚合度低于 5% 以下时，聚合物在油中基本不溶，也无降低油品凝点的作用。只有不饱和度为 $40\%\sim70\%$，数均分子量为 $2000\sim2500$ 的聚合物，添加于原油和石油馏分中，才能够有效改善油品的低温流动性。

$$nCH_2=CH-CH=CH_2 + mR-CH=CH-CH=CH-R' \xrightarrow[\text{加热，溶剂}]{\text{催化剂}}$$

$$\begin{array}{c}\text{—}CH_2-CH\text{—}_n\text{—}CH-CH\text{—}_m \xrightarrow[2.03\sim3.03MPa]{[H]，Raney 镍} \\ \quad\quad | \quad\quad\quad | \quad | \\ CH=CH_2 \quad R \quad CH=CH-R' \end{array}$$

$$\begin{array}{c}\text{—}CH_2-CH\text{—}_q\text{—}CH_2-CH\text{—}_{n-q}\text{—}CH-CH\text{—}_p\text{—}CH-CH\text{—}_{m-p} \\ \qu\quad | \qu\quad\quad\quad | \qu\quad\quad | \ququad | \\ CH_2-CH_3 \quad CH=CH_2R \quad CH \quad R \quad CH_2 \\ \qu\quad\quad\quad\quad\quad\quad | \qu\quad\quad\quad | \\ \qu\quad\quad\quad\quad\quad CH-R' \quad\quad CH_2-R' \end{array}$$

R、R′为氢或烷基

3. 聚乙烯-乙酸乙烯酯降凝剂

乙烯-乙酸乙烯酯共聚物是一类适用范围较广的降凝剂，由乙烯和乙酸乙烯酯的自由基型溶液聚合反应制备。所用溶剂可以是苯或环己烷，引发剂为过氧化物，如二叔丁基过氧化物和二月桂酰基过氧化物等。反应条件，包括溶剂种类、反应温度、乙烯压力等依生产厂家的不同而不同。如美国 Exxon 公司采用釜式间歇聚合工艺，控制乙烯压力为 $6.67MPa$，用泵连续打入乙酸乙烯酯和引发剂，以控制产品相对分子质量和乙酸乙烯酯的含量。

$$nCH_2=CH_2 + mCH_2=CH \xrightarrow[\text{加热}]{\text{引发剂}} \text{—}CH_2-CH_2\text{—}_n\text{—}CH_2-CH\text{—}_m$$
$$\begin{array}{cc} \quad\quad\quad\quad\quad | \quad\quad\quad\quad\quad\quad\quad\quad\quad\quad | \\ \quad\quad\quad\quad O-C-CH_3 \quad\quad\quad\quad\quad\quad\quad\quad O-C-CH_3 \\ \quad\quad\quad\quad\quad\parallel \quad\quad\quad\quad\quad\quad\quad\quad\quad\quad\quad\parallel \\ \quad\quad\quad\quad\quad O \quad\quad\quad\quad\quad\quad\quad\quad\quad\quad\quad O \end{array}$$

研究表明，乙烯-乙酸乙烯酯共聚物中，增加乙烯含量，可增加共聚物的油溶性和分散性，但却降低了聚合物对原油的降凝和降屈服值的能力；反之，增高乙酸乙烯酯的含量，则可增强聚合物的降凝和降屈服值效果，但却使其油溶性和分散性变差。因此，聚合物中乙烯和乙酸乙烯酯必须保持适当比例。乙酸乙烯酯含量为 $35\%\sim45\%$（质量分数），分子量为 $20000\sim28000$ 的共聚物，对含蜡原油有较好的降凝效果。若将聚乙烯-乙酸乙烯酯中的酯基部分水解，或与第三单体进行共聚，可提高产品的降凝和减黏效果，很低的添加量便能显著改善原油的低温流动性。

4. 丙烯酸酯-顺丁烯酸酯-乙酸乙烯酯共聚物降凝剂

在原油中添加量为 $0.3g/t$ 原油，原油倾点可下降 $21℃$。它的合成路线是：

（1）丙烯酸混合酯（AA）的制备　在反应器中先加入一定量的高碳醇（$C_{16}\sim C_{18}$ 醇）、甲苯和少量对苯二酚。加热至 $60℃$，使物料溶解，再依次加入丙烯酸（AA）和对甲苯磺酸，加热回流。待脱去较多水分后，升温到 $140℃$，当脱水量与理论量相当时，反应基本结束，再经过碱洗、中和、水洗。酯层经减压蒸馏除去溶剂，即得蜡状固体产物。

（2）聚合反应　将丙烯酸高碳醇酯、顺丁烯二酸酐（MA）、乙酸乙烯酯（VA）和甲苯按规定量投料。再用氮气置换反应器内的空气，升温后加入一定量的偶氮二异丁腈（AIBN），反应 $6h$ 后，进行分离，真空干燥，得乳黄色 AA-MA-VA 共聚物。

（3）反应物料比　经实验确定，AA∶MA∶VA$=8∶1∶1$（摩尔比）时，产率为 89.28%，三元共聚物对原油的降凝性能最好。

（三）原油破乳剂

原油在开采和集输过程中，采出水被分割成许多单独的微小液滴，油中的天然乳化剂附着在水滴上形成较牢固的保护膜，阻碍液滴在碰撞时聚结，使乳化油有一定的稳定性。

1. 原油的乳化

在开采之前，原油在地下并不与水发生乳化作用，但是，在钻采时，石油从地层裂缝流入油井，并经泵抽至集输管线，就形成乳化油了。原油乳化的原因：在钻采过程中，原油含水量逐渐增高，同时原油本身含有天然乳化剂（如胶质、沥青质、环烷酸、皂类等），以及微细分散的固体粒子（如黏土、细砂、晶态石蜡等），这些物质在油水界面形成较牢固的保护膜，使乳状液处于稳定状态。原油乳化主要是 W/O 型，同时存在 O/W 和圈套 O/W/O 型。破乳剂的破乳机理：破乳剂通常是一种表面活性剂，它以破坏原油中 W/O 或 O/W 界面膜的稳定性，使之凝结成大水粒而分离。

2. 破乳剂的种类

阴离子型表面活性剂，有脂肪酸钠盐、烷基磺酸钠（AS）、烷基苯磺酸钠（ABS）、烷基萘磺酸钠等。阳离子型表面活性剂，如十二烷基二甲基苄基氯化铵。非离子型表面活性剂，如聚氧乙烯烷基醇醚，聚氧乙烯烷基苯酚醚，聚氧丙烯-聚氧乙烯-聚氧丙烯十八醇醚（SP169）。下面介绍 SP-169 的生产方法：SP-169 是由十八碳醇依次加聚环氧丙烷（PO）、环氧乙烷（EO）、环氧丙烷（PO）而制得，反应如下：

$$R—OH + mCH_3—CH—CH_2 \xrightarrow[130℃]{KOH} RO[C_3H_6O]_mH$$

$$\quad\quad\quad\quad\quad\quad\quad O$$

$$RO[C_3H_6O]_mH + nCH_2—CH_2 \xrightarrow[130℃]{KOH} RO[C_3H_6O]_m[C_2H_4O]_nH$$

$$\quad\quad\quad\quad\quad\quad\quad\quad\quad O$$

$$RO[C_3H_6O]_m[C_2H_4O]_nH + pCH_3—CH—CH_2 \xrightarrow[140℃]{KOH} RO[C_3H_6O]_m[C_2H_4O]_n[C_3H_6O]_pH$$

$$\quad\quad\quad\quad\quad\quad\quad\quad\quad\quad\quad\quad\quad\quad O \quad\quad\quad\quad\quad\quad\quad\quad\quad\quad\quad (SP-169)$$

合成工艺如下：将一定量十八碳醇和 0.5% 催化剂 KOH 置于高压釜内，封闭，氮气置换后，搅拌，升温至 130℃，滴加环氧丙烷，滴完后继续反应 0.5h，冷却出料。取一定量制得的聚氧丙烯脂肪醇醚，在 130℃ 加环氧乙烷进行反应，得一定量聚氧丙烯-聚氧乙烯脂肪醇醚，同样操作，加入环氧丙烷。反应完毕即制得 SP-169。SP-169 的原料质量配比，脂肪醇：环氧丙烷＝1：79，再依次加入 6 份环氧乙烷和 9 份环氧丙烷，这就是 169 的含义。

第二节　石油炼制用化学品

石油炼制工业是石油工业的一个重要组成部分，是把原油通过炼制过程加工为各种石油产品的工业。习惯上将石油炼制过程不很严格地分为一次加工、二次加工、三次加工三类过程。一次加工是将原油用蒸馏的方法分离成轻重不同馏分的过程，它包括原油预处理、常压蒸馏和减压蒸馏。二次加工是将一次加工过程产物的再加工，主要指将重质馏分和渣油经过各种裂化生产轻质油的过程，包括催化裂化、热裂化、石油焦化、加氢裂化等。三次加工主要指将二次加工产生的各种气体进一步加工以生产高辛烷值汽油组分和各种化学品的过程，包括石油烃烷基化、烯烃叠合、石油烃异构化等。石油炼制过程中须用多种化学品，按其在炼制过程中所起的作用，可分为催化剂类、溶剂类和其他化学品。

一、石油炼制催化剂

石油炼制催化剂是催化剂工业中一类重要产品，包括催化裂化、催化重整、加氢精制、加氢裂化、异构化、烷基化、叠合等过程中所用的催化剂，其中催化裂化、催化重整、加氢精制为三种主要石油炼制催化剂，有许多种牌号。

1. 催化裂化催化剂

近年来，分子筛裂化催化剂改用硅溶胶或铝溶胶等为黏合剂，将分子筛、高岭土黏结在一起，制成了高密度、高强度的新一代半合成分子筛催化剂。所用分子筛除稀土-Y 型分子筛外，还有超稳氢-Y 型分子筛等。这类催化剂迅速推广应用并形成适合不同用途的品种系列，包括渣油裂化用的抗金属污染裂化催化剂、高辛烷值汽油的裂化催化剂、减少空气污染的吸氧化硫裂化催化剂等。此外，催化裂化中还使用含有促进一氧化碳燃烧组分的裂化催化剂或一氧化碳助燃剂，使再生器中一氧化碳全部转化为二氧化碳，以回收能量，减少一氧化碳的大气污染。

2. 催化重整催化剂

目前，使用最多的是铂-铼催化剂，其次是铂-锡催化剂，均以含氟 γ-氧化铝为载体，在运转中通过控制循环氢中的水氯平衡来调节催化剂酸性。催化剂中铂含量一般为 0.375%～0.6%（质量分数）。近年来，由于载体孔分布、浸渍技术等的改进，新一代重整催化剂的活性、选择性和寿命均有所提高，某些牌号催化剂中铂的含量已降到 0.25%。

3. 加氢精制催化剂

加氢精制催化剂主要是钼-钴、钼-镍、钨-镍等磺化物催化剂，以 γ-氧化铝或加少量氧化硅的 γ-氧化铝为载体。形状一般为小条或小球，商品中氧化钼、氧化钨含量一般为 15%～18%（质量分数），氧化成硫化物催化剂再使用。钼-钴催化剂多用于加氢脱硫，钼-镍催化剂多用于加氢脱氮，钨-镍催化剂多用于饱和芳烃，还有钼-钴-镍催化剂具有更好的脱硫活性和脱氮活性。此外，还有用于喷气燃料芳烃加氢和溶剂油精制的铂、钯金属催化剂。

近年来，加氢精制催化剂改善了载体孔分布以及浸渍等制备技术，提高了活性和寿命，达到了降低反应温度、压力、氢油比等以节省加氢装置能耗的目的。为适应常压渣油加氢处理的需要，还发展了加氢脱金属催化剂。

4. 加氢裂化催化剂

加氢裂化催化剂是以贵金属钯或钼-镍、钨-镍硫化物等为加氢组分，无定形硅铝、超稳Y 型分子筛等裂化组分所组成。此外，常用的还有：烯烃叠合用的磷酸-硅藻土催化剂；石油烃烷基化用的硫酸或氢氟酸催化剂；烃类异构化用的铂-丝光沸石分子筛催化剂；柴油降凝用的 ZSM 择形分子筛催化剂等。

二、溶剂

1. 芳烃抽提溶剂

芳烃抽提溶剂是二乙二醇醚，后来采用三乙二醇醚、四乙二醇醚、环丁砜、N-甲基吡咯烷酮、二甲基亚砜和吗啉等芳烃抽提溶剂。

2. 气体脱硫溶剂

湿法脱硫主要有化学吸收法和物理吸收法。化学吸收法使用的溶剂有醇胺类（如一乙醇胺、二乙醇胺、三乙醇胺、甲基二乙醇胺、二甘醇胺和乙基异丙醇胺等）及碱性盐类（如碳酸钾、碳酸钠、碳酸钾和二乙醇胺、碳酸钠和三氧化砷和二甲基甘氨酸钾）。物理吸收法用的溶剂，有膦酸三正丁酯、醇胺-环丁砜水溶液和聚乙烯乙二醇二甲醚等。此外，也有使用特殊溶剂，如 N-甲基-2-吡咯烷酮来提高脱除硫化氢的选择性。

三、其他化学品

在石油炼制的某些工艺过程中，需要加入某些化学品，其中有原油预处理脱水用的破乳剂，例如高分子脂肪酸钠和磺化植物油；原油蒸馏装置防腐蚀用的氨水、纯碱和缓蚀剂，后者如氯化烷基吡啶、多氧烷基咪唑的油酸盐和酰胺型缓蚀剂。

第三节　石油产品添加剂

石油产品是指石油炼制工业中由原油经过一系列石油炼制过程和精制过程而得到的各种

产品。通常按其主要用途分为两大类：一类为燃料，如液化石油气、汽油、喷气燃料、煤油、柴油、燃料油等；另一类作为原材料，如润滑油、润滑脂、石油蜡、石油沥青、石油焦以及石油化工原料等。

石油产品添加剂是一类能显著改进石油产品某些特性的化学品，其中绝大多数是人工合成的、能溶解于矿物油中的有机化合物。原油经过多种炼制过程，加工出的各种产品，往往不能直接满足各种机械设备对油品使用性能的要求。有效而且比较经济的方法是加入各种添加剂，加入量一般为千分之几到百分之几。石油产品中使用添加剂最多的是润滑油，其次是汽油、煤油及柴油等轻质油品。石油蜡与石油沥青中也用到一些添加剂。

一、石油燃料添加剂

近些年来燃料添加剂在国内外已受到越来越多的重视，我国的车用汽油、喷气燃料、柴油以及燃料油等也逐渐依靠各种添加剂来解决各种使用过程中出现的性能问题。

(一) 通用的保护性添加剂

一般说来，现今的各类燃料添加剂均可分为两大类别。

(1) 保护性添加剂　即主要解决燃料储运过程中出现的各种问题的添加剂。包括抗氧化剂、金属钝化剂、分散剂等稳定剂，抗腐蚀剂或防锈剂等。

(2) 使用性添加剂　即主要解决燃料燃烧或使用过程中出现的各种问题的添加剂。包括各种改善燃烧性能及处理或改善燃烧生成物特性的添加剂。因燃料种类不同而各异。因此多属于各类燃料的专用添加剂。

当然，有些多用途的添加剂可兼有不止一种的上述性能。由于现代各种牌号的车用汽油、柴油以及燃料油等，均为由各种石油炼制过程（如直馏催化裂化、减黏、焦化、加氢裂化以及催化重整、叠合、烷基化、异构化等）所得产物作为组分，经调合而成。其中的二次加工产物带来的油品稳定性问题往往较多。因此，为解决这类问题所需要的各种保护性添加剂已成为引人注目的各类燃料共同需要的添加剂组分。此外，各类燃料还有一些在储运过程中易出现的问题所需添加剂也是类同的。

1. 抗氧化剂

为了防止汽油、喷气燃料、柴油等在储存过程中氧化生成胶质沉淀，以及在使用过程中溶在燃料中的胶质因燃料汽化、雾化而沉积于吸入系统、汽化器、喷嘴等处，影响发动机的正常运转，一般燃料中多需加入各种抗氧化剂。现代通常应用的抗氧化剂为 2,6-二叔丁基苯酚和 N,N'-二仲丁基对苯二胺等化合物。这些化合物的抗氧化作用机理为：其分子中所含的较活泼的 H 原子可供给在氧化过程中生成的过氧化物自由基，使其失活，从而中断氧化链锁反应，使氧化诱导期大为延长，实际上就起到了抗氧化作用。通常其用量约需 10g/1000L。

(1) 2,6-二叔丁基-4-甲基苯酚　本品简称抗氧剂 264，是国际上通用的优良抗氧剂，除作为汽油等燃料的抗氧剂外，还广泛地应用于润滑油、石蜡、橡胶、塑料制品、工业用油脂类、涂料、食品等方面的抗氧剂。

抗氧剂 264 的生产方法是：在反应器内加入对甲酚和催化剂硫酸，在 65℃时通入异丁烯，烷基化反应后得到抗氧剂 264 溶液：

用 60℃热水洗涤所得溶液，加碳酸钠中和，最后用 70～80℃水洗至中性送入结晶器，冷却至 10～15℃时即有结晶析出，经离心机脱水后得粗品；再将粗品溶于 80～90℃的 50%（质量分数）乙醇及 0.5%硫脲，趁热过滤，滤液冷却结晶，经离心机甩滤后进行干燥，即得成品。

(2) N,N'-二仲丁基对苯二胺　本品广泛应用于汽油、润滑油，常与 264 等抗氧剂、金属钝化剂并用，也能防护天然及合成橡胶制品的热氧老化及臭氧老化，还能作聚丙烯纤维稳定剂使用。该抗氧剂是以对硝基苯胺、丁酮和氢气为原料，进行加氢还原和 N-烷基化反应制得。具体的工艺过程：对硝基苯胺和丁酮以 8:1 的摩尔比配料从反应器上部加入，并通氢气，在 5MPa 和 160℃下，原料通过含有铂、氟化合物的氯化铝催化剂层，反应产物从底部流出，冷却后分离出液状目的产物。对硝基苯胺转化率为 99%。反应方程式如下所示：

$$H_2N-\!\!\!\bigcirc\!\!\!-NO_2 + 2CH_3COCH_2CH_3 \xrightarrow[-H_2O]{H_2} CH_3CH_2\underset{CH_3}{\overset{|}{CH}}NH-\!\!\!\bigcirc\!\!\!-NH\underset{CH_3}{\overset{|}{CH}}CH_2CH_3$$

2. 金属钝化剂

汽油等燃料中所含的痕量被溶解的铜等金属化合物可催化氧化反应，加速胶质的生成。因此，在加入抗氧剂的同时还需要加入金属钝化剂。金属钝化剂的作用机理为：将燃料中的铜等金属化合物转变为铜螯合物，使其不再能生成具有催化活性的铜化合物，即使其"钝化"或"失活"。典型的金属钝化剂为 N,N'-二亚水杨基-1,2-丙二胺，商品牌号是金属钝化剂 T1201，其生产工艺流程见图 8-2。

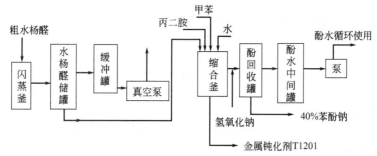

图 8-2 N,N'-二亚水杨基-1,2-丙二胺的生产工艺流程

用 1,2-丙二胺与水杨醛在常压下缩合即得产物，其反应式如下：

$$\underset{NH_2\ NH_2}{CH_2CHCH_3} + 2\ \underset{OH}{\bigcirc}^{CHO} \xrightarrow[\text{水稀释剂}]{55℃} \underset{OH}{\bigcirc}^{CH=N\underset{CH_3}{\overset{|}{CH}}CH_2N=CH}\underset{HO}{\bigcirc} + 2H_2O$$

由于缩合反应放热多，反应比较剧烈，故用水作稀释剂。其生产步骤如下：①减压闪蒸水杨醛；因 60% 纯度的工业水杨醛直接使用会影响产品的颜色并带入杂质絮状不溶物，因此先将工业水杨醛在 −97.3kPa、小于 120℃ 条件下闪蒸，脱除杂质，馏余物作为缩合原料。②缩合反应：原料投料摩尔比为丙二胺：水杨醛：冰 =1.05:2:（25～40），在常压 50～60℃ 温度下缩合 0.5h。③水洗除苯酚：原料水杨醛中带入的苯酚大部分溶于钝化剂中，由于苯酚易氧化变黑影响产品的质量和外观，所以进行水洗除苯酚。④干燥除去因水洗带入钝化剂中的水分。⑤配制，制得的钝化剂在常温呈半固体状态，为了储存和使用方便，用甲苯稀释成溶液。

3. 抗腐蚀剂

车用汽油等燃料由于通常溶有微量水分和空气而在储罐、管线以及发动机燃料箱中对金属可引起腐蚀或锈蚀。这种腐蚀或锈蚀除导致设备、机件寿命缩短外，其生成的锈粒还可能阻塞燃料滤网、汽化器、喷嘴以及沉积于阀座上，破坏发动机正常运转。因此，燃料中常需加入抗腐蚀剂，一般可用某些可溶于燃料的润滑油防锈剂来作为抗腐蚀剂。常用的为 C_{12} 烯基丁二酸、双烷基磷酸等。

（二）车用汽油专用添加剂

1. 抗爆剂

抗爆剂主要用于改善汽油的燃烧特性，提高其辛烷值。长期广泛使用的效果最佳的抗爆剂四乙基铅、四甲基铅与二溴乙烷非铅剂的复合剂，在近年来由于环保要求日益严格，趋于淘汰。但从全面使用性能及经济性看，还未发现能与烷基铅相媲美的抗爆剂。为了实现汽油的低铅化以至无铅化，较为可行的措施是在充分利用催化重整、烷基化等加工工艺的同时，采用甲基叔丁基醚作为提高汽油辛烷值组分的办法来解决。

甲基叔丁基醚的生产方法是以混合丁烯和甲醇为原料，在酸性催化剂存在下，进行放热反应而制得：

$$CH_2=\overset{\overset{\displaystyle CH_3}{|}}{C}-CH_3 +CH_3OH \xrightarrow{\text{酸性催化剂}} (CH_3)_3COCH_3$$

具体过程是：将液态混合丁烯（含异丁烯 45%，质量分数）与过量 20% 的新鲜甲醇或循环甲醇混合，进入装有催化剂的固定床管式反应器；反应器带有外循环液体冷却系统，借助外循环液体冷却系统将产生的反应热移走。从反应器流出的混合产物送入精馏塔，可得到纯度大于 98% 的甲基叔丁基醚产品。

2. 抗表面引燃剂

由于燃烧室内某些局部表面可能存在少量炭沉积物，在较高压缩比的工作状态下，压缩做功可能使燃烧室内温升高，致使这些炭沉积物达到灼热的程度，导致因这些局部表面地点引发的提前点火，从而影响发动机的正常运转，还可造成功率损失，并影响机件寿命。

为减少上述表面引燃现象，可使用有机磷化合物，如甲苯二苯基磷酸酯和甲基二苯基磷酸酯。其作用机理为可将具有较低灼热点的沉积物转变为含有磷酸酯的、灼热点较高的沉积物。

3. 汽化器清净剂

由于发动机在空转期间，空气中的污染杂质进入汽化器，以及由于环保要求安装废气循环装置，或由于正压排气装置的操作不良，使废气中夹带的污染物进入汽化器，皆可在汽油机的节流阀体生成沉积物，影响油气比的控制，而干扰汽化器的正常运转，同时造成在低速低负荷运转时使 CO、烃类的排放增多，不利于节能。

为防止这些沉积物的生成，可在汽油中加入适量的汽化器清净剂。现今常用的这类清净剂与润滑油分散剂的化学结构类同，其典型化合物为丁二酰亚胺或酚胺类。

4. 防冰剂

在冷湿的气候条件下，如在 2~10℃ 以下，空气的相对湿度超过 50% 时，由于含有较多低沸点组分的汽油汽化时，使吸入的空气冷却，可导致空气中水分在汽化器节流阀滑板区结冰，阻碍空气畅通地流入，甚至可导致发动机停转。为防止此问题发生，可使用防冰剂。

防冰剂可分为两类。其一为冰点降低剂，包括低分子醇类，如甲醇、异丙醇以及己二醇等。另一类为表面活性剂，它们在汽化器和节流阀滑板区金属表面上吸附力较强，因而形成一层保护膜，防止了冰晶在金属表面上集结。这类防冰剂如 C_{17} 烷基二乙醇酰胺

$[C_{17}H_{35}-\overset{\overset{\displaystyle O}{\|}}{C}-N(CH_2CH_2OH)_2]$，2-$C_{17}$烷基-1-羟乙基咪唑啉等。

（三）喷气燃料专用添加剂

1. 抗静电剂

这类添加剂是用于迅速消除喷气燃料在流动或运移中由于湍流影响而产生的大量静电荷及产生火花，避免引起火灾的危险。常用的化合物有烷基水杨酸铬，C_{12} 烯基丁二酸锰以及多元酸的胺盐等。我国目前使用的抗静电剂为烷基水杨酸铬与甲基丙烯酸酯含氮共聚物等复合而成的产品。

烷基水杨酸铬的生产方法如下：首先由蜡裂解成 C_{14}~C_{18} 烯烃，烯烃与苯酚在强酸性阳离子树脂催化剂的作用下发生烷基化反应，生成烷基苯酚；然后与氢氧化钠反应，得烷基酚钠。接着通入二氧化碳于 1MPa 压力和 140℃ 温度下进行羧基化反应，得烷基水杨酸钠。再将烷基水杨酸钠的二甲苯溶液与乙酸铬的甲醇溶液进行复分解反应，可得烷基水杨酸铬，然

后精制过滤得产物。反应方程式如下：

$$R-\text{C}_6\text{H}_4-\text{ONa} + CO_2 \rightleftharpoons R-\text{C}_6\text{H}_3(\text{OH})(\text{COONa})$$

$$3R-\text{C}_6\text{H}_3(\text{OH})(\text{COONa}) + (CH_3COO)_3Cr \longrightarrow [R-\text{C}_6\text{H}_3(\text{OH})(\text{COO})]_3Cr + 3CH_3COONa$$

2. 抗菌剂

当喷气燃料在储运过程中遇水后，可能有些能使燃料中的碳产生代谢作用的细菌生长，产生具有腐蚀性或导电性的不溶性产物。为此，可加入抗菌剂抑制其生长。由于下面所述的抗冰剂兼有抗菌作用，故抗菌剂主要用于不含抗冰剂的喷气燃料。常用的抗菌剂有环状亚胺和含硼的化合物等。

3. 抗冰剂

为了防止喷气燃料在高空使用过程中可能由于冷却析出所含的少量水分并结成冰粒，以致有堵塞滤网和油路的危险，可加入抗冰剂。目前国内常用的有乙二醇单甲醚等。

乙二醇单甲醚由环氧乙烷与甲醇反应而得，其反应方程式如下：

$$CH_2-CH_2(\text{O}) + CH_3OH \xrightarrow{BF_3} CH_3OCH_2CH_2OH$$

将甲醇加入三氟化硼乙醚络合物中，在搅拌下于 $25\sim30℃$ 通入环氧乙烷，通完后温度自动升至 $38\sim45℃$，将所得反应液用氢氧化钾-甲醇溶液中和至 pH8～9。回收甲醇，蒸馏，收集 130℃ 以前的馏分即得粗品，再进行精馏，收集 $123\sim125℃$ 馏分即为成品。工业生产中，可将环氧乙烷与无水甲醇在高温高压下反应，不需催化剂，可得高收率的产品：将环氧乙烷与新鲜甲醇及循环甲醇混合，经预热后进入反应器，反应温度为 $150\sim200℃$，反应压力为 $1.96\sim3.92$MPa，甲醇过量约 15%，使环氧乙烷转化完全。从反应产物中蒸出甲醇循环使用，再经减压精馏分离得乙二醇单甲醚。同时分离出反应副产物一缩二乙二醇单甲醚和二缩三乙二醇单甲醚等产品，收率 90% 以上。

4. 抗烧蚀剂

为了防止喷气机火焰筒在使用某些喷气燃料时可能发生烧蚀现象，在喷气燃料中可加入某些抗烧蚀剂，如 CS_2 等。

（四）柴油专用添加剂

1. 分散剂

现代柴油中裂化产物组分已占相当大的份额。尽管加入抗氧化剂，在长期储存中也难免氧化生成不溶性胶质、残渣和漆状沉积物。这些杂质很易堵塞过滤器及喷嘴等处，并使排气中烟灰增多，损失功率。因此，可加入与润滑油分散剂类同的柴油分散剂，如丁二酰亚胺、硫代磷酸钡盐以及磺酸盐等，使上述不溶物在柴油中保持分散悬浮，避免在发动机的关键部位形成漆状沉积物，同时也就能保证燃烧良好，排烟减少，并利于节能。

2. 低温流动改进剂

为了改善柴油（特别是冬用柴油）的低温流动性，使柴油在低于浊点的温度下也能较好通过油管与过滤器，具有良好的低温泵送性能和过滤性能，可加入低温流动改进剂。同时，由于使用流动改进剂，还可使柴油馏分适当加宽，利于增产柴油。现今这种加有低温流动改进剂的柴油的应用已日趋广泛。

作为低温流动改进剂的化合物主要有乙烯-乙酸乙烯酯共聚物、乙烯-丙烯酸酯共聚物等。这类添加剂在我国已投产应用。由于我国柴油含蜡较多，可加体积分数为 0.1% 以下即可。

3. 引燃改进剂（十六烷值改进剂）

为了解决某些柴油在使用中的引燃滞后导致爆震、降低功率等问题，可加入改善柴油引燃性能或提高其十六烷值的添加剂。近年来，随着重油深度加工的发展，裂化柴油产量大幅度增长，柴油的十六烷值已有下降趋势，因此，这类添加剂的应用逐渐受到人们重视。常用的十六烷值改进剂为硝酸戊酯、硝酸己酯等。其作用机理为这些化合物较易分解成为自由基或氧化合物，从而可诱发柴油的引燃或降低其引燃温度。其加入量约为体积分数 0.1%。

4. 消烟剂

为保护环境，如何减少柴油机排气中的烟粒（黑烟）已引起人们的关注。除改进柴油机燃烧室结构，采用废气循环，控制喷油时间，安装尾气过滤器或烟粒捕集器等以外，加入消烟剂也是主要措施之一。这些消烟剂实际上也就是保证燃烧反应进行完全的催化剂。常用的有高碱性磺酸钡、甲基环戊二烯三羰基锰等，其加入量均约为体积分数 0.5%。

（五）燃料油专用添加剂

1. 油渣抑制剂和分散剂

现代的燃料油也常掺有二次加工所得渣油、溶剂提取油等；同时，为了易于输送还可掺入一定量稀释柴油。这样调配成的燃料油有时易析出沥青状沉积物或沉析出油渣，影响输油，燃烧不良。为了防止此问题发生，可加入环烷酸盐或芳香类物质使沥青状沉积物溶于油中，抑制油渣的析出。此外，为了防止水分析出，还可加入适量醇类使水在油内分散良好。

环烷酸亚钴又名环烷酸钴，为棕色无定形粉末或紫色坚硬树脂状固体，有时呈深红色半固体或稠厚液体。溶于苯、二甲苯、汽油。环烷酸亚钴工业生产方法：先将环烷酸加入反应釜中，加入等量的水，搅拌升温至 95℃，加入 15%～20%氢氧化钠溶液进行皂化反应，维持 90～95℃继续加碱，检查皂液 pH 为 7～7.2 为止，于 90℃条件下，按计量加入硝酸钴盐进行复分解反应；再加入 120# 汽油洗涤，去掉杂质、脱水、脱油。最后加入 200# 汽油稀释至规定的含钴量即得成品。一般工业品为紫红色黏稠液体，每吨产品消耗环烷酸约 800kg，钴盐 90kg。该产品除作油渍抑制剂外，还可作为切削油及润滑油添加剂。

$$C_nH_{2n-1}COOH + NaOH \longrightarrow C_nH_{2n-1}COONa + H_2O$$
$$2C_nH_{2n-1}COONa + Co(NO_3)_2 \longrightarrow (C_nH_{2n-1}COO)_2Co + 2NaNO_3$$

2. 低温流动改进剂

现今许多燃料油由于含蜡较多，倾点可达 30～40℃，高出油品规格要求 10～20℃。为此，可根据原料特性选用如前述柴油流动改进剂那类化学结构的聚合型流动改进剂来解决此问题。

3. 灰分改性剂

燃料油为锅炉燃料时，其中所含的少量硫、钒和钠等化合物在炉管表面可造成腐蚀。其中钒、钠化合物在620℃以上的高温下可在炉管表面形成熔渣腐蚀层。而硫化合物燃烧生成的 SO_2，尤其在 V_2O_5 催化作用下进一步生成 SO_3，在较低温度下即可造成严重腐蚀。

为防止这些严重腐蚀问题，可用油溶性的环烷酸镁作为灰分改性剂加入燃料油。燃烧时，环烷酸镁转为 MgO，与 V_2O_5 作用生成非腐蚀性的钒酸镁，这样就阻止其生成熔渣，并可防止其对 SO_2 转成 SO_3 的催化作用。

二、润滑油添加剂

随着机械工业的发展，特别是内燃机的更新换代，对油品性能要求不断提高的同时，润滑油添加剂也得到发展，概括起来有三个方面：①减少金属部件的腐蚀及磨损；②抑制发动机运转时部件内部油泥与漆膜的形成；③改善基础油的物理性质。润滑油添加剂主要有金属清净剂、无灰分散剂、抗氧化剂、黏度指数改进剂、降凝剂、极压抗磨剂、防锈剂、金属钝化剂及抗泡剂等。添加剂可以单独加入油中，也可将所需种种添加剂先调成复合添加剂，再加入油中。

1. 金属清净剂

金属清净剂主要用于内燃机油及船用汽缸油。其作用是抑制汽缸活塞环槽积炭的形成，减少活塞裙漆膜黏结以及中和燃料燃烧后产生的酸性物质（包括润滑油本身的氧化产物）对金属部件的腐蚀与磨损。常用的是有机金属盐，如磺酸盐、烷基酚盐、烷基水杨酸盐、硫膦酸盐等。这些盐类分别制成低碱性、中碱性与高碱性，而以高碱性的居多。

2. 无灰分散剂

其突出的性能在于能抑制汽油机油在曲轴箱工作温度较低时产生油泥，从而避免汽油机内油路堵塞、机件腐蚀与磨损。代表性化合物是聚异丁烯丁二酰亚胺。无灰分散剂与金属清净剂复合使用，再加入少量抗氧化抗腐蚀剂，可用于调配各种内燃机油。

3. 抗氧化剂

根据油品使用条件的不同，抗氧化剂大体分为：①抗氧抗腐剂，主要用于内燃机油，除能抑制油品氧化外，还能防止曲轴箱轴瓦的腐蚀。应用较广的是二烷基二硫代磷酸锌盐，它也是一种有效的极压抗磨剂，多用于齿轮油与抗磨液压油等工业润滑油中。②抗氧添加剂，主要有屏蔽酚类（如2,6-二叔丁基对甲酚）与芳香胺类。前者多用于汽轮机油、液压油等工业润滑油，后者在合成润滑油中应用较多。抗氧化剂的作用是延缓油品氧化，延长使用寿命。常用于润滑油的抗氧剂中二苯胺、N-苯基-萘胺的抗氧效能较好。

二苯胺可由苯胺和苯胺盐酸盐在210℃、0.62MPa下缩合而得。如果使用催化剂，则不需要苯胺盐酸盐，苯胺本身即可缩合得到二苯胺。

在一密闭的铸铁反应器内加入苯胺和苯胺盐酸盐（比例为1.1∶1），加热到210～240℃，压力为0.62MPa，反应约20～22h，得到二苯胺、氯化铵和未反应的苯胺的混合物：

$$\text{C}_6\text{H}_5-\text{NH}_2 + \text{C}_6\text{H}_5-\text{NH}_2 \cdot \text{HCl} \longrightarrow \text{C}_6\text{H}_5-\text{NH}-\text{C}_6\text{H}_5 + \text{NH}_4\text{Cl}$$

原料带入的少量水分能影响反应的正常进行，因此在反应中需适当排气。此法收率为80%～85%，每吨二苯胺消耗苯胺1202kg。

采用三氯化铝作催化剂，生产可大大简化。将苯胺在三氯化铝存在下加热到300～330℃，压力为0.59～1.27MPa，所得反应产物含二苯胺78%以上：

$$2\,\text{C}_6\text{H}_5-\text{NH}_2 \xrightarrow{\text{AlCl}_3} \text{C}_6\text{H}_5-\text{NH}-\text{C}_6\text{H}_5$$

反应液经中和、煮洗、减压蒸馏，再用乙醇结晶，即得二苯胺成品，每吨产品消耗苯胺1413kg。与苯胺盐酸盐法比较，此工艺节约了大量盐酸，减轻了设备腐蚀和环境污染。

4. 黏度指数改进剂

黏度指数改进剂也称增黏剂，用以提高油品的黏度，改善黏温特性，以适应温度范围对油品黏度的要求。主要用于调配多级内燃机油，也用于自动变速机油及低温液压油等。其主要品种有聚甲基丙烯酸酯、聚异丁烯、乙烯丙烯共聚物、苯乙烯与双烯共聚物等。聚甲基丙烯酸酯改善油品低温性能的效果好，多用于汽油机油；乙烯丙烯共聚物剪切稳定性与热稳定性较好，适用于增压柴油机，也能用于汽油机油。

5. 降凝剂

降凝剂是用以降低油品的凝固点，改善油中石蜡结晶的状态，阻止晶粒间相互黏结形成网状结构，从而保持油品在低温下的流动性。常用的有聚甲基丙烯酸酯（含长烷链的）、聚α-烯烃和烷基萘等。

6. 极压抗磨剂

极压抗磨剂是以防止在边界润滑与极压状态下（高负荷状况），金属表面之间的磨损与擦伤。极压抗磨剂是一类含硫、磷、氯的有机化合物，有的则是其金属盐或胺盐。这些化合物的化学活性很强，在一定条件下，能与金属表面反应生成熔点较低和剪切强度较小的反应膜，从而起到减少金属表面之间磨损和防止擦伤的作用。常用的极压抗磨剂有含硫化合物（硫化异丁烯、二苄基二硫化物等）、含磷化合物（磷酸三甲酚酯、磷酸酯胺盐等）。从应用效果看，含磷化合物能有效地提高抗磨性；含硫、含氯化合物能有效地提高耐负荷性，含硫化合物比含氯化合物更好；含有不同元素的几种化合物混合时，其添加效果随元素的化合状态不同而异；使用磨损降低的添加剂，提高油膜强度的倾向较强。有些添加剂不仅具有抗磨极压作用，同时又具有抗氧化能力，如二烷基二硫代氨基甲酸硫化钼是一种抗磨极压添加剂，并兼有抗氧化能力，可以提高润滑油脂的抗磨性和负荷承载能力。

7. 油性剂

油性剂主要用以改善油品的润滑性，提高其抗磨能力。动植物油、高级脂肪酸、高级脂肪酸酯类、盐类均属此类。多用于导轨油、液压导轨油及金属加工油中。

8. 金属钝化剂

金属钝化剂是一类能在金属表面形成保护膜以降低金属对油品氧化的催化活性的化合物。一般常与抗氧化添加剂复合使用，以有效地延长油品的使用寿命。常用的金属钝化剂有噻二唑及苯三唑的衍生物等。

9. 防锈剂

防锈剂是用以提高油品对防止金属部件接触水分和空气产生锈蚀的能力。常用的防锈剂有石油磺酸盐、烯基丁二酸类、羊毛脂及其镁盐等。

10. 抗泡剂

抗泡剂指能改变油-气表面张力，使油中形成的泡沫能快速逸出的化合物，常用的有甲基硅油和酯类化合物等。

三、润滑脂添加剂

润滑脂所用的抗氧化剂、抗压抗磨剂、油性剂、防锈剂、金属钝化剂与润滑油的添加剂大致相同。

>>> 习题

1. 石油具有哪些用途？

2. 什么叫石油化学品？

3. 石油化学品包括哪几类化学品？

4. 钻井泥浆处理剂分成哪些大类？

5. 腈纶水解制部分水解聚丙烯腈产物的条件是什么？

6. 简述稀释剂单宁的生产过程。

7. 用聚丙烯酰胺制备部分水解聚丙烯胺的工艺条件是什么？

8. 简述降凝剂聚 α-烯烃生产工艺流程。

9. 丙烯酸丁酯-顺丁烯酸酯-乙酸乙烯酯共聚物降凝剂的合成路线是什么？

10. 石油炼制用化学品分哪些种类？

11. 石油燃料添加剂主要分哪些种类？

12. 抗氧剂 264 的生产工艺条件。

13. 简述金属钝化剂 T1201 生产工艺流程。

14. 抗爆剂的主要作用是什么？

15. 简述甲基叔丁醚具体生产过程。

第九章 工业与家用洗涤剂

洗涤剂是指按照配方制备的有去污洗净性能的产品，它以一种或数种表面活性剂为主要组分，并配入各种助剂，以提高与完善去污洗净能力。有时为了赋予多种功能，也可以加入织物柔软剂、杀菌剂或有其他功能的物料。洗涤剂也称合成洗涤剂，以区别于传统惯用的以天然油脂为原料的肥皂。洗涤剂的产品形式常以粉状、液状、浆状或块状出现，其中颗粒粉状洗涤剂的产量最大。洗涤剂按用途分为家用洗涤剂和工业洗涤剂两大类。

第一节 概　　述

一、洗涤的基本过程

洗涤去污是将固体表面的污垢借助于洗涤浴从固体表面去除的过程，这种洗涤过程是一种物理化学作用过程。洗涤浴可以是有机溶剂也可以是水溶液，汽油、三氯乙烯等是金属清洗、毛料服装干洗的洗涤浴，在日常生活中使用最普及的洗涤浴是含表面活性剂的水溶液。去污是一个动态效应，首先要将污垢从固体表面脱除，然后悬浮、乳化、分散在洗涤浴中，防止污垢从浴液中再沉积到固体表面，经过漂洗，得到预期的清洁表面。

二、去污原理

在去污过程中，洗涤体系存在三个要素：被清洗的固体物，称为基材；黏附在固体物上的污垢；洗涤用的洗涤浴。每个要素本身都是一个复杂的体系，如被洗净的固体可以是金属表面、非金属表面、织物等，表面结构可以是平滑、粗糙、各种几何形状的；污垢可以是固体污垢、液体污垢及其混合物；污垢的组成可以是动植物油脂、脂肪醇、脂肪酸、烃类矿物油、人体排泄的皮脂、空气中的尘土及其混合物；洗涤浴可含有不同组分的助剂与表面活性剂。因此，去污作用决定于三个要素之间的相互作用。

去污包含两个方面：一是从基材表面将污垢脱除；另一是将脱除的污垢分散、悬浮在洗涤浴中，防止污垢再沉积返回到基材。基材与污垢的黏合，通常是通过范德华引力，而静电引力是很微弱的，这对在水溶液中的固体污垢更为显著。固体污垢的去除，主要借助洗涤浴的表面活性剂对表面的润湿与界面吸附作用，改变了颗粒污垢与基材之间的界面能，降低相互之间的引力，使两者分离。液体污垢从固体表面的去除，主要是洗涤浴的润湿与卷缩机制。污垢从基材表面去除后，以胶体状态悬浮在洗涤浴中。悬浮在洗涤浴的固体污垢，由于界面吸附了表面活性剂或无机盐离子，增加了颗粒污垢表面的电势，增强了污粒之间斥力，这种电势垒阻止了微小颗粒的聚集，防止了再沉积在洗涤浴中。加入能产生同样的电势或起空间障垒作用的其他组分，都可以防止污垢再沉积。例如羧甲基纤维素是一种水溶性高分子化合物，作为洗涤助剂可用来防止污粒的再沉积。

三、影响去污作用的因素

去污作用是一个复杂的物理化学过程，涉及面较广，常受到洗涤剂组成的配比、机械力、水硬度、洗涤温度等的影响，要取得满意的去污程度，就要了解与处理好各种因素。

1. 表面活性剂结构

表面活性剂是洗涤剂的重要组成，虽然表面活性剂的种类非常多，但通常用于配制洗涤剂的主要是阴离子表面活性剂与非离子表面活性剂，因为这两种表面活性剂有良好的去污性能。用于洗涤剂的表面活性剂，应具有以下特点。

(1) 吸附作用　表面活性剂在基材与污垢的界面吸附，对改变界面能、使污垢从基材表面去除与悬浮在水浴中起了重要作用。有支链憎水基的表面活性剂，在界面吸附层的排列不如直链憎水基的表面活性剂紧密，其去污力与泡沫力明显下降。

(2) 表面活性剂憎水基链长度　选择用作洗涤剂的表面活性剂烷烃长度，最好是 C_{12}～C_{18}，低于 C_{12} 的，去污能力差，大于 C_{18} 的，水溶解性差，两者都降低了表面活性。选择适当的烷烃链长度时，也要考虑采用的洗涤温度。

非离子表面活性剂的憎水基与亲水基的平衡是至关重要的。如用 C_{10}～C_{18} 脂肪醇聚氧乙烯醚配制洗涤剂，聚氧乙烯链需占分子质量的 2/3 以上，这样它的水溶解性就较好。反之，憎水基越大，就需要聚氧乙烯链越长，才能改善水溶解性。但聚氧乙烯链过长，会降低在界面的吸附，也即降低去污能力。

表面活性剂与无机、有机助剂配合使用，产生协同作用，可改善与提高表面活性剂的去污效果。

2. 水的硬度

硬水中含有钙、镁等多价金属离子，水的硬度越大，水中的钙、镁离子的质量浓度也越大。钙、镁离子会降低去污力，水硬度越大，则表面活性剂去污效果越差。非离子表面活性剂在硬水中的去污效果下降比阴离子表面活性剂缓和。因此，要取得满意的去污效果，必须设法降低水硬度，或使用螯合剂将钙、镁等离子螯合。

3. 机械作用

机械作用在洗涤过程中是一个重要因素，对污垢的去除是有利的，特别是固体污垢借助机械力使洗涤浴渗透到固体污垢与基材之间，污垢质点越大，所受的水力冲击越大，容易从基材表面去除，小于0.1μm的质点不易从织物上洗净。越接近基材表面液体流速越小，只有借助突然改变流速和流动方向，产生涡流增强接近基材表面的水力，才可使质点小的固体污垢脱除。

4. 基材类型

基材的类型不同对去污效果有一定的影响。极性与亲水性强的纤维如棉花，对非极性污垢（如矿物油、炭黑）去除容易，对极性污垢（如油脂黏土）去除难；反之，憎水性强的纤维（如聚烯烃纤维）对非极性污垢的去除要比极性污垢难。合成纤维中的聚酰胺与聚丙烯腈纤维的亲水性与极性要比其他合成纤维大，洗涤液对它们的去污程度就较好。

5. 温度

适宜的洗涤温度对去污有正作用，当洗涤温度大于油污的熔点，促使油污熔化或软化，有利于油污从基材的去除，但水温大于45℃后去污效果就不显著。酶在洗涤剂中的最佳功能是在 40～60℃，洗涤温度应在40℃以上。不同纤维织物的允许洗涤温度是不同的，洗涤温度过高，对织物是有损害的。

6. 泡沫

泡沫与去污作用无直接关系。泡沫间的薄层能吸入已从基材分离出来的液体污垢或固体污垢，防止再沉积。地毯香波，就是靠产生的泡沫把已洗脱的污垢带出。不过，使用洗衣机时，宜用低泡或无泡洗涤剂，以便于清洗。

四、洗涤剂的分类

洗涤剂按其用途分为两大类：一类是家用洗涤剂；一类是工业用洗涤剂。家用洗涤剂又可分为皂类洗涤剂、衣物洗涤剂、家庭日用品清洁剂、个人卫生清洁剂。个人卫生清洁剂包括洗发香波、浴液、泡沫液、浴油、皮肤清洁剂等，工业洗涤剂中又可分为金属清洗剂、纺织品清洗剂、羽毛洗涤剂等。根据洗涤污垢程度的不同，洗涤剂又可分为轻垢型洗涤剂和重垢型洗涤剂。

第二节　洗涤剂的主要组成

洗涤剂是按一定的配方配制的产品，配方的目的是提高去污力。洗涤剂配方的必要组分是表面活性剂，其辅助组分包括助剂、泡沫促进剂、配料、填料等。洗涤剂的去污力主要是由表面活性剂产生的，但其辅助组分也是不可少的。辅助组分包括大量的无机盐和少量的有机添加剂。这些物质在配方中的加入量虽不同，但各自都有其不可缺少的特殊作用，它们的共同点是提高洗涤效果，改善使用性能，提高商品价值。洗涤剂配方中除去起洗涤作用的表面活性剂外的其他组分都为辅助组分，称为助洗剂或洗涤助剂。洗涤助剂又分为无机助剂和有机助剂。一般洗涤剂配方中表面活性剂约占 $10\%\sim30\%$，洗涤助剂约占 $30\%\sim80\%$，助剂中的有机助剂通常所占的份额很小，但其作用却很重要。洗涤助剂有如下的一些作用：有增强表面活性的作用，增加污垢的分散、乳化、增溶等作用，防止污垢再沉积；有软化硬水，防止表面活性剂水解和提高洗涤液碱性的作用，并有碱性缓冲作用；还具有改善泡沫性能，增加物料溶解度，提高产品黏度等作用；有的助剂还能降低皮肤的刺激性，并对毛发或纺织品起柔软、抑菌、杀菌、抗静电、整饰等作用。洗涤助剂中相当部分是作为填充剂存在于产品的，它不仅可以使产品的成本降低，而且使产品得到稀释，便于应用。填充剂或稀释剂还经常使产品的外观得到改善，如防止粉状产品结块，增加其流动性；提高液体产品的透明度，改善其色泽等。改善产品的外观，赋予产品美观的色彩和优雅的香气，可使消费者喜爱选用，提高商品的商业价值，这一点在日用化学品的生产中是至关重要的。

洗涤剂是按一定的配方配制的专用化学品，配方的目的是提高洗涤力。配方的主要目的是相同的，但是为达到这一目的而采取的方法（即配方内容），是可以千差万别的。因此各洗涤剂生产厂都有自己的配方，并且不遗余力地研究和开发新的洗涤剂配方，通过洗涤剂配方的研究，使表面活性剂和各种助剂充分发挥它们的协同作用，以降低洗涤剂的成本和改善使用性能。成功的洗涤剂配方的研究和开发所带来的经济效益和社会效益往往比研制新结构的表面活性剂来得更直接、更显著。因此洗涤剂配方的研究开发对洗涤剂生产厂家来说是首位重要的技术问题。

洗涤剂性能的优劣，除取决于洗涤剂原料——表面活性剂和洗涤助剂的质量外，还必须依靠配方技术。借助配方技术，可以根据不同的洗涤对象，生产出具有专门用途的专用洗涤剂；利用配方技术，可以生产出粉状、浆状、液体等多种形式的洗涤剂。配方技术的基础，一是取决于生产者对各种表面活性剂复配性能的掌握和了解；二是取决于生产者对各种洗涤助剂的作用和复配性能的掌握和了解。

一、表面活性剂的协同效应

相同或不同类型的表面活性剂配合应用，能够弥补各自欠缺的性能，从而使其某些性能显著提高，称为表面活性剂的协同效应。

1. 不同阴离子表面活性剂配合应用

以烷基苯磺酸钠为主体的洗涤剂加入适量的肥皂配合应用,具有低泡的协同效应。脂肪醇硫酸钠与少量的脂肪醇硫酸钙(或镁)配合应用由于中和的阳离子不同,混合物的临界溶解温度大大低于纯品。烷基苯磺酸钠与少量的烷基苯磺酸钙(或镁)配合应用时,能提高去污力和增溶作用。烷基苯磺酸钠与脂肪醇聚氧乙烯醚硫酸钠混合溶液的表面张力出现最低点,二者质量比为 $4:1$ 时,乳化效果最好;在去污力测定时,发现二者质量比为 $4:1$ 或 $5:1$ 时效果最佳。

2. 阴离子表面活性剂与非离子表面活性剂配合应用

非离子表面活性剂在应用中往往因为浊点偏低受到限制，加入适量的阴离子表面活性剂，使非离子表面活性剂的胶束间产生静电排斥作用，阻止生成凝聚相，使浊点升高。壬基酚聚氧乙烯醚中加入 2%的烷基苯磺酸钠，即可使溶液的浊点提高20℃左右。烷基苯磺酸钠与醇醚型非离子表面活性剂配合应用，在洗涤时与污垢形成液晶，从而提高了去污力。餐具洗涤剂要求对油脂有良好的乳化力，同时要求在有油脂存在的情况下仍有良好的发泡力和洗净力。采用脂肪醇聚氧乙烯醚硫酸钠或十二烷基硫酸钠与烷基醇酰胺配合使用，在质量比为 4：1~2：3范围内具有良好的协同效应，使发泡力和洗净力显著提高。这主要是阴离子表面活性剂分子与非离子表面活性剂分子形成一种结合力较弱的络合物，这种络合物具有良好的乳化分散、起泡和洗净能力。

3. 阴离子表面活性剂与阳离子表面活性剂配合应用

阴离子表面活性剂与阳离子表面活性剂配合应用，传统的概念是两者在水溶液中相互作用产生沉淀从而失去表面活性。近年来许多研究报告认为阴、阳离子表面活性剂混合在一起必然产生强烈的电性相互作用，在适当条件下，有可能使表面活性极大提高。阴、阳离子表面活性剂混合溶液的表面吸附层有其特殊性，反映在泡沫、乳化及洗涤作用中均有极大提高。例如，烷基链较短的辛基三甲基溴化铵与辛基硫酸钠混合，相互作用十分强烈，具有很好的表面活性，表面膜强度极高，泡沫性很好，渗透性大大提高。又如，双十八烷基甲基羟乙基氯化铵阳离子表面活性剂与十八碳脂肪酸钠或十八碳脂肪醇聚氧乙烯醚硫酸钠配合应用，其柔软性、抗静电效果比单独使用要好。

4. 阴离子表面活性剂与两性离子表面活性剂的配合应用

阴离子表面活性剂与两性离子表面活性剂混合时，可能由于阴离子表面活性剂的负电荷与两性离子表面活性剂中的正电荷之间相互作用，从而形成络合物；其乳化性、泡沫性均优于原来的阴离子表面活性剂或两性离子表面活性剂。例如，等摩尔的脂肪醇硫酸钠与十二烷基氨基丙酸钠混合，其解离常数和相对吸附力数据表明，这两种表面活性剂定量地形成络合物，在较低的浓度时，其表面张力很低，络合物的CMC约为原来表面活性剂的 1%，说明表面活性很大，具有很好的协同效应。

5. 同系物表面活性剂的配合应用

同类型表面活性剂且为同系物的混合，其实用性也很大。例如，肥皂（长碳链脂肪酸钠）的烷基链以适当的链长比例混合，会比单一烷基链肥皂的发泡性、洗涤性能好；脂肪醇聚氧乙烯醚硫酸钠的烷基链长和聚氧乙烯链长不同的各种异构体，未中和物和未反应物混合在一起，对产品的乳化、分散、起泡、亲水亲油平衡值都会产生影响，赋予其单一成分所不具备的复合性能。

二、表面活性剂

洗涤剂用表面活性剂的主要品种如下。

1. 阴离子表面活性剂

（1）烷基苯磺酸钠（LAS） 烷基苯磺酸钠是当今世界各地生产洗涤剂用量最多的表面活性剂。市场上各种品牌的洗衣粉几乎都是用它作主要成分而配制的，当前普遍采用的是直链 C_{11}~C_{13}烷的线性烷基苯磺酸钠（LAS），称为软性烷基苯磺酸钠。其生物降解性显著好于支链产品。

（2）脂肪醇聚氧乙烯醚硫酸盐（AES） AES易溶解于水，在较高浓度下也显示低浊点，而且去污力及发泡性都好，被广泛用作香波、浴液、餐具洗涤剂等液洗配方。当它与LAS复配时，有去污增效效果。该系列还有脂肪醇聚氧乙烯醚硫酸铵（AESA），因比 AES 性质温和，更适合高档洗涤用品。

（3）仲烷基磺酸钠（SAS） 分子式为 RSO_3Na。仲烷基磺酸钠是以平均碳数为 C_{16}的烷烃，经磺氧化工艺制得的产品。仲烷基磺酸盐是重要的阴离子表面活性剂，具有良好的润湿性、去污力强，泡沫适中，溶解性好，皮肤刺激小，生物降解性优良。同时与其他表面活性剂的配伍性好，广泛用于工业、民用洗涤剂。

（4）烷基硫酸盐（FAS） 也称脂肪醇硫酸盐，最重要的品种为烷基硫酸钠，结构式为 $ROSO_3Na$。烷基硫酸钠又称脂肪醇硫酸钠，也是商品洗涤剂的主要成分之一，更是阴离子表面活性剂的一个重要品种。它的分散力、乳化力和去污力都很好，可用作重垢织物洗涤剂、轻垢液体洗涤剂，用于洗涤毛、丝织物，也可配制餐具洗涤剂、香波、地毯清洗剂、牙膏等。

（5）α-烯基磺酸盐（AOS） 为烯基磺酸盐、羟基磺酸盐、多磺酸盐等组成的混合物。AOS 是近 20 年来广为开发的阴离子型表面活性剂。它的原料供应充足，成本低，受到洗涤剂行业的普遍重视，是最有希望的烷基苯磺酸钠替代表面活性剂之一。AOS 是一种高泡、水解稳定性好的阴离子表面活性剂，具有优良的抗硬水能力，尤其在硬水中和有肥皂存在时具有很好的起泡力和优良的去污力。毒性和刺激性低，性质温和，生物降解性好。α-烯基磺酸盐与非离子和其他阴离子表面活性剂都具有良好的复配性。AOS 适用于配制个人保护卫生用品如各种有盐或无盐的香波、抗硬水的块皂、牙膏、浴液、泡沫浴等，以及餐具洗涤剂、各种重垢衣用洗涤剂，羊毛、羽毛清洗剂，洗衣用的合成皂、液体皂等家用洗涤剂，还可用来配制家用或工业用的硬表面清洗剂等。

（6）脂肪酸甲酯磺酸盐（MES） 高碳脂肪酸甲酯磺酸盐是利用天然油脂制得的一种磺酸盐表面活性剂，MES 具有优良的表面活性、钙皂分散性能和洗涤性能，去污力好，其中 C_{16} 和 C_{18} 产品的去污力优于 LAS 和 AS（烷基磺酸盐）；抗水硬度的性能优于 LAS 和 AS，高硬度水中仍有很好的去污力；起泡能力好，与 LAS 相当；加溶性优于 LAS；对沸石、酶有优异的配伍性。生物降解性好，毒性低，$LD_{50} > 5g/kg$，属于无毒物质；缺点是耐碱性稍差。MES 可用于块状肥皂、肥皂粉等作钙皂分散剂，在粉状、液体和硬表面清洗剂中具有很好的应用前景，尤其适用于加酶浓缩洗衣粉的制造。

（7）脂肪醇聚氧乙烯醚羧酸盐（AEC） 一般为钠盐，结构式为 $R(OCH_2CH_2)_nOCH_2COONa$，其结构与肥皂十分相似，只是在亲油基和亲水基之间插入了聚氧乙烯基，在酸性条件下呈现出非离子表面活性剂特性。同肥皂相比，由于聚氧乙烯基的存在而具有优良的水溶性能、抗硬水性能及钙皂分散能力。同脂肪醇聚氧乙烯醚相比，由于羧甲基的引入，产品不仅水溶性好，而且具有良好的润湿性、分散性、去污性和发泡性，对原毛的洗涤能力和柔软效果远比未羧甲基化的脂肪醇醚强。产品的起泡性不受电解质和水硬度的影响。其配伍性能好，能与阴离子，特别是能与阳离子表面活性剂进行复配。同时刺激性小，对眼睛和皮肤非常温和。由于具有良好的温和性和起泡、洗涤、乳化性能，主要用于各种香波、泡沫浴液和个人保护用品，也可用于民用洗涤剂及工业用乳化剂。

（8）酰基肌氨酸盐（梅迪兰） 有油酰基肌氨酸盐、月桂酰基肌氨酸盐、椰子酰基肌氨酸盐等。易溶于水，起泡力及去污力良好，耐硬水，对皮肤作用温和。适用于牙膏、香波、浴液等个人护理用品及轻垢洗涤剂、玻璃清洗剂、地毯清洗剂、精细织物洗涤剂等各类洗涤剂配制。

（9）油酰基多肽（雷米邦 A，613 洗涤剂） 商品为棕黄色液体，有良好的钙皂分散力。在硬水和碱性溶液中稳定，在酸性溶液中易分解，在 pH 为 5 以下时有沉淀析出。易吸潮，可与热水以任何比例混合。脱脂力弱，对皮肤刺激性小。多用于各类工业洗涤剂的配制。

2. 非离子表面活性剂

（1）脂肪醇聚氧乙烯醚（AEO） 脂肪醇聚氧乙烯醚是非离子表面活性剂系列产品中最典型的代表。它是以高碳醇与环氧乙烷进行聚氧乙烯化反应制得的产品，它与 LAS 一样，是当今合成洗涤剂的最主要活性物之一。主要是用于各类液状、粉状洗涤剂配方。

（2）烷基酚聚氧乙烯醚（APE） 烷基酚聚氧乙烯醚也是洗涤剂中常用的非离子表面活性剂。它是由烷基酚与环氧乙烷加成聚合而得。常用的烷基酚有辛烷基酚、壬烷基酚等。环氧乙烷的加成数为 9～10 的产品是洗涤剂中最常用的。主要是用于各类液状、粉状洗涤剂配方。

（3）脂肪酸烷醇酰胺 烷醇酰胺分子中由于酰胺键的存在，使其具有强的耐水解性能。

它与其他非离子表面活性剂不同，没有浊点。烷醇酰胺具有增泡、稳泡、增稠、去污、钙皂分散、乳化、抗污垢再沉积以及缓蚀等性能。是洗涤剂常用的活性组分之一，在洗涤剂和个人卫生用品的配方中作增稠剂、增泡剂和稳泡剂，广泛用于香波、浴液、家用液体洗涤剂、工业清洗剂、防锈剂、纺织助剂等。

（4）烷基糖苷（APG）　APG 是一种新型表面活性剂，由于具有高表面活性，泡沫丰富，去污和配伍性好，而且无毒、无刺激，生物降解迅速且彻底，受到了各国的普遍重视。被认为是继 LAS、醇系表面活性剂之后，最有希望的一代新的洗涤用表面活性剂。APG 是由天然的脂肪醇及天然碳水化合物制得，无论在生态、毒理等方面，还是在皮肤病学方面都是安全的，因此，APG 又称"绿色"产品。在洗涤剂行业，APG 可广泛用于配制洗衣粉、餐具洗涤剂、香波及浴液、硬表面清洗剂、液体洗涤剂等。

（5）聚醚　聚醚是一类高分子型非离子表面活性剂，其聚氧丙烯部分作为亲油基，聚氧乙烯部分作为亲水基。引发剂的种类、环氧丙烷、环氧乙烷的加聚次序和加聚物的分子量均会影响到产品的性质，因此这类产品的品种很多。由于这类产品具有无刺激性、毒性小，不使头皮脱脂等特点，因而可用于洗发剂、耳、鼻、眼各种滴剂、口腔洗涤剂、牙膏等配方中。聚醚型非离子表面活性剂常与肥皂、阴离子表面活性剂复配在一起，制成低泡洗涤剂。

（6）蔗糖酯（SE）　蔗糖酯的最大特点是对人体无害，对皮肤无刺激作用，具有优异的生物降解性。用它作洗涤剂的活性物，有去除水果和蔬菜上残留农药的良好效果，因而蔗糖酯适合于配制餐具和食品用液体洗涤剂。

（7）脂肪酸甲酯乙氧基化产物（MEE，FMEE）　MEE 是一类新型非离子表面活性剂。以脂肪酸甲酯为原料，在新型催化剂的作用下直接乙氧基化而成。产品性能好，与醇醚相比，其性能更好，原料价格更便宜，成本更低。水溶速度快，属低泡产品，对油脂增溶能力强，对皮肤刺激性小、毒性低，生物降解性好，对环境无污染。可用于液体洗涤剂、硬表面清洗剂、农药乳化剂、个人洗涤用品等。

（8）茶皂素　是一种糖苷化合物，是皂素的一种。它是由配基（$C_{30}H_{50}O_6$）、糖体和有机酸的基本结构构成的一种五环三萜类皂素。茶皂素是一种天然非离子表面活性剂，生物降解性好，具有良好的乳化、分散、发泡、润湿等活性作用，并具有消炎、镇痛等药理作用。茶皂素是天然活性物，易酶解成无毒化合物，对环境无污染。茶皂素具有很强的、不受水质硬度影响的发泡去污能力，利用茶皂素作洗涤剂洗涤羊毛、丝绸产品，既能保持使用寿命，又能保持织物艳丽的色彩。利用茶皂素制成洗发剂，能止痒、去头屑，既能使头发乌黑发亮，又能使头发蓬松，有护发洁发之良好功效。

（9）失水山梨醇脂肪酸酯（Span）及其聚氧乙烯化物（Tween）　Span（斯盘）水溶性差，一般不适宜以水为介质的洗涤剂。但它具有安全无毒、刺激性低的性质，可作食品添加剂，如作为食品乳化剂，也可考虑作食品洗涤剂的辅助表面活性剂。聚氧乙烯失水山梨醇脂肪酸酯（Tween，吐温）则增加了水溶性，可复配于洗涤剂配方中。

（10）氧化叔胺（OA，OB）　有烷基二甲基氧化胺及酰氨基丙基二甲基氧化胺等。商品为 30%～40%有效物的液体，易溶于水和乙醇等极性溶剂。具有良好的起泡性、泡沫稳定性。氧化叔胺是一特殊的非离子表面活性剂，具有两性表面活性剂的性质，有一定的杀菌防霉作用，皮肤刺激性小，去污力一般，复配协调性好，与 AES 复配效果好，用于洗发香波、浴液、餐具洗涤剂等液体洗涤剂。

3. 两性表面活性剂

由于两性表面活性剂具有温和性、去污性以及能够调节体系黏度的特性，所以此类表面活性剂被广泛应用于个人护理品中。而其又具有温和、高润湿、低发泡和在碱性或酸性条件下稳定的特性，以及良好的亲水性和偶合能力，这使得它在配方中能够使体系呈现更加优良的性能，所以在家用以及工业或公共设施的清洁产品中的应用正在呈不断增加的态势。此外，有着良好生物降解性能的两性表面活性剂也是一种性能极好的黏度调节剂，而且抗硬水能力优良。两性表面活性剂有着优异的表面性能。

（1）咪唑啉两性表面活性剂　咪唑啉是两性表面活性剂中产量和商品种类最多、应用最广的商品表面活性剂。在硬水及软水中均有良好的洗涤力，耐电解质，对酸碱稳定，对纤维具有抗静电性和柔软性。在广泛的 pH 范围内能与多种表面活性剂复配，可用于配制毛、呢、绒等的衣物洗涤剂。产品性能温和，无毒，对皮肤刺激性小，因而广泛用于香波、浴液等日化产品的配制。

（2）开环咪唑啉两性表面活性剂　椰油两性二丙酸二钠，黄色至琥珀色透明液体，温和、高泡、与其他表面活性剂相容。溶于水和极性溶剂，不溶于非极性溶剂。无盐椰油基有更好的泡沫。广泛应用于个人护理用品、家用清洁剂和工业领域，用作起泡剂和洗涤促进剂。如通用清洁剂、洗瓶剂、高泡脱蜡剂、酸性金属清洁剂、汽车清洗剂及其他硬表面清洁剂、香波、工业洗衣剂。

三、洗涤助剂

洗涤剂中添加无机助剂和有机助剂与表面活性剂配合，能够发挥各组分互相协调、互相补偿的作用，进一步提高产品的洗净力，使其综合性能更趋完善，成本更为低廉。因此，生产洗涤剂时，正确选用和适当配入助剂具有十分重要的意义。

1. 无机助剂

助剂是增强表面活性剂去污力的物料，它最重要的作用是从洗涤浴中除去 Ca^{2+}、Mg^{2+} 离子，使其螯合成可溶性的螯合物，从而防止 Ca^{2+}、Mg^{2+} 离子对表面活性剂的负作用。助剂还能减少不溶性沉淀物在织物和机器部件上的沉淀，以及减少多次洗涤不溶性沉淀物在织物和机器上的积壳。通常助剂提供洗涤液的碱度，可促进油污乳化和提高去污力等，并发挥悬浮、抗再沉积的作用，使污垢悬浮在洗涤液中。

（1）磷酸盐　磷酸三钠（Na_3PO_4）常用作重垢碱性洗涤剂，具有软化硬水和促进分散污垢粒子的作用，同时可皂化脂肪污垢有利于去污。三聚磷酸钠（$Na_5P_3O_{10}$）对 Ca^{2+}、Mg^{2+} 离子的螯合能力强，它在 pH 8～10 是相当稳定的，它的水解度是 15%，是配制液体洗涤剂的良好助剂。三聚磷酸钠是洗涤剂最常用的助剂，助剂性能全面。焦磷酸四钾（$K_4P_2O_7$）具有良好的水溶性，常用于配制液体洗涤剂。磷酸盐作为洗涤助剂虽有许多优点，但也有其不可克服的缺点，即洗涤后的废水中存在含磷物质，导致水域"过肥化"。为减少水质污染，目前许多国家都在限磷、禁磷，并积极研制开发取代三聚磷酸钠的新助剂。

（2）硅酸钠　硅酸钠（$Na_2O \cdot nSiO_2$）通常称为水玻璃或泡花碱，它由不同比例的氧化钠与二氧化硅结合而成，应用最多的比值是 1∶3 范围内的中性及碱性硅酸钠。硅酸钠在洗涤液中起缓冲作用和悬浮、乳化作用，并对金属（如铁、铝、铜、锌等）具有防腐蚀作用，也能提高洗涤液的发泡性能，还能使粉状洗涤剂增加颗粒的强度、流动性和均匀性。硅酸钠在粉状洗涤剂中的加入量通常为 5%～10%。最近开发的粉状水合偏硅酸钠（$Na_2O \cdot SiO_2 \cdot nH_2O$）可以部分取代三聚磷酸钠用于生产洗涤剂，特别适用于干洗成型的浓缩洗衣粉，具有良好的去污力。

（3）硫酸钠　又称芒硝，分子式为 Na_2SO_4，是白色固体结晶或粉末。硫酸钠是合成洗涤剂的无机助剂与粉状洗涤剂的填料，在粉状洗涤剂中加入量为 20%～40%。硫酸钠是电解质，能提高表面活性剂的表面张力，改善洗涤液的润湿性能。硫酸钠与十二烷基苯磺酸盐混合使用，要比单独使用十二烷基苯磺酸钠的去污力大。

（4）碳酸钠　分子式 Na_2CO_3，为白色粉状或结晶细粒，易溶于水。碳酸钠是洗涤剂的助剂，它有软化水的作用，与硬水中的 Ca^{2+}、Mg^{2+} 反应生成不溶性碳酸盐，从而提高洗涤剂的去污力。碳酸钠在洗涤液中水解产生的 OH^- 使溶液呈碱性，可保持洗涤液的 pH9 以上，对油垢的去除有利。

（5）沸石　又名分子筛。沸石是结晶的硅铝盐，分子式可表示为 $Na_2O \cdot Al_2O_3 \cdot nSiO_2 \cdot mH_2O$，其中 Al_2O_3 和 SiO_2 的摩尔比不同，可将沸石分为不同的类型。A 型沸石的 Al_2O_3 与 SiO_2 的摩尔比为 1.3～2.4。作为洗涤助剂的是 4A 沸石。4A 沸石具有较强的 Ca^{2+} 交换能力，

经与 Ca^{2+} 交换生成钙沸石。为了减轻水质的营养化，一些工业发达国家用 4A 沸石代替三聚磷酸钠。但是 4A 沸石交换 Mg^{2+} 的能力弱，也不具备三聚磷酸钠对污垢的分散、乳化、悬浮作用。如果将 4A 沸石与三聚磷酸钠共同使用，则洗涤效果可以提高。

(6) 漂白剂　洗涤剂中配入的漂白剂主要是次氯酸盐和过酸盐两大类。次氯酸盐主要用次氯酸钠，分子式 $NaClO$，为白色粉末，稳定性差，易受光、热与重金属和 pH 的影响。次氯酸钠易溶于水，生成氢氧化钠和新生态氧，氧化力很强，因此次氯酸钠是强氧化剂，具有刺激性。次氯酸钠是单独加入洗涤液或漂白液中，用量为 $50\sim400mg/L$。过酸盐主要是过硼酸钠和过碳酸钠，过酸盐是在粉状洗涤剂生产的后配料工序加入，用量一般占粉质量的 $10\%\sim30\%$。洗涤剂的漂白剂溶于水后，经反应生成新生态氧，使污渍氧化，起到漂白和化学除污作用。

(7) 碱　用于配制洗涤剂的碱主要是氢氧化钠，常用于配制金属清洗剂、机洗餐具洗涤剂，它可以提高洗涤液的 pH，皂化含油污垢，去除硬表面的油污。

2. 有机助剂

洗涤剂组分除了大部分是表面活性剂与无机助剂外，为了更好地完备产品的性能常加入各种有机助剂，它们有各自的功能，加入量并不大。

(1) 羧甲基纤维素钠　结构式 $(C_6H_9O_5CH_2COONa)_n$，$n=100\sim200$。它是白色纤维状或颗粒粉末，无嗅无味，有吸湿性。1:1000 水悬浮液的 pH 为 $6.5\sim8.0$，易分散于水中成胶体，对热不稳定。羧甲基纤维素钠的作用是基于它的胶体特性以及带负电荷的亲水基容易为污垢或织物吸附，在吸附表面形成空间障碍，这种大分子的空间障碍作用，可使水中的微粒污垢悬浮分散在溶液中，不能凝聚而沉积到织物上去。故又称其为抗沉积剂，它在水溶液中的黏胶还可抑制表面活性剂对皮肤的刺激。

(2) 荧光增白剂　一种具有荧光性的无色染料，吸收紫外光线后发出青蓝色荧光。使用加有荧光增白剂的洗涤剂洗衣服后，荧光增白剂被吸附在织物上，能将光线中肉眼看不见的紫外线部分转变为可见光反射出来，因而使白色衣服显得更加洁白。洗涤剂用的荧光增白剂主要是二氨基芪二磺酸盐衍生物。洗衣粉中荧光增白剂的配入质量为 $0.1\%\sim0.3\%$，最高用量也有 0.5% 的。上述荧光增白剂的溶解度较低，往往是分散在水中，而制备液体洗涤剂就需用透明的溶液，二氨基芪四磺酸盐有较高的溶解性，可用于配制液体洗涤剂。

(3) 酶　一种生物催化剂，是由生物活细胞产生的蛋白质组成。用于洗涤剂的酶可以是蛋白酶、淀粉酶、脂肪酶，其中碱性蛋白酶是洗涤剂常用的酶，是从枯草杆菌或链丝菌发酵制得，这种碱性蛋白酶对碱类、过氧化物、阴离子表面活性剂都比较稳定。为了防止酶离析和保持其稳定性，须将酶附着在载体上，一般用硫酸钠、三聚磷酸钠、氯化钠等作为载体，也有与熔点38℃的非离子表面活性剂形成颗粒，酶活力为 5 万～40 万单位/g，粒度为 100 目。制备加酶洗涤剂是将颗粒酶在后配料工序中掺入洗衣粉中。配入洗涤剂中的蛋白酶，对蛋白质污垢有消化或降解作用，在 pH $4\sim12$ 范围内均有效，最好在 pH $7.5\sim10$，温度 $20\sim70℃$ 范围内使用。

(4) 泡沫稳定剂与泡沫调节剂　高泡沫洗涤剂在配方中常加入少量泡沫稳定剂，使洗涤水液的泡沫稳定而持久，常用的泡沫稳定剂有脂肪酸单乙醇酰胺、脂肪酸二乙醇酰胺或氧化叔胺。低泡洗涤剂在配方中需加入少量泡沫调节剂，常用的有二十二烷酸皂或硅氧烷，使水液消泡或低泡。泡沫稳定剂或泡沫调节剂都是洗涤剂的有效组分。

(5) 香精　一个受消费者乐用的洗涤剂，不仅具有优良的性能，并且使人有愉快的香味，使织物、毛发洗涤后留有清新香味。香精是由多种香料组成，与洗涤剂组分有良好配伍性，在 pH $9\sim11$ 是稳定的。洗涤剂中加入香精的质量一般小于 1%。

(6) 助溶剂　近年来重垢液体洗涤剂的用途显著增大，重垢洗涤剂不单是表面活性剂的溶液，而且加入了许多无机盐助剂，无机盐的存在会降低表面活性剂的溶解性，为了使全部组分保持溶解状态就必须添加助溶剂。助溶剂一般是短链的烷基芳基磺酸盐，常用的是甲苯磺酸钠、二甲苯磺酸钠、对异丙基苯磺酸钠。此外，尿素也是常用的助溶剂。当使用非离子表面活性剂诸如环氧乙烷缩合物和烷基醇酰胺类，可用油酸磺酸钠作助溶剂，以达到降低洗涤剂盐溶液浊点的理想效果。轻垢型液体洗涤剂有时也需要加助溶剂，其目的是降低浊点。制备粉状洗洗剂时，在喷雾干燥前先在料浆中加助溶剂（如甲苯磺酸钠）可以降低料浆的黏度，有利于提高喷雾干燥器的生产能力，还有利于增加成品粉的流动性。

（7）溶剂　液体洗涤剂中需加入溶剂是不言而喻的。在新型洗涤中甚至粉状洗涤剂中也使用多种溶剂，若污垢是油脂性的，溶剂的存在将有助于将油性污垢从被洗物上除去。常用的溶剂有以下几种。

① 松油　它是木材干馏时所得到的油品，主要成分是萜烯类化合物。松油一般不溶于水，但能使溶剂和水相互结合，制造溶剂-洗涤剂混合物时尤为有用。如不加松油，混合物便成两相。松油的类别及性质因油中萜烯醇的含量而异，萜烯醇含量越多，结合效应越大，松油的另一重要性质便是杀菌效应，对伤寒杆菌试验较酚强 1.5～4 倍。这一性质使松油成为液体洗涤剂的重要组成部分。

② 醇、醚和酯　醇、乙二醇、乙二醇醚、酯这些溶剂都有明显的极性，虽然不能完全溶解于水，但都能显示一定的水溶性，和大多数的芳烃、烷烃和氯化溶剂都能互溶，在一些特殊的清洗剂配方中常用作偶合剂，使水和溶剂结合起来。这些溶剂还可以用来降低脂肪醇聚氧乙烯醚的黏度或烷基苯磺酸盐的浊点。

③ 氯化溶剂　这种溶剂广泛用于特殊的清洁剂、油漆脱除剂和干洗剂。此种溶剂包括四氯化碳、二氯甲烷、二氯乙烷、三氯乙烷、三氯乙烯、四氯乙烯、邻二氯苯等。除二氯乙烷和邻二氯苯外，所有这些组分都是不燃的，但氯化溶剂或多或少有些毒性，其中四氯化碳毒性最高，应用时应多加注意。

（8）抑菌剂　冷洗的粉状洗涤剂的洗涤能力令人满意，加酶后去污效果尤佳，唯一不足的是不具有杀菌力，洗后衣物不仅有被病菌感染的危险，而且在洗涤中细菌或霉菌还可能遗留下来，并会产生不良气味。所以，在冷洗中加入抑菌剂是很有必要的。抑菌剂的加入质量一般是千分之几三溴水杨酰苯胺、三氯碳酰苯胺或六氯苯中的任一种都可作为抑菌剂应用，这些化学品不起抗菌作用，但在千分之几的质量分数下都可防止细菌的生成。

（9）抗静电剂和织物柔软剂　织物洗涤干燥特别是棉、麻纤维织物洗涤后手感有明显的粗糙感，尤其是洗净后的棉织品内衣、床单、毛巾等使用时使人的皮肤感到不舒适；故在洗涤剂组分中可加入纤维柔软剂。合成纤维织物由于极性弱，绝缘性高，且摩擦系数较大，在穿或脱时易产生静电，使人的皮肤易感不适，为克服此缺点，可在洗涤剂中加入抗静电剂组分。作为改进织物手感和降低织物表面静电干扰的柔软剂和抗静电剂通常使用阳离子表面活性剂，如二甲基二氢化牛酯季铵盐卤化物广泛用于纺织工业，亦用于家用洗涤剂。阳离子表面活性剂虽具有柔软和抗静电效应，但不能与家用洗涤剂中广泛使用的阴离子洗涤剂配用。为此应用此类化学品时需在织物洗涤和漂清之后再将柔软剂或抗静电剂加入洗液中，存在着织物柔软剂在洗涤操作中需分步使用的问题。现在已开发出了可以同配有助剂的阴离子洗涤剂相互配伍的柔软抗静电剂，如二硬脂酰二甲基氯化铵、月桂基三甲基溴化铵和硬脂酰二甲基苄基溴化铵等。这类柔软剂同洗涤剂一起可使洗液有洗涤、柔软和抗静电效果，亦具有抗菌性，非离子表面活性剂作为柔软剂的有月桂基聚氧乙烯醚、肉豆蔻基二甲基氧化胺、壬基苯氧乙基醚和聚氧乙烯山梨醇酐单硬脂酸酯。

第三节　洗涤剂的配方

一、粉状洗涤剂配方

洗涤剂根据需要可以制成粉状、液体和块状等形式。配方中，各组分原料之间的相互影响是比较复杂的。目前还没有完整的理论依据来指导配方。主要是根据实验和经验来决定。

制定配方时对各种因素须全面综合地加以考虑。首先是根据用途及生产方法确定洗涤剂的质量标准，包括产品的理化指标和使用性能。

粉状家用清洗剂　地板清洗剂添加碳酸钙作摩擦剂，适用于地板、墙壁等的清洗去污，可以采用擦洗或刷洗的方式进行清洗，其配方如下。

粉状地板清洗剂配方

组分	质量分数/%	组分	质量分数/%
烷基苯磺酸钠	10	黏土	3
硫酸钠	30	偏硅酸钠	25
碳酸钙	15	羧甲基纤维素钠	1
三聚磷酸钠	15	香精	适量

家具清洗剂以磷酸钙及碳酸钙作为摩擦剂，过氧化物反应放出活性氧有一定的漂白功能。其配方：

粉状家具清洗剂

组分	质量分数/%	组分	质量分数/%
烷基苯磺酸钠	10	碳酸钙	20
脂肪醇聚氧乙烯醚硫酸钠	10	荧光增白剂	0.5
三聚磷酸钠	20	过氧化物	4
磷酸钙	35	香料	适量

二、液体洗涤剂配方

液体洗涤剂是仅次于粉状洗涤剂的第二大类洗涤制品。洗涤剂由固态（粉状、块状）向液态发展也是一种必然趋势，因为液体洗涤剂与粉状洗涤剂相比，有如下优点：① 节约资源，节省能源。液体洗涤剂的制造中不需添加对洗涤作用并无显著益处的硫酸钠，也不需要喷粉成型这一工艺过程，可节省大量的能源。② 无喷粉成型工序即可避免粉尘污染，对于环境保护和操作人员的安全明显有利。③ 液体洗涤剂易于通过调整配方，加入各种不同用途的助剂，得到不同品种的洗涤制品，便于增加商品品种和改进产品质量。④ 液体洗涤剂通常以水作介质，具有良好的水溶性，因此适于冷水洗涤，省去洗涤用水的加热，应用方便，节约能源，溶解迅速。

1. 轻垢型家用液体洗涤剂

用于洗涤餐具、蔬菜、水果和精细纺织品（如羊毛，丝绸织物等），制造这一类洗涤剂所用的表面活性剂通常是烷基苯磺酸盐、脂肪醇聚氧乙烯醚硫酸盐和烷基磺酸盐，也可以用非离子表面活性剂和两性离子表面活性剂配制而成。最常用的是烷基苯磺酸钠，因为它价格便宜，性能完美，对人体和其他生物有较高的安全性，并被大量生物实验和长期使用实验所证实。用 SO_3 磺化制得的烷基苯磺酸中游离硫酸的含量低，中和后溶液中的硫酸钠含量也低，有利于液体洗涤剂的配制。无机硫酸盐的存在会使溶液的浊点和黏度提高。常用的烷基苯磺酸盐是十二烷基磺酸盐和十三烷基苯磺酸盐。洗涤剂的浊点是影响商品外观的一个重要因素。以 SO_3 磺化的烷基苯作为制造质量分数为 12% 活性物的液体洗涤剂的基料，基于经济原因，活性物的 1/2 用 NaOH 中和，另外 1/2 用二乙醇胺或三乙醇胺中和，可以制得浊点为 5℃ 以下的产品。另外，NaOH 和磺酸中存在的少量低价铁盐，会成为黑色沉淀析出，使用次氯酸盐，将低价铁氧化成高价铁，即可消除这一弊端。

脂肪醇硫酸酯钠盐或乙醇胺盐经常用于液体洗涤剂，它可单独使用，也可与烷基醇酰胺增泡剂共同使用。醇醚硫酸酯盐也是经常使用的表面活性剂之一，其中泡沫性能最好的是 $C_{12}\sim C_{14}$ 醇与 2 mol 环氧乙烷加成所得的醇醚硫酸盐。烷基醇酰胺对醇醚硫酸盐的泡沫性能影响很小，可作为增稠剂提高黏度。为提高液体洗涤剂的黏度也可以加入无机盐。轻垢型家用液体洗涤剂的基本质量配方如下：

烷基苯磺酸钠（SO_3 磺化）10％；三乙醇胺 2％；45％NaOH 水溶液 1.7％；10％次氯酸钠溶液 0.6％；月桂酸二乙醇胺 1％；硫酸钠 10％；水 83.7％。

生产者可以按照需要的条件和原料情况对配方进行某些调整。

轻垢液体洗涤剂的典型配方

组分	质量分数/％			
烷基苯磺酸钠（以 100％计）	6	—	—	—
十二烷基苯磺酸三乙醇胺盐（100％计）	6	—	20	—
脂肪醇聚氧乙烯醚（100％计）	—	12	—	—
脂肪醇聚氧乙烯醚硫酸钠盐（100％计）	6	8	12	—
单乙醇胺或二乙醇胺的月桂醇硫酸盐	—	—	—	24
椰子油二乙醇酰胺	1	1.5	2	2
硫酸钠或氯化钠	适量	适量	适量	适量
颜料和香精	适量	适量	适量	适量
水加至	100	100	100	100

上述液体洗涤剂通常是透明溶液，为使其产生另外一种外观，即不透明性，可在配方中加入遮光剂。遮光剂是碱不溶性的水分散液，如苯乙烯聚合物、苯乙烯-乙二胺共聚物、聚氯乙烯或聚偏二氯乙烯等。不透明的轻垢液体洗涤剂质量配方如下：十二烷基苯磺酸 19.5％，单乙醇胺 4％，月桂酸单乙醇酰胺 1.5％，10％次氯酸钠溶液 0.6％，硫酸钠 0.7％，水 73.5％，遮光剂适量，颜料和香精适量。

在液体洗涤剂中配入溶剂，特别是水溶性的脂肪溶剂如乙二醇单丁基醚，可以提高其使用性能，有利于油性污垢的去除。在生产液体洗涤剂时，如果其浊点较高，可以通过加入尿素来降低浊点；尿素与磺酸钠混合，会使黏度降低，添加脂肪酸二乙醇胺可以恢复黏度。总之了解配方中各组分的作用，在研制生产产品中，应根据使用目的和性能要求调整配方，以达到性能和经济的最优化。

2. 重垢型液体洗涤剂

衣用重垢型液体洗涤剂需要特殊的配方技术。重垢型液体洗涤剂配方中的问题是，既要把较高比例的表面活性物质和足够量的洗涤助剂配入溶液，又要不影响产品的外观使成品保持为低浊点的清亮液体，并且有良好稳定性。洗涤剂配方中的表面活性剂通常用十二烷基苯磺酸钠，其钠盐在水中的溶解性优于钾盐，但不如乙醇胺盐；配方中使用的助剂包括螯合剂、碱、抗再沉积剂和增白剂等。在重垢洗衣粉配方中常以三聚磷酸钠作为螯合剂，但三聚磷酸钠在水中很易水解，因此不适于在液体洗涤剂中应用。焦磷酸四钠和焦磷酸四钾在水中的溶解度高，并且在常温下水解很慢，可使成品有很长的陈放时间，故可经常应用。在配方中也可以用有机螯合剂［如二乙胺四乙酸钠（钾）］。配方中需要的碱主要来自胶体硅酸盐，硅酸钾在水中的溶解性优于硅酸钠。

烷基苯磺酸钠盐的溶解度优于钾盐，而无机盐在水中的溶解度则相反，钾盐优于钠盐，在配方中选用焦四磷酸钾和硅酸钾时，要注意烷基苯磺酸盐可能发生的复分解反应，使烷基苯磺酸钠盐的溶解度降低而析出，因此在配方中将表面活性物质和助剂在溶液中协调起来很好地溶解是需要认真研究的问题。为使上述三种组分都能充分进入溶液，需要采用助溶剂，后者既可以溶于溶剂，又能帮助其他组分溶于溶液中。常用的助溶剂是二甲苯磺酸钾（钠）、甲苯磺酸钾（钠）或乙苯磺酸钾（钠）等，助溶剂的质量用量约为成品的 5％～10％。

重垢型液体洗涤剂中应加入抗再沉积剂如羧甲基纤维素钠，最好是将其单独配成质量分数为 10％的水溶液，使其形成膨胀的胶体，再加入到配方中，便能得到不透明的悬浮液；如果希望全部组分存在下仍能使溶液保持透明状态，可以采用抗污垢再沉积能力强且溶解性较好的聚乙烯吡咯烷酮。

荧光增白剂在配方中所占份额很小，而且在水溶液中具有良好的稳定性，它的加入对配方中的其他物料没有影响。如果需要调入颜色和加香时，染料和香精应具有对碱性水溶液的化学稳定性。

现把国际标准（ISO 4319—1977）推荐的衣用重垢液体洗涤剂列于表 9-1，从中可以了解重垢液体洗涤剂的基本原则。重垢液体洗涤剂有高泡、中泡和低泡的，其中又包括含磷和不含磷的，加柔软剂的重垢液体洗涤剂兼有洗涤和柔软纤维的双重作用，可使织物在洗后有良好的手感和穿着舒适。加柔软剂的重垢液体洗涤剂通常用非离子表面活性剂作为起洗涤作用的组分，用阳离子表面活性剂作为起柔软作用的组分。另外，还可以配制具有漂白和清毒作用的重垢型液体洗涤剂，其配方如下：

组分	质量分数/%
60%的月桂醇醚硫酸钠溶液	20
甲苯磺酸钠	5
10%的有效氯的次氯酸钠溶液	75

表 9-1　重垢液体洗涤剂配方

组　　分	质量分数/%					
烷基苯磺酸	10.0	20.0	9.0	12.0	10.0	—
烷基苯磺酸钠	—	—	—	—	—	10.0
月桂醇聚氧乙烯醚硫酸盐	—	—	—	—	—	14.0
壬基酚聚氧乙烯醚	2.0	—	4.0	—	—	—
二乙醇胺	3.6	4.2	3.3	4.0	—	—
单乙醇胺	—	—	—	3.0	2.5	2.0
椰子脂肪酸	—	—	—	—	8.0	—
氢氧化钾	—	—	—	—	2.0	—
聚乙烯吡咯烷酮	0.7	—	—	0.7	—	—
焦磷酸四钾	12.0	12.0	10.0	—	12.0	—
硅酸钾	4.0	3.0	4.0	—	4.0	—
羧甲基纤维素钠盐	—	1.0	1.0	—	1.5	—
乙二胺四乙酸钠	—	—	—	5.0	—	—
荧光增白剂	0.2	0.2	0.2	0.2	0.2	0.2
甲醛（质量分数为40%水溶液）	0.2	0.2	0.2	0.2	0.2	0.2
二甲苯磺酸钾	5.0	5.0	5.0	5.0	5.0	—
水分	余量	余量	余量	余量	余量	余量

三、个人卫生清洁剂配方

个人卫生清洁剂包括洗发用的洗发剂、沐浴用的各式溶剂、口腔清洁剂，以及洗手、洗脸用的清洁品。随着生活水平的提高，人们对个人卫生清洁剂的要求亦越来越高，不仅要求其具清洁作用，而且还要求有保护皮肤、保护头发和防治皮肤病等功效。为此，个人卫生清洁剂的种类以及品种日渐增多。

1. 洗发剂

洗发剂又称香波，是 Shampoo 的音译。用合成洗涤剂配制的洗发剂具有肥皂所不及的优点，它在洗发时不会在头皮上留有难溶的皂垢，比较易于清洗，洗后头发滑爽，对眼睛不会有强烈的刺激。因此，它的应用日益增加，洗发剂的种类很多，按其产品形式分，有透明液体香波、奶液香波、胶冻香波、珠光香波和粉状香波等；按功能分，有护发用调理香波、药用的抗头屑香波、婴儿用的儿童香波和染发用的染发香波等。洗发剂的发展趋势是以性能温和、功能多样、安全无刺激为主要目标，特别强调头发洗后要柔软、光亮、有自然感以及有良好的梳理性。

虽说洗发香波种类繁多，但它们的基本成分与基本要求大同小异，只是加工方式有所差别而已。为适应洗发剂的基本要求，配方中的活性成分大都采用脂肪醇硫酸盐、聚氧乙烯脂肪醇硫酸盐和聚氧乙烯烷基酚硫酸盐等。这是因为它们的泡沫比较丰富，脱脂不太强烈，性能也较柔和；一般是用它们的钠盐、铵盐，或单乙醇胺盐、二乙醇胺盐、三乙醇胺盐。对液体洗发剂来说，调整一定黏度、稠度是重要的，脂肪酸三乙醇胺盐可以在0℃以下仍保持澄清，可以制得低黏度、低浊点的产品；它的铵盐及单乙醇胺盐的黏度较高，可以用来制取高黏度产品，还可用作增稠剂调整稠度，脂肪酸醇酰胺是常用的一种增稠剂。无机盐如氯化钠、氯化铵也可应用，但用量需加控制，否则在低温储藏时会出现浑浊现象。为适应干质的头发，配方中也可加入少许羊毛脂或聚氧乙烯化的羊毛脂。膏状洗发剂是应用较广泛的一种，它不会像洗衣粉那样使用不便，也不会像洗发清液那样易于流下，配方中以脂肪醇硫酸钠为主，还要配入硬脂酸钾、N-油酰基-N-甲基牛磺酸钠、羧甲基纤维素钠作为助剂。另外还有少量抗氧剂、防腐剂、香精和染料。

（1）液体洗发剂　最简单的液体洗发剂是脂肪酸钾的水溶液（约含质量分数为15％脂肪酸），这类配方在理发店中较为广泛采用，很少作为商品。工业生产的液体洗发剂，多采用合成洗涤剂，制成透明的，也有制成乳液状的。液体洗发剂配方举例如下。

液体洗发剂配方

组分	质量分数/％	组分	质量分数/％
椰子油脂肪酸	4	乙二胺四乙酸四钠	0.4
油酸	5	染料	适量
丙三醇	5.2	香精	适量
三乙醇胺	5.4	水分	余量

（2）膏霜类洗发剂　膏霜类洗发剂常含有羊毛脂等类脂肪物，使头发洗后更为光亮、柔软和顺服，其配方举例如下：

膏霜类洗发剂配方

组分	质量分数/％		组分	质量分数/％	
硬脂酸	3.0	3.0	三聚磷酸钠	10.0	—
羊毛脂	—	2.0	碳酸氢钠	10.0	12.0
8％氢氧化钾溶液	5.0	5.0	水	44.0	53.0
月桂酰二乙醇胺	3.0	5.0	香精、防腐剂和染料	适量	适量
十二醇硫酸钠	25.0	20.0			

（3）粉状洗发剂　粉状洗发剂洗发后，皮肤和头发感觉都比较干燥，所以只能适用于油性头发，其配方举例如下：

粉状洗发剂配方

组分	质量分数/％		组分	质量分数/％	
中性皂粉	85.0	—	碳酸钠	10.0	15.0
月桂醇硫酸钠	—	42.0	硼砂	5.0	15.0
椰子油脂肪酸钠	—	28.0	香精	适量	适量

2. 沐浴剂

沐浴剂主要希望达到下列目的：用后精神清新；能软化硬水；使浴水具有幽雅的香气和目的色彩；浴后能祛除身体的污垢和气味，并赋予舒适的香气；防止污垢在浴盆四周形成环状。为此，浴剂中除以表面活性剂为主要组分外，还要加入多种护肤剂和药剂及其他添加剂，使其不仅具有清洁作用，还能促进血液循环、润湿皮肤，以及杀菌、清毒、治疗皮肤病的作用。

香皂是洗浴最常用的制品，可分为固体皂和液体皂两类，近年来溶剂逐渐取代固体香皂而成为沐浴佳品，浴剂有浴盐、浴油和泡沫浴等。也可分为皮肤清洁剂、香浴液（体用香波）、儿童浴剂和洗脸膏等。

（1）液体香皂　生产液体皂最常用的表面活性剂是月桂醇硫酸钠盐（十二烷基硫酸钠）；它具有良好的洗净力和发泡性能，可防止微尘物污染，加入适当的添加剂可适用于不同的皮肤类型，以月桂醇硫酸酯基为基本组分的液体香皂的配方如下。

月桂基硫酸钠液体香皂配方

组分	质量分数/%	组分	质量分数/%
月桂基硫酸钠	20～30	丙基对羟基苯甲酸酯	0.1
月桂酰二乙醇胺	3～5	柠檬酸	适量
遮光剂或珠光剂	0.5～2.0	氯化钠	适量
增稠剂	0.5～1.0	香精	适量
甲基对羟基苯甲酸酯	0.2	去离子水，颜料	适量

液体香皂配方中月桂基硫酸钠是主要组分和必要组分；月桂酰二乙醇胺或椰子油酰二乙醇胺是泡沫稳定剂，可改善泡沫性能并使发泡迅速；增稠剂可以用硅酸钠或硅酸铝，也可以用羧甲基纤维素钠；遮光剂可用聚苯乙烯乳液；珠光剂可用乙二醇单硬脂酸酯或丙二醇单硬脂酸酯；甲基对羟基苯甲酸酯和丙基对羟基苯甲酸酯是广谱防腐剂；柠檬酸用来调节 pH；氯化钠可调节黏度；香精和颜料在提高审美质量方面占重要地位，应慎重选择。

2-烯基磺酸盐（AOS）也是液体皂中最常用的表面活性剂基本组分，它与其他化学品的复合效果好，是近年新推出的液体皂配方中最常使用的表面活性剂。AOS 与表面活性剂甜菜碱结合使用，具有良好的效果。常用的甜菜碱是椰子油酰氨基丙基甜菜碱。AOS 洗净力好，必须加入脂剂作润肤化学品，以防止皮肤由于脱脂而变得异常干燥，加脂剂最好选用肉豆蔻酸异丙酯，甘油基椰子油的聚乙二醇酯，以及辛基羟基硬脂酸酯。以 2-烯基磺酸盐为基本组分的液体香皂配方如下。

2-烯基磺酸盐液体香皂配方

组分	质量分数/%	组分	质量分数/%
2-烯基磺酸盐（40%）	20～30	乙二胺四乙酸	0.075
月桂酰二乙醇胺	3～7	防腐剂	适量
遮光剂	0.5～1.5	香精	适量
氯化钠	0.1～0.25	颜料	适量
柠檬酸	0.1～0.2	去离子水	适量

将去离子水加热到 75～80℃，在快速搅拌下加入配方中前 3 项化学品，达到充分溶解，搅拌下降温至 30～40℃再加入其他组分。

以 AOS 与肌氨酸盐和甜菜碱型两性表面活性剂复配的配方产品质量好，但成本较高。

AOS 与肌氨酸盐和甜菜碱液体皂配方

组分	质量分数/%	组分	质量分数/%
2-烯基磺酸盐（40%水溶液）	20～40	柠檬酸	0.1～0.2
椰子油酰氨基丙基甜菜碱	2.7～7.0	乙二胺四乙酸	0.75
月桂酰肌氨酸钠（30%溶液）	5～15	香料，颜料	适量
椰子油酰二乙醇胺	3～7	去离子水	适量
苯乙烯乳液	0.5～1.0	防腐剂	适量
氯化钠	0.1～0.25		

将去离子水加热至 70～80℃，在搅拌下加入上列配方中前 5 项化学品，然后将混合液冷至 35～40℃时再加入其余组分。肌氨酸盐的加入使产品具有多功能和温和性，并使产品产生浓密乳油状泡沫。

利用不同表面活性剂复配制得的液体香皂具有广泛适应性，混合表面活性剂类液体皂的配方组成如下。

混合表面活性剂类液体皂配方

组分	质量分数/%	组分	质量分数/%
单油酸酰氨基磺化琥珀酸二钠	20～35	乙二胺四乙酸	0.075～0.1
月桂酰胺肌氨酸钠（30%溶液）	10～20	防腐剂	适量
椰子油酰氨基丙基甜菜碱	5～10	香精	适量
乙二醇单硬脂酸酯	适量	颜料	适量
柠檬酸	0.1～0.2	去离子水	适量

（2）浴油和泡沫浴 浴油和泡沫浴是盆浴专用品，较现代的浴油产品是以无泡的合成洗涤剂制成，以聚氧乙烯多元醇的单酯增溶香精使其成为透明的产品，其配方如下。这类浴油的生产方法十分简单，先将洗涤剂放入反应器内，将香精和增溶剂混合后加入，再加入需要的颜料，搅拌均匀即可。

无泡浴油配方

组分	质量分数/%		组分	质量分数/%	
月桂基硫酸钠	30～40	—	乙醇	40.0	
聚氧乙烯(40EO)硬化蓖麻油	7.0		去离子水	50～60	
十六醇	30.0		香精	3	适量
聚乙二醇300	23.0		颜料	适量	适量
增溶剂	7				

泡沫浴品在欧美是最受欢迎的洗浴用品，国内自20世纪80年代开始生产，形状有粉状、颗粒状、块状、液状等。泡沫浴制品是供盆浴者专用，它能去除污垢，清洁肌肤，促进血液循环，浴后留香持久，还有舒适感，尤其适用于儿童和老人。用时将定量的泡沫浴制剂倒入浴盆中，再冲入温水，即能形成满盆泡沫；浴者可躺在泡沫中沐浴，最后用清水冲淋即可。

泡沫浴剂的主要原料有洗涤发泡剂、发泡稳定剂、香精、增稠剂、螯合剂、颜料及其他添加剂。其中用量最大的是表面活性剂，它在配方中的质量分数一般为15%～35%，所有在水中能产生丰富泡沫的粉状和液体表面活性剂都可用来配制泡沫浴剂。十二烷基硫酸钠与其他配料混合可制成粉状泡沫浴剂。它能产生丰富的泡沫，不在浴盆内壁产生水垢；其醇胺盐溶解性好，可制成液状泡沫溶剂。聚氧乙烯脂肪醇硫酸盐能产生丰富的泡沫，抗硬水性能好，即使在高硬度水中洗浴，也不会在浴盆上产生污垢。琥珀酸单酯磺酸盐性能温和，对皮肤和眼睛刺激性小，并可缓解其他表面活性剂的刺激性，增进泡沫稳定性，所以大量用于液状制品中。

为改善泡沫稳定性，可加入脂肪酸烷醇酰胺、聚氧乙烯失水山梨醇脂肪酸酯及氧化胺等作泡沫稳定剂。天然的或合成的水溶性高分子化合物能使分散的污垢不再沉积而悬浮在溶液中，还可赋予制品适宜的黏度，如羧甲基纤维素钠等。粉状泡沫浴剂制品中常加入倍半碳酸钠、六偏磷酸钠、三聚磷酸钠、硫酸钠等作硬水软化剂和填充剂。为保证粉状产品在高湿条件下仍有良好的流动性，不结块，还应在配方中加入磷酸三钙、硅铝酸钠等抗湿剂。在液体制品中加入乙二胺四乙酸（EDTA）作硬水软化剂，它不仅可以稳定泡沫，而且有助于保持制品的透明度，为使液状产品保持清澈透明，可加入乙醇、异丙醇、乙二醇等增溶剂。泡沫浴剂的香型以花香型为主，为使香气浓郁，常加入挥发性高的香精，在高级泡沫浴剂中加入中草药的提取物、水解蛋白、维生素、羊毛脂衍生物及其他护肤营养物质；还可以加入一些杀菌剂等药品。泡沫浴剂的配方见表9-2。

3. 口腔清洁剂

口腔清洁剂现在主要使用的是牙膏，其他还有牙粉、含漱水等，其作用是清洁牙齿及周围部分，去除牙齿表面的食物残渣、牙垢等，使口腔内净化，感觉清爽舒适，同时还可以去除口臭，预防或减轻龋齿、牙龈炎等牙齿及口腔疾病，保持牙齿洁白、美观和健康，对维护

表 9-2　泡沫浴剂配方

组　分	质量分数/%			组　分	质量分数/%		
	粉状	液体	液状		粉状	液体	液状
月桂基硫酸钠	30.0			六偏磷酸钠	5.0		
十二烷基硫酸三乙醇胺盐		45.0		羧甲基纤维素钠	2.0		
羊毛酸异丙醇酰胺		10.0		丙二醇		5.0	
亚油酸二乙醇酰胺		8.0		氯化钠	60.0		0.75
月桂醇聚氧乙烯醚硫酸钠		60.0		柠檬酸			0.05
月桂酸多肽缩合物		10.0		香精、防腐剂、颜料	3.0	0.5	1.2
水解胶原蛋白		2.0		去离子水		31.5	26.0

身体健康起着积极作用。

　　牙膏是口腔卫生用品，由黏合剂、摩擦剂、表面活性剂、保湿剂、甜味剂、防腐剂、香精和颜料等物质组成，一些疗效型牙膏还含有中草药及其他一些疗效成分。按功能分，牙膏分洁齿型和疗效型两大类。洁齿型牙膏有悠久历史，着重于洁齿作用。疗效型牙膏一般加各种药物，着重于对口腔常见病和多发病的疗效作用。在洁齿和疗效作用并重的前提下，近年来各种药物牙膏正在迅速崛起，目前已占市场销量的80%，药物牙膏大都利用我国丰富的中草药资源，配以多种药物而成，也有利用氟化物和酶制剂的，具有消炎止痛、止血脱敏、消除口臭和预防龋齿的功能。并以新颖、廉价、显效的特点被广大消费者所接受。

　　摩擦剂是牙膏的主要成分之一，一般质量配方中占40%～50%，目的是在刷牙时帮助牙刷清洁牙齿，去除污物和牙齿胶质薄膜的黏附物，防止新污物的形成。摩擦剂大多为有适宜硬度和粒度的无机化合物粉末，常用的是碳酸钙、磷酸三钙、磷酸氢钙、焦磷酸钙、不溶性偏磷酸钙、氢氧化铝、三氧化硅等。黏合剂是制造牙膏胶基的原料，其性能直接影响牙膏的稳定性，主要是防止粉末成分与液体成分分离，并赋予膏体以适宜的黏弹性和挤出成型性。常用的黏合剂有天然胶质类、合成纤维素类（如羧甲基纤维素钠等）、合成聚合物（如聚丙烯酸酯等）、无机成胶聚合物（如胶性二氧化硅等）。保湿剂可使牙膏保持一定的水分、黏度和光滑度，防止膏体硬化而难以从管中挤出，同时可降低膏体的冻点，使牙膏在寒冷地区亦能保持正常使用，常用的保湿剂有甘油、丙二醇、山梨醇、聚乙二醇等。

　　表面活性剂的加入能赋予牙膏去污和起泡的能力，使牙膏在口腔中迅速扩散，并使香气易于透发；它能降低污垢和食物碎屑在牙齿表面的附着力，并能渗透到污垢和食物碎屑中，借助刷牙将其分散成细小颗粒形成悬浮体，随漱口水吐出。常用的表面活性剂有十二烷基硫酸钠、月桂酸酯磺酸钠等。此外，为克服粉状化合物的粉尘味和苦味而需加入甜味剂，为赋予牙膏清新、爽口的香气而加入香精，还需加入苯甲酸钠等防腐剂。

　　口腔清洁剂所选用的化学品要无毒性，并对口腔黏膜无刺激性。

　　牙膏的生产有湿法溶胶制膏工艺和干法溶胶制膏工艺。目前常采用的是湿法溶胶制膏工艺。其生产过程如下，先将黏合剂加入保湿剂中使其均匀分散，再加入水使黏合剂膨胀胶溶，经储存陈化后加入粉料和表面活性剂、香精，经研磨后储存陈化、真空脱气，即可制成。牙膏的参考配方见表9-3。

表 9-3　牙膏参考配方

组　分	质量分数/%			组　分	质量分数/%		
碳酸钙	48.0			单月桂酸甘油酯硫酸钠		1.0	
焦磷酸钙		48.0		单氟磷酸钠			0.8
三水合氧化铝			52.0	氟化亚锡		0.5	
甘油	30.0	25.0		焦磷酸亚锡		2.5	
山梨醇			27.0	糖精	0.3	0.2	0.2
羧甲基纤维素钠	1.0		1.1	香精	1.2	1.0	0.9
海藻酸钠		1.5		防腐剂	适量	适量	适量
十二烷基硫酸钠	3.2	1.5	1.5	水	16.3	18.8	17.8

四、家庭日用品洗涤剂配方

日常生活时刻离不开清洗。现代化的设施和摆设是由玻璃、瓷砖、木材、塑料和金属等不同材质构成，为使居室窗明地净，生活舒适卫生，家庭日用品清洗剂即应运而生，并且品种日益繁多，其中有供居室清洗家具、地板墙壁、窗玻璃用的硬表面清洁剂和地毯清洁剂；有洗涤玻璃器皿、塑料用具、珠宝装饰品用的各种专用洗涤剂；有厨房里用的餐具洗涤剂、炉灶清洁剂、水果蔬菜的消毒净洗剂、冰箱清洗剂、瓷砖清洁剂；还有卫生间里用的浴盆清洁剂、便池清洁剂、卫生除臭剂等。

1. 地板和地毯及软垫清洁剂

用水泥或瓷砖铺成的地面可使用液体的地面清洁剂，其质量配方为：烷基苯磺酸钠 2%～5%，异丙醇 8%～15%，松油 1%～2%，水加至 100%。用木块拼装的地板，则可使用胶冻状地板清洁剂，其配方如下。

木地板及木制品清洁剂

组分	质量分数/%	组分	质量分数/%
烷基苯磺酸钠	5	磷酸三钠	3
脂肪酸二乙醇胺	5	亚硝酸钠	0.2
二甲苯磺酸钠	2	聚乙烯醇	5
焦磷酸钾	3	水	余量

制备地板清洁剂时，先将水加入反应器内，再加入原料并加热搅拌均匀，冷却后呈胶冻状，即可包装，产品外观为微黄色，质量分数为 1% 的溶液其 pH 为 9～10，泡沫高度＞120 mm，4～40℃下储存稳定性好，不分层。可用于地板、家具以及门窗等木制品的清洗，产品太稠时可加 3 倍水稀释，再用刷子或海绵配合进行刷洗。

地毯清洁剂配方

组分	质量分数/%	组分	质量分数/%
胶体二氧化硅	1	月桂醇硫酸钠	20
多聚糖增稠剂	0.3	N-月桂酰肌氨酸钠	15
苯乙烯顺丁烯二酸酐共聚物	1	香精、颜料	适量
NH_4OH	0.25	去离子水	62.45

2. 餐具洗涤剂

餐具洗涤剂所用的表面活性剂要求对人体安全，对皮肤无刺激，并且去油污快，容易冲洗。手洗餐具所用洗涤剂，应乳化力强，去油腻性能好，泡沫适中，带有水果香味，可洗碗碟、水果蔬菜，使用方便，容易过水，洗后不挂水迹，不影响瓷器光亮度。

手洗餐具洗涤剂配方

组分	质量分数/%	组分	质量分数/%
脂肪醇聚氧乙烯醚（n=9）	3	苯甲酸钠	0.5
脂肪醇聚氧乙烯醚（n=7）	2	香精	0.5
烷基苯磺酸钠	5	去离子水	85
三乙醇胺	4		

机械洗涤餐具所用的表面活性剂除应符合餐具洗涤剂的基本要求外，还应是完全无泡的，因为机械清洗作用是靠水的喷射。餐具清洗机有单槽和多槽之分。但洗涤操作中都分为净洗和冲洗两段，如为多槽式，净洗和冲洗在两个槽内进行；如为单槽式，先于60℃下喷洒净洗剂于餐具上洗净后，再喷洒冲洗剂，仍在较高的温度下冲洗干净。净洗剂和冲洗剂的配方是有差别的。净洗剂所用的表面活性剂是脂肪醇聚氧乙烯醚，或烷基酚聚氧乙烯醚与阴离子活性物复配而成。为减少泡沫，用憎水的醚基代替非离子表面活性物末端的羟基制得变性的环氧乙烷加成物。在净洗阶段，洗液中表面活性剂的质量浓度为 $(0.1～0.3)×10^{-3}$ kg/L。冲

洗剂多数是由混合型表面活性剂配成，冲洗剂的作用要求能冲净餐具，冲洗液易于从餐具表面流尽，以省去人工擦干操作，又比较卫生，但要求冲洗剂蒸发后的餐具表面特别是玻璃制品表面不留水纹膜。一般冲洗剂中表面活性剂质量浓度为 $(0.03\sim0.1)\times10^{-3}$ kg/L。

餐具净洗剂有粉状的和液体的两种形态，它们都是碱性配方。

机用粉状餐具净洗剂

组分	质量分数/%	组分	质量分数/%
三聚磷酸钠	30～40	聚醚	1～3
无水硅酸钠	25～30	磷酸三钠一水合物	10～15
碳酸钠	10～20	($Na_3PO_4 \cdot H_2O$)	

餐具净洗剂中的表面活性剂聚醚是低泡的，且所占比例较小，洗净力要由无机盐提供，碳酸钠和磷酸钠都可以使去污效率增强，磷酸盐还起软化水作用，水的硬度愈高，磷酸盐的加入量应愈多，否则餐具洗后易留下水纹膜或沉积碳酸钙。硅酸钠起缓蚀作用，防止某些金属材料特别是青铜或黄铜的腐蚀。餐具净洗剂中还可加入能放出活性氯的化合物如氯化磷酸三钠或二氯异氰尿酸盐等，活性氯可改善洗净效果，并具有除去蛋白质污渍的特殊作用，它能把蛋白质污渍氧化成可溶性的氨基酸。含氯的餐具净洗剂配方如下。

机用含氯餐具净洗剂配方

组分	质量分数/%	组分	质量分数/%
硅酸钠	25	二氯异氰尿酸钠	2.5
低泡型非离子表面活性剂	1.5	碳酸钠	余量
三聚磷酸钠	25～50		

洗液的 pH 保持在 10.5 以下，否则会对餐具上的瓷釉或细瓷产生碱蚀作用。为此可用碱性较弱的硅酸盐或用硼砂、硫酸钠等代替配方中的一部分碳酸钠。制备时按上述配方顺序加料，但二氯异氰尿酸钠需在最后加入。

冲洗剂一般是液体产品，含有低泡的表面活性剂聚醚，也可以用脂肪醇或烷基酚的聚氧乙烯加成物。通常末端的羟基要经过酯化、醚化或缩醛化进行封闭，聚醚为环氧乙烷（EO）和环氧丙烷（PO）的共聚物，其中 EO/PO 在 1.8～2.2 为宜；此比例低于 1.8 时，氧丙烯的链太长，易在玻璃器皿上形成水纹，比例高于 2.2 时，冲洗时产生泡沫也会引起玻璃器皿上的水纹，用聚醚作活性物配冲洗剂，其质量浓度为 60～100 mg/kg，还要加入适量有机酸，如柠檬酸，加有机酸的酸性冲洗剂，可使食物污渍溶解，利于洗净。

3. 杀菌清洗剂

食品和饮料工业用的瓶、罐和各种储器，宾馆和饭店用的饮料杯，不仅要求洗净，还必须做到无菌和卫生。医院所用的衣物和床上用品不仅需要清洗干净，而且需要杀菌消毒。使用杀菌清洗剂，清洗和杀菌两个目的可以在洗涤过程中一次达到，免去了蒸煮等既麻烦又费力的操作。因此，杀菌清洗剂现在已得到广泛的应用。杀菌清洗剂的配方原则上可以分为两类：一类是以季铵盐型阳离子表面活性剂作为杀菌剂与非离子表面活性剂复配而成；另一类是用非离子或阴离子表面活性剂作清洗剂配方的必要组分，再复配抑菌剂而成。常用的抑菌剂是含有卤素的化合物，含有阳离子表面活性剂的杀菌剂配方如下。

杀菌清洗剂配方

组分	质量分数/%	组分	质量分数/%
十二烷基二甲基苄基氯化铵	10	单乙醇胺	0.7
壬基酚聚氧乙烯醚	20	水	余量
EDTA	1		

卤素是有效的杀菌剂，氯化磷酸三钠对牛奶设备的清洗和消毒是相当有效的，一度曾倾向用溴作杀菌剂消毒，但它没有超过氯的真正用量，并且使用不方便。近来碘获得了较多的应用，尤其是碘与非离子表面活性剂结合使用。碘酚含碘质量分数为 1%～3%，在质量浓

度为（0.012～0.25）×10^{-3} kg/L 时，便是有效的杀菌剂，并且在酸性环境中有最大的活性，质量分数为 15%～20% 的碘与壬基酚聚氧乙烯醚在 50～60℃ 混合起化学反应制得碘酚，碘酚杀菌清洗剂配方如下。

碘酚杀菌清洗剂配方

组分	质量分数/%	组分	质量分数/%
壬基酚聚氧乙烯醚加 20% 有效碘	8.75	磷酸	8.0
壬基酚聚氧乙烯醚（EO=30）	5.0	水	78.25

4. 玻璃和瓷砖清洗剂

居室的窗玻璃、商店橱窗和车辆上的挡风玻璃常需要清洗、擦亮，较早使用的是用白垩粉作磨洗剂的温和型清洗剂，现在被液体的玻璃清洗剂所代替，其主要成分是表面活性剂、溶剂及其他辅助成分，表面活性剂起湿润、乳化和分散等作用，有机溶剂可降低溶液的冰点和增加透明度；氨水用于调节溶液的酸碱度。

玻璃清洗剂配方

组分	质量分数/%	组分	质量分数/%
脂肪醇聚氧乙烯醚	0.3	乙二醇单丁醚	3
聚氧乙烯椰油酸酯	3	香精	0.01
乙醇	3	颜料	适量
氨水（28%）	2.5	去离子水	余量

制备时可先将表面活性剂溶解于水中，搅拌均匀，加入乙二醇单丁醚和乙醇等溶剂，再加入颜料和氨水，最后加入香精，搅匀后即可灌装。使用时将液体喷洒于玻璃表面，再用布擦亮，用于大面积玻璃时，可加 10 倍水冲稀使用。

瓷砖常用于厨房、地面和厕所墙壁的装饰，需时常清洗保持清洁卫生。瓷砖清洗剂有极好的去污渍和油垢性能，能使瓷砖、玻璃、陶瓷洁净明亮，不留痕迹。

瓷砖清洗剂的配方

组分	质量分数/%	组分	质量分数/%
胶态铝硅酸镁	1.5	松油	5
水	≥1.5	香精	适量
羧基化聚电解质的盐	2	颜料	适量
辛基酚聚氧乙烯醚（$n=10$）	5	温和磨蚀剂	10
烷基苯磺酸钠	5		

制备时先将胶态铝硅酸镁缓慢加入水中，不断搅拌直至均匀，并于搅拌下依次加聚电解质钠盐、表面活性剂和松油，继续搅拌并加入温和磨蚀剂，混合均匀后再加入其他助剂，稍加搅拌即为成品。

5. 炉灶净洗剂

家庭（用）中的炉灶易受油渍等的污染，要经常清洗保持清洁卫生。炉灶净洗剂有溶剂型和强碱型两种；溶剂型常用的溶剂是溶纤维剂（$C_nH_{2n+1}OCH_2CH_2OH$）和二甘醇-乙醚，强碱型采用氢氧化钠。溶剂型炉灶净洗剂对人体皮肤安全性好，一般供家用，强碱型炉灶净洗剂主要用于工业炉灶的清洗。

炉灶净洗剂配方

组分	质量分数/%	组分	质量分数/%
溶剂型：乙二醇二丁醚	5	强碱型：烷基苯磺酸钠	5
聚氧乙烯高碳醇醚	2	氢氧化钠	25
单乙醇胺	4	乙二醇单甲醚	30
水	89	水	40

炉灶净洗剂的制备方法是先加水，然后顺次加入其他原料，搅拌均匀，即可灌装。产品为液体，不分层，抗滑性好，对油垢有极强的去污力。

6. 冰箱清洗剂

家用冷藏冰箱、冰柜逐渐普及，这些储藏食品的器具需要经常清洗，以免细菌污染食物，冰箱清洗剂是供冰箱、冰柜等清洗杀菌和去除异味的专用化学品，主要成分是烷基芳基三甲基氯化铵和碳酸氢钠。

冰箱清洗剂配方

组分	质量分数/%	组分	质量分数/%
烷基芳基三甲基氯化铵	1	去离子水	96
碳酸氢钠	3		

配方中的季铵盐阴离子表面活性剂是广泛应用的消毒剂、杀菌剂，它在细菌表面有强力吸附，从而阻止细菌的呼吸与糖解作用，促使其蛋白质变性，将氮和磷化合物排出，致使细菌被杀灭。将配方中的组分一起混合溶解，并搅拌均匀，所得液体产品无分离和沉淀现象，安全性高，不污染食品，清洗、杀菌和去异味功能好。

7. 卫生间清洗剂

卫生间清洗剂需要清洗的物品是便池和浴盆，便池的污垢主要是尿碱，可用粉状硫酸氢钠去除，其配方是在粉状的硫酸钠中加入松油，也可以加入同样量的松油和煤油的混合物，为改进清洗效果，还可以加入烷基苯磺酸。

便池清洁剂配方

组分	质量分数/%	组分	质量分数/%
硫酸氢钠	98~98.5	烷基苯磺酸	1
松油	0.5~1		

浴盆上的污垢主要是钙皂和油脂，可使用便池清洁剂清除皂垢，为改善去污能力可以加入少量去油性污垢的溶剂如松油，也可以加入少量非离子表面活性剂、助洗剂、杀菌剂。根据浴盆污垢的性质分轻垢型和重垢型两种，其配方如下。

浴盆清洁剂配方

轻垢型组分	质量分数/%	重垢型组分	质量分数/%
烷基苯磺酸钠	10	壬基酚聚氧乙烯醚	12
硼酸	3	盐酸	10
草酸	3.5	硫脲	2
乙醇	10	缓蚀剂	1
水	余量	水	余量

制备轻垢型浴盆清洁剂时，将所需水量的 2/3 加入反应器中，依次加入烷基苯磺酸钠、硼酸；搅拌下加热至 50~60℃，溶化后加入草酸；待草酸溶化后停止加热，加入剩余的水，并补充蒸发损失的水量，至物料降温至10℃后，再加入香精、乙醇及颜料，搅拌混合均匀后取澄清液，用塑料、搪瓷、玻璃、陶瓷制品包装。制备重垢型清洁剂时，先将全部水量加入反应器中，依次加入烷基酚聚氧乙烯醚、硫脲，搅拌至硫脲溶化后，再加入盐酸、缓蚀剂、香精，搅拌后即为成品，用塑料等制品包装。

轻垢型浴盆清洁剂用于代替去污粉清洗浴盆、面盆和地板等，用泡沫塑料蘸上清洁剂擦拭污垢处，随后用水冲洗。重垢型浴盆清洗剂适用于有重垢及水垢、铁锈的浴盆、面盆、痰盂、抽水马桶的清洗，用时将尼龙刷或泡沫塑料蘸上清洁剂，轻擦污垢处。

五、工业用清洗剂配方

工业用清洗剂是指各个工业部门在生产过程中所用的洗涤剂，发达国家工业表面活性剂占表面活性剂总产量的 $40\%\sim60\%$，我国工业用表面活性剂的量和品种都比较少，远不能满足要求。工业清洗剂是利用表面活性剂的润湿、浸透、乳化、分散、增溶、起泡、抗静电和防锈等多种物化性能，广泛应用于纺织、印染、化纤、轻工、石油、化工、冶金和机械等工业中，成为各行各业的"味精"，起到改进工艺过程、提高产品质量、促进技术创新等作用，进而可以收到极大的经济效益。

国内工业用清洗剂品种较为单一，用量较多的是毛纺用净洗剂和近年发展起来的金属清洗剂。虽然最近工业用清洗剂品种有所扩大，但许多重要领域尚属空白。今后发展方向应该是大力开发新型表面活性剂，不断提高复配技术，使产品逐渐专用化、系列化，以满足各个工业部门的要求。

（一）金属清洗剂

金属清洗是指清洗金属表面的污垢，金属表面的污垢包括液相污垢和固体污垢。固体污垢有尘埃、积炭、水垢、氧化层、铁锈等，液相污垢有润滑油、润滑脂、含氧酸等。金属表面污垢清洗可以用溶剂型清洗剂和水基型金属清洗剂。由于使用溶剂型清洗剂清洗金属表面时，毒性大，致使反应多，易着火和污染环境，浪费能源，因此目前推广应用水基型金属清洗剂。水基型金属清洗剂去污力强，安全性高，污染少，并有良好的缓蚀防锈作用，节约能源，成本低，经济效益高，适用于机械自动化等优点。

1. 溶剂型金属清洗剂

金属清洗剂所用溶剂分两类，石油烃类如汽油、煤油和柴油；氯代烃类如三氯乙烯和四氯化碳等。溶剂去污是靠对油的溶解能力，溶解能力越高，清洗速度越快，溶剂消耗量越小。用乳化剂或有机溶剂的水乳液清洗金属表面附着的污垢效果很好，煤油、汽油、高沸点烷烃均可作为溶剂，乳化剂则用非离子表面活性剂和阴离子表面活性剂的复配物，或用酯类、醚类或胺类环氧乙烷加成物或它们的混合物；加入少量助溶剂或一定量的缓蚀剂，可以防止金属表面的锈蚀。

有机溶剂中添加质量分数为 $0.1\%\sim1\%$ 的非离子表面活性剂，或将溶剂与阳离子表面活性剂复配使用，可以提高去污效果。

能迅速除去厚封层存油，且具有短期防锈效果的溶剂型金属清洗剂的配方如下。

除厚封层存油的金属清洗剂配方

组分	质量分数/%	组分	质量分数/%
200 号汽油	94	十二烷基醇酰胺	1
碳酸钠	1	苯并三氮唑的酒精溶液	1
失水山梨醇酯	1	水	2

对碳钢类非定型产品和部件进行涂装时，还需要对钢件进行除油后才能进行涂料施工。涂料施工除油较为理想的清洗剂，应在常温下即可清洗，例如：

涂料施工金属清洗剂配方

组分	质量分数/%	组分	质量分数/%
煤油	67	三乙醇胺	3.6
丁基溶纤剂	1.5	松节油	22.5
月桂酸	5.4		

乳化型金属清洗剂的配方如下。

乳化型金属清洗剂配方

组分	质量分数/%	组分	质量分数/%
Ⅰ. 三氯乙烯	20~30	磺基琥珀酸单酯二钠盐	0.5~2
二氯甲烷	20~30	水	余量
烷基苯磺酸钠	0.5~2		

组分	质量分数/%	组分	质量分数/%
Ⅱ. N-三乙氧基或 N-三乙氧基硬脂胺	2.2	含聚硅氧烷端基的三甲基硅烷	3.0
N-椰子基-N-甲基或 N-二丙氧基甲基硫酸铵	2.2	二氧化硅	1.0
石蜡烃	19.4	磷酸	15.3
三氯化铝	29.2	水	27.3

2. 水基金属清洗剂

水基金属清洗剂是指以水为溶剂，表面活性剂为溶质的能清洗金属表面污垢的洗涤剂。此类洗涤剂有粉状、膏状和液状三种，一般呈弱碱性，pH≤12。根据不同的清洗对象可配成质量分数为 1%～10% 的水溶液，按污垢多少采用常温至80℃的不同温度进行清洗，清洗方式可采用刷洗、喷洗、浸泡和机械清洗等。

水基清洗剂常选用非离子表面活性剂和阴离子表面活性剂的复配物作溶质。常用的非离子表面活性剂有脂肪醇聚氧乙烯醚、烷基酚聚氧乙烯醚、烷基醇酰胺、十二烷基醇酰胺磷酸酯等，阴离子表面活性剂有直链烷基苯磺酸钠油酸三乙醇胺、油酸钠、甲氧脂肪酰胺苯磺酸钠、N,N-油酰甲基牛磺酸钠等。为满足多种金属清洗剂的需要，水基金属清洗剂除表面活性剂外，必须添加各种助剂。助剂按其作用可分为助洗剂、缓蚀剂、消泡剂、稳定剂、增溶剂、软化剂等。常用的助洗剂有三聚磷酸钠、六偏磷酸钠、硅酸钠、乙二胺四乙酸钠等；缓蚀剂分黑色金属缓蚀剂和有色金属缓蚀剂两类，前者有磷酸盐、苯甲酸钠、亚硝酸盐、油酸三（或二）乙醇胺等，有色金属缓蚀剂有硅氟酸苯并三氮唑、硅酸钠、铬酸盐等，在酸性溶液中，可使用石油磺酸钡、有机酸的胺盐或酰胺、环氧酸锌、石油磺酸钠等有机缓蚀剂；消泡剂一般可使用憎水性的物质如硅油、失水山梨醇脂肪酸酯（商品名斯盘）类中的斯盘 20、斯盘 80、斯盘 85 以及乙醇等；稳定剂常用的大多是水溶性聚合物如羧甲基纤维素钠、三乙醇胺、烷基醇酰胺、聚乙烯吡咯烷酮等，稳定剂的作用是防止污垢沉积于金属表面；增溶剂可以增加水基金属清洗剂在水中溶解性和促进金属表面污垢在水中分解效果，常用的有尿素等；水基金属清洗剂除上述几种助剂外，还有填充剂、香精、颜料等。

对水基金属清洗剂的质量要求是：易溶于水，泡沫适宜，清洗便利，能迅速清除附着于金属表面的各种污垢和杂质；清洗过程对金属表面无腐蚀，无损伤，清洗后金属表面洁净、光亮并有一定的防锈作用，对人体无害，无污染，使用过程安全可靠，原料易得，价格便宜，适用于黑色金属的清洗，并有良好防锈性能。

黑色金属清洗剂配方

组分	质量分数/%	组分	质量分数/%
脂肪醇聚氧乙烯醚	35	油酸三乙醇胺	30
二乙醇酰胺	15	稳定剂	15
油酸钠	5		

强力黑色金属清洗剂配方

组分	质量分数/%	组分	质量分数/%
三乙醇胺	1～3	亚硝酸钠	0.5～1.5
异丙醇	2～10	苯并三氮唑	0.01
硫酸化油	0.5～1.5	水	83～95.5
二丁基萘磺酸	0.5～1.5		

适用于钢铁及铝合金器件除油的金属清洗剂配方如下。

钢铁及铝合金清洗剂配方

组分	质量分数/%	组分	质量分数/%
烷基苯磺酸钠	0.5～1	硅酸钠	5～6
磷酸三钠	5～8	水	余量
磷酸二氢钠	2～3		

机械零件需要清洗时，通常是先将 1kg 水加热到 60～80℃，然后依次加入下述配方中的组分，搅拌均匀即可使用。用这种清洗剂清洗零件，捞出后晾干即可，一般情况下放置几个月也不会生锈。

机械零件清洗剂

组分	质量份	组分	质量份
无水碳酸钠	20	亚硝酸钠	1
乳化油	5	水	1000

擦洗各类机械设备外表的油渍、污秽时，可将下述有关配方中各组分溶于沸水中即可，效果十分理想。使用时温度不宜过低，以防止配方组分的析出。

机械设备清洗剂配方

组分	用量	组分	用量
油酸	15 mL	三乙醇胺	30 mL
无水碳酸钠	10 g	水	2000 g

银金属用的清洗上光剂配方

组分	质量分数/%	组分	质量分数/%
二硬脂酸二硫醚	3	磷酸	0.2
脂肪醇聚氧乙烯醚	3	水	93.8

磷化处理是指用酸性磷酸盐溶液处理金属，使其金属表面形成一层难溶的磷酸盐膜。磷化的目的是为了提高涂漆、涂搪瓷、电镀产品的外观和抗腐蚀性能，这一工艺目前已被广泛应用于自行车、洗衣机、电冰箱、搪瓷制品、汽车车身和其他钢铁制品。

磷化金属用清洗剂配方

组分	质量分数/%	组分	质量分数/%
脂肪醇聚氧丙烯聚氧乙烯醚琥珀酸酯	5.3	氢氧化钾	19
烷基酚聚氧乙烯醚磷酸酯	0.8	硅酸钠	38.4
2,2′,2″-氨基三甲基磷酸酯钾	2.5	水	余量
乙二胺四乙酸钠	2.6		

（二）结垢清洗剂

结垢是指沉积在水冷却系统、锅炉壁上和蒸汽管上的重金属不溶物层（如碳酸钙沉积物形成的水垢），也包括在一定加热条件下，于钢铁表面形成的氧化层。清除结垢用的酸性清洗剂主要是酸浸浴中的酸，可以用稀的硫酸或稀的盐酸，除水垢时多用盐酸，在酸浸浴中需加入防止酸腐蚀的"抑制剂"，有效的抑制剂是苯硫脲和硫脲，它们都是固体，可配入粉状洗涤剂，以增加浸泡效应。下列抑制剂在硫酸浸浴中也是有效的，如丁基硫醚、丁基二硫醚、丁甲基硫醚、乙基硫醚、戊基硫醇、丁基硫醇、异丁基硫醇、乙基硫醇、甲苯硫脲、甲苯硫酚、2-萘基硫酚、三戊胺、甲醛等多种化合物均可作为抑制剂。松香胺衍生物如脱水松香胺的乙氧基化合物是有效的抑制剂，质量分数为 0.05％～0.2％ 时在盐酸中很有效。戊烷硫脲、二乙基硫脲和二丁基硫脲可以在 0.05％ 的低质量分数下与质量分数为 10％ 的盐酸混用，是有效的抑制剂。

在酸浸浴型结垢清洗剂中必须加入耐酸的洗涤剂组分。洗涤剂没有明显的抑制效应，但有很强的润湿作用，润湿作用在一定程度上起到防止孔蚀的作用，这就是在酸浸浴中加入洗涤剂的一个重要原因。最有效的洗涤剂表面活性物是烷基苯磺酸盐，也可以采用石油磺酸盐或烷基萘磺酸盐。烷基萘磺酸盐既可以作润湿剂也可以作抑制剂。加入酸浸浴中的表面活性剂的质量分数为 0.1％～0.2％。这类酸浸浴型结垢清洗剂的配方举例如下：将质量分数为 40％ 的十二烷基苯磺酸盐表面活性物的浓缩粉状洗涤剂与质量分数为 10％ 的甲苯硫脲混合，这种混合物可按质量分数 0.25％～0.5％ 加入酸浸浴中。

用混合酸特别是固体的混合酸来清除结垢效果好，并可减少酸腐蚀。常用的固体酸性物质如氨基磺酸、草酸、柠檬酸、硫酸氢钠等。清洗汽车水冷却系统结垢用的酸性清洗剂配方如下。

汽车水冷却系统结垢酸性洗涤剂配方

组分	质量分数/%	组分	质量分数/%
草酸	80	十二烷基苯磺酸洗涤剂	10
硫酸氢钠	10		

按下述配方制得的酸性除垢剂来清除碳酸钙的结垢物效果很好。

清除碳酸钙结垢物清洗剂配方

组分	质量分数/%	组分	质量分数/%
氨基磺酸	95.8	脂肪酸酰胺聚氧乙烯基化合物	2.4
抑制剂	3.8		

用聚醚非离子表面活性剂、二甲苯磺酸钠、硫酸氢钠和酒石酸盐配制的除垢剂，用于锅炉除垢，比用加抑制剂的盐酸效果好，腐蚀性也小。

第四节　洗涤剂生产工艺

工业与家用洗涤剂根据需要可以制成液体、粉状及块状等形式。

一、液体洗涤剂生产工艺

液体洗涤剂生产一般采用间歇式批量化生产工艺，而不宜采用管道化连续生产工艺，这主要是因为生产工艺简单，产品品种繁多，没有必要采用投资多、控制难的连续化生产线。液体洗涤剂生产工艺所涉及的化工单元操作和设备，主要是：带搅拌的混合罐、高效乳化或均质设备、物料输送泵和真空泵、计量泵、物料储罐、加热和冷却设备、过滤设备、包装和灌装设备。把这些设备用管道串联在一起，即组成液体洗涤剂的生产工艺流程。生产过程的产品质量控制非常重要，主要控制手段是物料质量检验、加料配比和计量、搅拌、加热、降温、过滤、包装等。液体洗涤剂的生产流程如图9-1所示。

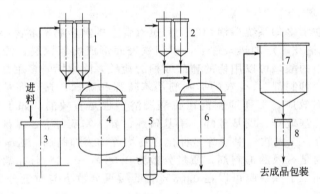

图 9-1　液体洗涤剂生产流程

1—主料加料计量罐；2—辅料加料计量罐；3—储料罐；4—乳化罐（混合罐）；
5—均质机；6—冷却罐；7—成品储罐；8—过滤器

1. 原料准备

液体洗涤剂的原料种类多，形态不一，使用时，有的原料需预先熔化，有的需溶解，有的需预混。用量较多的易流动液体原料多采用高位计量槽，或用计量泵输送计量。有些原料需滤去机械杂质，水需进行去离子处理。

2. 混合或乳化

对一般透明或乳状液体洗涤剂，可采用带搅拌的反应釜进行混合，一般选用带夹套的反应釜。可调节转速，可加热或冷却。对较高档的产品，如香波、浴液等，则可采用乳化机配制。乳化机又分真空乳化机和普通乳化机。真空乳化机制得的产品气泡少，膏体细腻，稳定性好。大部分液体洗涤剂是制成均相透明混合溶液，也可制成乳状液。但是不论是混合，还是乳化，都离不开搅拌，只有通过搅拌操作才能使多种物料互相混溶成为一体，把所有成分溶解或分散在溶液中。可见搅拌器的选择是十分重要的。一般液体洗涤剂的生产设备仅需要带有加热和冷却用的夹套并配有适当的搅拌配料罐即可。液体洗涤剂的主要原料是极易产生泡沫的表面活性剂，因此加料的液面必须过过搅拌桨叶，以避免过多的空气混入。

（1）混合　液体洗涤剂的配制过程以混合为主，但各种类型的液体洗涤剂有不同的特点，一般有两种配制方法：一是冷混法，二是热混法。

① 冷混法　首先将去离子水加入混合罐中，然后将表面活性剂溶解于水中，再加入其他助洗剂，待形成均匀溶液后，就可加入其他成分如香料、色素、防腐剂、络合剂等。最后用柠檬酸或其他酸类调节至所需的 pH，黏度用无机盐（氯化钠或氯化铵）来调整。若遇到加香料后不能完全溶解，可先将它同少量助洗剂混合后，再投入溶液。或者使用香料增溶剂来解决。冷混法适用于不含蜡状固体或难溶物质的配方。

② 热混法　当配方中含有蜡状固体或难溶物质时，如珠光或乳浊制品等，一般采用热混法。首先将表面活性剂溶解于热水或冷水中，在不断搅拌下加热到 70℃，然后加入要溶解的固体原料，继续搅拌，直到溶液呈透明为止。当温度下降至 25℃左右时，加色素、香料和防腐剂等。pH 的调节和黏度的调节一般都应在较低的温度下进行。采用热混法，温度不宜过高。

（2）乳化　在液体洗涤剂生产中，乳化技术相当重要。一部分家用液体洗涤剂中希望加入一些不溶于水的添加剂以增加产品的功能；一些高档次的液体洗涤剂希望制成彩色乳浊液以满足顾客喜爱；一部分工业用液体洗涤剂必须制成乳浊液才能使其功能性成分均匀分散在水中。因此，只有通过乳化工艺才能生产出合格的乳化型产品。在液体洗涤剂生产中，无论是配方还是复配工艺，以及生产设备，乳化型产品的要求最高，工艺也最复杂。液体洗涤剂配制过程中的乳化操作，长期以来是依靠经验，经过逐步充实理论，正在定向依靠理论指导。

① 乳化方法　乳化工艺除乳化剂选择外，还包括适宜的乳化方法，如乳化剂的添加方法，油相和水相添加方法以及乳化温度等。均化器和胶体磨都是用于强制乳化的机械，这类机器用相当大的剪切力将被乳化物撕成很细很匀的粒，形成稳定的乳化体。

② 乳化工艺流程　国内外大部分乳化工艺仍然采用间歇式操作方法，以便控制产品的质量，方便更换产品，适应性强。图 9-2 是乳化工艺流程，是典型间歇式通用乳化流程。它是将油相和水相分别加热到一定温度，然后按一定顺序分别投入搅拌釜中，保温搅拌一定时间，再逐步冷却至 60℃以下，加入香精等热敏性物料，继续搅拌至 50℃左右，放料包装即可。

连续式乳化工艺是将预先加热的各种物料分别由计量泵打入带搅拌的乳化器中，原料在乳化器中滞留一定时间后溢流到换热器中，快速冷却至 60℃以下，然后流入加香罐中，同时将香精由计量泵加入，最终产品由加香罐中放出，整个工艺为连续化操作。半连续化工艺是乳化工段为间歇式，而加香操作为连续进行。对于难乳化的物料，一般可以采用两次加压机械乳化。而自然乳化和转相乳化只在一个带搅拌的乳化釜中就能完成。具体工艺条件视不同物料和质量要求而定。

3. 调整

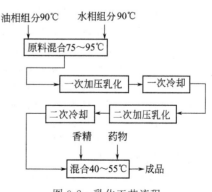

图 9-2　乳化工艺流程

在各种液体洗涤剂制备工艺中，除上述已经介绍的一般工艺和设备外，还有一些典型的工艺问题，如加香、加色、调黏度、调透明度、调 pH 等。

（1）加香　许多液体洗涤剂都要在配制工艺后期，进行加香，以提高产品的档次。洗发香波类、沐浴液类、厕所清洗剂等一般都要加香。个别织物清洗剂、餐具清洗剂和其他液体洗涤剂有时也要加香。根据不同产品用途和档次，香精用量少至 0.5％ 以下，多至 2.5％ 不等。加香工艺一般应在较低温度下加香，至少在 50℃ 以下加香为宜。加香应在工艺的最后，将香精直接放到液体洗涤剂溶液中。有时将香精用乙醇稀释后才加入产品中。

（2）加色　液体洗涤剂虽然是实用型商品，但使用者首先是根据视觉来判断对产品的选购与否。产品的色泽是物质对各种波长光线的吸收、反射等反映到视觉的综合现象。色素包括颜料、染料及折光剂等。这些物质大都不溶于水，部分染料能溶于指定溶剂。一般色素对光、酸、碱具有选择性。主要涉及其稳定性。中低档液体洗涤剂选用有机合成染料即可，主要是从价格考虑。如果选择无机染料，应对产品质量严格控制，尤其是铅、砷含量。对于大多数液体洗涤剂，色素的用量都应在千分之几的范围甚至更少。

（3）水溶性高分子物质的使用　液体洗涤剂各类产品中，加入水溶性高分子物质，主要目的是作增稠剂、乳化剂，以及作为调理剂和营养剂。由于作用不同，选用条件和用量也不尽相同。水溶性高分子物质有天然的（如植物胶和动物胶）、半天然的（多糖类衍生物）和合成的高分子聚合物，可作为液体洗涤剂的增稠剂使用，作为乳化剂使用，还可作为调理剂和营养组分使用。这类物质的加入，可以增加产品功能，还可以提高产品档次。

（4）产品黏度的调整　液体洗涤剂都应有适当的黏度。为满足这一要求除选择合适的表面活性剂等主要组分外，一般都要使用专门调整黏度的组分——增稠剂。大部分液体洗涤剂配方中，都加有烷基醇酰胺，它不但可控制产品的黏度，还兼有发泡和稳泡作用。它是液体洗涤剂中不可缺少的活性组分。对于一些乳化产品，可以加入亲水性高分子物质，天然的或合成的都可以使用。不但可以作为增稠剂，还是良好的乳化剂。但是同时应考虑与其他组分的相容性。对于一般的液体洗涤剂，加入氯化钠（或氯化铵）等电解质可以显著地增加液体洗涤剂的黏度。肥皂型产品［即以脂肪酸钠（钾）为主要活性物的液体洗涤剂］一般都有较高的黏度，如果加入长链脂肪酸，可以进一步提高产品黏度。为了提高产品的黏度，尽量选择非离子表面活性剂作为活性物成分。调整液体洗涤剂的黏度是产品制备中的一项主要工艺。尤其是现代液体洗涤剂，活性物不断降低，添加的水（溶剂）越来越多，产品自身的黏度也必然下降。因此，加入增稠剂更为必要。要选择有利于增加产品黏度的配方物。首先应考虑到的是脂肪酸皂和非离子表面活性剂，一般都要选用一些烷基醇酰胺。对于透明型产品，加入胶质、有机增稠剂或无机盐类，控制产品的黏度和乳浊点应同时考虑。控制乳浊点首先要选用浊点较高的活性物或在低温下溶解度较大的活性物。一般来说，用氯化钠、氯化铵前后调节产品黏度是很方便的，加入量 1％～4％，边加边搅拌，不能过多。相对来说，乳化型产品的增稠比透明型产品增稠更容易一些。最常用的增稠剂是合成的水溶性高分子化合物，如聚乙烯醇、聚乙烯吡咯烷酮等。

（5）pH 的调节　在配制液体洗涤剂时，大部分活性物呈碱性。一些重垢型液体洗涤剂是高碱性的，而轻垢型碱性较低，个别产品如高档洗发香波、沐浴液及其他一些产品，要求具有酸性。因此，液体洗涤剂配制工艺中，调整 pH 带有共性。pH 调节剂一般称为缓冲剂。主要是一些酸和酸性盐，如硼酸钠、柠檬酸、酒石酸、磷酸和磷酸氢二钠，还有某些磺酸类都可以作为缓冲剂。选择原则主要是成本和产品性能。各种缓冲剂大多在液体洗涤剂配制后期加入。将各主要成分按工艺条件混配后，作为液体洗涤剂的基料，测定其 pH，估算缓冲剂加入量，然后投入，搅拌均匀，再测 pH。未达到要求时再补加，就这样逐步逼近，直到满意为止。对于一定容量的设备或加料量，测定 pH 后可以凭经验估算缓冲剂用量，指导生产。液体洗涤剂 pH 都有一个范围。重垢液体洗涤剂及脂肪酸钠为主的产品，pH 为 9～10 最有效，其他液体洗涤剂（以各种表面活性剂复配的产品）pH 在 6～9 为宜。洗发和沐浴产品的 pH 最好为中性或偏酸性，pH 为 5.5～8 为好。有特殊要求的产品应单独设计。另外，产品配制后立即测定 pH 并不完全真实，长期储存后产品 pH 将发生明显变化，这些在控制生产时都应考虑到。

4. 后处理过程

（1）过滤　从配制设备中制得的洗涤剂在包装前需滤去机械杂质。

（2）均质老化　经过乳化的液体，其稳定性往往较差，如果再经过均质工艺，使乳液中分散相中的颗粒更细小，更均匀，则产品更稳定。均质或搅拌混合的制品，放在储罐中静置老化几小时，待其性能稳定后再进行包装。

（3）脱气　由于搅拌作用和产品中表面活性剂的作用，有大量气泡混于成品中，造成产品不均匀，性能及储存稳定性变差，包装计量不准确。可采用真空脱气工艺，快速将产品中的气泡排出。

5. 灌装

对于绝大部分液体洗涤剂，都使用塑料瓶小包装。因此，在生产过程的最后一道工序，包装质量是非常重要的，否则将前功尽弃。正规生产应使用灌装机包装流水线。小批量生产可用高位槽手工灌装。严格控制灌装量，做好封盖、贴标签、装箱和记载批号、合格证等工作。袋装产品通常应使用灌装机灌装封口。包装质量与产品内在质量同等重要。

6. 产品质量控制

液体洗涤剂产品质量控制要强调生产现场管理，确定几个质量控制点，找出关键工序，层层把关。首先把好原料关。对于不符合要求的原料应不进入生产过程，应调整配方，保证产品质量。检验时至少要分批抽样。关键工序是配料工段。应严格按配比和顺序投料。计量要准确，温度、搅拌条件和时间等工艺操作要严格，中间取样分析要及时、准确。成品包装前取样检测是最后一道关口，不符合产品标准绝不灌装出厂。为保证生产出高品质的洗涤剂产品，应有效地控制原材料、中间产品及成品的质量，因此洗涤剂分析包括原材料、中间产品及成品检验。

一些工业清洗剂产品的国家或行业标准如下：

（1）HB 5334—1985　飞机表面水基清洗剂；

（2）MH/T 6007—1998　飞机清洗剂；

（3）GJB 4080—2000　军用直升机机体表面清洗剂通用规范；

（4）HB 5227—1982　金属材料和零件用水基清洗剂试验方法；

（5）JB/T 4323.1—1999　水基金属清洗剂；

（6）JB/T 4323.2—1999　水基金属清洗剂试验方法；

（7）HB 5226—1982　金属材料和零件用水基清洗剂技术条件；

（8）QB/T 2117—1995　通用水基金属净洗剂；

（9）GB 14930.1—1994　食品工具、设备用洗涤剂卫生标准。

二、粉状洗涤剂生产工艺

粉状产品洗涤剂的生产目前主要是采用喷雾干燥法、干混法和附聚法。

1. 喷雾干燥法

这是生产粉状洗涤剂的主要方法，其特点是将溶液喷成雾状很细地分布在热空气中，水分在短时间内被蒸发掉，溶质变成固体。喷雾干燥法优点是干燥过程迅速，保持物料的性质，具有规定的相对密度，外形一致，工艺连续化，设备的单位面积生产能力高。目前工厂采用的高塔喷雾干燥法，可制得空心颗粒洗涤剂，粉的外观均匀，能自由流动，没有细粉，不产生粉尘污染，并且粉的溶解性好。

高塔喷雾干燥是将有一定物理性质含约 60% 固体物的料浆经喷嘴喷成比较大的液滴，从干燥塔顶经过较长行程与塔底进入的 250～400℃ 热空气接触，将水分蒸发，液滴内部水分向外扩散，膨胀成空心颗粒。其流程参见图 9-3。

喷雾干燥流程可以分为配料及料浆制备、喷雾干燥成型、细粉回收和空气加热等工序。

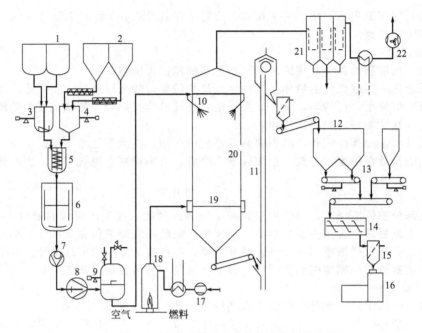

图 9-3 喷雾干燥法生产粉状洗涤剂的流程

1—液体原料储罐；2—固体原料储罐；3—液体原料计量器；4—固体原料计量器；5—混合器；
6—中间储罐；7—加压泵；8—高压泵；9—空气储罐；10—喷嘴；11—气升器；12—粉储槽；
13—皮带计量输送器；14—粉混合器；15—筛子；16—包装机；17—送风机；18—燃烧器；
19—环状通风道；20—喷粉塔；21—袋式过滤器；22—排风机

配料是将表面活性剂和各种助剂，根据不同品种的配方而计算的投料量，按一定次序将经计量的液体和固体在混合器中混合，然后经中间储罐进入低压泵，再进入高压泵，将液体料浆送入喷雾塔。喷雾塔是一个圆柱体，高 30～35 m，下部为锥形体。热空气在锥形底上部的分配室进入，与雾状的浆液进入热交换后排出。雾状液滴和空气可顺流或逆流操作，顺流操作相对密度约 0.4～0.6。

2. 干混法

是将干燥的表面活性剂与助剂、添加剂在干式混合机内适当混合，粉经适当放置均匀干燥后，即可包装。干混法的优点是工艺、设备简单；由于生产中不加水，无废水产生；生产过程不需加热，节约能源。

3. 附聚法

附聚成型是用喷雾状硅酸盐溶液来黏结移动床上的干物料。可水合的三聚磷酸钠和碳酸钠能使硅酸盐溶液失去水分而干燥形成干硅酸盐黏合剂。通过粒子间的桥接形成近似球状的附聚物。机械因素影响颗粒的性质。根据不同的工艺要求，洗涤剂附聚成型可分成 4～7 个工序。这些工序可作为一种标准设计，用于不同产品。基本工序是附聚、调理、筛分和包装，其他工序是预混合、干燥和后配料。附聚前将某些原料进行预混合，使液体原料能够分批加到干组分上，以增加接触时间，并保证被干燥颗粒完全吸附。调理是把从附聚器出来的物料再停放一定时间，使水合反应完全，以防止产品结块。

附聚器的种类有多种，但必须具备两个主要性质：① 设备要使固体组分保持恒速运动，使所有颗粒的表面都能与液体接触；② 液体硅酸盐是由喷嘴喷到移动床上的干物料，使其形成颗粒。

附聚成型工艺比喷雾干燥法节能耗，投资省，占地少，产品相对密度大，质量优良，无粉尘和三废生成，适应于生产多种洗涤剂，特别适合于中小企业采用。

附聚成粒-流化干燥成型法是 Schugi 公司研究开发的一种新型生产工艺。它是一种既节能又高度连续化的生产方法，其关键设备是一个带有自动清洁装置的挠性混合器。Schugi 附聚成粒-流化床干燥成型工艺流程如图 9-4 所示。

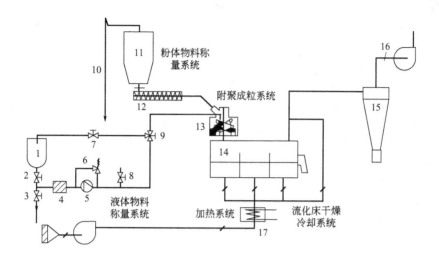

图 9-4　Schugi 附聚成粒-流化床干燥成型工艺流程
1—液体储罐；2，3—关闭阀；4—粗滤器；5—膜片式计量泵；6，7—弹簧加压安全阀；8—压力计；
9—三相阀；10—斗式提升机；11—加料斗；12—容量进料计量器；13—附聚成粒器；
14—流化床干燥器；15—旋风式粉尘收集器；16—排风机；17—热交换器

粉体物料由斗式提升机进入加料斗中，通过容量进料计量器后输送到附聚成粒器；液体物料由储罐经膜片式计量泵计量后也送入附聚器，通过喷嘴喷洒到运动着的粉末上进行附聚造粒。成粒后的产品送入流化床干燥器干燥；若需要加热，则可使用热交换器进行加热。从流化床出来的成品颗粒送包装工序进行包装。干燥器排出的尾气经旋风式粉尘收集器后排入大气，收集的粉尘可以重新进行附聚造粒。

采用上述生产工艺可以自动调节产品颗粒的大小，其产品呈密聚的棉球状，相对密度较大。

第五节　洗涤剂的分析方法

洗涤剂通常是由表面活性剂和各种助剂与有机添加剂配制而成的，它们之间的组成可以不断变化，而且相当复杂，选用合适的分析方法对产品质量控制与市场商品鉴定都是非常重要的。洗涤剂的分析方法按其使用范围可以分成以下 3 个方面。

1. 原料分析

作为原料的表面活性剂要分析活性物、无机盐和中性油的含量，分析方法有乙醇分离法、两相滴定法、溶剂萃取法，无机助剂如碳酸盐、硅酸盐、磷酸盐、氯化物以及羧甲基纤维素可用滴定法或重量法分析。原料分析还包括荧光增白剂分析与酶的分析。

2. 产品分析

用酸度计检测样品 pH 与沉淀法测定机械杂质，用乙醇分离法将表面活性剂与无机不溶物分离，阴、阳离子表面活性剂与两性表面活性剂可用两相滴定法分析，用离子交换法分离出非离子表面活性剂。乙醇不溶无机物可用通常分析方法测定。

3. 表面活性剂的结构分析方法

常用的有红外光谱分析法、紫外光谱分析法、核磁共振法。表面活性剂混合物的分析，有薄层色谱法、液相色谱法、气相色谱法。

>>> 习题

1. 什么叫洗涤剂？
2. 影响去污作用的因素是什么？
3. 常用洗涤剂中的无机助剂是什么？
4. 常用洗涤剂中的有机助剂是什么？
5. 为什么说洗涤剂配方是生产者首位重要的技术问题？
6. 液体洗涤剂与粉状洗涤剂相比，具有什么优点？
7. 金属清洗的目的是什么？
8. 对水基金属清洗剂的质量要求是什么？
9. 简述液体洗涤剂的生产过程。
10. 简述粉状洗涤剂的生产过程。
11. 简述洗涤剂的分析方法。

第十章 化 妆 品

第一节 概 述

一、定义及分类

化妆品是清洁、美化人体面部、皮肤以及毛发等处的日常生活用品，在保护皮肤生理健康、促进身心愉快方面有着重要的作用。

化妆品的品种繁多，一般有两种分类方法。根据产品工艺和配方特点可分为14类：乳化状化妆品，悬浮状化妆品，粉状化妆品，油状化妆品，锭状化妆品，膏状化妆品，胶态化妆品，液状化妆品，块状化妆品，喷雾化妆品，透明化妆品，珠光状化妆品，笔状化妆品和其他化妆品。根据产品不同用途可分成两大类，皮肤用化妆品和毛发用化妆品。每类又可分为清洁用、保护用、美容用、营养及治疗用。

二、化妆品和皮肤生理学

化妆品直接与人体的皮肤相接触，合理安全的化妆品能起到保护皮肤、美化外貌的作用。如果使用不当或质量不好，会引起皮炎及其他疾病。因此，在学习化妆品工艺之前，必须对皮肤的正常生理代谢有一个正确的认识。

1. 皮肤组织和生理

皮肤覆盖在人体的表面，具有保护人体，调节体温，吸收、分泌和排泄以及感觉、代谢、免疫等功能。皮肤由表皮、真皮和皮下组织三层组成。表面是皮肤最外的一层组织，厚约$0.1\sim0.3$ mm，主要由角蛋白细胞组成。根据角蛋白细胞的形状，从表及里分为角质颗粒层、棘状层和基底层。角质层细胞呈扁平形，无细胞核，是坚韧和有弹性的组织，含有角蛋白，遇水有较强的亲和力。冬季气候干燥，角质层细胞水分含量降低，质地变硬，易脆裂，特别是手臂和腿部，呈片状鳞屑并有瘙痒感。保持人体皮肤柔软和韧性的要素是水。在表皮里有一种含天然高湿因子的亲水性吸湿物质存在，能使皮肤经常保持水分和维持健康。

真皮主要由胶原组织构成，使皮肤富有弹性、光泽和张力。真皮层有丰富的毛细血管神经、毛发、汗腺和皮脂腺等。其中毛细血管的正常循环，给胶原组织、毛发和皮脂腺等提供足够的营养。皮脂腺的功能主要是分泌皮脂，以润湿皮肤和毛发等。人体的脸部和头部分布的皮脂腺最多，年青人新陈代谢旺盛，分泌的皮脂较多，若不经常清洗，堵住了毛囊口，就形成粉刺，倘若经细菌感染，就易引起化脓性毛囊炎。皮下组织由结缔组织和脂肪细胞所组成，皮下脂肪能起到保持体温的作用。

人体的皮肤按性状一般可分为脂性皮肤、干性皮肤和普通皮肤三类。脂性皮肤又称为油性皮肤，这类皮肤皮脂腺分泌比较旺盛，如不及时清洗，容易导致某些皮肤病的发生，因此需经常用清洁霜类化妆品加以清理和防护。干性皮肤由于皮脂腺分泌较少，因此皮肤显得无柔软性，表皮干燥，易开裂，对环境的适应性较差，故可经常选用油包水型化妆品滋润以保养皮肤。普通皮肤可用一些护肤性化妆品加以保养。

2. 毛发组织和生理

人体除了手掌、脚底、唇及黏膜、乳头等外都有毛发覆盖。毛发的结构分为毛杆、毛根、毛囊和毛乳头。毛杆是指毛发露在皮肤外面的部分；毛发埋在皮肤里面的部分叫作毛根，在毛根最深处为毛囊，其中有毛母细胞，距毛乳头很远；毛乳头有神经血管存在，毛发的发生、生长所需的营养输送就靠毛乳头。毛发大约 1 天生长 0.2～0.5 mm，毛发的寿命约 2～3 年；在正常健康情况下，每天能自然生长头发 50～100 根。

人类的毛发成分是蛋白质，含有 C、H、O、N 与少量 S 元素，这少量的 S 约为 4% 却对毛发的很多化学性质起着很重要的作用。毛发具有复杂的蛋白质结构，一般有以下几种结合的方式：许多氨基酸可以形成多肽，亮氨酸与甘氨酸连接所成的多肽即有惰性支链；赖氨酸两端各有一个—NH_2，组成多肽链为碱性支链；天冬氨酸两端各一个—COOH，组成多肽链为酸性支链；胱氨酸在 α 位置既有—NH_2，又有—COOH，所以可以形成两个多肽链。酸性支链与碱性支链的相互作用形成多肽盐键。

同别的蛋白质比较，毛发比较不活泼，但毛发对沸水、酸、碱、氧化剂与还原剂还是比较灵敏的，假如控制不好，会损坏毛发，在一定条件下，这对改变毛发，尤其是头发的性质是有价值的。

三、化妆品的性能要求

作为人们日常应用的化妆品必须满足下列性能。

1. 安全性

人们几乎每天都要用化妆品来美容皮肤，因此它的安全性居首要地位，比暂时性应用的外用药品对安全性的要求还要高。因此化妆品必须保证长期使用对人体的安全性，即无毒性、无刺激性、无诱变致病作用。化妆品的安全性测试常作毒性试验、刺激性试验。

2. 稳定性

化妆品在储存、运输及使用过程中，从产品到使用完毕需要一定的时间，在此期间，不应该由于温度、光照、细菌、氧气等作用而发生霉变、油水分离、氧化、酸化、降解等现象致使其失效。

3. 有效性

人们使用化妆品，为了保持皮肤正常的生理功能，并产生一定的美化修饰效果。某些特殊的化妆品还应该具有特殊功能，如抗紫外线、治疗狐臭、汗脚、粉刺等，此类化妆品具备普通化妆品的功能及一定的药物功能，所以它必须具有一定的效力，即具有有效性。

4. 舒适性

化妆品除了满足一定的安全性、稳定性及有效性外，在使用时必须使人产生舒适感，人们才乐意使用。否则，再好的化妆品也无人问津。

四、发展趋势

目前国内外化妆品的发展趋势是实现疗效性、功能性和天然性。现代化妆品不仅要求疗效，还极其注重疗效，要求化妆品在确保安全性的同时，力求能在促进皮肤细胞的新陈代谢、保持皮肤生机蓬勃、延缓皮肤衰老方面收到一定效果。现代化妆品除具有美容、护肤的功效外，同时还要求兼备各种不同特性。供不同年龄用的有儿童化妆品、青年化妆品、老年化妆品；不同时间使用的有早霜、午霜和晚霜；男女化妆品已泾渭分明，不再混合；旅游化妆品，体育运动用化妆品，供粉刺皮肤、祛狐臭、制止大汗等专用化妆品也在市场上琳琅满目。在"回归大自然"的世界热潮中，化妆品热衷采用天然成分，如羊毛脂、水解蛋白、各种中草药萃取液和浸汁、动物内脏萃取液等已成为热门的天然添加剂。消费者也热衷于购买天然化妆品。

第二节　化妆品的原料

化妆品是由各种不同作用的原料经配方加工制得的专用化学品。化妆品质量的优劣，除了配方、加工技术及制造设备等条件影响外，主要决定于所采用原料的质量。化妆品所用原料品种很多，按用途及性能，可分为基质原料和辅助原料两大类。

一、基质原料

组成化妆品基体的原料称为基质原料，在化妆品质量配方中占有较大的比例。有代表性的原料如下。

1. 油脂、蜡类原料

油脂、蜡类原料是组成膏霜类化妆品及发蜡、唇膏等油蜡类化妆品的基本原料，主要起护肤、柔滑、滋润等作用。油脂可分为动物性、植物性及矿物性油脂与蜡。动植物油脂的主要成分是脂肪酸三甘油酯，这类化合物中常温呈液态者为油，呈固态者为脂。至于蜡，是高级脂肪酸与多元醇化合而成的酯，一般为固态，熔点在 $35\sim95$ ℃之间，具有特殊的光泽与气味。另一类矿物油油脂和蜡，是饱和烃，$C_{15}\sim C_{21}$ 为油，$C_{21}\sim C_{30}$ 为脂，C_{30} 以上者为蜡。

（1）椰子油　白色或淡蓝色液体，具有椰子的特殊香味；熔点 $20\sim28$ ℃，相对密度为 $0.914\sim0.938$（15℃）。由椰子果肉提取而得，主要成分为月桂酸和肉豆蔻三甘油酯，含有少量的硬脂酸、油酸、棕榈酸及挥发油，主要用作合成表面活性剂的原料。

（2）橄榄油　从橄榄仁中提取，主要成分是油酸甘油酯，是微黄或黄绿色液体，用作制造冷霜、化妆皂等原料。

（3）蓖麻油　从蓖麻籽中提取，主要成分是蓖麻油酸甘油酯，是无色或微黄色的黏稠液体，常用作制造唇膏、化妆皂、香波、发油等。

（4）羊毛脂　从洗涤羊毛的废水中提取而成，内含胆甾醇、虫蜡醇和多种脂肪酸酯，是淡黄色半透明、黏稠油状半固体。羊毛脂是性能很好的原料，对皮肤有保护作用，具有柔软、润滑及防止脱脂的功效，因有一定的气味及颜色，在化妆品中的用量受到限制。羊毛脂经高压加氢，可得到无气味、几乎纯白色的羊毛醇，长期储存不易酸败，已大量用于护肤膏霜及蜜中。

（5）鲸蜡　抹香鲸大脑中提取制得，主要成分为月桂酸、豆蔻酸、棕榈酸、硬脂酸等的鲸蜡酯及其他酯类，外观为珠白色半透明固体，在空气中易酸败，是制造冷霜的原料。

（6）蜂蜡　从蜜蜂房提取精制而得，是微黄色的固体，略带蜂蜜气味，主要成分是棕榈酸蜂蜡酯、虫蜡酸等。它是制造冷霜、唇膏、美容化妆品的主要原料，由于有特殊气味，不宜多用。

（7）硬脂酸　从催化加氢后的植物油或牛脂中分离提取制得，外观为白色固体，是制造雪花膏的主要原料。硬脂酸衍生物可以制成多种乳化剂。硬脂酸镁用于香粉，对皮肤有较好的黏附性。

（8）液体石蜡　是石油高沸点馏分（$330\sim390$℃），经除去芳烃、烯烃或加氢等方法精制而得；是无色透明油状液体，几乎无气味，适合于制造护肤霜、冷霜、清洁霜、蜜、发乳、发油等化妆品的原料。

（9）其他矿物油和蜡　凡士林，白色或黄色透明油状半固体，主要成分为 $C_{16}\sim C_{32}$ 烷烃混合物；石蜡，白色半透明蜡状固体，无臭，无味，为固体烃类混合物；地蜡，白色蜡块，经精制的矿产物；均适用于膏霜类化妆品。

2. 粉类原料

香粉、胭脂等化妆品的基质原料均为粉类原料，其主要作用是滑爽、遮盖、吸收和收敛，一般为无机氧化物。

（1）滑石粉　滑石粉是天然的含水硅酸镁，主要成分是 $3MgO\cdot4SiO_2\cdot H_2O$，性质柔软，有光泽。

（2）瓷土　又称高岭土，是一种天然黏土，主要成分是 $2SiO_2\cdot Al_2O_3\cdot2H_2O$，经煅烧粉碎而成，色白质地细腻，吸水吸油性、对皮肤的附着力均较好。

（3）钛白粉　由含钛量较高的钛铁矿石经适当的方法制得，主要成分是 TiO_2，外观白色而无味，有极强的遮盖力，对紫外线有一定的抵抗作用，用于防晒霜中。

（4）氧化锌　由富锌矿制得，主要成分是 ZnO，白色且无味，具有较强的遮盖力和对皮肤的黏附力，并有收敛及杀菌作用。

3. 香水类原料

香水类原料是组成香水、发油等液体化妆品基体的原料，主要起溶解、稀释作用，在化妆品中常用的是乙醇。

二、辅助原料

能使化妆品成型、稳定，并赋予化妆品色、香及其他特定功能的原料称为辅助原料。辅助原料在化妆品所占此例不大，但却十分重要，配方中辅助原料添加量及各类是否适当，直接关系到化妆品的存储时间、消费者是否乐于使用等重要问题。辅助原料包括乳化剂、香精、色素、防腐剂、抗氧剂等。

1. 乳化剂

乳化剂是使油脂、蜡与水制成乳化体的原料，大部分化妆品如奶液、雪花膏、冷霜等是水和油的乳化体。常用的乳化剂是一种表面活性剂，分子结构都含有亲水和亲油的基团。除了表面活性剂外，用作保护体的树胶等胶体物质以及硅胶、皂土、活性炭、氧化铝凝胶等，也能起乳化剂的作用。乳化剂的作用，主要是起乳化效能；它促进乳化体的形成，使乳化成细小的颗粒，提高乳化体的稳定性等，其次是控制乳化类型。要制取 W/O 型乳剂可选用 HLB 值小于或等于 6 的表面活性剂，制取 O/W 型乳剂应选用 HLB＝6～17 的表面活性剂。

（1）阴离子型乳化剂　为高级脂肪酸皂，RCOOM，R 为 C_8～C_{22} 直链饱和或不饱和烃基，M 为 K、Na、NH_4 等，形成 O/W 型乳剂；常用硬脂酸钠、月桂酸钾和油酸三乙醇胺。烷基硫酸盐，$ROSO_3M$，R 为 C_8～C_{18} 烷基，M 为 K、Na、NH_4、$N(CH_2CH_2OH)_3$ 等，常用的有月桂酸甘油酯硫酸钠等。

（2）阳离子型乳化剂　主要是有机胺及季铵盐，广泛用作杀菌剂及头发调理剂。如果作为乳化剂用于化妆品中，必须注意到它们同阴离子表面活性剂的配伍性。用这类化合物后产品的 pH 为 3～5，有助于维持皮肤的酸性膜。它们和皮肤及头发中的蛋白质有亲和作用，给头发以柔润感觉。常用的有酰氨基胺 $RCONHCH_2CH_2N(C_2H_5)_2$，它由硬脂酸或油酸与多官能胺缩合而成；脂肪类季铵盐 $RN^+(CH_3)_3X^-$，$R_2N^+(CH_3)_2X^-$，R 为 C_8～C_{22}，X 为卤素。

（3）两性型乳化剂　两性型乳化剂与离子型乳化剂相比较，同时具有去污力、杀菌和抑菌的能力，以及发泡能力和柔软效能，可利用这些特点来制造婴儿用品。它可以与阴离子、阳离子和非离子一起使用作乳化剂。常用羧酸型和咪唑啉衍生物。

（4）非离子型乳化剂　广泛应用于化妆品中，因为它对阴离子、阳离子及两性离子化合物都有良好的配伍性。常用聚氧乙烯类中的失水山梨醇聚氧乙烯醚和聚丙二醇环氧乙烷加成物，多元醇酯类中的单月桂酸丙二醇酯、单油酸二甘醇酯等，烷基醇酰胺、月桂酰异丙醇胺等。

2. 香精

香精是利用天然和合成香料经调香而调配成香气和润、令人喜爱的混合物，它不是直接消费品，而是添加在其他产品中的配套原料。加入量虽不大，但对加香产品的质量、档次关系密切。

在化妆品中，香精属于关键性原料之一，一个产品是否能取得成功，香精是决定的因素。香精选用合适，不仅受消费者喜爱，而且还能掩盖产品介质中某些不良气味；如果选用不当，将会给产品带来不少麻烦，如香气不稳定，变色，皮肤受刺激、过敏以及破坏乳化平衡等。

香料一般可分为天然香料与合成香料，天然香料又可分为植物性香料与动物性香料；合成香料则有单离与调合两类。芳香物质的分子量一般约在 26～300 之间，可溶于水、醇或有机溶剂；其分子中具有—OH、—O—、—CHO、$\diagup$CO、—COOH、—COOR、—S—、—SH、—NO$_2$、—NH$_2$、—CN、—SCN、—NCS 等的功能团称为发香团，由于饱和或不饱和、环状化和异构化、功能团的不同、位置的变化和间距之差，常使香味产生明显的差别。

香料的品种很多，植物性香料有千余种，其中常用的精油二百余种，香花油也有十余种，还有几种香树脂和树胶等；动物性香料常用的有麝香、海狸香、灵猫香和龙涎香四种。合成香料的品种则更多，约有 3100 种以上。化妆品的香气常常是由十几种甚至几十种香料调和而成。调香是按照香型和加香产品的要求，选用合宜的香料，经过检验，确定配比，通过不断的修正，直至配制成符合要求的香精。

（1）化妆品香精的香型　香精的一定类型的香气称为香型。一般是以自然界中某种芳香物质作为模仿的对象，如玫瑰香型、茉莉香型等，称为天然香型。化妆品的香型多数是采用各种香花香型。

（2）化妆品的加香　化妆品的加香除了必须选择合适的香型外，还要考虑到所用香精对产品质量以及使用效果有无影响。例如，白色奶液、膏霜等必须注意色泽的影响；唇膏、牙膏等产品应考虑有无毒性；直接涂敷在皮肤上的产品应注意对皮肤的刺激性等。因此不同的产品对加香有不同要求。

① 雪花膏　一般用作粉底霜，选择香型必须与香粉的香型调和，香气不宜强烈，故香精用量不宜过多，能遮盖基质的臭味并散发出愉快的香气即可，一般质量分数约为 0.5%～1.0%。常用的有玫瑰、茉莉、兰花等香型。

② 冷霜　含油脂较多，所用香精必须能遮盖油脂的臭气，一般质量分数约为 0.5%～1%。常用的有玫瑰、紫罗兰等香型。

③ 清洁霜　与冷霜配方结构基本相同，对加香要求亦相同。因清洁霜在使用时需要强烈揉擦，在皮肤上接触时间较短，宜有清新爽快的感觉。香型方面，可以选用一些无萜的针叶油、樟油等，一般质量分数约为 0.5%～1.0%。

④ 奶液　奶液加香要求近似于冷霜，但因含水分较多，为使乳化稳定，宜少用香精，或用一些水溶性香精，杏仁蜜与奶液的配方结构基本相同，仅在香型方面习惯上常用苦杏仁型。

⑤ 香粉　它不同于雪花膏，必须有持久的香气，对定香剂的要求较高。香粉香精的香型以突出花香或花束型为宜，质量分数约为 2%～5%。加香时可先以质量分数为 95% 的乙醇将香精溶解，然后以 4～5 倍量的碳酸镁拌和吸收，过筛后与香粉的其他成分均匀混合。

⑥ 唇膏　其对香气的要求不如一般化妆品高；因在唇部敷用，对无刺激性的要求很高；另外结晶析出的固体原料也不宜使用。以芳香甜美适口为主，常用的香型有玫瑰、茉莉、紫罗兰、橙花等，也有用古龙香型的，一般质量分数为 1%～3%。眉笔加香要求与唇膏相似，仅香气的要求较低，香精用量可以少一些。

⑦ 香水　其本身就是香精的乙醇溶液，因此对溶解度的要求极高，不宜采用含蜡多的香料；其他如刺激性、变色等要求较低。香水香型以花香为宜，质量分数一般为 10%～20%。

⑧ 花露水　花露水是夏令卫生用品。形式上虽与香水相似，但其作用主要是杀菌、防痱、止痒和去污，因此对香气并不要求持久，可用一些较易挥发的香精。

⑨ 爽身粉　其作用在于润滑爽身，抑汗防痱。常含有氧化锌等成分，不宜采用易于反应的酸类或易被皂化的酯类原料。由于其为粉剂，定香要求略高一些，香型方面以薰衣草香型较适宜，但因产品要求有清凉的感觉，常需与薄荷等相协调，香精的质量分数一般在 1% 左右。

⑩ 发油、发蜡　均以矿物油作为基质，其本身有一定的定香性能，因此对香精的定香要求并不高，但醇溶性的香精一般油溶性并不很好，所以对选用香精的溶解度必须十分注意。香型方面发油常用玫瑰香型，发蜡常用薰衣草香型，质量分数一般在 1% 左右。

3. 色素

色素是赋予化妆品一定颜色的原料。人们选择化妆品往往凭视、触、嗅等感觉，而色素是视觉方面的主要一环，色素用得是否合适对产品的好坏也起决定作用，因此色素对化妆品极为重要。化妆品的色素可分为合成色素、无机色素、天然色素和珠光颜料四类。

（1）合成色素　通过精细化工合成制得的色素称合成色素，化妆品用的色素纯度较高，类同食用色素。合成色素适用于化妆品的主要是 2,4-二硝基-1-萘酚-7-磺酸的水溶性二钠盐或二钾盐，1,2-二羟基蒽醌（茜素），苋莱红，盐酸若丹明 B 等。此种色素能溶于水，适用于膏霜类、蜜类、唇膏类、花露水等产品。

（2）无机色素　作为色素用的无机物质需要十分纯粹，对铅、砷等有害物质的含量应严格控制。适用于化妆品的有氧化铁、炭黑、蓝色群青和红群青、氧化铬绿以及许多白色的颜料如二氧化钛及氧化锌等。无机色素具有优异的光稳定性，不溶于水及有机溶剂，除群青外都能抗碱及弱酸。

（3）天然色素　天然动植物色素的最大特点是无毒性，一些优良而稳定的天然色素常被用于食品、药品和化妆品中，例如胭脂树橙、胭脂虫红、藏红花、紫草红、叶绿素、姜黄、叶红素和胡萝卜素等。

化妆品用的叶绿素要求绿色鲜艳、稳定，所以采用叶绿素酮盐。叶绿素有对细胞组织再生的促进作用和抑菌性能，可制成含叶绿素的膏霜类。

（4）珠光颜料　能产生珍珠色泽效果的物质称为珠光颜料。产生珠光的原理是由于同时发生光干扰和若干光散射的多重反向现象。供化妆品用的珠光颜料有天然鱼鳞片、氯氧化铋和二氧化钛-云母等。它能使唇膏、指甲油、奶液、膏霜、乳化香波和粉饼等多彩制品，呈现珍珠般的闪光，加强了色泽效果，在化妆品着色方面起到越来越重要的作用。

4. 防腐剂和抗氧剂

防腐剂和抗氧剂是防止化妆品败坏（如变质）的添加剂，能防止微生物生长作用的叫防腐剂，能延长油脂酸败作用的叫抗氧剂。由于大多数化妆品均含有水分，而且含有蛋白质、脂肪酸、维生素、胶质等易受微生物作用而变质。因此，为了使化妆品质量得到保证，必须在化妆品中加入一定量的防腐剂和抗氧剂，尤其是防腐剂更为必要。化妆品的防腐剂和抗氧剂要求没有毒性，没有刺激性和过敏性；最好是无色、无臭，与制品相和谐的精细化学品。

（1）防腐剂　理想的防腐剂应具备以下条件：无毒、无刺激、无过敏，并能长期保存；在极低含量时应具有抑菌功能；能和大多数成分配伍，在一般情况下容易溶解；对产品的颜色、气味均无显著影响；必须使用方便，经济合理。

适用于化妆品的防腐剂种类不多，常用的有以下几类。

① 对羟基苯甲酸酯类　此类防腐剂用于化妆品已有很久历史，至今仍广泛应用。此类物质不挥发，无毒性，稳定性好，气味极微，在酸、碱性介质中都有效。它除了有防腐功效外，并能抗植物油的氧化，因此是油脂类化妆品中常用的防腐剂。对羟基苯甲酸酯混合使用比单独使用的效果为佳，其质量比例可以是甲酯∶乙酯∶丙酯∶丁酯＝70∶10∶10∶10，也可以改变比例，一般在产品中的总质量分数＜0.2％，不同介质的需要量应通过试验后确定。

② 季铵盐类表面活性剂　这类物质由于气味、色泽和毒性都极微，且性质稳定，是一种理想的抗菌剂。它们能溶于水及很多溶剂，在溶液中成阳离子是分子中有效部分，在碱性介质中的作用甚佳。

③ 1-(3-氯丙烯基)-3,5,7-三氮杂-1-偶氮基金刚烷氯　商品名 Dowicil200，是一种较新型的抑菌剂，由于对皮肤无刺激、无过敏而被广泛采用。在膏霜类、香波中使用的质量分数一般为 0.05％～0.1％，与对羟基苯甲酸酯类互相配合使用，抗菌效果更好。适用于化妆品的 pH 范围为 4～9。

④ 2-溴-2-硝基-1,3-丙二醇　为白色、无臭的结晶，易溶于水，对皮肤一般无刺激，无过敏，使用浓度低，其大肠杆菌最低抑制量是对羟基苯甲酸酯的 1/100，是一种广谱抗菌剂。常用于膏霜、奶液和香波等产品中。

⑤ 醇类　乙醇有很好的防腐作用，是应用较广的醇类防腐剂。在酸性溶液中

（pH 4～6）其质量分数为 15％ 以下，在中性或微碱性溶液中（pH 8～10）用量须提高到 17.5％ 以上。醇类的缺点是仅对一部分微生物有效，同时易挥发，成本高，只适用于液体产品。

⑥ 有机酸　常用作化妆品防腐剂的有安息香酸及其盐类，一般质量分数为 0.1％～0.2％；山梨糖酸及其盐类，一般质量分数在 0.5％ 以下。这类有机酸的防腐能力都比较强。

（2）抗氧剂　多数化妆品含有油脂成分，油脂中的不饱和键很容易被氧化而变质，这种氧化变质称为酸败。动植物油脂酸败时发生恶臭，而且油脂酸败的同时伴随着水解作用，使油脂中的游离脂肪酸的含量增加。抗氧剂的作用是能阻滞油脂中不饱和键的氧化或者本身能吸收氧，其质量分数一般为 0.02％～0.1％。抗氧剂按其化学结构可有如下几类：酚类；醌类；胺类；有机酸和醇类；无机酸及其盐类。目前常用的油脂抗氧剂是酚类及醌类，其他 3 类本身不能算为一种有效的抗氧剂，仅仅和另两类混合用时才有协同作用。

含有油脂的化妆制品应该加抗氧剂以防止氧化酸败。抗氧剂的选择是根据油脂的性质，制品的 pH，制品的用途，储存期的要求，以及有无存在容易腐败的成分等因素综合考虑后确定的。常用的抗氧剂介绍如下。

① 丁羟基茴香醚　本品为稳定的白色蜡状固体，熔点60℃，属于酚类抗氧剂，高浓度时略有酚味，易溶于油脂，不溶于水，是一种良好的抗氧剂，食品工业广泛采用。

② 二叔丁基对甲酚　本品是白色至淡黄色的晶体，熔点70℃，易溶于油脂，不溶于碱，早已被采用于油脂工业作油脂的抗氧剂，它和丁羟基茴香醚的抗氧化效力大致接近，在高温或高浓度时二叔丁基对甲酚可能产生不良的苯酚气味。

③ 2,5-二叔丁基对苯二酚　它是白色至微黄的粉末，易溶于油脂，不溶水及碱溶液，它是植物油脂有效的抗氧剂。

④ 没食子酸丙酯　它是白色至乳白色的结晶粉，熔点150℃，溶于醇及醚，水中的溶解度约为 0.1％，加热时能溶于油类，它是食物的抗氧剂，可以单用或混用，效果好而无毒性。

近年来发现了几种新的化学抗氧剂，当质量分数在 0.005％ 时已有抗氧效果，硫代琥珀酸单十八酯和羧基甲巯基代琥珀单十八酯是其中的两种。这类化合物能代替氧气和金属杂质相结合从而保护油脂不被酸败，并能显著改进油脂的气味。

复配的抗氧剂较单一的抗氧剂的活性大得多。由于这种协同作用，可使最小的剂量得到最大的效果。许多抗氧剂现在都是以混合物的形式使用。当任何抗氧剂被采用于化妆品时，它们的抗氧能力应该以实际的试验证实，在使用上的安全性也要通过适当的皮肤或其他的试验。

5. 黏合剂

能使固体粉质原料黏合成型，或使含有固体粉质原料的膏状产品分散、悬浮稳定的辅助原料。在液体或乳液类产品中黏合剂还兼有增稠、调节黏度、提高乳化液稳定性的作用。常用的黏合剂为天然或合成高分子化合物，在水中可溶胀或溶解，如果胶、阿拉伯树胶、淀粉和纤维素以及它们的衍生物。

6. 助乳化剂

助乳化剂指对乳化过程起辅助作用的化学品。一般助乳化剂为有机的碱性化合物或无机物，如二乙醇胺、三乙醇胺、硼砂、NaOH、KOH 等，此类化合物能与含羧酸基的化合物形成表面活性剂，因而具有一定的乳化功能。

7. 滋润剂

滋润剂指能保证产品在使用时有一定的湿度，起到滋润作用的化学品。常用的滋润剂是具有吸水作用的多羟基化合物，如甘油、丙二醇、山梨醇等。

8. 收敛剂

收敛剂指能使皮肤毛孔收缩的化学品。常用的收敛剂为铝、锌等金属的盐类，如氧化铝、氯化铝、硫酸铝、苯酚磺酸锌等，主要用于抑汗化妆品。

9. 其他辅助原料

因使用对象及目的不同，在化妆品中加入一定量的特殊原料后，常赋予化妆品某种特殊功能。如用于防晒霜中的水杨酸薄荷酯；用于防止日晒脱皮的 2-羟基乙酸；用于治疗雀斑的白降汞（HgNH$_2$Cl）；用于治疗粉刺的水杨酸季铵盐；用于治疗牛皮癣的羟基萘衍生物；用于增白霜中的脱氢乙酸及其盐类；用于减少色素沉积的 L-抗血酸-2-磷酸镁盐；用于治疗单纯性疱疹等皮肤病的干扰素和渗透剂；以及新开发的一系列抗紫外线辐射的化合物，如 4-叔丁基-4-甲氧基苯甲酰甲烷、N-硬脂基硬脂酸酰胺、腺苷三磷酸三钠盐等均属于具有特定功能的化妆品原料。

第三节　化妆品生产的主要工艺

化妆品与一般的精细化学品相比较，生产工艺比较简单。生产中主要是物料的混合，很少有化学反应发生，常采用间歇式批量生产，生产过程中所用的设备也较简单，包括混合、分离、干燥、成型、装填及清洁设备。下面介绍化妆品生产中涉及的主要工艺。

1. 混合与搅拌

化妆品是由动物、植物、矿物中提取的原料混合而成的专用化学品。以粉体为主的化妆品，则需要粉碎机、混合机、与油性成分相拌合的拌合机。对乳膏一类的乳化剂品，要将水、油、乳化剂加以混合乳化，则需要乳化机。

在化妆品生产中的物料混合，是指使多种、多相物料互相分散而达浓度场和温度场均匀的工艺过程。桨叶式搅拌器结构简单，转速约 20～80 r/min，适应于含有少量固体的悬浮液的搅拌；旋桨式搅拌器是由 2～3 片螺旋推进桨组成，叶片端部的圆周速度一般为 5～15 m/s，适用于低黏度液体的搅拌。此种搅拌的化妆品工业上使用较多，常用于搅拌黏度低的液体和制备乳化或含有固体微粒在 10% 以下的悬浮液。

2. 乳化技术

化妆品中产量最大的是膏霜类化妆品，乳化成分散体系所占比例很大。乳化技术是生产化妆品过程中最重要而最复杂的技术。在化妆品原料中，既有亲油成分，如油脂、脂肪酸、酯、醇、香精、有机溶剂及其他油溶性成分；也有亲水成分，如水、酒精；还有钛白粉、滑石粉这样的粉体成分。欲使它们混合均匀，采用简单的混合搅拌即使延长搅拌时间也达不到分散效果，必须采用良好的混合乳化技术。

（1）乳状液与乳化剂　将互不相溶的两相以一定的粒度彼此分散所形成的分散体系，称为乳状液。乳状液中的两相一般分为油相和水相，油分散于水中形成的乳状液称为水包油型乳状液，用 O/W 表示；水分散于油中形成的乳状液称为油包水型乳状液，用 W/O 表示。另外还有水外包一层油，油外又包一层水的所谓的多重乳状液体系。

使用亲油性强的乳化剂易生成 W/O 型乳状液，使用亲水性强的乳化剂易生成 O/W 型乳状液。制备乳状液，首先应根据不同对象与不同乳状液类型来选择适当的乳化剂。乳化剂一般用量为 3%～5%，如果乳化剂选择不恰当，用量增至 30% 也难以得到性能良好的乳状液。一般说来，亲水亲油平衡值（HLB）为 3～6 的表面活性剂主要作 W/O 型乳化剂，在 8～18 时主要作 O/W 型乳化剂。选择乳化剂要考虑经济性，在保证乳化的前提下，尽量少用或选择较便宜的乳化剂，同时还应考虑所选择的乳化剂要与配方中其他原料有良好的配伍性，不影响产品的色泽、气味、稳定性等。

（2）乳化方法　工业上制备乳状液的方法按乳化剂、水的加入顺序与方式大致可分为转相乳化法、自然乳化法和机械强制乳化法。

① 转相乳化法　先将加有乳化剂的油类加热成液体，然后边搅拌边加入温水，开始时加入的水以微滴分散于油中，成 W/O 型乳状液，再继续加水，随水量的增加乳状液逐渐变稠，至最后黏度急剧下降，转相为 O/W 型乳状液。

② 自然乳化法　将乳化剂加入油相中，混合均匀后一起加入水相中，进行良好的搅拌，可得稳定的乳状液。此法适用于易于流动的液体，如矿物油等。若油的黏度较高，可在40~60℃条件下进行。多元醇酯类乳化剂不易形成自然乳化。

③ 机械强制乳化法　工业上机械强制乳化时主要采用胶体磨和高压阀门均质器等设备。胶体磨是一种剪切力很大的乳化设备，主要部件是定子和转子，转子的转速可达1000~20000 r/min，操作时液体自定子与转子间的余隙通过，间隙的宽窄可以调节，精密的胶体磨其间隙可调至0.025 mm，产生的乳化体颗粒可小至1 μm左右。均质器的操作原理是将欲乳化的混合物，在很高的压力下自一个小孔挤出，从而达到乳化的目的。工业生产中所用的高压阀门均质器类似一个针形阀，主要泵件是一个泵，用它产生6.89~34.47 MPa的压力，另有一个用弹簧控制的阀门。均质器可以是单级的，也可以是双级的。在双级均质器中，液体经过两个串联的阀门而达到进一步均化。

3. 分离与干燥

对于液态化妆品，主要生产工艺是乳化；而对于固态化妆品，涉及的单元操作有分离、干燥等，在产品制作的后阶段，还需要进行成型处理、装填和清洁。分离操作包括过滤和筛分。过滤是滤去液态原料中的固体杂质，生产中采用的设备有批式重力过滤器和真空过滤机。筛分是筛去粗的杂质，得到符合粒度要求的均细物料，有振动筛、旋转筛等设备。干燥则是除去固态粉料、胶体中的水分，清洁后的包装瓶子也需经过干燥，采用的设备有厢式干燥器、轮机式干燥器等。

第四节　护肤用化妆品生产工艺

护肤用化妆品的作用是清洁皮肤表面，补充皮脂的不足，滋润皮肤，促进皮肤的新陈代谢。表皮上的皮脂膜是皮脂和汗混合在一起，以一种乳化体的形式保护皮肤，而不妨碍汗和皮脂的分泌，不妨碍皮肤的呼吸。为了使护肤用化妆品成为优良的皮肤保健卫生品，因此，其成分最好能配制得和皮脂十分接近，既能起到对外界物理、化学刺激的保护作用和抵御细菌的感染，又不影响皮肤的正常生理功能。

近年来，由于精细化工的迅速发展，为化妆品的生产提供了大量新颖的原料，包括各种合成的表面活性剂，各种滋润物质以及各种保湿剂、防腐剂、香精和色素等。这许多新颖原料在配方中的应用，促使化妆产品的根本变革。新颖的乳化体润肤制品，已不再以乳化类型分为O/W型乳化体或W/O型乳化体，半固体的称为膏霜或香脂，流体的称为奶液。

一般地说对干性皮肤适宜敷用W/O型乳化剂化妆品，因为这类制品中滋润性油、脂、蜡类物质较多，对皮肤有更好的滋润作用。对油性皮肤，敷用O/W型乳化体比较合适，因为这类制品中含有较多量的亲水性乳化剂，清洗时可将皮肤上过剩的脂肪类物质带走，而不刺激皮肤。

一、润肤霜和蜜

从皮肤生理学的观点，润肤作用应该包括润滑、滋养、柔软和调节等方面。润肤物质是用来保护皮肤，防止和改善皮肤的干燥。从生物化学的观点看，皮肤的水分含量决定皮肤的干燥程度，滋润作用实质上是保持皮肤中水分的一种现象。滋润物的最大作用在于用作水分的封闭剂，减少或阻止水分从皮肤挥发，促使角质再水合，使皮肤回复弹性；此外滋润物还有润滑皮肤的作用。油、脂对粗糙的皮肤都有润滑的作用，能作为封闭剂，在皮肤表面形成连续的薄膜，柔化失去弹性的角质层。润肤霜和蜜对柔化和润滑干燥和鳞片状角质有效，油膜的封闭性较有限，能帮助皮肤从汗液和内层组织得到水分而再水合，达到对皮肤的保护之目的。

1. 润肤物质

湿肤物质可分为两大类，即水溶性和油溶性。多元醇如甘油、丙二醇、山梨醇、聚氧乙烯失水山梨醇醚和聚乙二醇等，这些物质常被用于 O/W 型乳化剂体中作为保湿剂，它能阻滞水分的挥发，使皮肤柔软和光滑，具有润肤的作用。油溶性润肤物质从化学结构上可分为下列类别：蜡酯类，如羊毛脂、蜡等；类固醇，如羊毛固醇等；脂肪醇，如月桂醇等；三甘油酯，各种动植物油脂；磷脂，卵磷脂和脑磷脂；多元醇酯，如山梨醇等的脂肪酸酯；脂肪醇醚，如鲸醇、油醇等的环氧乙烷加成物；烷基脂肪酸酯，如脂肪酸的甲酯、异丙酯等；烷烃类油和蜡，如矿物油、石蜡等；亲水羊毛脂衍生物，如聚氧化乙烯山梨醇羊毛脂；亲水蜂蜡衍生物，如聚氧化乙烯山梨醇蜂蜡；聚硅氧烷和聚甲基硅氧烷。以上这些分类中，只有烷烃和聚硅氧烷是完全非极性的，其余的滋润物都是极性的，在不同程度显示亲水-亲油的特性。在这些物质中 HLB 值对该物质的滋润性和吸水性的强弱有关。

最好的滋润物应该和天然皮脂的组成十分接近。皮脂的组成大致如表 10-1 所示。

表 10-1　皮脂的组成

组　　分	质量分数/%	组　　分	质量分数/%
饱和游离脂肪酸	14.3	胆甾醇酯	2.1
不饱和游离脂肪酸	14.0	角鲨烯($C_{30}H_{50}$)	5.5
三甘油酯	32.5	支链烷烃	8.1
蜡	14.0	$C_{18} \sim C_{24}$链烷二醇	2.0
胆甾醇	2.0	未知物	5.1

各人的皮肤组分略有不同，这和性别、年龄、环境和饮食有关系。

2. 乳化体化妆品配方的基本原则

乳化体化妆品根据它们的特性可以分为许多种类。化妆品的特性与选用的原料和配方组成有密切关系，其中最重要的是乳化体的类型、两相的比例、油相的组分、水相的组分和乳化剂的选择。

（1）乳化体的类型　化妆品的效果和滋润的价值在很大程度上决定于乳化体的类型和载体的性质。将 O/W 型乳化体敷于皮肤上连续地水相快速蒸发，最后产生不同程度冷的感觉；随着水的挥发的进行，分散的油相在皮肤上联合成连续的薄膜，乳化剂的亲水-亲油平衡左右着封闭的性能。O/W 型乳化体系的主要优点在于可以配制成十分低和相当高滋润油膜。在皮肤上用 W/O 型乳化体使油相能和皮肤直接接触，乳化体内的水分是较缓慢地挥发，所以对皮肤不会产生冷的感觉。婴儿的皮肤比较娇嫩，在配制婴儿霜时需要考虑用 W/O 型乳化体。

（2）两相的比例　在 O/W 型乳化体中油相的浓度比 W/O 型乳化剂的浓度低得多。反之，在 W/O 型乳化剂中水相的浓度比 O/W 型乳化剂的浓度低得多。总之，内相的体积分数可以小于 1%，而外相的体积分数必须大于 26%。

在化妆品的配方中，同类产品 O/W 型乳化剂中油相的比例都较 W/O 型乳化体为低。在不同的产品中，手用霜和蜜的油相比例是较高的。在卷发液中 O/W 型乳化体，仅仅作为水溶性有效成分的载体。两相的比例是完全根据各类产品的特性要求而定的，各类产品也有一定的变动范围，按照每一产品的功能和有关因素才能确定最后的比例。一般手用霜，油相的体积分数约为 7%，而供严重开裂用的高级手用霜，油相的体积分数往往高达 25%。O/W 型乳化体由于水是外相，因此包装容器要严格密封，以防止挥发干燥。W/O 型乳化体由于水是内相，水分较不易挥发，因此包装容器的密封要求不高。

（3）油相的组分　产品用于皮肤后的感觉、状况现象是由不挥发的组分所决定，主要是油相；产品的分布特性及其最终效果也和油相的组分有密切的关系。W/O 型乳化体产品的稠度主要决定于油相的熔点，更精确地说应该是流动点，所以一般很少超过37℃。油相熔点是由各种不同熔点的油、脂、蜡原料配制综合而得的结果。O/W 型乳化体产品，如雪花膏，它的油熔点可远远超过37℃。必须牢记，乳化剂和生产方法也能改变油相的物理特性，而最终表现在产品的性质上。

矿物油是在许多膏霜中最常用的作为油相主要载体的原料。肉豆蔻酸异丙酯等的液体酯类适宜用于作为非油腻性膏霜的油相载体。蜡类用于触变性的半固体。矿油中也可加入12-羟基硬脂酸使其凝胶化。油相也是香精、某些防腐剂和色素，以及某些活性物质如雌激素、维生素 A、维生素 D 和维生素 E 等的溶剂。

（4）水相的组分　在乳化体化妆品中，水相是许多有效成分的载体。作为水溶性滋润物的各种保湿剂，如甘油、山梨醇等，能防止 O/W 型乳化体的干缩，但用量太多会使产品使用时感到黏腻。作为水相增稠剂的亲水性胶体，如纤维素、海藻酸钠等，能使 O/W 型乳化体增稠和稳定，在保护性手用霜中起到阻隔剂的功能。各种电解质，如抑汗霜中的铝盐、卷发液中的硫代乙醇酸铵以及在 O/W 型乳化体中作为稳定剂的硫酸镁等，都是溶解于水的。许多防腐剂和杀菌剂，如六氯酚、季铵盐和对羟基苯甲酸酯也是水相中的一种组分。另外还有营养液中的一些活性物质，如水解蛋白、人参浸出液、珍珠粉水解液、蜂王浆、水溶性维生素及各种酶制剂等。

（5）乳化剂的选择　当乳化体的类型，两相的大致比例和组分决定之后，就可进行乳化剂的选择。选择乳化剂首先应考虑它和产品中其他成分的相容性及总的稳定性。非离子乳化剂的适用性最广，能和各类产品相容，但有可能对细菌污染的防腐造成困难，也有可能严重减弱杀菌剂的活性。阴离子乳化剂的应用广泛，阳离子乳化剂不常用。

乳化体类型是根据使用要求，如稠度和敷用性能等决定的。乳化剂的类型决定之后，可以利用 HLB 值为需要的乳化体系选择乳化剂或混合乳化剂。各种不同的油相组分需要怎样的 HLB 值乳化剂才能使其乳化成所要求的乳化体系，这种被选用乳化剂的 HLB 值称为需要 HLB 值，只有油相组分的需要 HLB 值和乳化剂 HLB 值相适应时才能得到最适宜的乳化效果。

3. 润肤霜和蜜的配方

在配制膏霜和蜜时，对两种乳化类型来说，各种滋润物质和表面活性剂起着关键的作用，当所用的表面活性剂的 HLB 值低时形成 W/O 型，当 HLB 值高时形成 O/W 型。

一般认为，对皮肤的渗透来说，动物油脂较植物油脂为佳，而植物油脂又较矿物油为好，矿物油对皮肤不显示渗透作用。胆甾醇和卵磷脂能增加矿物油对表皮的渗透和黏附。当基质中存在表面活性剂时，对表皮细胞膜的透过性将增大，吸收量也将增加。从两种乳化体的类型来说，一般认为 O/W 型乳化体较好，因为油在 O/W 型乳化体分散，可促进对毛囊的渗透，但总的来说两种类型的乳化体，对皮肤的渗透相差甚微。

润肤霜和蜜，主要是妇女在晚上睡前用，以保持皮肤的光滑柔软可作为按摩霜使用；而且它对儿童和成人的皮肤开裂有一定的愈合作用。

产品的表现、色泽、组成和香气都是重要的感观质量。在应用时应该涂敷容易，既不阻曳又不过分滑溜，似乎有逐渐被皮肤吸收的感觉，有滋润感但并不油腻；当涂敷于开裂疼痛的皮肤时有立即润滑和解除干燥的感觉；正常使用能保持皮肤的滋润。

（1）润肤霜和蜜的配方　阴离子型、非离子型和阳离子型表面活性剂都可作为乳化剂。润肤霜和蜜可以配制 O/W 型或 W/O 型乳化体；每种霜和蜜中可以含阴离子型、非离子混合乳化剂或阳离子型-非离子型混合乳化剂。

阴离子型乳化剂除古老的蜂蜡-硼砂体系外，还有皂稳定的单硬脂酸甘油酯、烷基硫酸钠和脂肪醇磷酸酯。阴离子型乳化剂润肤霜的配方实例如表10-2所示。

非离子型乳化剂可以制成 O/W 型和 W/O 型乳化体，对配制 W/O 型乳化体更为重要。常用的非离子型乳化剂是羊毛脂、羊毛醇衍生物、胆甾醇、失水山梨醇酯及其聚氧化乙烯衍生物等。各种非离子型乳化剂适当地配合可以制成流动特性和触感良好的 W/O 型乳化体。非离子型乳化剂润肤霜的配方实例见表10-3。

表 10-2 阴离子型乳化剂润肤霜配方（质量份）

组　　分	O/W霜	O/W霜	W/O霜	W/O霜	组　　分	O/W霜	O/W霜	W/O霜	W/O霜
杏仁油	8.0				卵磷脂				10.0
花生油				5.0	硬脂酸单甘油酯	14.0			
液体石蜡（轻质）	8.0	7.0	25.0	20.0	肉豆蔻酸异丙酯			22.0	10.0
凡士林			10.0	8.0	防腐剂	适量	0.30	0.30	0.30
蜂蜡			12.0	15.0	抗氧剂	适量	0.05	适量	0.05
石蜡				5.0	硼砂			0.7	0.8
鲸蜡	5.0				三乙醇胺		1.5		
鲸蜡醇	5.0				甘油	5.0	5.0		
羊毛脂	2.0	3.0			水	56.0	79.8	24.7	30.5
油酸		3.0			香精	适量	0.35	0.30	0.35

表 10-3 非离子型乳化剂润肤霜配方（质量份）

组　　分	O/W霜	W/O霜	W/O霜	W/O霜
液体石蜡	35.0	17.0	15.0	25.0
向日葵籽油		15.0		
橄榄油				30.0
羊毛脂	10.0		1.0	2.0
石蜡		2.0	10.0	1.0
蜂蜡		17.0	5.0	
硬脂酸			0.6	
凡士林		20.0	35.0	2.0
鲸蜡醇		2.0		
羊毛蜡醇		6.0		
倍半油酸失水山梨醇酯			2.0	3.0
单硬脂酸失水山梨醇酯	2.0			
聚氧化乙烯硬脂酸失水山梨醇酯	3.0		4.0	
水	33.0	31.7	30.3	34.3
甘油				2.5
山梨醇			2.5	
硼砂		0.3		
硫酸镁			0.2	0.2
防腐剂和抗氧剂	适量	0.1	适量	适量
香精	适量	0.3	适量	适量

　　阳离子型乳化剂在理论上是可以配制润肤霜，但使用不广泛。油溶性季铵盐化合物容易被吸附在皮肤上，并使油相物质均匀涂布，成为封闭膜，易引起皮炎或皮肤过敏。水溶性季铵盐化合物和脂肪醇配合使用可以制成稳定的 O/W 型霜。水溶性季铵盐乳化剂润肤霜的配方实例如表 10-4 所示。

表 10-4 水溶性季铵盐乳化剂润肤霜配方（质量份）

组　　分	O/W霜	O/W霜	W/O霜	组　　分	O/W霜	O/W霜	W/O霜
花生油			5.0	对羟基苯甲酸丙酯			0.15
液体石蜡	15.0	10.0	29.0	抗氧剂			0.05
凡士林	15.0	1.0	5.0	水	60.0	82.0	31.3
羊毛脂	6.0	2.5		烷基二甲基苄基氯化铵	2.0	3.0	
石蜡			10.0	丙二醇			3.0
鲸蜡醇	2.0	1.5		对羟基苯甲酸甲酯			0.15
二烃基（C$_{12}$～C$_{18}$）季铵盐			1.0	香精	适量	适量	0.35

（2）营养润肤霜和蜜的配方　润肤霜和蜜的作用是补充皮肤中的脂类物质，保持皮肤中的水分平衡，使皮肤表现为光滑、柔软而富有弹性。在润肤霜和蜜的配方基础上加入各种营养成分则构成营养润肤霜和蜜，营养成分除上述某些成分外，主要是动植物有效成分提取液、维生素、微量元素、激素等。

① 人参浸出液　含有天然人参苷类和抑制黑色素的还原物质及多种营养素，能增加细胞活力，延缓衰老，其质量分数为 5%～15%。

② 蜂王浆　含有多种维生素，微量酶及激素的复合体，其质量分数为 0.3%～0.5%。

③ 维生素　有水溶性和油溶性两种，用于营养性化妆品的维生素主要是油溶性维生素 A、维生素 D 和维生素 E。维生素 A 用于化妆品中能防止因缺少它而引起皮肤表皮细胞的不正常角化，维生素 A 受热易分解，这一点应引起注意。维生素 D 对治疗皮肤创伤有效。维生素 E 是一种不饱和脂肪酸的衍生物，有加强皮肤吸收其他油脂的功能。如果缺少维生素 E，会使皮肤干枯、粗糙，头发失去光泽，易于脱落，指甲变脆易折。含有维生素 E 的营养霜和蜜能促进皮肤的新陈代谢作用。

润肤霜和蜜内含维生素的质量（unit）约为：

维生素 A　　　　1000～5000 u/g

维生素 D　　　　100～500 u/g

维生素 E　　　　0.5 g/100 g

维生素 A 和维生素 D 可以混合应用，其质量比为 5∶1 或 10∶1，另外维生素 E 可作为稳定剂。

④ 水解蛋白液　由蛋白质含量较高的动植物经过适当的方法水解而得，含有较多的维生素、多种氨基酸。应用较多的是分子量为 1000～10000 的水解物。

⑤ 胎盘组织液　用适当的方法从胎盘中提取，含有多种激素、蛋白质等，能够增加细胞活动能力，减缓皮肤衰老等功效，其质量分数约为 3%～5%。

⑥ 貂油、海龟油、红花油　含有维生素 E，易被皮肤吸收，能增加皮肤的润滑性及弹性，其用量为 5%。

⑦ 黄芪提取物　同人参相似，中药的补药，有活血补气等作用。黄芪提取物含有多种营养成分，极易被肌肤吸收，能增加细胞活力。

⑧ 超氧化物歧化酶（SOD）　通过生物工程得到的一种酶制品，含有生命体的活性物质，极易被皮肤吸收，能有效地防止角质层水分的散失，并能清除生物体在新陈代谢过程中产生的有害物质，具有延缓皮肤衰老等功能。

⑨ 柑橘类种子油　含有还原性物质，可以减缓或抑制黑色素的沉积，质量分数在 1%～3% 之间。

⑩ 黄瓜汁　主要含有天然维生素 C 等营养成分，质量分数为 10% 左右。

⑪ 芦荟汁　植物体所含液汁含有多种营养成分，可以入药，有健胃、通经等作用，它能较好地吸收紫外线，可以防止皮肤老死、发炎、发黑、产生黑斑，并有营养皮肤功效。

⑫ 其他营养润肤剂　其他营养润肤剂有胡萝卜油、蛋黄油、从深海鲨鱼皮肤及肝中提取的角鲨烷，维生素 B_1、维生素 B_5、维生素 B_{12}，酒花油、玄参、枸杞、三七、灵芝等。

润肤霜和蜜中加入上述营养物质时要重视工业卫生，使用高效的防腐剂或制成 W/O 油型乳化体，以免杂菌繁殖污染。润肤霜和蜜 pH 应控制在 4～6，与皮肤的 pH 相似；如果 pH 大于 7，微偏碱性，则表皮的天然调湿因子及游离脂肪酸遭到破坏。虽然使用时皮肤 pH 又恢复平衡，但长久使用，必然引起皮肤干燥，得到相反效果。

营养润肤霜的配方实例如表 10-5 所示。

4. 生产工艺

（1）原料熔化和溶解　生产 O/W 型或 W/O 型的润肤霜和蜜，一般的程序是按配方先将油/脂/蜡/乳化剂和其他油溶性原料（维生素除外）加入不锈钢乳化反应器中，向夹套内通入蒸汽加热熔化至 75℃。然后按配方再将水、碱、醇胺、多元醇和对羟基苯甲酸酯、防腐

表 10-5　营养润肤霜配方（质量分数）　　　　　　　　　　单位：%

组　分	O/W霜	O/W霜	O/W霜	组　分	O/W霜	O/W霜	O/W霜
液体石蜡	16.0			硬脂酸	0.5	2.0	
凡士林	2.0			2-辛基月桂醇		6.0	10.0
蜂蜡			3.0	人参浸出液	4.0		
十八醇		7.0	5.0	角鲨烷		5.0	10.0
十六醇	10.0			丙二醇		5.0	10.0
羊毛脂		2.0		三乙醇胺			1.0
单硬脂酸甘油酯		2.0		防腐剂	适量	适量	适量
单硬脂酸丙二醇酯			3.0	抗氧剂	适量	适量	适量
十六醇聚氧乙烯（20）醚		3.0	3.0	香精	适量	适量	适量
十八醇聚氧乙烯（10）醚	2.0			水	64.6	67.7	54.5
失水山梨醇单硬脂酸酯	0.5						

剂等水溶性原料加入另一个不锈钢反应器内，也加热至75℃进行溶解。为了补充加热和乳化时挥发掉的水分，可按配方多加水为3%～5%。精确数量可在第一批制成后分析水分而求得。如果配方中有维生素或热敏的添加剂，则应在乳化前分别溶解于油相或水相中。

（2）乳化操作　制造霜类护肤化妆品，常规的乳化方法是将内相加入外相。最实用和简单的制造O/W型或W/O型乳化体的方法，是将经熔化或溶解后75℃的内相在搅拌下缓缓地加入75℃乳化体外相中，保温搅拌一定时间，经过均质器均化以保证乳化作用完成。转相法是配制高分散的O/W型乳化体的一种方法，它是将水相原料加入熔化的油相中。操作开始时，根据相和容积的关系，当水分的量相对较低时，形成W/O型乳化体；水分缓缓地加入油相，开始乳化，使黏度逐渐增加，油相扩张到最高点。此时，连续的油相产生破裂并逐渐分散成微粒，发生乳化转相成为O/W型乳化体，其具体表现为黏度突然下降。对油、蜡、脂含量较低平衡得好的乳化体系，乳化的临界转相点能平衡通过；但对油、蜡、脂含量较高的乳化体系往往凝结，不宜采用此法。乳化生产前应进行转相法和常规法制成的O/W型乳化体膏霜的乳化稳定性的比较，以确定选用哪种方法为宜。

分散相加入的速度和机械搅拌的快慢对乳化的效果十分重要，可以形成内相完全分散的良好乳化体系，也可以形成乳化不良的混合乳化体系，后者主要是内相加物料加得太快和搅拌效率差而造成的。乳化操作条件影响着膏霜和蜜的稠度、黏度和乳化稳定性。在实验室生产，从烧杯倒下，流速约175～200g/min是适宜的，但对于工业化生产来讲这一速率太慢了。在工业生产时，必须确定实用的流速根据配方的可能，加快流速倍数，并且生产的成品霜或蜜应和实验室样品进行比较。加料速度增加的倍数和乳化体内相的质量浓度成反比，当内相质量浓度逐渐增加时，流速必须相应减慢，否则加入的内相就不能及时乳化。所以对内相质量浓度较高的乳化体系，内相加入的流速该比内相浓度较低的乳化体系为慢。采用高效的乳化设备较搅拌效果差的设备在乳化时流速可以快一些。

总的搅拌时间和冷却速率是蜜类的黏度、膏霜的稠度和乳化稳定性的重要因素。如果实验配方是在无夹套冷却的小反应器内乳化，由于靠空气冷却需要较长的搅拌时间。而大规模生产都是在设有夹套冷却装置的反应器内进行乳化，对乳化制品的各种物理因素就需要重新调整。如果在乳化完成后冷却速度太快，高熔点的蜡就会产生结晶。生产上的措施是控制夹套进入的冷却介质速度，通过夹套逐渐进行冷却，使反应器内乳化体的温度低于混合物中最低熔点的蜡的熔点温度1～2℃，这样可以保证蜡从液态过渡到均匀的分散。

（3）加香　加入香精时的乳化体温度是关系到乳化体稳定性的另一因素。对于W/O型乳化体加入香精添加剂时，因香精能溶解于外相，则能平稳地进行；但对于O/W型乳化体系，香精必须突破连续的水相而被乳化，对接近室温、水分含量较高的乳化体则困难较大。为了避免使热的乳化体突然冷却，在膏霜和蜜的温度为45～50℃时加入香精比较合适。

（4）黏度和稠度的调整　间歇式乳化时，每批产品的黏度和稠度不稳定，可能是加热和搅拌时水分过度挥发所造成的。除了按照配方预先补加质量分数为 3％～5％水分外，成品必须测定水分含量。O/W 型乳化体，可将需补充的水分在搅拌下缓缓地加入，但水的温度应略高于乳化体温度的 2～3℃，以免突然的冷却。但调节 W/O 型乳化体的水分就不能采取上述方法。稳定的 W/O 型乳化体，含有强亲油性乳化体对抗水的再乳化，因为水分必须突破连续的油相后才能进入内相。这一过程最后常会形成一种局部的混合体系（W/O/W）使产品不稳定。为了使 W/O 型膏霜和蜜的水分十分接近理论量，可通过对正常生产下的制品测定水分，而将所需补充水在乳化前预先加入。

（5）灌装　采用热法灌装，可将乳化体搅拌冷却至凝固点5℃以上，需要的话可加入色素溶液，保持这一温度，并在灌装时间歇地搅动。如果采用冷法灌装，可将乳化体搅拌冷却至 35℃，加入色素溶液，在室温下灌装。

二、手用霜和蜜

在劳动中人们的手要和自然界中各种物质相接触，经常和水及洗涤剂相接触，特别是在严寒的冬季，皮肤往往会变得粗糙、干燥和开裂；手上的皮肤也最容易受到损伤。保护手上皮肤的健康，使其柔软润滑，运动自如，就显得格外重要。

手用霜和蜜的主要功能就是保护手的健康。手用霜和蜜一般是白色或粉红色，略带香味。膏霜具有适宜的稠度，便于使用；特别是蜜的黏度要便于从瓶中倒出，使用时不产生白沫，无湿黏感。涂敷后使手感到柔软、润滑而不油腻，在拿瓷器、玻璃器皿和纸等物品时，不留下手印。

1. 愈合剂

愈合剂的作用是促进健康肉芽组织的生长。为了使表皮粗糙开裂的手较快地愈合，手用霜和蜜中常加有愈合剂。常用的愈合剂是尿素和尿囊素。尿素对轻度湿疹和皮肤开裂有效。尿囊素能促使皮肤组织产生天然的清创作用，清除坏死物质；明显促进细胞增殖，迅速使肉芽组织成长，缩短愈合时间。尿囊素在手用霜和蜜中的质量分数在 0.01％～0.1％即可增强愈合效果，尿素在配方中的质量分数为 3％～5％。尿素和手用霜与蜜的各种成分的相容性良好，但是由于本质的关系，制成的膏霜储存半年以后，会产生变色等问题。尿囊素可制成溶液、乳化体或油膏形式，单独或和其他药剂配合使用，除了具有愈合作用外，对皮炎也是有效的。

2. 配方设计基本原则

手用霜几乎都是 O/W 型乳化体，主要是为了使用后没有黏腻的感觉，油相浓度较低，但熔点应高于 37℃。包括乳化剂在内，手用霜的油相质量分数为 10％～25％，而蜜的油相质量分数只有 5％～15％。油相一般是蜡类物质，如鲸蜡醇、硬脂酸和硬脂酸单甘油酯等，加入少量矿物油或肉蔻酸异丙酯使其塑化。加入少量羊毛脂或羊毛脂衍生物作为滋润剂，极少量的硅油可改善对皮肤的最终感觉。

保湿剂如甘油、丙二醇、山梨醇等作为水溶性滋润物，在配方中的质量分数可达 10％。保湿剂用量过多，使用后会产生湿黏的感觉。在此方面，山梨醇效果较甘油为佳，二者混合使用有较好的效果。

各类乳化剂都适用于手用霜和蜜。阴离子型如硬脂酸三乙醇胺皂作为乳化剂仍广为采用，不足之处是硬脂酸皂乳化的手用蜜在储存期会变稠。鲸蜡醇和硬脂酸单甘油酯作为稳定剂用于手用霜也往往使膏体增稠。如果能严格遵循操作规程，可能使日常的每批产品质量符合标准。非离子型乳化剂制成的蜜增稠的倾向较少。脂肪酸失水山梨醇酯及其聚氧乙烯醚作为混合乳化剂对制造中性及酸性膏霜十分有用。阳离子型乳化剂的应用不够普遍。乳化剂的类型和用量必须认真选择确定，以保证在使用时乳化体不会很快地破坏引起湿腻的感觉，反之，也不能太稳定而引起牵曳的感觉。

防腐剂的效果与洗涤剂有关，对羟基苯甲酸酯类的混合物对以皂类乳化的膏霜有很好的防腐作用，因为它在其他组分中较难溶解，可将对羟基苯甲酸酯溶解于少量甘油或丙二醇中。

在水相中加入适当的亲水性胶体增加黏度，可提高蜜和膏霜的稳定性。特别是向这类稀薄的乳化体，以亲水性胶体增稠较调节乳化剂混合物以求获得适宜的黏度要方便得多，羧基烯类聚合物增稠剂非常适用于此目的。羧基乙烯聚合物是一种优良的水溶性树脂，而且其水溶液的黏性受温度的影响较小，对微生物的稳定性很好，在化妆品中得到广泛的应用。

手用霜和蜜的配方根据具体应用的要求而设计。对手用霜和蜜的一般要求是：① 具有清新舒适的气味；② 具有稳定的膏体和悦目的色彩；③ 手感柔软；④ 涂布容易、快速；⑤ 无湿黏的感觉；⑥ 不影响正常手汗的挥发；⑦ 有消毒作用。上述 7 点是设计配方时的目标，在具体配制时可按照下面原则和注意事项认真逐一考虑：

① 选用 1～2 种能柔软皮肤的滋润剂；

② O/W 型乳化体涂布容易，加入少量的乙醇帮助手用蜜达到快干之目的；

③ 注意选择油、脂、蜡混合物和保湿剂，可以控制手用霜和蜜在敷用时的黏腻现象；

④ 选择香精时要注意和乳化体的相容性，香气要清雅舒适，并且不能影响主要化妆品的香气；

⑤ 选择稳定的色素，要注意乳化体的类型、pH、还原剂和光等因素的影响；

⑥ 适当选用固体成分，可防止手用霜和蜜过分的封闭性，达到不影响手汗正常的挥发之目的；

⑦ 要根据乳化剂的性质来选择消毒剂，如季铵盐类消毒剂和阴离子乳化剂相遇后会失去活性。

配方设计对产品的最终质量具有决定性的作用，若配方设计时考虑不够全面，形成某一方面的缺陷，想从操作上加以补救是不可能的。

3. 配方实例

（1）手用霜配方　手用霜配方实例见表 10-6。

表 10-6　手用霜配方实例（质量分数）　　　　　　　　　单位：%

组　分	阳离子型	阴离子型	非离子型	非离子+阳离子型
鲸蜡醇	2.0	10.0		
硬脂酸单甘油酯				10.0
棕榈酸异丙酯			3.0	
羊毛脂	1.0			2.0
液体石蜡	2.0			
聚乙二醇（1000）			5.0	
鲸蜡醇硫酸钠		0.2		
硬脂酸	13.0	8.0	20.0	
脂蜡醇		3.0		
甘油	12.0	8.0		15.0
N-(脂蜡酰胆胺甲酰甲基)吡啶氯盐			1.5	
对羟基苯甲酸甲酯	0.15	0.1	0.15	0.1
聚乙二醇（300）			5.0	
氢氧化钾	1.0			
月桂醇硫酸钠		1.0		
山梨醇			3.0	
香精	适量	适量	适量	适量
色素	适量	适量	适量	适量
水	68.85	67.9	62.35	64.9

（2）手用蜜配方　手用蜜的配方和手用霜基本相同，其主要差别在于固体的比例较少。手用蜜中含有大量的水分，在设计配方时主要应考虑乳化体的稳定性和流动状态，必须将手用蜜的流动性控制在一定的范围内。手用蜜应该具有一定的黏度，同时又能顺利地从瓶口流

出；但是蜜类制品往往有胶凝的倾向，导致在应用时不易从瓶口流出。目前，还没有一种定量的方法可以预测乳化体在储存过程中黏度的变化情况，但是基于对流动乳化体各种主要原料性质的知识和经验，可以防止过分的凝胶或黏度太低。以硬脂酸皂乳化的手用蜜最易产生凝胶，对剪切作用也较敏感，因此受过强的机械搅拌会使乳化体的黏度显著地降低。初始黏度较低的硬脂酸皂手用蜜，从规律上来讲，它会随着时间延长而逐渐变稠。温度的变化对黏度也有影响。除非采取预防的措施，否则这种现象在生产完成后几小时就会出现，甚至可持续到二年。生产实践表明，采取下述的预防措施，是可以阻止或阻滞凝胶的。

① 要控制多元醇脂肪酸酯和脂肪醇的用量。硬脂酸单甘油酯和鲸蜡醇等在各种乳化体系中的用量是不同的，一般在硬脂酸皂乳化的手用蜜中，质量分数以不超过 0.5％ 为宜，在含有乙醇的手用蜜中，质量分数以不大于 1％ 为宜。

② 采用 10％ 高质量分数的液体石蜡塑化分散的蜡类。

③ 在配方中质量分数为 0.1％～0.5％ 的烷基硫酸盐，如月桂醇硫酸钠等。

非离子型和阳离子乳化剂制成的手用蜜也有凝胶化的倾向，只要适当地平衡乳化剂和亲油脂肪酸酯及其脂肪醇的用量，就可配制出不会凝胶的蜜。

手用蜜的配方实例如表 10-7 所示。

表 10-7　手用蜜配方实例（质量分数）　　　　　　　　单位：％

组　　分	阴离子型	非离子＋阴离子型	非离子型	非离子＋阳离子型
鲸蜡醇	0.5			
硬脂酸单甘油酯		4.0		1.0
棕榈酸异丙酯				3.0
羊毛脂	1.0		1.0	1.0
氢化羊毛醇		1.0		
乙二醇单硬脂酸酯			4.0	
羊毛蜡醇			7.0	
硬脂酸	3.0	1.5		
甘油	2.0	3.0		5.0
对羟基苯甲酸甲酯	0.1	0.1	0.1	0.1
乙二醇			3.0	
月桂醇硫酸钠		1.0		
N-(脂蜡酰胆胺甲酰甲基)吡啶氯盐			1.5	
三乙醇胺	0.75			
香精	适量	适量	适量	适量
色素	适量	适量	适量	适量
水	92.65	89.4	83.4	88.4

4. 配制工艺

（1）手用霜配制工艺　熟练地掌握手用霜各种原料的知识，对配制一般的手用霜是非常必要的。手用霜的一般生产过程中存在着许多影响产品质量的因素，要使每批产品的质量一致很不容易。只要一丝不苟地按操作规程生产，十分注意防止生产中各种因素的影响，才有可能使每批产品质量稳定。

① 选择合适乳化方式　乳化过程是依靠机械作用所产生的剪切力将分散相撕碎成微粒而分散在连续相中。乳化设备类型有多种，乳化的方法也不少。目前常采用三种乳化方法。

a. 间歇式乳化　将油相和水相原料分别加热至一定温度后按一定的次序投入带搅拌器的不锈钢乳化器中，保温搅拌一定时间，再逐渐冷却到 60 ℃ 以下，加入香精，继续搅拌至 50～55 ℃ 出料。这种操作方法适应性强，其缺点是辅助时间长，操作繁琐，设备效率低。

b. 半连续式乳化　将油相和水相原料分批计量并加热至要求温度，间歇加入乳化器，在乳化器中保持一定的停留时间，用泵抽出并打入一组冷却器中进行快速冷却。冷却介质是由冷冻机送来的冰水，冷却器是由 3 根 1m 长的套管组成，管中装有螺旋输送器，它起刮壁和输送作用，冷却器出口即为产品。半连续式乳化流程示意如图 10-1。半连续式乳化方式适用于大批量工业化生产。

c. 连续式乳化　将预先加热好的各种原料，分别由相应的计量泵送至带搅拌器的不锈钢乳化器中，经乳化后溢流至刮板薄膜热交换器中，快速冷却至60℃以下，然后再流入香精混合器中，与此同时，香精由计量泵送入香精混合器中，最终产品由加香器上部溢出。连续式乳化流程示意如图 10-2。连续乳化要求计量准确，自动化控制程度高，适用于现代化的大规模生产，但更换品种的灵活性不如间歇式和半连续式乳化生产。

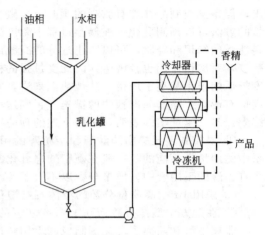

图 10-1　半连续式乳化流程示意图

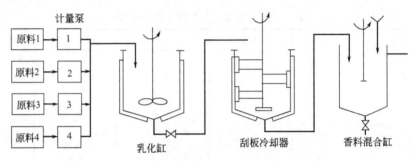

图 10-2　连续式乳化流程示意图

② 严格原料检测和质量控制　生产中出现的问题，往往来源于质量控制体系的薄弱，如对少量电解质的漏检，会造成原来稳定的乳化体完全分离，而且问题的发现大多是在产品经包装投入市场之后。首先应建立必要的原料规格，实行每种原料和添加剂进行严格的检测制度，并对生产环节进行严格的检控，避免不合格的原材料进入生产过程，杜绝产品在储运或使用中出现乳化体分离等现象。

③ 优化操作　对已经确定的手用霜质量配方，还要分析可能存在哪些问题，应采取什么措施，用哪些步骤组织生产。加料方式和加料速度是手用霜稳定的重要因素，必须严格地固定下来。一般是将内相加入外相中，O/W 型乳化体是将油和蜡加入水中；在某些情况，发现将外相加入内相，最后通过转相，可以产生极细的分散而增加手用霜的稳定性。对每一配方都应核实此现象。

搅拌的方式、时间以及搅拌速率，对膏霜稳定性和稠度有重要关系。手用霜体系都是有触变性的，所以过分强力的剪切作用可使黏度低于可接受的水平。长时间和强力的搅拌会形成不可逆的低黏度。

冷却效果较差，势必造成延长搅拌时间。例如夏天生产时，由于冷却水温较高，就必须增加冷却循环的时间，也就延长了搅拌时间以达到终点灌装温度。较长时间的搅拌会造成膏体的初始稠度较软，在大多数情况会逐渐恢复到正常的水平，但需要较长的时间。为了保证正常的生产，应有冷冻装置，确保循环冷却水恒温。搅拌方式也会影响搅拌时间，如搅拌桨和反应器的内壁有间隙，就不能将由于夹套内冷却水的冷却使黏附在器壁上的膏霜刮下，黏附的膏霜层具有隔热作用，降低了冷却的效果，延长了搅拌时间。而且黏附层存在着较粗的结晶，最后分布于整个膏体中会使成品有粗糙感，降低了产品质量。采用刮板式搅拌器，可以有效地防止产生膏霜的黏附层。

④ 灌装和储存　当膏霜体在乳化反应器内达到灌装温度后，最好利用膏霜体自身质量和位能来传递到灌装斗，如果以泵输送，泵的剪切作用会对膏霜的稠度产生不利的影响。灌装的方式也要考虑，齿轮泵的灌装机对膏霜体结构的破坏作用较大，采用破坏作用较小的往复泵灌装机为宜。灌装后在储存过程中也会产生一些问题，对手用霜在储存期也必须考虑。手用霜在较低或较高的温度下存放都会产生一些不利因素，如温度为5～15℃时，会产生脱水收缩的现象；温度较高时白色膏体会逐渐趋向于变黄；随着储存温度的高低和时间的长短，膏体的稠度会降低，这种稠度的变动，有的是可逆的，有的是不可逆的。而且在5～15℃温度条件下存放时，膏霜会产生收缩，凝胶的收缩把水相挤压出来，成为水珠出现在膏霜的表面和成为薄膜附着在容器壁上。该现象普遍地存在于凝胶系统，以皂乳化手用霜也普遍地存在。采用非离子型乳化剂，或与其他类型乳化剂联用，可以减少或消除这一弊端。

（2）手用蜜配制工艺　为了减少乳化体的凝胶现象，保持手用蜜的稳定性，在生产操作中应注意以下两点：①快速冷却；②冷却至5～10℃，使温度低于乳化体的凝胶点。

生产手用蜜的工艺流程与手用霜相似。将油相加热后再加入已预热的水相中；加入的程序、速率和时间对乳化体的稳定性有重要关系，因此各批要保持一致。生产手用蜜一般采用快速搅拌，当适宜和足够的乳化剂存在时，以螺旋桨搅拌可以得到较均质器或胶体磨为细的粉粒。为了防止产生旋涡和混入空气，搅拌的速率可以电阻器控制。冷却的效率影响搅拌的时间，影响蜜的黏度，所以冷却的效率愈高愈好。加入香精和乙醇的温度，以低于50℃为宜。

随着手用蜜的黏度不同，灌装的温度也有差异，一般的灌装温度为25～30℃。生产上一般是将乳化好的蜜在室温或略高于室温的情况下放置过夜，使可能混入的气泡全部逸出。然后再灌装。灌装采用自流法，也可用低真空灌装，但要防止产生泡沫。

制造霜和蜜的设备和管道的材质都应为不锈钢，搪玻璃也可以，但应绝对避免采用铜、铁和锡的材质。

三、清洁霜和蜜

清洁霜和蜜是用于清除面部化妆品、表面尘垢和油垢，除了主要功能清洁作用以外，适当的配方可以使清洁霜和蜜具有许多特性；加入各种修改剂，如柔软剂、润滑剂和保护剂等，可以制成各种新颖的清洁霜和蜜。

清洁霜可以分为无水的、无矿油和乳化型三类。无水清洁霜是以矿物油、凡士林和蜡配制而成；无矿油的清洁霜主要是以洗涤剂所组成；乳化型制品可以是O/W型，也可制成W/O型，但前者较为流行。

乳化型清洁霜的油相质量分数可在30%～70%之间波动，油相必须容易在体温时液化和分布，因此油相的流动点应低于35℃。油相的主要成分是矿物油，并加入足够的晶体及无定形的蜡，以达到合适的触变性和稳定性。可以加入少量的滋润物质如鲸蜡醇、鲸蜡以及羊毛脂，使擦去后留下极微量的油相，有一些滋润特性。

和润肤霜一样清洁霜也是以蜂蜡-硼砂体系为基础，也可以采用皂和烷基硫酸盐为乳化剂。阴离子型乳化剂的清洁霜配方实例见表10-8。

表 10-8　阴离子型乳化剂清洁霜配方（质量分数）　　　　单位：%

组　分	O/W霜	O/W霜	O/W霜	O/W霜	组　分	O/W霜	O/W霜	O/W霜	O/W霜
液体石蜡	50.0	44.0	20.0	10.0	羊毛蜡醇				0.5
地蜡		6.0			硼砂	0.45			
蜂蜡	9.0				三乙醇胺				1.8
石蜡	5.0				月桂醇硫酸钠			1.0	1.0
鲸蜡		2.5	0.5	0.5	防腐剂	适量	适量	适量	适量
硬脂酸				3.0	香精	适量	适量	适量	适量
油酸		1.0			水	35.55	45.0	78.0	84.7
羊毛脂		0.5							

非离子型乳化剂特别适用 W/O 型乳化体清洁霜，其配方实例见表 10-9；但阳离子乳化剂则不宜采用。

表 10-9　非离子型乳化剂清洁霜配方（质量分数）　　　　　　单位：%

组　分	W/O 霜	O/W 霜	O/W 霜	组　分	W/O 霜	O/W 霜	O/W 霜
液体石蜡	40.0	50.0	25.0	倍半油醇失水山梨醇酯	1.5		
地蜡	6.0		1.0	聚氧乙烯单棕榈酸失水山梨醇酯		2.0	
石蜡	2.0		2.0	聚氧乙烯单油酸失水山梨醇酯	0.25		3.5
羊毛脂	2.5			聚氧乙烯失水山梨醇蜂蜡衍生物		8.0	
蜂蜡		7.0		防腐剂	适量	适量	适量
鲸蜡醇			1.0	香精	适量	适量	适量
单硬脂酸失水山梨醇酯			1.5	水	47.75	33.0	66.0

第五节　毛发用化妆品

毛发用的化妆品品种繁多，主要有护发用品、洗发用品和剃须用品，此外还有染发剂、卷发剂和脱毛剂等。护发用品的主要作用是滋润毛发、固定发型；洗发用品的主要用途是清洁头发，促进毛发正常的新陈代谢；剃须用品的主要作用是柔软须毛，便于剃除；染发剂的作用是使头发染着各种健康头发的色彩；脱毛剂作用是脱除过多的须毛使面容整洁。洗发用品已在第九章洗涤剂的个人卫生清洁剂中介绍过，此处不再重复叙述。本章仅对护发用化妆品和染发用化妆品的基本原理、生产原料、配方和生产方法等作简单介绍。

一、护发用品

护发用品应使头发保持天然的、健康的和美观的外表，光亮而不油腻，用于修饰和固定发型。为了具有良好的修饰效果，产品的内聚力和黏着力必须平衡，还应有一定的润滑性，使梳发通畅；护发用品使头屑成为柔软的皮屑脱落，而不再形成干燥的鳞片。护发用品分为发油、发蜡、发乳、发水和发浆等品种。

1. 发油

头发上天然的脂肪不足，外表就显示无光泽。发油的功用在于修饰头发使其有光泽。动植物的脂肪和人体的脂肪较为接近，能被部分吸收，用于化妆品较为适宜，但是由于这些油脂容易酸解，目前已大部分被矿物油所取代。矿物油不会酸败和变味的特点是显著优点；矿物油不被头发所吸收，由于低黏度和渗透的特性在头发上形成一层薄的保护膜，重油对头发修饰效果较轻油为佳，轻油的分散性较重油优越。脱臭煤油的稀薄重油，具有良好的分散性和渗透性；当挥发性的脱臭煤油蒸发完后，留下一层很薄而均匀的黏性油，对头发的修饰和光泽都达到较满意的效果。

在矿物油中加入一些植物油可以弥补不能被吸收等缺点，它的质量配比可随生产者对产品特性的需要而确定。植物油中一般采用的是不干性或半干性油，如橄榄油、蓖麻油、花生油、杏仁油、豆油等。两种或两种以上的这种油脂相互配合，使润滑性、黏着力等能达到使用的需要。植物油容易酸败，在这类配方中需要加入抗氧剂，如维生素 E、对羟基安息香酸丙酯、原二氢化愈创木脂酸和二叔丁基对甲酚等，一般其质量分数在 0.01%～0.10% 即可。

肉豆蔻酸异丙酯和棕榈酸异丙酯能和植物油或矿物油完全溶合，并能改善它们的特性，容易被毛发吸收，抵抗酸败，既有光泽又具有滋润的作用。

矿物油如液体石蜡和脱臭煤油基本上无味，但是许多芳香物在其中的溶解度较低，树脂类及结晶体是不溶解的，或者要产生沉淀。发油要求完全透明清晰，对光、热和储存的良好的稳定性。加入偶合剂可使发油液保持透明清晰，如少量的植物油、脂肪醇、脂肪酸酯或某些非离子型表面活性剂往往可使香料溶解。有些发油中加有一些防晒剂以减轻日光中紫外线对头发的损害。发油中也有加入一些羊毛脂，但在矿物油中的溶解性较差，部分酯化的羊毛脂衍生物在矿物油中的溶解度较好。

发油应该具有良好的外观、感觉和香型。现举几种发油配方实例列于表 10-10。

表 10-10　发油配方实例

组　　分	质量分数/%					
蓖麻油	10.0	15.0		38.5	60.0	
杏仁油	10.0					
橄榄油						75.0
矿物油	80.0		75.0	38.5		
肉豆蔻酸乙酯			25.0			
肉豆蔻酸异丙酯				23.0		
油酸乙酯					40.0	
油酸甲酯						25.0
脱臭煤油		85.0				
香精和颜料	适量	适量	适量	适量	适量	适量

发油的生产方法是将配方中所有成分在反应器内搅拌混合均匀，然后将溶液进行过滤，可得透明清晰并且有一定香气的产品。

2. 发蜡

发蜡的效用是使缠结不顺的头发保持清洁的形状；发蜡的润滑性较差，仅足够使它分布均匀而已，而它对头发修饰的效果却因此很好。发蜡是一种半固态的油、脂、蜡的混合物，这种产品一般不透明，其程度随着蜡含量的增加而加重。

矿物油和石蜡的混合物是最简单的配方，但石蜡不是最理想的原料。因为石蜡有结晶的趋向和引起分油，加入适量凡士林可克服此缺点。为了防止矿物油分油现象，适宜采用地蜡、精制地蜡和鲸蜡。植物油也被用于发蜡。松香也被用于配制发蜡，有增加光泽和固定头发的效果，用量的多少随黏着性能的要求而定，其质量分数最多可达 25%。发蜡的配方实例见表 10-11。

表 10-11　发蜡配方实例

组　　分	质量分数/%					
液体石蜡	30.0			67.0	38.0	70.0
硬脂酸						20.0
凡士林	35.0				45.0	10.0
石蜡	15.0					
地蜡	15.0	20.0		11.0		
鲸蜡			15.0	11.0		
羊毛脂				11.0		
蓖麻油			40.0			
甜杏仁油			40.0			
可可脂			5.0			
椰子油		75.0				
蜂蜡		5.0				
松香						
香精及色素	适量	适量	适量	适量	适量	适量

发蜡的生产方法是将全部油、脂、蜡成分在反应器内一起搅拌熔化，温度一般控制在尽可能低的范围，在凝结前加入香精，灌装于保温在 40℃ 左右的大口瓶，并使其缓缓地冷却。

必须注意不要在发蜡已部分凝固时进行搅拌或灌装，会使空气泡不易逃逸。

3. 发乳

发乳应具有护发化妆品的各种特性，使头发光亮滋润，保持一定的形状，促进头发的生长和减少头屑等。发乳的主要成分是油类、水分和乳化剂。发乳有很好的流动性，使用时易于均匀分布，能在头发上留下一层很薄的油膜；由于含有乳化剂，使用时油腻的感觉减少，并且易于清洗。从经济观点来看，因为在配方中以大量的水分代替了油，因而发乳也较发油节约。

细致和稳定的乳化体对发乳来说是非常重要的，因此必须注意乳化剂的选择，油相和水相之间的平衡和两相适当黏度。乳化剂的种类很多，其中以三乙醇胺皂应用较为普遍，此外如多元醇的单脂肪酸酯、脂肪酸硫酸盐及聚氧乙烯衍生物等都被采用于发乳的配方中。配方中的油、脂和蜡同前面的发油和发蜡相似，发乳的配方实例列于表 10-12。

表 10-12　发乳配方实例

组　　　分	质量分数/%			
液体石蜡	40.0	15.0	40.0	
蜂蜡	3.0			
硬脂酸	3.5	5.0		
单硬脂酸甘油酯	0.2			
无水羊毛脂		2.0		
鲸蜡醇			1.0	
可可脂			2.0	
月桂醇硫酸钠			5.0	
三乙酸胺		7.5		
硬脂酸二甘油酯	1.5	1.8		
月桂酸二甘油酯				6.0
杏仁油				4.0
橄榄油				10.0
蓖麻油				10.0
薯树胶粉		0.7		
丙二醇		4.0		
水	余量	余量	余量	余量

二、染发化妆品

染发是使头发染着各种健康头发的色彩，一般可分为两种，暂时的染色和永久的染色。用于改变头发色彩的物质称为染发剂。

1. 暂时性染发剂

以物理的方法改变头发的色彩而且很容易从头发上移除而不影响头发的组织和正常的特性的染发物质叫暂时性染发剂。暂时性染发剂的种类较多，有粉状的、笔状的和冲染剂等。

粉状的暂时性染发剂目前只局限于戏剧和游行等化妆用，它是以各种矿物性颜料和炭黑等混合于粉基中而制成。煅烧过的浓黄土是一般采用的褐色颜料，黑色颜料用炭黑，各种颜色的金属粉也被用来配制色彩。粉状的暂时性染发剂如下。

粉状暂时性染发剂配方

组分	质量分数/%	组分	质量分数/%
滑石粉	20.0	鸢尾根粉	12.0
淀粉	30.0	颜料	适量
马铃薯粉	38.0		

色笔是另一种暂时性染发剂，它的用途是为了遮盖经过永久性染发剂染色后新生出来头

发的颜色。色笔是以天然的油、脂、蜡类以及各种色素配制而成，色笔可以配制各种不同的色彩，色笔有棒状和块状。色笔必须有适宜的稠度，可以直接涂敷于头发上，或者用湿的刷子涂敷于头发上，色笔的配方实例如下。

色笔染发剂配方实例

组分	质量分数/%	组分	质量分数/%
单月桂酸甘油酯	5.0	阿拉伯树胶	3.0
硬脂酸	13.0	甘油	10.0
蜂蜡	22.0	色素	15.0
三乙醇胺	7.0	水	25.0

色笔的生产方法是先将油、脂、蜡类在反应器加热至75℃熔化，水、甘油和三乙醇胺在预热器内混合倒入反应器内，继续搅拌使乳化完全，加入色素，再经研磨机研磨均匀，胶质用适量的水溶解后拌入研磨物内，将混合物浇入模具，成型后烘干即为色笔产品。

2. 永久性染发剂

永久性染发剂一般可分为天然有机染料、合成有机染料和金属染料三种制品。染料的性质对染发剂极为重要，染发用的染料应该符合下列条件：①对人身健康无害；②能使头发染色而不影响皮肤；③不损害头发的结构；④对皮肤无刺激性；⑤色彩和天然接近而且牢固；⑥染色的时间迅速；⑦能与其他处理如卷发等相和谐。

（1）天然有机染料染发剂　古代染发剂是采用天然的有机物质，这些物质都是从植物油中提取的，至今被采用的仅有指甲花和发汗菊两种。指甲花的萃取物是一种橘红色染料，能溶于水，在酸性时显色最好。指甲花的优点是对人身无害，对皮肤无刺激性，缺点是它的色泽和头发天然的色泽不很接近。

发汗菊色素的化学成分是1,3,4-三羟基黄酮，其结构如下：

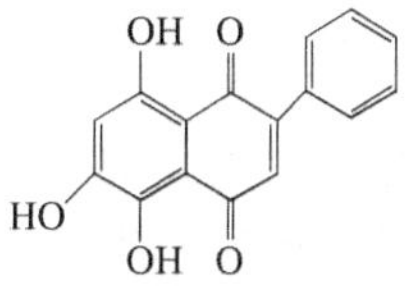

发汗菊的用法和指甲花相近，是用它的沸水浸出的浓液冲染，然后以香波洗涤干燥后的头发。

发汗菊染发香波用来洗涤淡色的头发，使其更为光彩。发汗菊染发香波有粉状和液状两种，配方实例分别如下。

粉状发汗菊染发香波配方

组分	质量分数/%	组分	质量分数/%
发汗菊粉	10.0	月桂醇硫酸钠	84.8
柠檬酸	5.0	发汗菊油香精	0.2

液状发汗菊染发香波配方

组分	质量分数/%	组分	质量分数/%
发汗菊浸液	10.0	水	50.0
月桂醇硫酸三乙醇胺	40.0		

（2）有机氧化染料染发剂　其主要是有机胺类、有机酚类以及氨基酚类染料，由于合成有机染料使用方便，作用迅速，色泽自然而又不损伤头发，因此是目前最流行的染发用品。这类染发剂都是通过氧化剂如过氧化氢等显色，染成深浅不同的色泽。

只有小分子的染料才能渗透入头发。氧化染料的染发机理是以小分子的染料中间体先渗透入头发，然后经过氧化剂的氧化，在头发中起化学反应，形成有色的大分子。这样不但解决了染料的渗透问题，而且大分子染料被头发锁紧，确实成为永久性染发。

对苯二胺是主要的有机氧化染发剂，它的优点是使头发染后有良好的光泽和天然的色泽。研究和实验证明，不含对苯二胺目前还不能制成良好的染发剂，一般常用于染发的染料如下。

① 对苯二胺（$H_2NC_6H_4NH_2$），白色至微紫色结晶，暴露于空气中则氧化成紫色和黑色，熔点为 $145\sim147℃$，溶解于冷水、乙醇、氯仿和乙醚；

② 氨基苯酚（$HOC_6H_4NH_2$），邻位及对位用于染发，邻氨基苯酚是白色结晶，熔点 $170℃$，对氨基苯酚是白色至棕色的针状或片状结晶，熔点为 $184℃$，同时分解，氨基苯酚微溶于水、醇及醚；

③ 对氨基二苯胺（$H_2NC_6H_4NHC_6H_5$），无色针状结晶，熔点 $75℃$，微溶于水；

④ 对二甲氨基苯胺［$H_2NC_6H_4N(CH_3)_2$］，无色长针状结晶，熔点 $41℃$，能溶于水、醇、醚及苯。

对苯二胺能使头发染成有光泽的黑色，邻氨基苯酚能使头发染成橘红和褐色。将这些主要的染料以不同的比例混合又可产生其他色彩。在许多情况下，间苯二酚可以起助染作用，加入少量油酸皂可以改进对苯二胺的水溶性，三乙醇胺有助于染料溶解，并阻止在储藏期间产生沉淀。对苯二胺黑色染发剂配方实例如下。

对苯二胺黑色染发剂配方

组分	质量分数/%	组分	质量分数/%
对苯二胺	2.3	油酸	3.5
间苯二酚	1.0	三乙醇胺	1.3
氨基苯酚	1.0	水	90.9

生产方法是先将水加入不锈钢反应器内，加入油酸和三乙醇胺，加热并搅拌，然后按配方再加入对苯二胺等染料，使其完全溶化。

对苯二胺类染发剂可以用过硼酸钠或过氧化氢氧化显色，使用方法是先将染发剂涂刷于头发上，数分钟后再将显色剂涂于头发上，达到所要求的色泽时，用香波洗发并用清水冲洗干净。

有机染料虽有许多优点，能制成优良的染发剂，但却有一定毒性，如对苯二胺可以引起接触性或过敏性皮炎。将对苯二胺的氨基进行磺甲基化反应，其毒性就会大大的减弱。其化学反应式如下：

$$H_2N-\!\!\!\!\bigcirc\!\!\!\!-NH_2 + HCHO + NaHSO_3 \longrightarrow H_2N-\!\!\!\!\bigcirc\!\!\!\!-NHCH_2SO_3Na + H_2O$$

改性对苯二胺黑色染发剂的配方实例如下。

改性对苯二胺黑色染发剂配方

组分	质量分数/%	组分	质量分数/%
对苯二胺	4.3	羧甲基纤维素	10.0
甲醛	3.6	水	77.7
亚硫酸氢钠	4.4		

改性对苯二胺黑色染发剂的生产方法是先将染料加入不锈钢反应器中，加入蒸馏水后搅拌溶解，将甲醛和亚硫酸氢钠溶液混合后，加入反应器中充分搅拌进行反应，反应完成后进行过滤，滤去杂质，再加入质量分数为 25% 的羧甲基纤维素溶液及配方中剩余的蒸馏水，搅拌均匀后即灌瓶，并密封瓶口。

染发剂应装于棕色瓶中，并塞以软木塞，盖以电木盖，以塑料封口。氧化显色剂也应装于棕色瓶中密封，以免氧化能力降低。氧化显色剂一般采用质量分数为 $3\%\sim6\%$ 的过氧化氢溶液，也有采用如下配方显色剂的。

氧化显色剂配方实例

组分	质量分数/%	组分	质量分数/%
过硼酸钠单结晶水	94.7	葡萄糖酸内酯	3.2
柠檬酸	2.1		

氧化显色剂的配制是将配方中 3 种物质混合均匀后，分装在塑料袋内密封，每袋为 6g。一般情况 30 mL 染发剂和 6 g 显色剂足够一次染发用。由于某些染料对某些人有过敏性反应，因此在染发之前最好能进行过敏性的皮肤试验。

第六节　特种化妆品

特种化妆品，不是一般通用的化妆品，是指具有特殊效用的化妆品，如防晒化妆品、面膜、抑汗去臭化妆品、雀斑霜、粉刺霜等，这些化妆品在需要的原料上、配方上和操作以及成品的效用上区别很大。

一、防晒化妆品

日光中主要有害的光线是波长为 290～390nm 的紫外线，在烈日下工作或旅行，皮肤常被阳光所灼伤而引起红斑、刺痛，严重者有脱皮起泡等现象，为防止日光损害皮肤，需用防晒化妆品加以保护。

能产生防晒作用的物质称为防晒剂，这些物质可分为两大类，即物理性的日光防晒剂和化学性的日光防晒剂。物理性的防晒剂的作用原理是能将光线反射出去，常用的有氧化锌、氧化铁和二氧化钛等。化学防晒剂的作用原理是能吸收日光中的有害光线，常用的有水杨酸薄荷酯、安息香酸薄荷酯、氨基苯甲酸薄荷酯、单水杨酸乙二醇酯、甲基伞形花内酯、对氨基苯甲酸甘油酯、苯基香豆素等。

防晒用化妆品的形式很多，有乳化液、乙醇溶液、油类、油膏类和乳化膏霜类，除主要含有化学日光防晒剂外，常加入适量的物理性防晒剂。各种植物油和蜡类可用于防晒化妆品中，这些物质都具有轻微的保护作用。防晒的效能和产品的成分有密切关系，某些防晒剂是水溶性的，某些是油溶性的，也有许多防晒剂溶解于乙醇中。水溶性的防晒效果不大；油或油膏类制品的防晒效果好，但应用时有油腻的感觉；乙醇溶液可以形成持久的薄膜，也无油腻感觉，因此效果最好。

1. 防晒油

防晒油的配方实例

组分	质量分数/%		组分	质量分数/%	
水杨酸薄荷酯	6.0		橄榄油	23.0	
油酸奎宁		6.0	液体石蜡	20.5	44.0
棉籽油	50.0		香精、色素和抗氧剂	0.5	适量
芝麻油		50.0			

防晒油的生产方法是先将油加入反应器中，加入防晒剂后加热搅拌，溶解后再加入香精、色素和抗氧剂，搅拌均匀后经过滤即为产品。

2. 乙醇防晒液

乙醇防晒液配方实例

组分	质量分数/%		组分	质量分数/%	
乙醇	60.0	70.0	山梨醇	5.0	
单水杨酸乙二醇酯	6.0		甘油		6.0
氨基苯甲酸薄荷酯	1.0		香精	适量	0.5
对氨基苯甲酸甘油酯		3.0	水	28.0	10.5
蓖麻酸内二醇酯		10.0			

乙醇防晒液可以形成持久的薄膜，无油腻感觉。其生产方法是先将液体原料加入反应器中搅拌，加入固体并加热使其溶解，搅拌均匀后，室温下储存 7～10d 进行陈化，然后再冷

却至0℃维持24h，过滤，包装，即为产品。

3. 乳化体防晒液

乳化体防晒液的配方实例

组分	质量分数/%	组分	质量分数/%
硬脂酸	8.0	三乙醇胺	1.0
羊毛脂	2.0	甲基伞形花内酯	5.0
单硬脂酸甘油酯	2.0	香精	0.4
鲸蜡醇	2.0	水	77.6
丙二醇	2.0		

乳化体防晒液的生产方法是先将甲基伞形花内酯、鲸蜡醇、单硬脂酸甘油酯、羊毛脂和硬脂酸加入反应器中加热至80℃熔化，将丙二醇和三乙醇胺溶于水中，加热至80℃后倒入熔化的油脂中并快速搅拌，当乳化体的温度下降至40℃时，加入香精搅拌均匀，然后灌装即为产品。

4. 冷霜型防晒膏

冷霜型防晒膏的配方实例

组分	质量分数/%	组分	质量分数/%
氨基苯甲酸薄荷酯	4.0	凡士林	12.0
单硬脂酸甘油酯	5.0	硼砂	1.0
液体石蜡	35.0	香精	0.5
蜂蜡	14.0	水	27.5
地蜡	1.0		

冷霜型防晒膏的生产方法是将单硬脂酸甘油酯、液体石蜡、蜂蜡、地蜡、凡士林加入反应器内加热至65℃，将氨基苯甲酸薄荷酯加入反应器的油脂中溶化搅拌，然后将硼砂和水加热至65℃，接着将预热的水溶液加入反应器中不断搅拌，温度降至45℃时加入香精，冷却至室温灌装即为产品。

5. 雪花型防晒膏

雪花型防晒膏的配方实例

组分	质量分数/%	组分	质量分数/%
氨基苯甲酸乙酯	2.0	棕榈酸异丙酯	2.0
水杨酸苯酯	5.0	三乙醇胺	1.0
单硬脂酸甘油酯	5.0	山梨醇	1.0
硬脂酸	13.0	香精	0.5
羊毛脂	5.0	水	65.5

雪花型防晒膏的生产方法简单，它是将配方中所有物料投入反应器内，加热至95℃并不断搅拌，直至形成均匀的乳化体，停止加热后继续搅拌，直至冷却至室温后灌装即为产品。

6. 物理性防晒膏

物理性防晒膏的配方实例

组分	质量分数/%	组分	质量分数/%
氧化锌	10.0	甘油	5.0
炉甘石粉	10.0	单硬脂酸失水山梨醇酯	10.0
凡士林	15.0	聚氧乙烯单硬脂酸失水山梨醇酯	5.0
羊毛脂	4.0	香精	0.5
蜂蜡	2.0	水	38.5

物理性防晒膏的生产方法是将凡士林、羊毛脂、蜂蜡和单硬脂酸失水山梨醇酯加入反应器中，加热至85℃；将水、甘油和聚氧化乙烯单硬脂酸失水山梨醇酯在另一反应器中搅拌加热至

85℃；然后将水溶液抽入熔化的油脂中，搅拌成均匀的乳化体；少量多次地将物理防晒剂氧化锌和炉甘石粉加入反应器中，搅拌均匀，待温度降至45℃时加入香精搅拌，所得膏体经研磨机研磨后，灌装即为产品。

二、面膜

面膜是指在面部皮肤上敷上一层薄薄的物质，它的作用是将皮肤与空气隔绝，使皮肤温度上升，此时面膜中的营养物质就有可能有效地渗入皮肤里，起到增进皮肤机能的作用。经一段时间后，再除去面膜，皮肤上的皮屑等杂质也就随之而被除去，不仅使皮肤清洁一新，并且还可以滋润皮肤，促进新陈代谢。面膜可以分为黏土类，薄膜类、泡沫类、蜡状类和塑胶类。

1. 黏土类面膜

黏土类面膜的粉类原料有胶塑性黏土、高岭土、氧化锌、滑石粉和无水硅酸盐等，具有较好的吸收性，能除去皮脂和汗液，对正常皮肤和油性皮肤的人都适用。为了避免干燥，可加入适量油剂。黏土面膜配方实例如下所示。这种面膜的使用方法是先将无机粉末加水和其他原料捏合，然后均匀地涂敷在皮肤上，经过一定时间后，用水洗净即可达到清洁和滋润皮肤的目的。

黏土面膜配方实例

组分	质量分数/％	组分	质量分数/％
胶性黏土	15.0	香精	适量
二氧化钛	2.0	色素	适量
甘油	4.0	防腐剂	适量
磺化蓖麻油	3.0	水	76.0

2. 薄膜类

薄膜类面膜的原料是水溶性高聚物，如纤维素等。生产方法是将配方中的物料加入反应器中，加热搅拌，即得浆状产品。应用时，把它涂抹在皮肤上，水分挥发后应形成一层薄膜，然后掀去薄膜，皮肤上的污垢黏附在薄膜上随之被除去。

3. 蜡状面膜

蜡状面膜配方实例如下。生产时按照配方将原料加入反应器后，加热熔化搅拌，加入香精和防腐剂，冷却后包装即为产品。

蜡状面膜配方实例

组分	质量分数/％	组分	质量分数/％
蓖麻油	25.0	香精	适量
橄榄油	25.0	色素	适量
石蜡	50.0	防腐剂	适量

这种面膜外观为蜡状，应用时先将产品加热至42～45℃，成为液体，再用刷子敷在面部，冷却固化，即可以清洁和滋润皮肤。

>>> 习题

1. 什么叫化妆品？
2. 化妆品必须满足的性能是什么？
3. 根据产品生产工艺和配方等特点化妆品可分为哪几类？
4. 化妆品的生产原料主要是什么？
5. 化妆品与一般精细化学品相比较，其生产工艺特点是什么？
6. 化妆品的主要工艺是什么？
7. 简述化妆品工业生产中的乳化技术。
8. 简述护肤用化妆品生产工艺。

第十一章 信息存储材料

现在，无论是日常生活、工业生产还是科学研究领域，信息存储材料的应用已经无孔不入。与以纸张为材料的印刷方法来比，使用各种感光材料，磁记录材料，光记录材料的光、电、磁信息记录方法，无论从速度、质量、价格还是可保存性、可利用性、可再开发性上，都有明显的优势。

随着人们对信息的数量和使用方便性的要求的不断提高，信息存储材料的存储能力也不断提高。目前已经广为使用的信息记录材料包括：以各类胶片为代表的感光材料，以磁带、磁盘为代表的磁记录材料，以光盘为代表的光记录材料等。除了不断完善、提高现有的各类产品的性能以外，人们正致力于开发新技术支持下的新的存储材料，存储已经成为信息技术领域极为活跃的一环。

第一节 非银盐感光材料

感光材料指在可见光或其他射线的照射下，能够发生变化，并经一定的加工处理（化学加工或物理加工）能够得到固定影像的材料。感光材料已经在科学技术、文化教育、国防等领域得到广泛的应用。它不仅使用在照相、电影和电视方面，在信息的储存和输送、文件复制和不可见光记录上都得到了应用，比如书籍、报纸和纺织品的生产都离不开它们，而电子工业更是建立在用感光方法制作印刷集成电路的基础上的。近年来，随着感光材料技术的发展，这种应用越来越广泛。

感光材料包括银盐感光材料和非银盐感光材料两大体系。银盐感光材料中的光敏物质是卤化银。它具有以下特性：宽范围的光谱感光性（从 X 射线到红外线），可以有选择地对特定的光谱部分感光因而可复制彩色，极大的感光度和高度的解像力，影像耐久不变，以及银可以回收与重复使用等。

非银盐感光材料具有高解像力（甚至可得到无颗粒性影像）、制造和使用工艺简单等优点。由于其感光度都比较低，大大限制了使用范围，但由于发明了一系列新的强光源，这种情况得到了很大改善。目前比较成熟的非银盐感光材料主要有：重氮成像、电子成像、自由基成像、热敏成像、光致变色成像以及感光树脂成像。它们在全息照相、大屏幕显示、半导体工艺、原子能技术、医疗卫生等领域得到了实际应用，并部分取代了银盐感光材料。

一、感光成像基本原理

照相过程是由曝光、显影和定影等步骤组成的。要得到照相影像，首先需要一个成像装置，如照相机，然后是感光现象导致成像。这时候所产生的影像是微弱的，需要使用物理或化学的方法进行放大（显影），使得影像能够被看得到，这种过程可以是由于化学反应而变色，由于光学性质的变化和物理的或机械的性质变化。最后一步影像的形成也可以用化学的、电子的或其他的方法来完成，见表11-1。

根据获得影像所使用的材料和方法，感光成像体系可分为五大类：照相、光化学、光热印、光电印、电视。以上每一类中都有商业应用，而且应用的数目还在快速增长。

表 11-1　形成影像的步骤

感光现象	放大的性质（显影）	成像现象	定影
光解	化学的	因化学反应而变色	化学的
分解	热	氧化	热
氧化	静电的	还原	电子的
还原	电子的	分解	电磁的
光合成	电磁的	合成	
光致变色		光学性质的变化	
光聚合		吸收	
光吸收		反射	
光吸附		散射等	
光电介质效应		物理性质的变化	
光电磁等		等等	

二、非银盐感光材料

非银盐感光材料是成像体系中的一个重要的、具有强大生命力的分支。目前应用较广、较为成熟的非银盐感光材料体系有重氮体系、光聚合体系、电子照相体系、光致变色体系、热敏成像体系等。

1. 重氮体系

重氮成像体系是最古老的非银盐感光材料之一，至今仍广为应用，在整个非银盐感光材料中占有重要的地位。重氮感光材料种类很多，用于照相的主要有重氮盐成像材料和微泡成像材料两种。

（1）重氮盐成像材料　重氮感光材料的成像原理是利用重氮化合物对光的不稳定性和具有与酚类化合物在碱性介质中发生偶合而生成稳定的染料影像的性质。用于重氮感光材料中的重氮盐通常是对苯二胺的二元或一元取代物。它们在光的照射下，生成染料影像的反应为：

$$\underset{R}{\overset{R}{N}}-\text{（苯环）}-N=NCl \xrightarrow{h\nu} \underset{R}{\overset{R}{N}}-\text{（苯环）}-Cl + N_2\uparrow$$

未见光分解的重氮盐即发生偶合反应：

$$\underset{R}{\overset{R}{N}}-\text{（苯环）}-N=NCl + \text{（萘环）}-OH \xrightarrow{\text{碱}} \text{（萘环）}-N=N-\text{（苯环）}-\underset{R}{\overset{R}{N}} + HCl$$

重氮盐　　　　偶合剂　　　　　青色染料

重氮材料的光敏性质主要决定于所使用的重氮盐的光化学性质。适用的化合物必须符合以下条件：①生成的偶氮染料见光不褪色，耐酸；②须有足够的不溶性，水洗不扩散；③偶合速度适中；④偶合剂必须无色。常用的重氮化合物和偶合剂分别见表 11-2、表 11-3。

重氮盐感光材料在涂层中主要包括两个组分，即光敏重氮化合物和成像偶合剂。此两组分可以在一个感光涂层中，称为双组分材料，也可单独将重氮光敏剂存在于涂层中，称为单组分材料。双组分材料的优点是可以用氨或加热方法直接进行干法显影，但制造时应防止过早发生偶合反应，要在涂层中加入适量的酸性物质。对单组分材料，不存在胶片不稳定的问题，但要采用湿法或半湿法显影加工，偶合剂包含在碱性操作液中。

无论用哪种方法，对于胶片均需防止氧化作用。这种氧化作用会导致背景的泛色和染料影像的衰退。预防的方法是在感光层中添加抗氧剂，硫脲就是最常用的一种。

表 11-2　常用的重氮化合物

重氮化合物	材料类型		备　注
	单组分	双组分	
4-重氮-N,N-二甲基苯胺	—	+	
4-重氮-N,N-二乙基苯胺	—	+	
4-重氮-N,N-二丁基苯胺	—	+	
4-重氮-N-乙基-N-β-羟基乙苯胺	—	+	
4-重氮-N-乙基-N-苯甲基苯胺	+	—	高密度,能吸收紫外线
4-重氮-2-氯代-N,N-二乙基苯胺	+	—	用于胶片涂布
4-重氮-2-甲基-N-甲基苯胺	+	—	
4-重氮二苯胺	+	+	蓝黑和紫色
4-重氮-N-苯基吗啉	+	—	
4-重氮-二乙氧基-N-苯基吗啉	+	—	高速度、高密度,有虚描线
4-重氮-2,5-二正丁氧基-β-苯基吗啉	+	—	高感光性和活性
4-重氮-2,5-二乙氧基-N-乙基-N-苯甲酰苯胺	+	—	感光性良好
4-重氮-2,5-二乙氧基-N-苯甲基苯胺	+	—	高偶合活动性、深蓝黑色
4-重氮-2,5-二乙氧基-N-苯基乙酰氨基苯胺	+	—	酸-中性显影,黑色线条
4-重氮-2,5-二乙氧基苯基对甲苯基硫化物	+	—	偶合速度高,酸-中性显影
4-重氮-2,5-二乙氧基二苯基硫化物	+	—	显影得黑线,也有红线
2-重氮-1-萘酚-5-磺酸	—	—	亲油,用于平版印刷

表 11-3　常用偶合剂

偶合剂	颜色	偶合剂	颜色
苯的羟基和多羟基化合物		1,3,5-三羟基苯二水合物	深黑
间羟基苯脲	红棕	萘的羟基和多羟基化合物	
N-乙酰基间氨基酚	棕	2,3-二羟基萘-6-磺酸	蓝
间苯二酚	棕	2-羟基萘-6-磺酸	红
均苯三酚	棕紫	2,7-二羟基萘-3,6-二磺酸	红蓝
间苯二酚单甲醚	黄棕	杂环化合物	
β-间二羟苯甲酸的乙醇胺	红棕	1-苯基-3-甲基-5-吡唑酮	红
间位与邻位羟基乙氧基酚	褐		

双组分重氮涂布液组成示例:

水	100mL	氯化锌	5.0g
柠檬酸	3.0g	硫脲	3.0g
重氮化合物	1.0~5.0g	甘油	5.0mL
偶合剂	3.0~6.0g	表面活性剂	适量

双组分重氮感光材料的显影通常是让曝光后的材料受氨气的作用而完成,方法简单、操作方便,但稍会影响操作人员的健康。

加热显影的方法似乎更有前途。它是依靠在涂层中预先加入无机铵盐或有机胺类,这些物质在加热时释放出氨气,达到显影的目的。尿素最好,热分解温度仅 133℃,且分解产物呈中性。100mL 感光液中加入 6~7g 即可。

对于单组分材料,则应使用半湿法显影。其显影液的典型配方(pH=9.0~9.5)如下:

水	100mL	硫脲	1.0g
硼砂	7.0g	间苯二酚	0.5g
碳酸钾	0.5g		

半湿法显影加工的优点是避免使用氨气,同时单组分材料具有较长的储藏期限。

(2) 微泡成像材料　微泡材料的感光层是均匀分布着重氮光敏剂的热塑性乳剂涂层。曝光时,重氮盐分解成微小的气泡,经热显影后使小气泡在涂层中膨胀形成直径约 0.5~

2.0μm的微泡，依靠这些微泡对光的散射成像。

（3）重氮平版印刷材料　平版印刷是印刷技术之一，指在印刷版上图文和空白部分处于同一平面上，利用水-油相拒的原理，使图文部分具有亲油疏水性，而使空白部分具有亲水疏油性，把油墨附着在亲油部分，即可进行印刷。在平版印刷中最先进的是胶印技术，把图文部分先转印到橡皮滚筒上，然后再转印到纸上。

重氮平版印刷材料是以重氮盐作光敏剂，结合聚合物或单体，经过简单的显影过程，使影像部分具有亲油性。

目前发展较快的是将感光液预先涂布在处理过的铝版上，其感光层是由重氮光敏剂和酚醛树脂所组成，常称PS版。重氮光敏剂常用醌重氮化合物，如2-叠氮基-5-磺酸萘醌。

2. 光聚合体系

一些聚合物单体或线性高分子在光线的作用下，使单体聚合而成大分子或生成网状结构的高分子物质，这一过程称为光敏聚合过程。通常称这种高分子材料为感光树脂。感光树脂的感光和非感光部分对溶剂溶解度存在着显著的区别，它能作为一种成像材料在印刷制版和各种表面精细加工方面获得广泛应用。目前，它主要应用于各种照相制版材料、光敏油墨、微电子工业的光刻胶和感光贴膜等领域。

（1）光交联感光树脂　常用的光交联树脂由明胶类的水溶液高聚物和重铬酸盐所组成，称为重铬酸胶。在光的照射下，高分子链发生交联，形成网状结构。其典型配方如下：

① 重铬酸盐明胶感光液配方

| 重铬酸铵 | 2g | 蛋白液 | 4mL |
| 明胶 | 20g | 水 | 100mL |

② 重铬酸盐聚乙烯醇感光液配方

| 重铬酸钠 | 0.63g | 磺酸钠 | 少量 |
| 聚乙烯醇（1750） | 6.25g | 水 | 100mL |

（2）光聚合感光树脂　丙烯酸和丙烯酰胺单体在紫外光的作用下，引入适当的引发剂，就可以发生自由基聚合而形成高分子聚合物。按照这一原理，就可以生产出光聚合感光树脂。目前主要用于印刷版、抗蚀剂和感光黏合剂。

（3）光分解感光树脂　在重氮感光材料中，以2-叠氮基-5-磺酸萘醌与酚醛树脂相结合组成PS版的光敏材料，属于光分解型感光树脂。它们受光作用发生分解，其曝光部分对溶剂的溶解度显著改变，从而可以通过使用溶剂处理的方法，产生阴图或阳图浮雕像，得到影像。

3. 静电复印材料

随着电子照相体系的发展，静电复印材料也越来越重要，它已经完全占领了文件复印领域。

静电复印，就是使用材料的光电导性，将光的影像转变成为静电的影像。明确地说，就是先使光电导绝缘层均匀充电，然后再用成像的曝光使之选择性放电，形成影像，再经转印、定影，即可在纸上获得稳定的影像。

目前使用较广的静电复印感光体是硒，将其涂覆在金属圆筒上，俗称硒鼓，但也有使用有机感光材料制造的有机鼓。曝光前，使用电极丝电晕处理硒鼓，使之表面充满正电荷。曝光时，硒鼓受到反射自被复印文件的光线的照射，见光部分（原稿空白部分）失去电荷，其他部分保留电荷，形成静电潜影。显影时，带相反电荷的色粉（墨粉）被硒鼓上的潜影吸附，形成可见影像。随之，在纸张背面使用较强的电场，将带电的色粉转印到纸张上，再经加热辊的加热与碾压，使色粉中可熔物质熔融黏固在复印纸上，最终得到稳定的复印件。

第二节　磁记录材料

磁记录技术的应用十分广泛。对任何现象，只要选择适当的传感器，就能把它转变成按一定形式的电讯号，记录在某种形式的磁记录介质上。具有几百奥斯特矫顽力的磁粉或磁性薄膜很容易将记录了信息的磁化图形保存数百年。当需要的时候，可通过简单地写入新信息覆盖旧信息的方法来改变磁化图形，记录的过程只是自旋电子方向的改变，因而这个过程可以无限逆转，而且无需更多的处理，信息就可立即读出来。

一、磁记录材料的基本原理

（1）磁性材料　利用磁场可以使之磁化的所有材料统称为磁性材料。根据其保持磁化强度的能力——矫顽力的强弱，磁性材料可粗略分为软磁和硬（永）磁两大类。目前用于信息记录的磁性材料主要是各种磁粉。

电子的自旋和轨道运动是原子磁性的两个根源。原子的磁矩是原子内所有电子磁矩的总和。当一种物质在一个微小的区域内，各原子磁矩的方向紊乱时，则总的净磁矩仍为零，就是顺磁性。如图 11-1。若相邻的原子或离子磁矩形成有序的同向排列，就会使金属显示出自发磁化，并出现铁磁性。若形成导向排列，则会使总的磁性显示为零，即反铁磁性。但若异向排列的原子磁矩的大小不同，净磁矩虽减小，但并不为零，则为亚铁磁性。

（2）磁性材料的磁化过程　磁性材料在外磁场中呈现强磁性，所产生的强的附加磁场，其方向与外磁场方向相同。

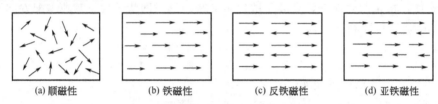

(a) 顺磁性　　　　(b) 铁磁性　　　　(c) 反铁磁性　　　　(d) 亚铁磁性

图 11-1　微区原子磁矩的自发排列形式

作为磁记录介质材料，要考虑下列四个参数：第一是饱和磁化强度 B_s，愈大愈好；第二是剩磁强度，愈大愈好；第三是矫顽力，要有适当的值，如果 H_c 太小，就不可能可靠地保持信息，如果 H_c 太大，就不容易记录信息，典型的矫顽力为 40 kA/m；第四是磁滞回线的矩形度 H_r/B_s，矩形度愈好，保持信息的能力就愈强，尤其是采用数字记录等饱和磁记录方式，要求磁记录介质有良好的矩形度。

（3）磁记录的过程　磁记录是以磁记录介质受到外磁场磁化，去掉外磁场后，仍能长期保存其剩余磁化状态的基本性质为基础的。磁记录的物理过程是：首先把需要记录的各种信息，例如声音信号、光信号或其他任何可转换的信号，变换为电信号；然后，使用电磁转换原理，将随时间变化的电信号，通过记录磁头缝隙处的磁场，转化为记录介质中的剩余磁化强度的空间分布，从而完成录或写的过程。反之，记录介质通过重放磁头的缝隙时，剩磁空间分布引起磁头磁芯内的磁通量随时间变化，转化为电信号，完成放或读过程。

通常的磁记录系统主要由记录磁头、重放磁头、消磁磁头、记录及重放电路、磁记录介质（如磁带）及其驱动机构组成。磁记录介质中的磁性记录材料主要包括非连续磁粉和连续磁性薄膜两种形式。下面分别对其生产工艺加以介绍。

二、磁粉生产工艺

磁粉作为简单易得的磁性材料，较早得到应用和发展。目前，比较常见的磁粉包括：γ-Fe_2O_3 磁粉、含钴氧化铁磁粉、二氧化铬磁粉、金属磁粉等。

1. γ-Fe_2O_3 磁粉的制备

γ-Fe_2O_3 磁粉矫顽力适当、剩磁高、化学稳定性好、价格低廉，在音频、视频、数字记录以及仪器记录中都能得到理想的效果，是目前使用最多的磁粉，约占磁粉总量的 80%。在录音磁带、计算机磁带、软磁盘和硬磁盘的制备方面占重要地位。

针状 γ-Fe_2O_3 磁粉的制备可以分为下列四个过程。

（1）水性氧化铁（α-铁黄）的制备　以前，α-铁黄的制法以 Penniman-Zoph-Camera 法（酸法）为主。它是将亚铁盐溶液如硫酸亚铁加入盛水的搅拌罐里，再加入过量的碱性溶液（$NaOH$、NH_4OH、Na_2CO_3、K_2CO_3 等）连续搅拌，使新的表面不断地暴露于空气中，使 $FeOOH$ 的胶状晶种沉淀出来。然后将上述晶种置于含有铁的硫酸亚铁溶液之中，在搅拌罐中加热到 $60\sim80℃$，通入空气，边搅拌，边氧化，使新生成的 $α-FeOOH$ 在原有的晶核上生长，形成亮黄色的针状晶粒。生长过程中生成的硫酸与铁反应生成更多的硫酸亚铁，以补充溶液中不断消耗的硫酸亚铁（如图 11-2 所示）。化学反应式为：

$$4FeSO_4+8NaOH+O_2 = 4α\text{-}FeOOH+4Na_2SO_4+2H_2O$$

$$4FeSO_4+O_2+6H_2O = 4α\text{-}FeOOH+4H_2SO_4$$

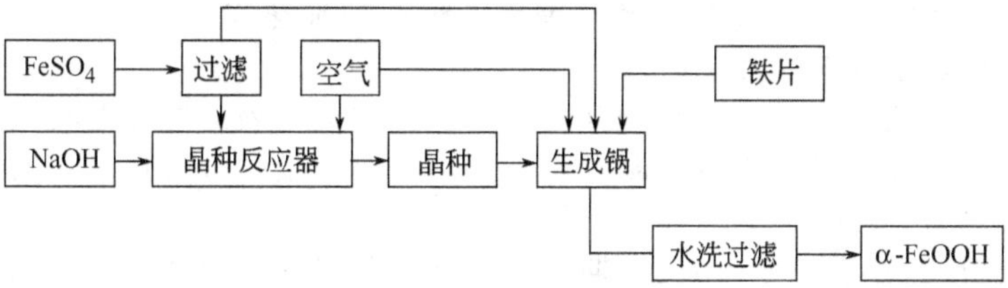

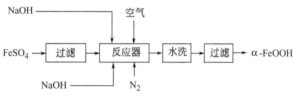

图 11-2　酸法制备氧化铁磁粉

这种方法工艺简单、成本低、反应条件容易控制，但所得铁黄粒子不均匀、枝杈多，因此目前多采用滴加法或碱法制备。

滴加法是在铁黄晶核生成期间滴加碱溶液以中和反应中产生的硫酸，控制反应体系的 pH，或同时滴加碱和硫酸亚铁溶液，使晶核生长到所需要的尺寸。碱法是在氮气保护下，将硫酸亚铁同碱溶液混合，反应体系的 pH 大于 13，再通入空气并搅拌，使氧化生成 α-铁黄。其生产工艺流程图见图 11-3 所示。

图 11-3　碱法磁粉生产工艺流程

（2）脱水　将铁黄在 $200\sim400℃$ 下焙烧，可以使铁黄脱水成为 $α\text{-}Fe_2O_3$，而颗粒仍保持形状不变。

$$2α\text{-}FeOOH = α\text{-}Fe_2O_3+H_2O$$

（3）还原　在 $350\sim480℃$ 下继续焙烧，将使 $α\text{-}Fe_2O_3$ 还原为铁磁体 Fe_3O_4。

$$3α\text{-}Fe_2O_3+H_2 = 2Fe_3O_4+H_2O$$

（4）氧化　氧化过程是放热反应，氧化温度高，氧化速率就高，热量不易排除，这会使局部反应温度升高，以致有可能使生成的 $γ\text{-}Fe_2O_3$ 转变为非磁性的 $α\text{-}Fe_2O_3$；但若氧化温度太低，则反应时间会延长。因此必须严格控制氧化温度，一般控制在 $200\sim300℃$。

$$4Fe_3O_4+O_2 = 6γ\text{-}Fe_2O_3$$

成品磁粉的性质很大程度上取决于晶种制备和晶体生长这两个最初步骤所确定的粒子几何尺寸，因而若要制备出性能优异的磁粉（矫顽力高，粒度均匀，分散性好）通常是对这两个步骤加以改善，改善的方法是在生成过程中掺入某些离子，如 Ni、Cr、Zn、P、Si 等，它们可以细化晶粒，改善晶形，提高晶轴比。

另外，制备的第三步和第四步均在高温下进行，因为温度高，粒子容易烧结，同时大量水蒸气的迅速蒸发也易造成粒子的孔洞结构，而孔洞的存在会使粒子中的磁化强度分布偏离单畴状态，使矫顽力降低。解决的方法是进行化学包覆。包覆的化学药品可以是无机的（如硅酸钠、硫酸锶等），也可以是有机的（如硅油、硅烷、磷酸酯活性剂、硬脂酸钠，聚乙烯醇等）。

2. 钴-氧化铁磁粉的制备

铁氧化物粒子所能达到的最高矫顽力约为$40kA/m$，然而磁记录的波长越来越短，因而需要粒子具有更高的矫顽力以抗退磁。从20世纪70年代开始，人们发展了包钴磁粉，该磁粉既可保持氧化铁的基本优点（如稳定的化学性能和适中的价格），又可明显地提高矫顽力，因此，它是目前录像磁带中主要采用的磁粉。

包钴磁粉的制备方法主要有溶液法和气相法两种，其中以溶液法为主。

溶液沉淀法是将γ-Fe_2O_3磁粉与水混合，经高速分散，悬浮于硫酸钴溶液中，然后加入碱溶液，生成氢氧化物沉淀并包覆在颗粒表面，将溶液加热至$90\sim100℃$，恒温一定时间，使生成物吸附或外延于磁粉表面。

气相法是采用有机金属钴热分解和升华的方法，在磁粉表面进行蒸气镀钴，控制升华率就能控制表层钴的含量，最后进行控制氧化，使热分解产生的金属钴氧化为$Co(OH)_2$。

3. 二氧化铬磁粉

二氧化铬磁粉在20世纪60年代中期由美国杜邦公司开发成功。它的颗粒极其完整，具有较好的针形，轴比大，表面无枝杈和空洞，粒子均匀，分散性好。二氧化铬磁粉的矫顽力一般为$40\sim60kA/m$，比饱和磁化强度为$100\sim107\mu Wb \cdot m/kg$，颗粒尺寸可小至$0.08\mu m$，比表面积达$37m^2/g$。

二氧化铬的常用制法是将三氧化铬和适量的水置于铂制成的容器内，加热至$400\sim525℃$，加压$50\sim300$ MPa，经$5\sim10$ min即完成反应，生成针状黑色二氧化铬。

在CrO_2的合成过程中，添加少量添加物，可起到降低合成的温度与压力，使颗粒细微化和针形化、改变磁粉的磁性与其他物理性能的作用。

4. 金属磁粉

金属磁粉具有更高的磁化强度和更高的矫顽力，这两个参数对磁记录有十分重要的意义。磁化强度高就可以在较薄的磁层内得到较高的信噪比；矫顽力高能使记录介质承受较大的退磁作用，这是实现高密度记录的必要条件。因为记录密度高，记录波长短，通磁作用就强，因而要求记录介质必须有较高的矫顽力来承受较强的退磁作用。

金属磁粉的缺点显而易见，其颗粒尺寸较小、剩磁高，难以充分分散。金属磁粉化学稳定性差，容易自燃，难于保存，需要进行表面钝化处理，成本高。

常用的金属磁粉有铁粉、铁钴合金粉、铁镍合金粉。它们的磁特性与成分和颗粒尺寸有关。制备金属磁粉的主要方法有：

（1）用氢气还原氧化物、氢氧化物、草酸盐等；

（2）用硼氢化物或次磷酸盐在水溶液中还原金属盐；

（3）真空沉积或溅射；

（4）分解有机金属化合物；

（5）电解沉积。

其中，前三种方法较为常用，下面分别介绍其典型的工艺。

（1）用氢气还原　氢气还原过程的关键是找到尽可能低的还原温度，以便只产生还原而不发生烧结。上面提到的针状γ-Fe_2O_3粒子可用作起始材料，通过在氢气流中加热还原制得金属磁粉。

上述的方法是以金属氧化物或氢氧化物为起始材料，也可以从金属氯化物溶液沉淀出草酸盐作起点，然后用氢气或氮氢混合气体使其还原成金属粉末。如将氯化亚铁、氯化亚钴和氯化亚镍的溶液迅速加入到丙酮、甲苯和草酸溶液中，将得到的沉淀物在$300\sim400℃$用氢气还原，采用这种方法可以严格控制粒子尺寸，磁粉的开关场分布较窄。当把草酸先溶于二烷基甲酰胺时，反应温度的控制比较简单，而且草酸盐粒子尺寸的控制也比较容易。

（2）在溶液中还原　直接在水溶液中还原铁磁性金属盐所用的还原剂是硼氢化物（如硼氢化钠、硼氢化钾），还原一般在磁场下进行。起始材料可以是金属硫酸盐或氯化物。可制得铁、铁-钴及铁-镍金属磁粉。硼氢化物还原金属盐是一种有效的方法，但成本昂贵。

（3）真空沉积　采用上述化学方法制备金属粉末，不仅要消耗大量化工原料，而且很容易将杂质引入磁粉中，从而影响磁性能。如果改用真空沉积工艺制备金属磁粉，则具有工艺简单、效率高的特性。其工艺过程是将块状金属置于真空容器中加热至蒸发温度，使其成为蒸气，控制沉积速度就可得颗粒尺寸符合要求的磁粉。但设备要求高。

上述大多数方法制出的金属粒子，其饱和磁化强度都明显地低于其整体材料，这是因为在制备时以及后来出现的氧化作用，使金属表面形成氧化物表面。对于较小的粒子，则会有更多原子聚在表面，这种影响也更明显，以至金属粒子在大气中会引起自燃。如何防止金属磁粉氧化，成为制备金属磁粉的关键之一。目前常采用：①精心控制粒子表面氧化，形成保护层；②用铬的化合物或无机物包覆粒子；③用聚合物包覆粒子等方法。

三、磁性薄膜的制备

随着时代的信息化，磁记录向高密度、大容量、微型化方向发展，促进磁记录介质由非连续颗粒状的磁记录介质向连续薄膜型磁记录介质过渡。由磁粉制成的磁带或磁盘等非连续型介质，必须与相当数量的非磁性的胶黏剂、助剂构成磁浆，然后再涂布在带基或盘基上，磁粉被非磁性材料稀释，从而限制了记录密度，降低了灵敏度等。磁性薄膜不使用胶黏剂等非磁性材料，将氧化物或金属、合金磁性材料直接镀在基片上，构成磁带、磁盘或磁鼓，从而显著地增加磁性材料的体积分数，有利于记录密度与灵敏度的提高。如果将氧化物中的"氧"也除去，就生成金属薄膜，它的饱和磁化强度比氧化物高一倍以上。这对有效地减小磁层厚度（磁膜的厚度可减薄到涂布带的1/15），进一步提高记录密度和灵敏度是十分有益的。

磁性薄膜按材料可分为氧化物与金属薄膜两大类。制备方法大致有真空蒸镀、溅射、气相外延、液相外延、电镀和化学沉积等。后两种方法多用于制备厚膜，前四种方法则用于制备薄膜。

（1）真空蒸镀法　该法多用于制备金属、合金及其氧化物薄膜。此法是把被沉积的原材料，在高真空下进行蒸发气化，然后以很高的动能直接飞向基片，并沉积在上面。

（2）溅射成膜　对于高熔点、低蒸气压材料，很难使用上述的真空沉积方法制作薄膜。在这样的情况下，最好采用溅射方法。溅射方法是利用高能粒子（通常是电场加速的正离子）冲击溅射材料表面，表面的原子或分子得到入射离子传递的能量以后逸出表面向真空空间飞溅。飞溅的原子或分子遇到基片后在基片上成膜。溅射成膜技术由于必须使用高压和惰性气体，因而设备复杂。此外溅射原子是由表及里地被溅的，所以成膜速度慢。

（3）电镀　电镀金属膜是人们十分熟悉的制膜工艺。早期用于磁鼓膜的制备，目前也用于制造磁带和磁盘。其原理是溶液中和金属离子在阴极被还原。如果两种金属的沉积电位相同，可以同时电镀两种金属离子，如铁、钴、镍生成二元或三元合金薄膜，电化学沉积磁层具有速度快、成本低、易于控制成分及磁性能的优点。但薄膜的均匀性较难控制，且成膜较厚。

（4）化学沉积　该法是在基片上利用化学反应形成磁性膜的方法。在反应过程中还原剂将溶液中的金属离子还原成金属原子，使其沉积在基体上，因而无须电源，这是与电镀法的区别所在。化学沉积的基体可以采用金属材料或塑料、玻璃等绝缘材料。

化学沉积法制备磁记录薄膜的过程是：首先制作衬底层，以保证基体拥有一个平整的表面。如在铝合金或塑料基体表面先用化学沉积法制备一层非磁性材料底层，接着在底层上面用化学沉积法制备磁性层，最后在磁性表面生成一层保护薄膜，以防止磁性层氧化。

四、磁带与磁盘生产工艺

1. 磁带

1898 年丹麦人 V. Poulson 发明最早的磁性录音机，所用的磁记录介质是不锈钢金属丝。后来发展到在塑料基体上涂布磁粉而成为颗粒涂布型录音磁带，这类磁带在目前仍得到广泛应用。

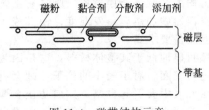

图 11-4 磁带结构示意

（1）磁带的结构　其示意如图 11-4 所示。

磁层由磁粉、胶黏剂、润滑剂、炭黑和其他添加剂等组成，一般为单层。

带基是磁层的支持体，应用最多的是聚酯（聚对苯二甲酸乙二醇酯）薄膜。它几乎具有各项理想的特性：具有高的软化点；拉伸强度大，不易扯断；具有高的耐冲击强度，能充分吸收冲击能量；具有高的耐磨性；具有良好的平面性，不易带电；耐热性好；厚度均匀性好；不容易吸附其他物质（包括尘埃）。实际使用磁带已经不再是单一的聚酯薄膜，而是复合膜，以获得更理想的性能。

（2）磁带的生产过程　磁带的生产过程包括磁浆制备、涂布、排磁、干燥、压光处理、分切和包装工序。其流程见图 11-5。

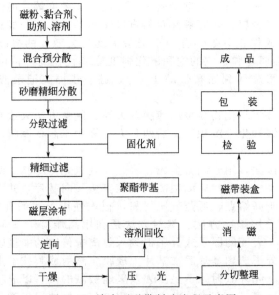

图 11-5 涂布型磁带制造流程示意图

① 磁层配方　磁带涂层的原料，通常称为磁浆，由磁粉、高分子黏合剂、分散剂、抗磨剂、润滑剂、防静电剂以及溶剂等材料组成。其配比（质量分数）如下：

材料	质量分数/%	材料	质量分数/%
磁粉	55～85	分散剂	4～2
黏合剂	25～15	其他	16～2

此外，还应加入相当于物料量 1～3 倍的溶剂。

磁层配方的最基本参数是磁粉对黏合剂的质量比，以 P/B 表示。录音带的 P/B 比为 4.0～5.0，录像带为 3.5～4.0，数字记录介质、计算机磁带和软磁盘为 2.5～3.5。

② 磁浆制备　按配方将磁粉、黏合剂、润滑剂、抗磨剂、溶剂和其他助剂混合成浆状物，混合过程中的关键是要确保磁粉能均匀分散在黏合剂中。分散过程通常是借助于高效砂

磨机完成的。然后用微米级多级过滤器去除凝集粒子和其他杂质，将浆状物用溶剂调节黏度，达到规定的磁浆黏度。

③ 涂布　将精制的磁浆按所需厚度均匀地涂敷在带基上，要求表面十分光滑、无凸起、无气泡、无针孔及划伤等任何缺陷。涂布通常用反转辊涂布机或凹板涂布机进行，也有用挤压涂布机进行涂布。涂布宽度在 330～1200 mm 之间，涂布速度为 30～300 m/min。

④ 干燥　干燥一般采用热风，也有采用红外线照射的方法。比较好的方法是采用悬浮风干燥。使用热风将磁带吹得悬浮起来，可以大大减小磁层和磁带背面的损伤，尤其是对双面磁记录介质而言，其优点就更加明显。

⑤ 后续处理　现代磁带都要求光洁的表面，因此还需要进行压光。然后按照需要分切成不同的规格而后进行包装。

2. 磁盘

具有磁表面的圆盘形磁记录媒体叫做磁盘。磁盘与其驱动器配套以水平方向旋转，磁头沿磁盘径向运动而使所记录的信息以同心圆形式的磁迹保存下来。

磁盘包括硬磁盘、软磁盘两大类。

（1）硬磁盘　硬磁盘是以质地坚硬、表面光滑的铝镁合金为支持体——盘基，敷以磁性材料而成。

（2）软磁盘　根据软磁盘介质层的成分及其加工方式，也和硬磁盘一样，分成涂布型颗粒介质软磁盘和连续型薄膜介质软磁盘两大类。下面简单介绍一下它的生产过程。

① 盘片制造　软盘的制造与磁带的生产大致相同，只是在分切时，不是切成带状，而是冲成片状。然后进行抛光除去各种异物，以便包装。

② 封罩制造　封罩是用来封装盘片的保护套。内衬柔软而具有一定导电性能的衬里，当软盘片在其内部接触旋转时，可保护盘片不受伤害。

第三节　光记录材料

与磁存储技术相比，光盘存储技术具有以下特点：①存储寿命长。只要光盘存储介质稳定，一般寿命在 10 年以上，而磁存储的信息一般只能保存 3～5 年。②非接触式读-写。目前光盘机中光头与光盘间约有 1～2mm 的距离，光头不会磨损或划伤盘面，因此光盘可以自由更换。③经多次读写光盘存储的信噪比不降低，因此光盘多次读出的音质和图像的清晰度与重现性是磁带和磁盘无法比拟的。④信息位的价格低。由于光盘的存储密度高，而且只读式的光盘（如 CD）可以大量复制，它的信息位价格是磁记录的几十分之一。

光记录材料的形式主要有全光记录和磁光记录两种。全光记录是利用聚焦激光使介质斑点发生可逆或不可逆的物理、化学变化，可逆对应于可擦重写，不可逆则只能写入一次，但都是利用激光直接记录信息，以光盘作为记录介质，主要品种有 CD（Compact Disk）、DVD（Digital Video Disk）等；磁光记录是用激光在磁性薄膜介质上，利用热磁和磁光效应等进行信息记录和重放的记录技术，以磁光盘为记录介质。

一、磁光盘

磁光记录是用激光在磁性薄膜介质上进行记录和重放的记录技术。磁光记录和磁记录的不同点是磁记录的“笔”是磁头，而磁光记录的“笔”是激光头，但记录介质差别不大。磁光盘简称“MO”（magneto optical disk）。

1. 磁光盘的原理与特点

磁光记录的记录过程为，先用激光照射磁性介质使其局部升温，被照射部分的矫顽力下降。然后通过外部磁场的作用在这个矫顽力下降的部位进行磁记录。激光的光斑用镜头聚焦而成，光斑直径可小到亚微米，因此用磁光盘作为记录介质再和垂直磁光膜结合起来应用，就可以实现高密度记录。

记录信息的读出过程是用形成直线偏振光的激光照射记录介质，由于磁性材料的磁化方向的不同，会导致射入材料的线偏振光的偏振面产生不同的旋转，即所谓"磁光效应"。通过检测旋转角（克尔角），就能对磁性材料的磁化方向进行检测，并以此来实现信息的"读出"。

磁光盘的记录与重放，采用的是如图 11-6 的光学系统，为了能准确地记录或重放微小的记录位，对盘和光学系统都采取了许多技术措施。例如在盘的基板上，将激光导向槽设计成螺旋状；在其光学系统中设计有自动聚焦机构和自动跟踪机构，以便沿导向槽对激光进行跟踪等。

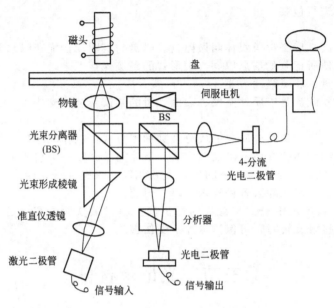

图 11-6　磁光盘机光学系统基本结构

磁光盘具有以下特点：

① 能用激光进行非接触式记录；

② 采用透明基板，且从基板的一侧记录，故能有效地防止外部尘埃的污染；

③ 与垂直磁化膜并用，可进行高密度记录，并使之成为可擦可写型光盘；

④ MO 驱动器，不仅 MO 可用，CD-ROM 型光盘也可用。

磁光盘的特点，主要由记录介质的性能所决定，所以它对记录介质的要求为：

① 由于记录是利用光的热磁效应，所以介质的磁矩能在较小的温度范围内有较大的变化，并且介质具有较大的吸收系数；

② 介质磁化强度取向垂直于膜面；

③ 介质的克尔角要大，且表面没有散射光，以利于信息的光法读出；

④ 高的矫顽力以有利于得到稳定的写入磁化区域；

⑤ 工艺简单，价格低廉。

2. 磁光记录材料

磁光盘用的记录材料有多晶、单晶、非晶三类，尤以非晶类材料具有优异的特性，其主要品种有 RE-TM（稀土过渡金属 TbFeCo），轻 RE-TM（轻稀土 NdFeCo），Pt/Co 多层膜和石榴石膜。

3. 磁光盘的生产

磁光盘的生产方法主要有生产非晶态的溅射法、蒸镀法，以及生产单晶态的液相外延法和熔盐法等。

（1）溅射法　以氩作为溅射气体。溅射靶可以采用在 Fe 或 Co 板上有稀土元素的复合靶、热压靶或合金靶。通过改变复合靶的金属片数量、溅射温度和溅射速率，可以很方便地控制其成分和成膜厚度，并能较易地制成大面积的薄膜。

（2）蒸镀法　采用稀土元素和过渡金属为蒸发源，在高温下，使其蒸发气化而沉积到基材上。蒸镀薄膜的厚度，取决于蒸镀的温度和速率。为保证获得均匀而密实的薄膜，宜采用蒸发速度相近的合金材料。

二、光盘

1. CD-ROM 光盘

CD-ROM 光盘的信息数据是预刻在光盘母盘上的（形成凹坑），然后制成金属压膜，再把凹坑复制于聚碳酸酯（PC）的光盘基片上。靠记录凹坑与周围的反射率不同作为读出信号。CD-ROM 光盘由盘基、溅镀的金属反射层（一般为 Al 膜）和保护层（有机塑料）组成。

CD-ROM 采用 780nm 波长的红色激光读出数据，单面单层，总存储容量为 650MB。

2. CD-R 光盘

CD-R 是可录式 CD，为复制（copy）节目和软件的介质。

CD-R 光盘材料主要有：①起泡型的花菁或酞菁类；②光致微结构变化型或起泡型的金属-酞菁类；③光致变色型的螺吡喃、偶氮类。通常用的 CD-R 记录介质为花菁或酞菁，用旋涂法制成厚度均匀的薄膜。

当记录信息时，聚焦激光使染料分解并排出气体，排出的气体使金膜隆起而形成气泡，一个气泡相当于一个二进制位（比特）。读信息时用低功率光束扫描，录入比特区。由于气泡的漫反射使反射光强降低，无信息区因金膜反射而有较高的反射率。从而利用反射率的差异来识别二进制的"0"和"1"。

3. CD-RW 光盘

CD-RW 光盘（可读写光盘）的材料主要有：①光致变色型有机材料，如俘精酸酐类、螺吡喃类、偶氮苯类等；②光滞双稳态无机材料如 GeSbTe、PSC（Photon-excited Structural Change）材料。

光致变色有机材料在一定波长的激光作用下发生固相微结构变化，当用另一波长光作用时，其结构恢复原状。在微结构变化的同时，材料光学参数发生变化，薄膜颜色变化，例如俘精酸酐在波长为 365nm 的紫外线照射下，薄膜颜色从淡黄色变为蓝色（光呈色反应）；再用白光照射此蓝色薄膜，则薄膜又回复到淡黄色（光消色反应）。所以可用其制成可擦重写光盘。光致色变材料的异构化响应时间很短，一般不到 1ns。早期光盘中使用激光作用的从玻璃态到晶态的可逆热相变来实现信息的擦写，由于热相变需要一定的能量积累过程，所以记录一个比特的时间需要 10～50ns 的时间。而现在则是利用短波激光的光致结构变化的特性，所以称为 PSC 材料，这种材料的响应速度已经提高到了纳秒级，如果配合上相对应的高速驱动器，则可实现数据的高速传输。

4. DVD 光盘

DVD 光盘是高密 CD 的一种。DVD（digital video disk）即数字视盘，这种盘是全信息数字式多媒体 CD-只读盘。所谓全信息是将语音、文字、图像、图形交融为一体的信息，多媒体即将全信息录入媒体。要全信息地实时录入，必须将模拟量（音频信号和视频信号）转换成数字量，然后再用 MPEG2（实现数据高倍压缩及解压的软件与接口卡）实现数据高倍压缩。一般 DVD 都采用短波激光，这主要是因为对于高密度光盘聚焦光斑的直径越小越好。而激光的直径 D 与激光波长 λ 及数值孔径 NA 的关系为：

$$D \approx k\lambda/NA$$

式中　k——常数；

λ——激光波长，nm；

NA——数孔直径。

NA 一般取值在 $0.5\sim0.65$ 之间，因此在 NA 一定的情况下，波长越短，光斑越小，盘片上信息的线密度及道密度都随之提高，波长每减小 1 倍，可增加盘片容量 3 倍。

DVD 的主要技术规格如下：

基片材料	聚碳酸酯	道间距	$0.725\mu m$
盘片结构	厚 0.6mm 两片黏合	数孔直径	0.6
盘片直径	12cm	激光波长	635/650nm
存储容量	单层 4.7GB；双层 9.4GB		

>>> 习题

1. 信息存储材料包括哪几类材料？
2. 什么叫感光材料？
3. 常用的感光材料有哪几类？
4. 简述重氮感光材料的成像原理。
5. 简述静电复印的成像原理。
6. 简述磁记录的物理过程。
7. 什么叫磁性材料？
8. 常用的磁粉材料有哪几种？
9. 简述 γ-Fe_2O_3 磁粉的制备过程。
10. 简述钴-氧化铁磁粉的制备过程。
11. 简述二氧化铬磁粉的制备过程。
12. 与磁存储技术相比，光盘存储技术有哪些特点？
13. 简述磁光记录材料的原理及特点。

第十二章 电子化工材料

第一节 概 述

一、电子化工材料的定义

广义地说，电子化工材料是指电子工业中所使用的化工材料，即电子元器件、印刷线路板、整机生产和包装用的各类化学品及化工材料。但实际上，往往将电子化工材料狭义的定义为半导体电子元器件、集成电路及印刷线路板行业中使用的专用化工材料，又称为电子化学品。

电子化工材料是信息产业发展的重要支柱，随着现代电子工业的发展而高速发展，其产量和品种都大幅增加。仅以品种而言，电子化工材料已经占到了电子材料的50％以上。电子化工材料已经形成为一个独立的门类。

二、电子化工材料的分类

电子化工材料的分类方法很多，按使用部门分为集成电路用化学品、印刷线路板用化学品、专用化学品；按材料性质分为能量转换材料、光电材料、光纤传送记录材料、绝缘材料、导电材料、无线电材料及其他材料；而最常用的方法是按用途分类，在我国一般将电子化工材料分为以下各类：

① 集成电路用电子化学品；
② 分立元器件用电子化学品；
③ 彩电生产线及军工用光致抗蚀剂；
④ 特种气体；
⑤ 电子封装材料；
⑥ 硅片研磨用电子化学品；
⑦ 抛光材料用电子化学品；
⑧ 印刷线路板专用配套材料；
⑨ 工艺及表面封装材料；
⑩ 高纯超净试剂；
⑪ 表面安装技术（SMT）专用材料；
⑫ 液晶专用材料；
⑬ 玻壳专用电子化学品；
⑭ 其他无机化学品。

第二节 半导体基材

半导体是指导电能力介于金属和绝缘体之间的材料，主要用于制造晶体管和集成电路（IC）。基材是制造半导体元件及印刷线路板的基础材料。如硅、砷化镓、硅外延蓝宝石（SOS）等具备单晶结构的材料，均可用作半导体生产基材。

一、单晶硅片

单晶硅片是目前应用最广的基材之一，主要用于制造集成电路、晶体管、光电池等，像目前计算机等领域所使用的各种芯片的生产几乎都是使用的单晶硅片为基材。

1. 单晶硅片的生产

单硅晶片的生产方法主要有直拉法（CZ法）和区溶法（FZ法）两种。直拉法用于生产电阻率低于 $100\Omega\cdot cm$ 的硅单晶，而区溶法生产的产品电阻率可达 $10000\Omega\cdot cm$。前者主要用于集成电路和电子管，后者主要用于整流器及可控硅整理器，这两种方法生产的产品数量大约为 $8:2$。

（1）**直拉法** 如图 12-1 所示，将熔融的硅置于使用石墨加热的坩埚内，用一根籽晶轴与熔体接触。在保证接触良好的前提下，一面使籽晶和坩埚同时向相反方向旋转，一面缓慢提拉籽晶轴，从而拉出单晶硅轴，然后进行切割即可得到单晶硅片。这种方法得到的单晶硅的晶面与籽晶相同，易于控制，产品直径可达 $150\sim250mm$。

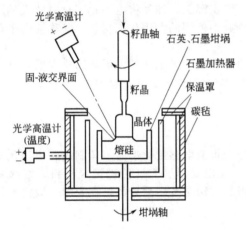

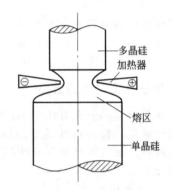

图 12-1 直拉法生长单晶硅示意图   图 12-2 区熔大直径单晶硅的熔区图

（2）**区熔法** 利用高频电磁场感应加热所存在的托浮力，可以采取悬浮区熔方法熔炼和生长单晶硅。如图 12-2 所示，使用高频感应线圈加热多晶硅片，使其熔融，然后重新生长为单晶硅。其产品直径可达 125mm。

2. 单晶硅片的磨抛

由于单晶硅片在生产过程中可能产生各种晶体内缺陷，也可能产生机械损伤或污染，这些缺陷、损伤或污染都会影响半导体生产的产品率。所以对晶片必须进行研磨和抛光，以求其表面光洁、平整。

（1）**研磨材料** 包括磨料和磨液，以 $1:3$ 或 $1:4$（质量比）的比例混合成的浆料形式使用。

① **磨料** 一般，硬度大于硅片的材料均适用，如碳化硅、石榴石、白刚玉、石英等，但大多选择白刚玉。因为它硬度高、组成稳定、纯度高、几何形状适宜。实际应用时，其颗粒尺寸在 $19\mu m$ 左右。

② **磨液** 在研磨时，磨液的选择非常重要，其性能直接影响研磨质量。选择磨液应考虑以下几个方面：a. 黏度适宜，以保证磨料的均匀分布；b. 有较强的内聚力和较好的润滑性能；c. 浸润好、悬浮能力强；d. 具备一定的防锈性能；e. 易于清洗；f. 无毒、无污染等。

磨液配方很多，大体可分为油剂及水剂两类。油剂可由航空汽油、煤油及各种动植物油、烃类，配以添加剂组成，其黏度、润滑及防锈性能好，但须使用有机溶剂清洗，且易污染环境。水剂则由水、乳化剂及其他助剂组成，其防锈能力较差。

（2）抛光材料　晶体抛光有纯机械抛光法和化学机械抛光法两种。目前使用二氧化硅的化学机械抛光法已经成为最主要的方法。抛光时要使用抛光液、抛光布等一系列材料，这里只简单叙述一下 SiO_2 抛光液的制备。

取 $15\sim25nm$ 的硅溶胶，过滤纯化后，与添加剂 N-(β-羟基)乙二胺、pH 缓冲剂（$Na_2B_4O_7 \cdot 10H_2O$-NaOH，pH＝$10.5\sim11$）等混合即可制得抛光液。这里较重要的是硅溶胶的生产，无论采取什么方法，其钠含量、稳定性等均是影响产品质量的重要因素。

二、砷化镓

砷化镓是化合物半导体单晶，由熔融镓和砷蒸气或砷化合物在高温下反应生成砷化镓，然后水平直拉法得到单晶。主要用于制造发光二极管，也用于其他分立元件或高速集成电路。

三、蓝宝石上外延硅片（SOS）

SOS 晶片是在蓝宝石（α-Al_2O_3）或尖晶石（$MgO \cdot Al_2O_3$）等绝缘材料上气相外延生长硅薄膜得到的单晶材料。使用它制作的器件，具有功耗低、开关速度快、抗辐射、抗干扰、温度适应性好、集成度高等特点，但由于制备方法复杂、成本高，目前主要应用于军事目的。

四、陶瓷基片

以高纯度氧化铝（矾土）为主要原料，经高压成型、高温烧结等工艺制成，具有高纯度、高平整度、微波介电性能优良、耐化学腐蚀等特点，是制造厚膜、薄膜材料的基础材料，也是制造微波用设备的主要原料。

第三节　光致抗蚀剂

光致抗蚀剂，又称光刻胶，是使用光刻法进行微细图形加工、制造微电子器件和印刷线路板的关键化学品。

一、光刻工艺

把被加工物品的表面上涂覆上一层抗腐蚀的感光树脂材料涂层，蒙上要制作的图像，利用这种感光材料见光后性质的变化，进行曝光、显影，使要腐蚀的区域裸露出来，然后进行化学或电化学腐蚀，从而得到精细的图案的方法，称为光刻法，或称光化学腐蚀法。

二、光致抗蚀剂的分类

光刻法中所使用的感光树脂材料称为光致抗蚀剂。它属于非银盐感光材料中光聚合体系的范畴。按照反应机理的不同，以及显影时是将曝光还是未曝光的部分除去的区别，光致抗蚀剂有正型和负型之分（表 12-1）。按照使用时的曝光光源的不同，又可分为可见光致抗蚀剂、紫外光致抗蚀剂和辐射线致抗蚀剂等。

三、光致抗蚀剂的应用

1. 印刷线路板用光致抗蚀剂

目前制造印刷线路板以及在较精细复杂的图像雕、印过程中，可使用丝网印刷的方法。

（1）丝网印刷用光致抗蚀剂　丝网印刷就是在一块致密的网布上，涂覆上一层感光树脂（丝网印料就是光致抗蚀剂），然后用画有图案的透明纸遮盖曝光、显影后得到的丝网版即可用于印刷。使用丝网技术印刷线路板时，需使用一种特种油墨——丝印固化油墨（也就是上

表 12-1　光致抗蚀剂的品种

品　　　种		用　　途
负型	明胶＋重铬酸盐	彩电荧光点涂布
	虫胶＋重铬酸盐	
	酪蛋白＋重铬酸盐	IC 引线框架，彩电荫罩
	PVA＋重铬酸盐	IC 引线框架，彩电荧光点涂布
	PVA＋重氮化合物系	铭板
	丙烯系＋二叠氮基系	彩电荧光点涂布，电视机荫罩
	聚乙烯醇肉桂酸酯系	化学腐蚀加工，印制线路板
	聚肉桂酸乙烯系	
	聚乙烯基亚肉桂基乙酸乙酯系	
	聚肉桂酸-β-乙氧基乙醚	
	叠氮聚合物	IC 引线框架
	邻苯二甲酸二丙烯酯聚合物	
	环化橡胶（天然橡胶）＋双叠氮化合物	印制线路板化学腐蚀加工
	环化橡胶（聚异戊二烯）＋双叠氮化合物	IC 分立原件
	环化橡胶（聚 1,4-顺丁二烯）＋双叠氮化合物	等离子腐蚀，电成形加工
正型	酚醛树脂＋O-萘醌二叠氮基系	IC，光掩模
	酚醛树脂＋O-苯醌二叠氮基系	IC，光掩模，软质电路板
	甲酚型酚醛树脂＋O-萘醌二叠氮基系	
	聚乙烯基苯酚树脂＋O-萘醌二叠氮基系	

文提及的光致抗蚀剂），通过丝网印刷到线路板上，形成线路板所需图像。使用红外光或紫外光照射上述线路板，光致抗蚀剂（油墨）固化形成抗蚀膜，再进行腐蚀或电镀等方法得到印刷线路板电路，然后，利用丝网印料溶于溶剂或碱等的特性将其除去，最终得到产品。

目前常用的紫外固化油墨品种可参见表 12-2。丝网油墨主要有碱溶型与溶剂型两种，碱溶型油墨主要用于印刷及刻蚀线路板并能耐酸性电镀液，但不耐碱洗，可以用氢氧化钠一类的碱性溶液从板上除去它们。相对而言，由于能耐电镀浴、耐碱洗，溶剂型油墨的适用范围更广，在线路板的印刷蚀刻或电镀线路板时应用更多，去除它们可用含氯溶剂，如 1,1,1-三氯乙烷及二氯甲烷。

表 12-2　电子工业用紫外固化油墨

序号	种　类	主 要 性 能 要 求	基 本 构 成	注
1	抗蚀油墨	耐酸性蚀刻液，如 $FeCl_3$、$CuCl_2$、$(NH_4)_2S_2O_8$ 耐碱性蚀刻液，如 $CuCl_2$-NH_4Cl-NaOH 等	含 COOH 基感光材料、酸值≥50mg KOH/g 的丙烯酰基齐聚物、稀释单体、颜料、流平剂、消泡剂、引发剂、热稳定剂、填料等	碱膨润剥离型、溶解型
2	堵孔抗蚀油墨	高感度，易研磨性，高附着力，抗蚀性，易除膜性——温热浓碱可溶型	高酸值感光材料树脂 HEA、HEMA 的邻苯二甲酸酐单酯或二酐类的双酯	
3	耐电镀油墨	镀镍、镀铅锡、镀金用抗蚀性，高硬度，耐化学药品性	含较多的丙烯酸齐聚物和多官能单体	除膜困难，需 5% NaOH，50℃
4	阻焊剂	耐高温（＞260℃），附着力强，耐电压性能强，硬度高，绝缘电阻高	环氧丙烯酸系、三聚氰胺丙烯酸系、聚氨酯丙烯酸系、丁二烯硫醇系，其他同 1	
5	标记（字符）油墨	白色、黑色、红色等颜色最常用	加足够醒目的颜料，其他同 4	
6	保护性表涂膜	用于可曲性薄层电路板、室外设置电子器件防污染以及保持绝缘性，耐热、耐候性要好	同 4，不脱膜，不用带 COOH	

（2）干膜抗蚀剂　在不用丝网印刷法时，则需用干膜抗蚀剂在覆铜板上通过阴阳图软片（掩模）进行曝光，得到电路图像，再经显影、蚀刻，得到印刷线路板。

干膜抗蚀剂结构上一般分为三层，在聚烯烃保护膜和聚酯支撑膜之间夹上护蚀剂层。干

228

膜抗蚀剂中最主要的成分是黏合剂、感光单体和引发剂，用得最多的干膜抗蚀剂体系是偶氮化合物-水溶性高分子体系。所用的偶氮化合物是双偶氮基偶氮盐及偶氮树脂无机酸盐；成膜黏合剂除使用 PVA、明胶等为主体外，还要添加一定量的乳胶，来提高胶液黏度及固含量，以获得更好的刮涂性能、成膜厚度以及多层的黏结力。

（3）液体抗蚀剂　50μm 及以下线宽的印刷线路板不仅无法用丝印方法得到，使用干膜抗蚀剂生产也很困难，只有直接将感光材料涂于线路板上进行生产才能准确得到。鉴于这一点，近年来，液体抗蚀剂制板法出现并得以发展。

液体抗蚀剂与光固化抗蚀油墨组成相似，以丙烯酸系感光材料为主，但已有人研究使用重氮材料。它的使用方法除传统的辊涂、淋涂方法外，丝印涂布法也已实践成功，使得使用液体抗蚀剂时，在与使用丝印油墨相同的生产效率下，可获得质量更优的精细化线路板。

2. 集成电路用光致抗蚀剂

在集成电路的光刻工艺中，将光致抗蚀剂涂于硅片上烘干，通过掩模曝光，然后浸泡显影、腐蚀成形。近年来，半导体集成电路的发展极快，如存储器，加工尺寸越来越小，而容量却成倍增长。

随着微细加工的精度越来越高，对光致抗蚀剂的分辨率要求也越来越高，加工时曝光光源的波长也越来越短。除常用的紫外光外，目前已经出现了电子束、X 射线、离子束等，也出现了与之相适应的抗蚀剂。

（1）紫外光致抗蚀剂　目前在集成电路加工上使用最广的紫外光致抗蚀剂是聚乙烯醇肉桂酸负型光致抗蚀剂和环化橡胶光致抗蚀剂。它们具有抗蚀性强、黏附性好、针孔少、成本低等特点，但显影时易溶胀，导致分辨率不易提高。

使用线性酚醛树脂和萘醌二叠氮化合物生产的正型光致抗蚀剂就不存在溶胀问题，其分辨率相对较高，抗蚀性较强。

相对于标准的紫外光刻技术，其波长 310～450nm；使用波长 200～300nm 的深紫外光可生产分辨率达 0.5μm。目前已商品化的深紫外光致抗蚀剂有：聚甲基异丙烯基甲酮＋增感剂（正型，分辨率≥1.0μm）、重氮萘醌化合物＋酚醛树脂（正型，＞1.5μm）、聚-4-乙烯苯酚＋3,3′-双叠氮二苯基砜（负型，＞1.0μm）、氯化聚甲基苯乙烯系 CPMS（负型，0.8μm）等。

（2）电子束抗蚀剂　电子束抗蚀剂主要是由线型聚合物组成，当电子束照射其上时，可发生两种反应：第一种是化学键断裂，当被辐射区域内的聚合物平均分子质量因此而减小到一定程度时，可以被溶剂所溶解，而未曝光区不能被溶解，就可以形成正型电子束抗蚀剂，如聚甲基丙烯酸甲酯（PMMA）、聚（丁烯-1-砜）和聚（对叔丁氧基-2-甲基苯乙烯）（TBMS）；第二种是辐射诱发的大分子链交联，这些被辐射区内的分子形成体型聚合物，其分子质量大大增加，显影时将未交联的低分子质量分子溶解，就可形成图像。这种负型电子束抗蚀剂的代表产品是甲基丙烯酸缩水甘油酯和丙烯酸乙酯的共聚物（COP）。

（3）X射线抗蚀剂　用波长介于 0.1～5nm 的 X 射线照射抗蚀剂时，抗蚀剂吸收射线，放出电子，并由电子的作用而发生辐射化学反应，使抗蚀剂断裂或交联。由于原理的相同，X 射线抗蚀剂与电子束抗蚀剂基本通用，仅需要在其中加入适量的添加剂以提高其灵敏度即可。由于 X 射线光刻不存在光衍射及散射的问题，不受灰尘的影响，因而可用于微米级的超微细加工。

（4）离子束抗蚀剂　由于聚集的离子束也可导致辐射化学反应，且散射效应很小，所以它能取得比电子束要高的光刻精度，可用于 0.1μm 以下图像加工。它所使用的抗蚀剂与电子束抗蚀剂也基本相同。但由于成本很高，目前还仅用于科研。

第四节　光致抗蚀剂配套试剂

光致抗蚀剂在使用过程中，还需要一系列的配套试剂来完成整个光刻工艺。这些试剂大都属于溶剂的范畴。在半导体和印刷线路板的生产中，要使用各种溶剂以达到清洗、显影等目的，常用的品种参见表 12-3。

表 12-3　半导体和印刷线路板生产中常用溶剂及用途

类　别	品　　种	用　　途
醇类	甲醇 乙醇	有脱水作用,用于硅片清洗
	异丙醇	用于清洗硅片和印刷线路板,作干法蚀刻显影的漂洗剂,并用以消除抗蚀剂的膨润现象
苯类	甲苯 二甲苯	用于光致抗蚀剂的显影
酮类	丙酮 丁酮	用于清洗掩模板
	甲基异丁基酮	负型光致抗蚀剂显影时的漂洗剂
酯类	乙酸乙酯 乙酸丁酯 乙酸异戊酯	用作光致抗蚀剂显影时的溶剂
氯烃类	三氯乙烯	用于硅片的清洗,在晶体生长中用于降低晶体缺陷,在印刷线路板生产中用于清洗金属,并去油脱脂
	1,1,1-三氯乙烷	用于硅片的清洗,在晶体生长中用于降低晶体缺陷,在印刷线路板生产中用于清洗金属,并去油脱脂,还可与三氯乙烯配合用于剥离丝网印料
	二氯甲烷	与 1,1,1-三氯乙烷配合用于去除未固化的干膜抗蚀剂
	四氯化碳	用于硅片清洗
CFC 类	F_{113}	用于硅片清洗,印刷线路板脱脂及元器件焊接后除去助焊剂
	F_{114}	用于清洗半导体生产用的掩模板,并用于硅片水洗后的脱水干燥

一、去胶剂

去胶剂又名剥离剂，在蚀刻电镀加工后，用于将保留的胶膜除去。与显影剂不同的是它要除去的是不溶性的坚硬的抗蚀剂，但又不能破坏底层材料。

去胶有湿法和干法两种。湿法去胶是用强氧化剂、有机溶剂或专用的配套去胶剂等，使光刻胶膜碳化脱落、浸泡溶胀脱落或溶解。常用的氧化去胶剂有硫酸、硫酸-过氧化氢混合物、硫酸-重铬酸钾溶液。而溶剂的使用则要依生产对象而定，集成电路生产常用二甲苯及丙酮，印刷线路板生产常用二氯甲烷。也可以采用浸泡法，如在印刷线路板生产中，就常用去胶剂浸泡除胶。

干法去胶有等离子体去胶、紫外光照射去胶、通氧气去胶等方法，最常用的是等离子体去胶法。它是借助高频电场使得容器内充填的低压氧气电离，形成氧原子和电子等混合的等离子体。其中的氧原子非常活泼，它可以使光刻胶分子中的 C—H 键和 C—C 键断裂，最终转化为二氧化碳和水，以气体的形式被除去，达到去胶的目的。

二、干膜显影剂

用于干膜光致抗蚀剂生产印刷线路板时的显影，就是将曝光后的抗蚀剂层中的可溶部分除去的过程。干膜显影剂共分三类：溶剂型，水溶液型和半水溶液型。使用时将印刷线路板浸入显影剂中一定时间即可。

溶剂型显影剂是一些有机溶剂（如 1,1,1-三氯甲烷），再加入少量防腐剂等添加剂而得到，使用此类显影剂分辨率高、操作简单，但污染严重，成本高。水溶液型显影剂多是0.75%～1.0%碳酸钾或碳酸钠水溶液，也常加入少量乙二醇醚等。半水溶液型显影剂是碳酸盐加6%～10%乙烯基乙二醇和烷醇胺等而得到。水溶液型成本最低，但分辨率和加工可靠性都有欠缺。因此近年来，人们除继续使用溶剂型显影剂外，更重视使用半水溶液型显影剂。

三、正型光致抗蚀剂显影剂

正型光致抗蚀剂显影剂一般采用无机碱（如氢氧化钠、氢氧化钾）或有机碱的弱碱性水溶液，用来除去曝光部分的胶膜。可以采用浸泡法，也可采用更先进的喷淋法，将高分散的显影剂均匀喷淋于胶膜表面，以减少溶胀，获得更清晰、分辨率更高的图像。

四、负型光致抗蚀剂显影剂

负型光致抗蚀剂显影时，未曝光部分的抗蚀剂被溶解除去，而曝光部分由于分子间交联形成了大分子的不溶性的图像而被保留下来。因此负型光致抗蚀剂的显影剂必须能够容易溶解曝光区的抗蚀剂，而未曝光部分的抗蚀剂则溶解度几乎为零，且不发生膨润现象。

负型光致抗蚀剂显影剂一般都是溶剂或溶剂类产品，可以使用商品溶剂，如二甲苯、1,1,1-三氯乙烷、三氯乙烯；也可使用专用试剂，如在高纯净二甲苯中加入适当稳定剂等配成。在半导体上进行显影时，常用二甲苯或其配合物，可以使用浸入法，也可采用喷淋法。喷淋法的优点是较快的显影速度和连续的加工能力，其显影时间约为15~30s，而浸入法需要60~90s，但浸入法可以获得更好的细线条。在制造印刷线路板时，有浸入法和气相法之分。浸入法显影时间为20~30s，气相法需要3~4min，虽然速度较慢，但与浸入法一次只能处理一块相比，优势在于可以同时处理多块线路板。

第五节　酸和蚀刻剂

在半导体和印刷线路板的生产中，酸和蚀刻剂（腐蚀剂）主要用于硅片或覆铜层压板的清洗和腐蚀。其主要用途见表12-4。

一、对半导体用酸和蚀刻剂的要求

在半导体生产过程中，对硅片的清洁度的要求非常高，否则会大大影响器件的成品率。它要求尽量除去化学杂质和尘埃颗粒。随着半导体器件的集成度的提高，这种纯净要求也越来越高。目前，超大规模产品所要求控制的杂质已经超过40项，含量几乎是现有分析仪器的最小检出极限。

这类产品的生产、包装都必须在超净厂房内完成。它们的生产多数采用的还是从纯度较低的产品精制的方法，如使用共沸精馏的方法精制硫酸、硝酸和盐酸，使用超纯水吸收氟化氢的方法来制备氢氟酸，使用微孔滤膜来去除微粒杂质等。不仅产品要达到很高的质量要求，而且产品的包装容器选择不当也会有很大影响。比如目前采用高密度聚乙烯和PEA（可溶性聚四氟乙烯）等取代玻璃作为包装材质，就是因为长期保存在玻璃容器中的产品有可能受到钠污染，而且玻璃容器不够安全。

二、印刷线路板用腐蚀剂

印刷线路板生产（碱法工艺）中的腐蚀工艺的目的是将覆铜板上的不需要的铜除去，只留下导电的铜线路。常用的腐蚀剂有碱性铵系、氯化铜系、氯化铁系、过氧化氢/硫酸体系和过硫酸铵体系。

碱性铵体系适于连续化生产，与大多数金属和有机抗蚀剂的相容性好，侧蚀程度最小，对铜的溶解度高，速度快而均匀。但成本高，易污染环境。

氧化铜体系中，$CuCl_2$溶解铜生成的Cu_2Cl_2，用HCl和H_2O_2氧化再生可生成$CuCl_2$和水，所以具有很强的循环生产能力，适于连续操作，而且其溶铜能力很强，但与锡-铅或镍金属不相容。

表 12-4　酸和蚀刻剂的主要用途

产　品	用　途	
	半　导　体	印刷线路板
酸类		
醋酸	铝、多晶硅层的蚀刻	
盐酸	硅片清洗与蚀刻	金属清洗及氯化铜腐蚀剂再生
氢氟酸	二氧化硅、多晶硅层的蚀刻	
硝酸	铝、多晶硅层的蚀刻	层压板的清洗
磷酸	铝、氮化硅层的蚀刻	金属清洗
硫酸	硅片清洗和抗蚀剂剥离	层压板的清洗和腐蚀
硼酸		酸性镀液的稳定剂
氟硼酸		锡/铅清洗剂
混酸类		
氢氟酸/氟化铵水溶液	硅片的蚀刻	
磷酸/醋酸/硝酸	硅片的蚀刻	
高氯酸/硝酸铈铵水溶液	硅片的蚀刻	
其他		
氢氧化铵	硅片清洗蚀刻(与双氧水、水、氢氟酸配套)	铜的腐蚀
氟化铵	二氧化硅层的蚀刻	
含缓冲剂的氧化物蚀刻剂	金属-氧化物-半导体(MOS)器件二氧化硅层的蚀刻	
氯化铜		多层板内层铜的腐蚀
氯化铁		铜的腐蚀
过氧化氢	硅片蚀刻及抗蚀剂剥离	铜的腐蚀
过硫酸铵		
过硫酸钠		铜的腐蚀并提高化学镀铜在基材上的附着性

氯化铁体系中，使用 $FeCl_3$ 可以将铜溶解为 $CuCl_2$，而自身转变为 $FeCl_2$。成本低、效率高，由于不便进行再生处理，有一定的污染问题，但目前仍是间歇式生产中使用最多的一种腐蚀剂。

大多数腐蚀剂都要加入添加剂，以改善其吸湿度、溶铜能力并消除泡沫，更进一步提高其性能，但也会增加处理废液的难度和成本。

第六节　超大规模集成电路用试剂

前文述及，对集成电路用的试剂纯净度要求很高，而用于超大规模集成电路的试剂则要求更高。此类产品常被称为超净高纯（VLSI）试剂，与一般试剂相比，除了纯度要求外，高洁净度的要求也是其主要特点。VLSI 试剂主要用于半导体基材的清洗、腐蚀和氧化工艺，它的纯度和洁净度对产品的成品率、电性能、可靠性都有重要影响。这里主要介绍一下它的生产过程及要求。

一、制备工艺和提纯技术

1. 无机试剂

常用的无机试剂有氢氟酸、硝酸盐、盐酸、氨水、氟化铵溶液（40%）、双氧水等。在精制 VLSI 无机试剂时，要除去砷（As）、磷（P）、硼（B）、硫（S）、氯（Cl^-）、钾（K）、钠（Na）、铁（Fe）、钴（Co）、镍（Ni）等杂质。具体的方法有：①常减压、共沸、等温等各种蒸馏方法；②离子交换树脂提纯；③化学洗涤；④化学反应；⑤电解；⑥萃取；⑦电渗析；⑧分步冷却法等。其中以常减压蒸馏法最常用，因为此法分离效果好，可适于较大生产规模，容易与其他方法共存。

2. 有机试剂

常用的有机试剂有二氯甲烷、甲醇、无水乙醇、异丙醇、乙二醇、丙酮、丁酮、乙酸乙酯、乙酸丁酯、甲苯、二甲苯、三氯乙烯、三氯乙烷、环己烷等。生产时要除去的杂质主要有钾、钠、近沸点的其他有机物及水分。所使用的制取方法有：①精馏；②离子交换树脂提纯；③分子筛脱水等。

二、保证质量的环节

1. 环境的净化

尘埃颗粒对半导体器件成品率影响很大，如在制造线宽为 $1\mu m$ 的集成电路时，当环境洁净度为 100 级时，成品率为 16％，10 级时为 53％，1 级时为 85％（洁净度的级数是环境中粒径 $0.5\mu m$ 以上的颗粒在单位体积中所能存在的最大数目，级数越小，洁净度越高）。

2. 设备材质的选择

要按照所处理试剂的物理化学性质来选择设备的材质，如生产硝酸的设备应选用聚氟乙烯材料，生产硫酸则应选用石英和硬质玻璃等。

3. 原料质量的控制

在生产 VLSI 试剂时，除了提纯对象的质量要好以外，加工过程中所要用到的其他物质（如水、惰性气体）的质量也必须严格要求，防止污染。

4. 过滤的精度

一般来说，杂质的最大粒径不应大于集成电路线条宽度的 1/10，如 $0.1\mu m$ 的颗粒就会破坏线宽 $1\mu m$ 的半导体器件，所以在超大规模集成电路试剂的生产中，高效的过滤是必须高度重视的。有效的过滤，是最佳的去除微粒杂质的方法。目前常用的过滤方法主要有超滤和微孔膜过滤。

5. 后续工艺的管理

为防止产品在精制后的污染，可以采取两种方法：① 在生产线的终点安装净化器和尘埃颗粒测试仪，并直接灌装；② 使用时，在试剂入口处加装净化器，以防止运输与存储过程中的污染。

第七节　其他高纯物质

一、高纯特净特种气体

在半导体器件或光纤、激光器等产品的生产中，经常要用到各种气体。为保证生产的质量，所使用的气体都应该是高纯特净特种气体。这类气体包括纯气和二元、多元混合气。纯气已发展到 100 余种，混合气也有 17 类、300 多种、约 1000 种规格。它们的配套性很强，根据用途有电子级、载气级、发光二极管级、光纤级、VLSI 级、ULSI（特大规模集成电路）级和 MegaBit（兆位）级等气体。

这些气体的纯度要求很高，对 ULSI 级气体来说，N_2、H_2、O_2、Ar、He 的纯度要达到 6N（99.9999％）至 7N，其他气体也要达 5N。通常杂质控制项目近 10 个，含量指标低于 $1cm^3/m^3$，颗粒粒径不大于图形线宽的 1/10。

在生产高纯超净特种气体时，应根据气源和生产规模来确定深度纯化技术和方法。如生产氢气时，产量大、纯度要求低，可以采用低温吸附法，产量小、纯度要求高时，则应采用金属氢化物分离法。还要注意设备的材料（如使用不锈钢）和生产环境的洁净度等。

二、金属有机化合物（MO）

使用金属有机化学气相沉积（MOCVD）工艺，可以生产出超薄多层异质结构和大规模均匀材料、稀土元素化合物半导体材料、微波器件、光器件、光电器件等。此工艺的主要原料是金属有机化合物（MO）。

MO已发展成为包括 Al、Sb、Cd、Ca、In、Te、Zn、Be、Bi、B、Fe、Mg、Se、Ta、Ti、W 等25种元素的近60个品种，其中 Al、Ga、In、Zn 的甲基或乙基化合物用量最大。它们的纯度要求也非常高，一般要检测几十种金属杂质和含量，但目前还未形成统一的标准。

MO常用的合成方法如下。

（1）金属卤化物与格氏试剂反应

$$6CH_3MgI + 2AsCl_3 \xrightarrow{\text{醚}} 2As(CH_3)_3 + 3MgCl_2 + 3MgI_2$$

（2）金属卤化物与金属烷基化合物反应

$$InCl_3 + 3Al(C_2H_5)_3 \xrightarrow{\text{烃}} In(C_2H_5)_3 + 3Al(C_2H_5)_2Cl$$

（3）烷基化合物与金属合金或其混合物反应

$$8CH_3I + Ga_2Mg_5 \xrightarrow{\text{醚}} 2Ga(CH_3)_3 + 3MgI_2 + 2CH_3MgI$$

（4）金属与格氏试剂进行电化学反应

$$6CH_3MgX + 2In(\text{阴极}) \xrightarrow{\text{醚}} 2In(CH_3)_3 + 3MgX_2 + 3Mg$$

在合成时要做到无氧无水，以防燃烧或爆炸。其反应设备一般选用石英玻璃装置，以防止可能引入的金属杂质。实际上，在合成后，还需要进行纯化操作。MO生产中常用的纯化方法如下。

（1）惰性溶剂排挤法

$$InCl_3 + 3AlR_3 \longrightarrow InR_3 + 3AlR_2Cl$$

在正癸烷中精馏。

（2）添加络合组分法

$$InCl_3 + 3Al(C_2H_5)_3 \longrightarrow In(C_2H_5)_3 + 3Al(C_2H_5)_2Cl$$

加 NaF 和 KCl，使与副产物络合后再精馏。

（3）加合物纯化法

$$8CH_3I + Ga_2Mg_5 \longrightarrow 2Ga(CH_3)_3 + 3MgI_2 + 2CH_3MgI$$

加联苯醚与产品形成加合物后，除去杂质，再加热分解。

（4）多次区熔纯化法

对 $In(CH_3)_3$、$P(C_2H_5)_3$ 进行多次区熔纯化。

三、高纯金属

电子元器件、印刷线路板的生产大约需要用到 20 余种的高纯金属或其合金材料。一般将纯度 $>99.9\%$ 的金属材料称为高纯金属。它主要用作半导体布线材料、半导体器件接线材料、集成电路门电极制备材料、化合物半导体材料、导电浆料和导电胶黏剂的导电材料、掩模板制备材料、铝电解电容器的电极箔，并用于金属膜电阻、显示器件、电真空器件、太阳能电池等。

第八节　液晶材料

液晶是介于固体和液体之间的一种不同于三相态的物质状态。在一定温度下，兼有液态与固态二者的特性。它与液体近似，并与各向异性晶体一样具有双折射性。它的最大应用领域是液晶显示器（LCD）。由于 LCD 具有微功耗、低工作电压、显示尺寸任意、光线柔和、可彩色化、构造简单等一系列优点，它已经成为当前发展最快的显示器件。

一、液晶的分类

1. 依晶型分类

液晶通常可分为层列型、向列型和胆甾醇型三种。

（1）层列型　在层列型液晶材料中，分子定向排列成为整齐的行列，分子的主轴相互平行且与单分子层平面垂直。各层可自由滑动。

（2）向列型　向列型液晶材料的行列没有层列型那样统一，但分子主轴也是相互平行的，但不分层。与胆甾醇型一样呈现二次光折射特性。

（3）胆甾醇型　胆甾醇型液晶排列成层，每一层与向列型相似。它具有旋光性，并可以使白光分成两部分：一部分可以透射，而另一部分被反射，呈现一定的颜色。当施加外电场、压力或温度变化时，会导致其结构变化，引起颜色的变化。

2. 依据应用分类

（1）普通液晶材料；

（2）宽温度范围用液晶材料；

（3）简单矩阵式 LCD 用液晶材料；

（4）有源矩阵式 LCD 用液晶材料；

（5）STN 型 LCD 用液晶材料；

（6）强介电液晶材料。

二、液晶材料

液晶材料的化学结构多数为棒状结构，并含有典型的中间基团，如 —CH=CH—、—C≡C—、—N=N—、—N=NO—、—CH=N—、—CH=NO—、—CO—O—等。典型的液晶产品如下所示。

1. N-4-丙基苯亚甲基-4-氰基苯肟

$$C_3H_7 \quad \text{—} \quad CH=N \quad \text{—} \quad CN$$

席夫碱系液晶，适合在低电压下工作，在水中可发生水解，黏度较大〔$\eta=(5\sim9)\times10^{-5}\,m^2/s$〕，主要用在 TN 型显示元件中。

2. 4-戊基-4′-甲氧基偶氮苯

$$C_5H_{11} \quad \text{—} \quad N=N \quad \text{—} \quad O—CH_3$$

典型红色偶氮系液晶，化学稳定性稍差，但双折射率大（$\Delta n=0.25\sim0.30$），黏度低（η 约为 $3\times10^{-5}\,m^2/s$）。适用于 DS 型显示元件。同时这类分子介电各向异性小（$\Delta\varepsilon$ 约 0.2V），温度对其物理常数的影响小。

3. 环己基环己烷系列液晶

如 4-乙基环己烷基环己腈：

$$C_2H_5 \quad \text{—} \quad CN$$

此类化合物双折射率非常小，而且结构体系中没有芳香环系共轭体系，反磁化率值为负。由于这类液晶双折射率非常小，因而可作为广角显示元件用的低双折射性混合液晶的组成部分。

目前液晶仍处于高速发展的时期，不断地有新产品和新用途开发出来，如利用热色效应的液晶可以显示温度的变化；再如强介电液晶材料，作为一种手性近晶液晶，具有高响应速度与存储性，可用于生产大型 LCD 等。

►►► 习题

1. 什么叫电子化学品？
2. 电子化工材料分为哪几类材料？
3. 单晶硅片主要应用在哪几方面？
4. 简述单晶硅片的生产工艺。
5. 光致抗蚀剂分为哪几类？
6. 集成电路用光致抗蚀剂分为哪几类？
7. 对半导体用酸和蚀刻剂的要求是什么？
8. 常用的印刷线路板腐蚀剂是什么？
9. 简述超大规模集成电路用试剂的制备工作和提纯技术。
10. 简述超大规模集成电路用试剂的制备工艺和提纯技术保证质量的环节。

第十三章 水 性 涂 料

第一节 概 述

传统的溶剂型涂料中的溶剂含量常在 40％以上，有的涂料如硝基漆在施工时的溶剂含量高达 80％，汽车涂装的溶剂型金属色漆溶剂含量高达 85％，这些挥发性有机化合物（VOC）进入大气，造成环境的污染。VOC 在太阳光的作用下会发生许多光化学反应，形成毒性更大的二次污染物，如臭氧、醛类、过氧乙酰硝酸酯等。由这些氮氧化合物、烃类化合物及其光化学反应的中间产物等所组成的特殊混合物即为光化学烟雾，臭氧的产生是光化学烟雾的标志。由此可见涂料中 VOC 的排放已成为迫切需要解决的重要污染源。

社会的发展对涂料的性能要求越来越高，同时要求涂料的应用对环境的污染越来越小。发展环境友好涂料已成为涂料研究领域的热点。环境友好涂料是低 VOC 和低毒性的涂料，目前主要的品种有水性涂料、粉末涂料、高固体分涂料和辐射固化涂料。从产品的形态和使用方法来看，水性涂料与溶剂型涂料是相同的。水性涂料的应用一般不受场合的限制，也不需要专用的涂装工具和设备，因此水性涂料将成为涂料的主导产品。水性涂料是环境友好涂料，施工过程无火灾危险，涂装的工具易于清洗，节省资源。

一、水性涂料定义及其分类

水性涂料又称为水基涂料、水分散涂料。水性涂料的特征是以水作为分散介质，树脂作为分散相（一般以颗粒状存在），水为连续相。完全水溶的树脂是不能作为成膜物质的，作为水性涂料用的树脂在水中是部分互溶或不溶的。不能完全互溶的组分只能形成多相体系，所以水性涂料是多相的。树脂的亲水性越好，形成的粒径越小，树脂在水相的分散性也越好。当树脂颗粒粒径在水相中小于 100nm 时，水性涂料为透明体，外观与溶剂型涂料基本相同，人们常将此类水性涂料称为水溶性涂料。而实际上此时树脂仍然是以分散相存在于水中，只不过粒径非常小而已。

一般将水性涂料分为三类：水溶性涂料、水溶胶（胶束分散）涂料、乳胶涂料（乳液涂料、胶乳涂料）。有的还将乳胶涂料细分为聚合乳胶涂料和乳化乳胶涂料。聚合乳胶涂料是通过乳液聚合得到的高分子乳液配制的涂料。而乳化乳胶是将通过溶液聚合的高分子聚合物在外力和乳化剂的作用下乳化得到的树脂。

水性涂料还可以按树脂类型进行划分，有水性醇酸涂料、水性环氧涂料、水性丙烯酸涂料、水性聚氨酯涂料等。水性涂料还分为阴离子型水性涂料、阳离子型水性涂料、非离子型水性涂料。水性涂料按涂装的方式可分为电泳涂料、自泳涂料、水性浸涂涂料、水性辊涂涂料、水性喷涂涂料等，电泳涂料又可分为阴极电泳涂料和阳极电泳涂料。按包装分类，有单组分水性涂料和双组分水性涂料。显然此处的单组分并非是组分而是指包装的形式，比较准确应称为单包装和双包装。按用途分类，有水性建筑涂料和水性工业涂料。水性工业涂料又可分为水性家具涂料、水性金属涂料、水性汽车涂料、水性塑料涂料等。

二、水性涂料及其特点

水性涂料的高分子树脂颗粒大小在胶体分散度范围内（粒径<0.01μm），它应具有胶体溶液的可滤性、电动现象等性质；同时分散在水性涂料中的颜料和填料等的颗粒大于树脂的

颗粒。因而水性涂料是一个兼具胶体溶液和悬浮液特征的多相体系。

水性树脂的制备通常是通过溶液聚合，得到高固体分的溶液树脂，在树脂中引入—OH、—COOH、—NH$_2$、(CH$_2$—CH$_2$—O)$_n$等亲水性官能基团。—COOH用氨或低分子有机胺等中和成盐，—NH$_2$用低分子酸中和成盐，将成盐或含其他亲水官能团的树脂分散在水中能形成透明溶液，此溶液为水溶性树脂。实际上水溶性的树脂在水中是不溶的，树脂以粒子的形式分散在水相中。为了获得稳定的水性树脂体系，一般需要加入亲水性的溶剂——助溶剂。树脂中的盐基团分布在粒子的外部，而树脂中低极性部分则聚集在离子的内部。助溶剂分布在水相和粒子之间，成盐的树脂粒子能被溶剂溶胀和溶解，也能被水溶胀，因此能增加体系的稳定性。在满足施工黏度的条件下，水性涂料的固体含量通常低于溶剂型涂料的固体含量。水性涂料的施工固体含量一般为 20%～30%，一次涂装要得到相同的干膜厚度时，必须增大湿膜的厚度。

三、乳胶涂料及其特点

乳胶涂料是粒径约 0.1～20μm 的水分散体，聚合物乳液的特点是聚合物本身不溶于水，是依赖于表面活性剂使其以胶体形式分散于水中，因此体系的黏度较低，固含量也较高。聚合物可以是高分子量，也可以是较低分子量；可以是热塑性的，也可以是热固性或可交联性的。乳胶涂料主要用于建筑涂料。乳胶涂料与溶剂型涂料相比，涂膜更容易渗透水蒸气，但对粉化的表面附着力更差。乳胶涂料干燥较快，允许在 0.5～2h 内重涂，大大缩短施工时间。采用高分子量的乳胶，其涂膜的耐候性好，并具有很好的力学性能、耐碱性和耐水性能。若底漆和面漆都采用乳胶涂料，在两底一面、涂层总厚度 100～150μm 时，耐久性在 5 年以上，优于溶剂型涂料。

四、水性涂料的组成

水性涂料的组成为水性树脂、颜填料、助剂、中和剂、水等。水性涂料与溶剂型涂料的组成大体是相同的，但水性涂料需用的助剂更多，配方更复杂。由于以水作为分散剂或溶剂，水性涂料存在如下的优点：①节约资源，消除了施工时的火灾危险性，降低了对环境的污染；②在湿表面和潮湿环境中可直接涂覆施工；③电泳涂装使涂膜均匀、平整、展开性好，具有很好的防护性能；④涂装工具可用水清洗，大大减少清洗溶剂的消耗。但水性涂料存在如下的缺点：①水的蒸发潜热高，需提高烘烤温度或延长干燥时间；②对于敏感的材料如木材、纸张等，不易涂装或涂装后易产生缺陷；③含酯键的树脂易水解，影响涂料的储存和使用性能；④涂膜中，残留的亲水基团会降低涂膜的耐水性能和防腐蚀性能；⑤涂装过程受气候的影响，环境湿度较大时，严重影响涂膜的干燥及其性能；⑥水的表面张力高，对基材的附着力较差，且易引起涂膜的缺陷如起泡、针孔等；⑦对颜填料的润湿和分散性较差，易产生浮色和分层等现象；⑧易被微生物侵蚀，出现发霉等现象。由于水性涂料存在上述缺陷，为了尽可能减少这些缺陷，不仅要仔细地设计水性涂料的配方，而且要仔细地制定制备的工艺过程和条件。另外助剂的选择也是非常重要的。

水性涂料的树脂分子量一般较小，亲水官能团较多，形成涂膜的性能较差，无法满足应用的要求。因此要求在成膜过程中必须有成分或结构的变化，其实质是使亲水性官能团消失或大大降低其极性，这个过程为交联固化。按交联方式分为自交联和外交联两类。可自交联的水性树脂中有两种可反应的官能团，通过加热，有时需要在微量催化剂存在下，树脂本身的活性官能团之间发生反应，形成高度交联的网状结构。外交联体系属于双组分体系，需要在施工前在水性树脂中添加或混合第二组分，该组分在加热的条件下，与水性树脂中的活性基团进行交联反应形成不溶、不熔的网状结构。上述第二组分被称为固化剂或交联剂。

能作为固化剂的是含有双官能团或双官能团以上的有机物和聚合物、金属络合物等。对于以羧基盐或铵盐的形式存在的水溶性树脂，可使用氮/锆络合物作羧酸型高聚物的交联剂。在成膜过程中，胺或氨挥发后，树脂为酸性，酸性树脂与锆离子在室温下可通过离子键进行交联成膜。对含双键的水性树脂，可采用电泳涂装的方式，在电沉积过程中，部分带双键的分子吸收水电解的氧，催化双键的氧化交联，从而提高涂膜的交联程度和干燥成膜。

对于含羟基、环氧基团的水溶性涂料，一般采用双官能团或双官能团以上的水溶性或亲水性的树脂为交联剂。常用的交联剂有水溶性三聚氰胺甲醛树脂、苯代三聚氰胺甲醛树脂、脲醛树脂、酚醛树脂等，其中以水溶性六甲氧基三聚氰胺使用最多。另外，加入强酸的铵盐（如对甲基苯磺酸铵盐、磷酸氢铵）可促进其交联速度。

五、水性涂料的应用

水性涂料的应用实际上与溶剂型涂料的相当，应用范围涉及国民经济建设的各个领域，下面对几种主要水性涂料的应用做一简单介绍。

1. 水性建筑涂料

水性建筑涂料主要品种包括乳胶型有机涂料（乳胶涂料）、水溶性有机涂料、无机涂料以及有机无机复合涂料等。其中乳胶涂料应用范围广，使用最为普遍，主要品种有聚醋酸乙烯乳胶涂料、苯丙乳胶涂料、乙丙乳胶涂料、纯丙乳胶涂料、氯偏乳胶涂料、硅丙乳胶涂料等。水溶性建筑涂料的主要品种是水性聚氨酯涂料、水溶性丙烯酸涂料等。

2. 水性工业涂料

工业涂料的品种多，应用面广，主要的品种有汽车涂料、船舶涂料、集装箱涂料、家具涂料、火车涂料等。由于工业涂料的性能要求高，除电泳涂料和水性无机富锌底漆外，其他类型的水性工业涂料的开发进程较慢。

六、水性涂料的发展趋势

1. 高性能低污染化结合发展

水性涂料是正在大力发展的环境友好型涂料的首位品种，但水性涂料要在工业涂料和特种涂料领域取代溶剂型涂料总有个别性能指标不尽如人意。水性涂料发展初期，强调实现水性化、分散体的稳定与施工问题等，对于涂膜性能未能强调全面达到或超过同类溶解性涂料，而偏重于适应环保法规要求，牺牲了个别性能。但从 20 世纪 80 年代后期开始，国外强调将低污染化和达到高性能的两个目标结合研究。近十年来，高装饰、超耐久性、多功能的水性涂料品种在国外层出不穷。如超耐候性的水乳化氟硅外墙涂料；防锈时间在 20 年以上的水性高锌量涂料；空调换热器片用亲水、耐水的特种水乳化涂料；高装饰性轿车涂料水性化已达 100％等。

2. 向健康型涂料方向发展

（1）分散性涂料要向零 VOC 的目标逼进　不管是水乳液型，还是水稀释性分散体，由于使用助溶剂、共溶剂、成膜助剂等，都有 VOC 问题。国家环保总局的 HBC 12—2002《环境标志产品技术要求　水性涂料》规定 VOC 含量≤100g/L（扣水），市售的水性涂料绝大部分产品都远达不到这个标准。HAP 值包括甲醛含量、重金属含量，也不是所有水性涂料能符合要求。

同时也要看到，只有水性涂料最有潜力逼近零 VOC 的目标。现代合成与分散技术日新月异，自乳化分散技术正在不断向完全不用助溶剂目标靠近，少用或不用成膜助剂也在推广与改进。2000 年德国颁布的水性内墙涂料蓝天使环境标志（RALUZ102—2000）规定 VOC 含量≤1.05g/L，相当于有机溶剂含量 0.07％。这已离零 VOC 目标不远。

（2）水性涂料要兼具灭菌、净化空气的功能　水性涂料不仅要强调降低 VOC 含量与HAP 值，同时要具备改善环境卫生的功能，如引进纳米等新材料，赋予防菌、灭菌、发生阴离子、净化空气的功能，这是国外内墙装饰的水性涂料的发展方向。尤其是现代人日益重视健康与珍爱生命，向健康型涂料方向发展是必须得到重视的。

（3）要关注水性无机涂料新发展　无机水分散体涂料是水性涂料一大类，因其性能优异，国外在近年来发展较快。水性无机涂料成膜物质是硅酸盐、硅溶胶等，来源十分丰富，且无毒、无异味、无刺激性。水为溶剂，涂料可以配制成低 VOC 或零 VOC，是很有发展潜力的一类环保型涂料。水性无机建筑涂料，作为成膜物的硅酸盐、硅溶胶对水泥基材面可自动渗入，使含颜料、填料的涂膜在固化剂作用下发生硅化作用而与底材牢固结合成一体，在高温下（甚至超过 1000℃）依然抗热，不会龟裂。涂膜有阻燃、防火、防霉作用，而且耐酸碱。可制成不渗水但能透水汽的墙漆，有类似呼吸的功能。和纳米材料与技术结合可制成空气净化涂料。

由于水性无机涂料具有以上诸多优点，在国外备受重视，发展也很快。日本和欧洲一些国家提出"涂料无机化"的口号，中国台湾及东南亚地区也很重视，努力开发水性无机涂料的用途，扬长避短，也已开始在建筑、工业涂装、塑料、木器等领域试用推广，但在单包装储存稳定性、成本与装饰性方面仍有不少改进工作要做。

尽管水性无机涂料，尤其是溶胶-凝胶技术制备无机涂料是处在发展初期，有很多不足，但也显示了较强的生命力，已有正式产品在市场上推广，水性无机涂料无疑是水性涂料发展的重要方向之一。

第二节　水性涂料基料（聚合物乳液）的制造

一、乳液聚合体系及合成工艺

聚合物乳液是乳胶漆的主要组成之一，在很大程度上决定着涂层的性能。而聚合物乳液的性能又取决于乳液的基本组成及其合成工艺的合理性以及合成过程的控制。

（一）构成乳液聚合体系的组分

乳液聚合体系的主要组分有单体、乳化剂、引发剂和介质，另外根据需要还可以加入其他组分，如助乳化剂、分子量调节剂、pH 缓冲剂、抗冻剂、螯合剂、增塑剂、保护胶体、消泡剂等。

1. 单体

原则上任何能进行自由基加成聚合反应的单体都可以用乳液聚合法来制备聚合物，不管是非水溶性单体还是水溶性单体。在乳液聚合配方中单体的用量一般为 30%～60% 之间，大多数情况下控制在 40%～50% 之间。因为单体决定着所制造的乳液聚合物的力学性能、化学性能和加工性能，因此通过分子设计正确选择单体及各种单体的用量是至关重要的。

乳液聚合常用单体主要参数及性质可以查手册。涂料用聚合物溶液的玻璃化温度（T_g）一般在 15～25℃ 之间。原则上是软、硬单体以一定的比例配合而构成共聚体系，属于内增塑范畴。在众多的单体中常用于乳液聚合的硬单体（T_g 高的单体）有甲基丙烯酸甲酯、苯乙烯、丙烯腈、氯乙烯、甲基丙烯酸乙酯、偏二氯乙烯等，软单体（T_g 低的单体）有丙烯酸-2-乙基己酯、丙烯酸丁酯、丙烯酸异丁酯、丙烯酸乙酯、丁二烯、氯丁二烯等，玻璃化温度适中的单体有乙酸乙烯酯、丙烯酸甲酯、甲基丙烯酸丁酯等。

为了赋予乳液聚合物以硬度、拉伸强度、耐磨性、耐溶剂性、耐久性、耐油性、耐水性及乳液聚合物和基质间的粘接强度，常常需要对线性聚合物进行交联，以生成网状结构聚合物。常用的交联单体有（甲基）丙烯酸、（甲基）丙烯酸羟乙酯、（甲基）丙烯酸羟丙酯、（甲基）丙烯酰胺、N-羟甲基(甲基)丙烯酰胺、双丙烯酸乙二醇酯、二乙烯基苯、（甲基）丙烯酸缩水甘油酯、N-丁氧甲基丙烯酸酯等。这些交联单体参与共聚反应后，在分子链上带上交联基团，这些基团可以进行反应，生成交联型聚合物，以改善聚合物的性能；也可以和主链上带有的相关基团进行交联反应，以增大聚合物和主链间的粘接牢度。

每种单体都有其独到的功能，在进行乳液聚合配方设计时，应根据具体性能要求认真选用每种单体。例如丙烯腈、甲基丙烯酰胺、甲基丙烯酸等的极性基团可赋予乳液聚合物以硬度、粘接强度、抗划痕性、耐溶剂性和耐油性。丙烯酸酯可赋予乳液聚合物以良好的耐候性、透明性和抗污染性。氯丁二烯、偏二氯乙烯和氯乙烯可赋予乳液聚合物以高强度、耐燃性和耐油性。苯乙烯、丁二烯和丙烯酸高级脂肪酯可赋予乳液聚合物以耐水性。丙烯酸、甲基丙烯酸、衣康酸和顺丁烯二酸可使聚合物分子链上带羧基，形成所谓的羧基胶乳，这样可以显著地提高聚合物乳液稳定性，并为乳液聚合物提供了交联点。

2. 乳化剂

在乳液聚合体系中乳化剂起着至关重要的作用。它可以将单体分散成细小的单体珠滴，形成乳状液。它可以形成胶束和增溶胶束，按胶束机理形成作为反应中心的乳胶粒。它可以被吸附在单体珠滴和乳胶粒表面上，形成稳定的聚合物乳液，使得在聚合、存放、输送和应用过程中不会破乳。同时乳化剂还直接影响着乳液聚合反应速率。因此能否成功地进行乳液聚合和能否制成性能优良的聚合物乳液和乳液聚合物，正确选择及合理使用乳化剂是不容忽视的。

任何乳化剂分子都含有亲水集团和疏水基团。按乳化剂亲水基团的性质可将其分为四类，即阴离子型、阳离子型、两性和非离子型乳化剂。常用乳化剂及其有关参数可查手册。非离子型乳化剂必须在其浊点温度以下使用。乳化剂在水中的饱和溶解度叫临界胶束浓度。乳化剂的另一个重要参数是亲水亲油平衡值，即 HLB 值，它用来衡量乳化剂亲水性和亲油性的大小，HLB 值越大，乳化剂的亲水性就越大。

可以按照以下原则来选择乳化剂：①所选择的乳化剂的 HLB 值应和所要进行的乳液聚合体系相匹配；②所选用的离子型乳化剂的三相点应低于反应温度；③所选用的非离子型乳化剂的浊点应高于反应温度；④对离子型乳化剂来说，应选用乳化剂分子的覆盖面积尽量小的乳化剂，对非离子型乳化剂来说，应选用乳化剂分子的覆盖面积尽量大的乳化剂；⑤应选用临界胶束浓度尽量小的乳化剂；⑥应选用增溶度大的乳化剂；⑦离子型乳化剂和非离子型乳化剂有协同效应，即二者联合使用比各自单独使用效果都要好；⑧选择与单体化学结构类似的乳化剂可获得较好的乳化效果；⑨亲水性较大和亲油性较大的乳化剂联合使用时乳化效果较好；⑩所选用的乳化剂不应干扰聚合反应；⑪选择乳化剂时应考虑其后的生产工艺和聚合物乳液的应用；⑫所选用的乳化剂应货源充足，立足国内，价格低廉。

3. 引发剂

引发剂是乳液聚合配方的重要组分，引发剂的种类和用量直接关系到聚合反应速率、聚合物乳液的稳定性及产品的质量，因此正确选择引发剂也是进行乳液聚合配方设计很重要的问题。

根据自由基生成机理，可将用于乳液聚合的引发剂分成两大类，一类是热分解引发剂，另一类是氧化还原引发剂。应用最多的热分解引发剂是过硫酸钾、过硫酸铵、过氧化氢、过氧化氢衍生物及多种水溶性的偶氮化合物；应用最多的氧化还原引发剂有过硫酸盐-亚硫酸氢盐体系、过氧化氢-亚铁盐体系、有机过氧化氢-亚铁盐体系、过硫酸盐-硫醇体系及氯酸盐-亚硫酸氢盐体系等。对于正相乳液聚合，为保证聚合发生在乳胶粒中，而不发生在单体珠滴中，要求引发剂溶于水相中，故在大多数情况下都采用水溶性引发剂。

4. 分散介质

绝大多数的正相乳液聚合以水为分散介质。水便宜且易得，没有燃烧、爆炸和中毒的危险，也不会造成环境污染，引起公害。进行乳液聚合对水的要求很苛刻，天然水和自来水均不能满足要求，水中所含的金属离子，尤其是钙、镁、铁、铅等的高价金属离子会严重地影响聚合物乳液的稳定性，并对聚合过程有阻聚作用，故需要严格地控制其含量。所以进行乳液聚合应当用蒸馏水或去离子水，所用水的电导值应控制在 10mS 以下。

5. 分子量调节剂

分子量调节剂是一类高活性物质。它很容易和自由基发生链转移反应，使活性链终止。而调节剂分子本身则形成一个新的自由基，这种自由基仍然有引发活性，故加入调节剂可降低聚合物分子量，而不影响聚合反应速率。最常用的分子量调节剂是硫醇及其衍生物，5～14 个碳原子的伯、仲、叔硫醇，硫醇酯和硫醇醚均是乳液聚合有效的分子量调节剂。

6. 其他组分

（1）保护胶体　在某些乳液聚合体系中，为了有效地控制乳胶粒的尺寸、尺寸分布及使乳液稳定，常常需要加入一定量水溶性高聚物，如聚乙烯醇、聚丙烯酸钠、阿拉伯树胶、聚环氧乙烷及羟甲基纤维素等，这些物质称为保护胶体。所加入的保护胶体一部分被吸附在乳胶粒表面上，一部分溶剂在水相中。被吸附的保护胶体在乳胶粒表面上形成一定厚度的水化层，可阻碍乳胶粒撞合而发生聚并；溶剂在水相中的保护胶体可增大聚合物的黏度，增加了胶乳撞合的阻力。因此，加入保护胶体可以提高乳液体系的稳定性。

（2）螯合剂　在乳液聚合体系中，常常会由于所加入的物料含有或由于某些偶然的原因如检修、清釜过程中带入一些金属离子，如钙、镁、铁、钴、钒、铅、铝、锰等离子，这些金属离子对聚合反应有阻聚作用，轻则延长反应时间，降低产品质量，重则使生产不能正常进行。再者重金属离子对胶乳凝聚作用很强，它们的存在会使乳液稳定性降低。为了减轻重金属离子的干扰，常常向乳液聚合体系中加入少量螯合剂。它和重金属粒子形成螯合物，靠笼蔽效应把重金属离子包埋起来，以降低其有效浓度。最常用的螯合剂是 EDTA（乙二胺四乙酸二钠盐）。

（3）pH 调节剂和 pH 缓冲剂　因为引发剂的分解速率和介质的 pH 有关，特定的引发体系在特定的 pH 范围内使用会更有效，同时因为乳化剂也存在有效的 pH 范围，所以应当把乳液聚合体系的 pH 调节到适宜的范围内。常用的 pH 调节剂有氢氧化钠、氢氧化钾、氨水和盐酸。为了保持乳液聚合体系在反应过程中 pH 不变，常常需要加入 pH 缓冲剂，常用的 pH 缓冲剂有磷酸二氢钠、碳酸氢钠、醋酸钠、柠檬酸钠等。

（二）乳液聚合设备与生产工艺

1. 间歇乳液聚合

在进行间歇乳液聚合时，首先向反应器中加入规定量的分散介质水、乳化剂、单体、引发剂等各种添加剂，然后升温至反应温度，于是聚合反应就开始了。当达到了所要求的转化率，聚合反应即告完成。最后经降温、过滤就成为了聚合物乳液。

进行乳液聚合的主体设备一般为搪瓷釜，或内壁面经过抛光的不锈钢反应釜。反应釜内部装设透平式、折叶式或锚式搅拌器。聚合釜一般带有夹套，供传热用。优点：间歇乳液聚合过程所用的设备简单，操作方便，生产灵活性大。缺点：① 会出现前期和后期反应不均衡，常常会导致反应失控。②对于乳液共聚合来说，各种单体的竞聚率不同，势必导致反应前后期所得到的乳液聚合物共聚组成不同，这样会严重影响产品质量。③生成的乳胶粒径前后不一，易生成凝胶，使乳液聚合体系稳定性下降。④从能量利用角度来看，有不尽合理之处。在反应开始时，需要加热升温，但因为自由基聚合为放热反应，所以反应开始后又需要冷却。在反应后期反应接近完成，反应速率放慢，此时又需要加热。这样一会儿加热，一会儿冷却，致使能量得不到合理利用，造成浪费。⑤一般来说，间歇乳液聚合只能制备具有均相乳胶粒结构的聚合物乳液。

2. 半连续乳液聚合

半连续乳液聚合是将部分单体和引发剂、乳化剂、分散介质等添加剂投入反应釜中，聚合到一定程度后，再将余下的单体、引发剂、还原剂等添加剂在一定的时间间隔内按照一定的策略连续地加入到反应器中继续进行聚合，直至达到所要求的转化率，反应即告结束。半连续乳液聚合可处于单体的饥饿态、半饥饿态和充溢态三种状态。单体加料速率小于聚合反应速率时，体系处于饥饿态；当单体加料速率大于聚合反应速率时，体系处于充溢态；将一种单体先全部加入反应体系中，再按一定的程序滴加另一种单体，即为半饥饿态。在实际生产中这三种状态下的半连续乳液聚合均有应用。优点：①在采取饥饿态加单体时，聚合反应速率和单体加料速率相等，可保证聚合反应在恒温下平稳进行，可以有效地控制共聚组成；②先后加入组成不同的单体可以制成具有不同乳胶粒结构形态的聚合物乳液；③反应过程中无大的温度波动，故乳液聚合体系稳定性高。缺点：①所生成的乳液聚合物分子量偏小，分子量分布较宽；②所制成的乳液聚合物接枝率偏高；③单体饥饿态半连续乳液聚合操作弹性较宽，但其操作周期比间歇乳液聚合长，生产效率较低。

3. 连续乳液聚合

连续操作的乳液聚合反应器主要有两类，一类是釜式反应器；一类是管式反应器。釜式反应器又可分为单釜连续反应器和多釜反应器；管式反应器则可分为直通管反应器和循环管反应器。应用最多的连续乳液聚合反应器是多釜连续聚合反应器，反应釜带有夹套或装设其他内部换热元件，每个反应釜都装有搅拌器。单釜连续反应器和管式反应器大多用于试验研究，或只用于小规模的工业生产。连续反应器和间歇反应器相比，在许多方面有其不同的特点：①乳胶粒尺寸分布宽；②连续反应器产品质量稳定，生产效率高；③适宜大规模化工业生产。

4. 预乳化工艺

在进行半连续或连续乳液聚合时，常常采用单体的预乳化工艺。预乳化操作在预乳罐中进行，先将去离子水投入预乳化罐中，然后加入乳化剂，搅拌溶解，再将单体缓缓加入，充分搅拌一规定的时间，把单体以单体珠滴的形式分散在水中，即得到稳定的单体乳化液。在半连续或连续乳液聚合过程中，按照预先安排好的程序将单体乳化液加入到乳液聚合反应体系中，以使反应正常进行。预乳化工艺有如下几个特点：①预乳化工艺可在乳液聚合过程中使体系稳定，减少凝胶；②采用预乳化工艺，可以使生成的乳胶粒数目减少，粒径增大，可以有效地控制乳胶粒尺寸；③在采用混合单体时，通过预乳化可把单体混合均匀，这样有利于乳液聚合正常进行和使共聚组成均一。

5. 种子乳液聚合

先在种子釜中加入水、乳化剂、单体和水溶性引发剂进行乳液聚合，生成数目足够多的、粒径足够小的乳胶粒，这样的乳液称作种子乳液。然后取一定量的种子乳液投入聚合釜中，加入水、乳化剂、单体及水溶性或油溶性引发剂，以种子乳液的乳胶粒为核心，进行聚合反应，使乳胶粒不断长大。在进行种子乳液聚合时，要严格控制乳化剂的补加速度，以防止形成新的胶束和新的乳胶粒。种子乳液聚合法有以下特点：①在聚合过程中不再产生新的乳胶粒，可使反应平稳地进行；②采用种子乳液聚合法可有效地控制乳胶粒直径及其分布。在单体量不变的情况下，增加种子乳液，可使粒径减小，减小种子乳液，则可使粒径增大。

（三）乳液聚合生产过程及产品质量的影响因素

在乳液聚合体系和乳液聚合过程中，很多因素如乳化剂种类和浓度、引发剂种类和浓度、搅拌强度、反应温度、相比及电解质种类和浓度等工艺参数都会对乳液聚合过程能否正常进行、聚合物乳液及乳液聚合物的产量和质量产生至关重要的影响。

（1）乳化剂的影响　乳化剂种类和浓度对乳胶粒直径及数目、聚合物分子量、聚合反应速率和聚合物乳液的稳定性等均有明显的影响。乳化剂浓度越大，胶束数目越多，生成的乳胶粒数目也就越多，乳胶直径就越小。

（2）引发剂的影响　引发剂浓度增大时，自由基生成速率增大，链终止速率也增大，故使聚合物的平均分子量降低。

（3）搅拌强度的影响　在乳液聚合过程中，搅拌的一个重要作用是把单体分散成单体珠滴，并有利于传质和传热。但搅拌强度又不宜太高，搅拌强度太高时，会使乳胶粒数目减少，乳胶粒直径增大及聚合反应速率降低，同时会使乳液产生凝胶，甚至导致破乳。因此对乳液聚合过程来说，应采用适宜的搅拌。

（4）反应温度的影响　反应温度高时，引发剂分解速率常数大，当引发剂浓度一定时，自由基生成速率大，致使在乳胶粒中链终止速率增大，故聚合物平均分子量降低，同时当温度高时，链增长速率常数也增大，因而聚合反应速率提高。反应温度升高时，会使乳胶粒数目增大，平均直径减小。当反应温度升高时，乳胶粒布朗运动加剧，使乳胶粒之间进行撞合而发生聚集的速率增大，故导致乳液稳定性降低。

（5）相比的影响　相变是乳液聚合体系中初始加入的单体和水的质量比。在乳化剂用量一定时，乳胶粒的平均直径随相比的增大而增大。另外，对某一特定乳液聚合体系，当乳化剂浓度、引发剂浓度和反应温度一定时，若单体加入量大，单体由单体珠滴通过水相扩散到乳胶粒中，并在其中进行聚合反应所需要的时间就会拉长，所以，相比越大时，单体转化率就越低。

（四）乳液聚合生产过程凝胶的生成及防止措施

1. 凝胶现象及危害

在乳液聚合过程中，常常由于聚合物局部胶体稳定性的丧失而引起的乳胶粒的聚集，形成宏观和微观的凝聚物，这就是凝胶现象。所产生的凝胶多为大小不等、性状不一的块状聚合物，小的像沙粒，甚至更小，大的像核桃，甚至更大。有的发软、发黏，有的则发硬、发脆、多空。在乳液聚合期间，凝聚物会沉积在反应器壁面、顶盖、挡板、搅拌轴及搅拌器叶轮、内部换热器、温度计套管以及其他内部构件上，越积越多，结上厚厚的一层聚合物，这种现象叫做粘釜或挂胶。这是另一种形式的凝胶现象。在乳液聚合过程中出现的凝胶现象会带来一系列的危害。凝胶现象的出现会使聚合物产率降低，乳液聚合物产品质量降低，会严重地影响反应器的传热；对于间歇乳液聚合反应器来说，粘釜和挂胶出现后需要彻底清釜，这就延长了非生产时间，也就降低了生产效率。另外，凝胶含有大量单体，其中的聚合物被单体溶胀，有毒，堆放时会造成公害，污染环境。

2. 凝胶的防止措施

为了克服乳液聚合过程中产生的凝胶现象，可采取如下技术措施：

① 采用种子乳液聚合法；

② 在连续和半连续乳液聚合过程中把单体加料管通入液面以下，以减少单体挥发，降低气相中的单体浓度；

③ 在反应过程中通氮气保护，以降低气相中氧的浓度。

此外，为了避免凝胶，应尽量减少乳液聚合体系中的总电解质浓度，在后加入引发剂和电解质时应尽量稀释到很低的浓度；所选用的乳化剂的 HLB 值应和乳液体系相匹配，力求乳化效果好；在乳液聚合配方中单体和水的质量比，即相比不应太大等。

二、聚乙酸乙烯酯系列乳液的生产工艺

（一）生产设备

目前，对于沸点较高的单体，如乙酸乙烯酯、苯乙烯、丙烯酸酯类、丙烯腈等单体的聚合及其不同组成的共聚合，大都采用半连续聚合方法。聚合装置采用以聚合釜为主体的开放式成套设备，如图 13-1 所示。

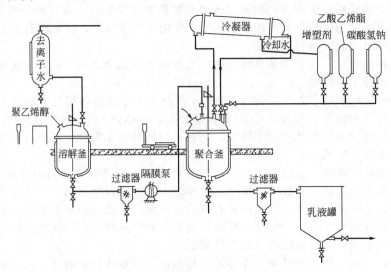

图 13-1　聚乙酸乙烯酯的生产工艺流程

整套设备除不同规格（容积）的反应釜以外，还配有相应规格的回流冷凝器、加料器以及加热、冷却、温控等辅助设备。一般乳液聚合的加热系采用一定压力的蒸汽，而冷却系统采用自来水或井水。上料系统一般采用真空上料，也可采用泵送。图 13-1 是典型的聚乙酸乙烯酯的生产工艺流程图。

（二）聚乙酸乙烯酯乳液的生产工艺

聚乙酸乙烯酯乳液俗称白乳胶，广泛地用作不同应用领域的黏合剂，例如在木材、家具、纸张、纤维、玻璃等方面以不同的形式使用，卷烟胶、地毯胶用量也很大。作为涂料的基料使用，尽管档次不高，但能满足一般的需要，特别是在调制涂料时，可使用很高的颜（填）基比，从而能根据具体要求，调制不同档次涂料。

1. 配方

优质聚乙酸乙烯酯乳液固体成分为 50％，目前市场上比较好的固体成分为 35％～36％。生产聚乙酸乙烯酯乳液常用的配方示于表 13-1 中。

表 13-1　聚乙酸乙烯酯乳液生产配方

组分		质量份	组分		质量份
单体	乙酸乙烯酯	100	增塑剂	邻苯二甲酸二丁酯	10.9
稳定剂	聚乙烯醇(1788)	5.4	pH 调节剂	碳酸氢钠	0.3
乳化剂	OP-10	1.1	介质	去离子水	100
引发剂	过硫酸钾	0.2			

2. 生产工艺

把蒸馏水和聚乙烯醇投入溶解釜，升温至 80℃，搅拌 4～6h，使其完全溶解。把过硫酸钾和碳酸氢钠分别各自配成 10％的溶液。将聚乙烯醇溶液过滤后送至聚合釜中，加入乳化剂 OP-10，开动搅拌器使其溶解。然后加入 15 份单体乙酸乙烯酯和占总量 40％的过硫酸钾溶液。加热升温至 60～65℃，此时聚合反应开始。因是放热反应，故釜内温度自行升高，可达 80～83℃，在这期间釜顶回流冷凝器中有回流出现。待回流减少时，开始向釜中滴加单体和过硫酸钾溶液，控制在 8h 左右将单体全部滴加完。然后加入全部余下的过硫酸钾溶液。反应温度控制在 78～82℃之间。加完全部物料后，升温至 90～95℃，并在该温度下保温 0.5h。然后向釜夹套内通冷却水冷至 50℃，加入碳酸氢钠溶液和邻苯二甲酸二丁酯，充分搅拌使其混合均匀。最后出料，包装。

（三）乙酸乙烯酯-丙烯酸丁酯共聚乳液

乙酸乙烯酯-丙烯酸丁酯共聚乳液，俗称乙丙乳液或醋丙乳液，是调制乳胶漆的重要乳液。

1. 配方

现将其由硬至软四个配方列于表 13-2。

表 13-2　乙酸乙烯酯-丙烯酸丁酯共聚乳液

组分	质 量 份				组分	质 量 份			
乙酸乙烯酯	81	85	87	91	MS-1(40％水溶液)	2.0	2.0	1.6	1.6
丙烯酸丁酯	10	10	10	6	过硫酸钾	0.5	0.5	0.5	0.5
甲基丙烯酸甲酯	9	5	3	3	磷酸氢二钠	0.5	0.5	0.5	0.5
甲基丙烯酸	0.60	0.55	0.50	0.44	水	120	120	120	120
OP-10	1.0	1.0	0.8	0.8					

2. 生产工艺

首先将规定量的水和乳化剂加入聚合釜中，升温至 65℃，把甲基丙烯酸一次投入反应体系，然后将混合单体的 15％加入到釜中，搅拌均匀后，把 25％的引发剂和缓冲剂磷酸氢二钠加入釜内，升温至 75℃进行聚合，当冷凝器中无明显回流时，将其余的混合单体、引发剂溶液及缓冲剂溶液在 4～4．5h 内滴加完毕。保温 30min 后，将物料冷却至 45℃，即可出料，过滤，包装。

三、聚丙烯酸酯乳液的生产工艺

(一) 单体的选择

聚丙烯酸酯乳液是一大类具有多种性能的用途很广泛的聚合物乳液。在工业生产中制造这一类树脂乳液常用的丙烯酸酯单体有丙烯酸甲酯、丙烯酸乙酯、丙烯酸正丁酯、丙烯酸-2-乙基己酯、丙烯酸异丁酯、甲基丙烯酸甲酯、甲基丙烯酸乙酯、甲基丙烯酸丁酯等。除了丙烯酸酯均聚或共聚制造纯丙烯酸酯乳液以外，为了赋予乳液聚合物以所要求的性能，常常要和其他单体进行共聚，制成丙烯酸酯共聚物乳液，常用的共聚单体有乙酸乙烯酯、苯乙烯、丙烯腈、顺丁烯二酸二丁酯、偏二氯乙烯、氯乙烯、丁二烯、乙烯等。在很多情况下还要加入功能单体甲基丙烯酸、马来酸、富马酸、衣康酸、甲基丙烯酰胺、丁烯酸等以及交联单体甲基丙烯酸羟乙酯、甲基丙烯酸羟丙酯、N-羟甲基丙烯酰胺、双(甲基)丙烯酸乙二醇酯、双(甲基)丙烯酸丁二醇酯、二乙烯基苯、三羟甲基丙烷三丙烯酸酯、用亚麻仁油和桐油等改性的醇酸树脂等。含羧基单体及交联单体的加入量一般为单体总量的 1.5%～5%。

不同的单体将赋予乳液聚合物不同的性能，如单体甲基丙烯酸甲酯、苯乙烯、丙烯腈、(甲基)丙烯酸赋予乳液聚丙烯酸酯的硬度、附着力；丙烯腈、(甲基)丙烯酰胺、(甲基)丙烯酸赋予乳液聚丙烯酸酯的耐溶剂性、耐油性；丙烯酸乙酯、丙烯酸丁酯、丙烯酸-2-乙基己酯赋予乳液柔韧性；甲基丙烯酸甲酯、(甲基)丙烯酸的高级酯、苯乙烯赋予乳液耐水性；甲基丙烯酰胺、丙烯腈赋予乳液耐磨性、抗划伤性；(甲基)丙烯酸酯赋予乳液耐候性、耐久性、透明性；各种交联单体赋予乳液耐水性、耐磨性、硬度、拉伸强度、附着强度、耐溶剂性、耐油性等。

在聚丙烯酸酯链上引入羧基可赋予聚合物乳液以稳定性，碱增稠性，并提供交联点；加入交联单体可提高乳液聚合物的耐水性、耐磨性、硬度、拉伸强度、附着强度、耐溶剂性和耐油性等。交联可分为自交联和外交联两种，从交联温度也可以分为高温交联和室温交联。分子内交联即自交联，是通过连在分子链上的羧基、羟基、氨基、酰氨基、腈基、环氧基、双键等进行的；外交联常常是在羧基胶乳中加入脲醛树脂或三聚氰胺甲醛树脂等进行的。室温交联有两种情况，一种是加入亚麻仁油、桐油等改性的醇酸树脂共聚单体的聚合物乳液在室温下进行氧化交联；另一种是羧基胶乳中加入 Zn、Ca、Mg、Al 盐等进行离子交联。可根据需要，参考每个单体所提供的聚合物乳液的性能，利用共聚方程对玻璃化温度（T_g）及最低成膜温度（MET）进行估算，可以设计出乳液聚合的单体配方。

(二) 苯乙烯-丙烯酸酯共聚乳液 (苯丙乳液) 生产工艺

1. 配方

苯丙乳液为苯乙烯和丙烯酸酯共聚乳液，其典型的配方实例如表 13-3 所示。

表 13-3 苯丙乳液配方

组　分	质　量　份		组　分	质　量　份	
丙烯酸丁酯	22.7	49	乳化剂 OP-10		2
苯乙烯	21.9	49	乳化剂十二烷基硫酸钠		0.5
甲基丙烯酸甲酯	1.9		保护胶体　聚甲基丙烯酸钠	1.4	
甲基丙烯酸	1.0		引发剂　过硫酸铵	0.24	0.4
丙烯酸		2	缓冲剂　碳酸氢钠	0.22	
乳化剂 MS-1	2.4		介质　水	48.3	100

2. 生产工艺（配方 1）

将乳化剂溶解于水中，加入混合单体，在强烈搅拌下进行乳化。然后把乳化液的 1/5 投入聚合釜中，加入 1/2 的引发剂，升温至 70～72℃，保温至物料呈蓝色，此时会出现一个放热高峰，温度可能升至 80℃ 以上，待温度下降后开始滴加混合乳化液，滴加速度可以控制釜内温度稳定为准，单体乳液加完后，升温至 95℃，保温 0.5h，再抽真空除去未反应单体，最后冷却，加氨水调 pH 至 8～9。

（三）纯丙烯酸酯共聚乳液（纯丙乳液）生产工艺

不同的丙烯酸酯、甲基丙烯酸酯及少量的丙烯酸和甲基丙烯酸之间的共聚而制得聚合物乳液称为纯丙乳液。纯丙烯酸酯乳液常用来调制中高档的外墙涂料及金属防锈乳胶涂料。其乳液种类、品种很多，下面举一个生产实例。

1. 配方

纯丙乳液配方如表 13-4 所示。

表 13-4　纯丙乳液配方

组　分	质　量　份	组　分	质　量　份
丙烯酸丁酯	65	乳化剂　烷基苯聚醚磺酸钠	3
甲基丙烯酸甲酯	33	引发剂　过硫酸铵	0.4
甲基丙烯酸	2	介质　水	125

2. 生产工艺

乳化剂在水中溶解后加热升温到 60℃，加入过硫酸铵和 10% 单体，升温至 70℃，如果没有显著的放热反应，逐步升温直至放热反应开始，待温度升至 80～82℃，将余下的混合单体缓慢而均匀加入，约 2～2.5h 加完，控制回流及温度，单体加完后，在 0.5h 内将温度升至 97℃，保持 0.5h，冷却，用氨水调 pH 至 8～9。

四、水性聚氨酯树脂的生产工艺

（一）概述

水性聚氨酯树脂是指聚氨酯树脂溶于水或分散于水中而形成的二元胶态体系。聚氨酯树脂一般是由含两个或两个以上异氰酸酯基（即—NCO 基）化合物与含两个或两个以上活泼氢的化合物（如含羟基、氨基等化合物）反应制得的聚合物。顾名思义，该聚合物的分子结构中含有相当数量的氨酯键（—NHCOO—）。此外，分子结构中可能还含有醚键、酯键、脲键、脲基甲酸酯键。正是上述键的存在，使得邻近分子链间有多重氢键，多重氢键的形成使线性聚合物在分子量相对低的情况下，就具有较好的性能。另一方面，聚氨酯可看作是一种含软链段和硬链段的嵌段共聚物。软段由低聚物多元醇组成，硬段由多异氰酸酯或其与小分子扩链剂组成。

水性聚氨酯树脂的生产几乎可采用生产聚氨酯树脂的二异氰酸酯、多元醇、多元胺。它与溶剂型聚氨酯树脂相比，具有无毒、不燃烧、不污染空气等优点外，还具有分散性、混溶性、成膜性等特点。

水性聚氨酯树脂的分类有多种方法。按聚氨酯聚合物粒子在水中的分散形态来分类，可分为聚氨酯乳液、聚氨酯分散体和聚氨酯水溶液三大类。按原料分类，又可分为羟基组分类型和异氰酸酯类型。根据聚氨酯分子侧链或主链上是否含有离子基团，水性聚氨酯可分为离子型水性聚氨酯（又可分为阴离子型和阳离子型）、非离子型和两性水性聚氨酯。还可按乳化方法、分子结构和包装形式来分类。

水性聚氨酯的结构和性能，与原料和生产工艺有着紧密关系，因而原料的选择至关重要。关于原料异氰酸酯，一般多采用甲苯二异氰酸酯（TDI）等芳香族二异氰酸酯，六亚甲基二异氰酸酯（HDI）等脂肪族二异氰酸酯。芳香族异氰酸酯制得的聚氨酯涂料，其耐候性不好，涂膜易于变黄，但其有价格和来源的优势，其应用在国内仍十分普遍；脂肪族异氰酸酯的耐候性最好，称为不泛黄性异氰酸酯。芳脂族异氰酸酯和脂环族异氰酸酯的户外耐候性介于芳香族和脂肪族异氰酸酯之间，而更接近于脂肪族二异氰酸酯，常归于不泛黄性异氰酸酯之列。异佛尔酮二异氰酸酯（IPDI）是一种新型的不泛黄的二异氰酸酯，是制备高档聚氨酯涂料的重要原料。

水性聚氨酯的另一原料是低聚物多元醇，有聚酯和聚醚两种。一般常用聚醚二醇和聚酯二醇，有时也使用聚醚三醇、低支化度聚酯多元醇、聚碳酸酯二醇等低聚物多元醇品种。

其他原料还有扩链剂、中和剂、分散介质、催化剂、乳化剂、交联剂等。

(1) 扩链剂　制备水性聚氨酯常采用低分子量的多元醇作为扩链剂，如三羟甲基丙烷、甘油、季戊四醇、乙二醇、一缩二乙二醇等。在扩链剂方面，除了上述所提的二元醇，以及二元胺之外，还有引入亲水性基团的扩链剂即亲水性扩链剂。这类扩链剂仅在制备水性聚氨酯时使用。这类扩链剂中常常含有羧基、磺酸基团或仲胺基，当聚氨酯分子在结合有这些能被离子化的功能基团中时，就可以稳定分散于水中。常用有二羟甲基丙酸、二羟基半酯、磺酸盐型扩链剂和阳离子型扩链剂。

(2) 中和剂　不同的中和剂对产物的性能影响很大，选择的主要条件是使树脂稳定性好，变色性小，外观好，经济易得。阴离子型水性聚氨酯的中和剂是能与阴离子基团发生中和反应的碱性物质，如 NaOH、NH_4OH、$(HOCH_2CH_2)_3N$、$(CH_3CH_2)_3N$、CH_3NH_2 等。从树脂储存稳定性看，用叔胺或配合其他的碱类物质，相对来说其稳定性、分散性要好得多，而且久置不变色。阳离子型水性聚氨酯的中和剂是能和叔胺发生季铵化反应的试剂（如氢卤酸和有机卤化物等）。中和剂用量一般与含离子型单体量等摩尔加入。研究表明，中和率达到 80% 的性能最佳。

(3) 分散介质　水是水性聚氨酯的主要介质。采用的水是去离子水。水除了作分散介质外，还是重要的反应性原料。当聚氨酯预聚体分散在水中时，水也参与扩链，形成脲键，其反应为：

$$2R—NCO + H_2O \longrightarrow RNHCONHCONHR + CO_2 \uparrow$$

而脲键的耐水性比氨酯键好。

(4) 催化剂　为了缩短反应时间，加快反应进程，经常采用催化剂。如脂肪族、脂环族的叔胺和有机锡类，当叔胺与有机锡催化剂以不同的比例混合时，具有协同效应，催化剂效率大大提高。常用的叔胺类催化剂有三亚己基二胺、N-烷基二胺、N-烷基吗啉啉。有机锡类有二丁基锡二月桂酸酯、辛酸亚锡等。有机锡类催化剂催化 —NCO 与—OH 的反应比催化 —NCO 与 H_2O 的反应要快得多。

(5) 乳化剂　采用外乳化法制备水性聚氨酯时，要采用乳化剂。如非离子型乳化剂及阴、阳离子型乳化剂，一般以非离子型乳化剂为主。

(6) 交联剂　大多数水性聚氨酯的耐水性、耐热性及耐湿热性较差，为了改善其性能，较为有效的方法是在水性聚氨酯中引入交联，即内交联和外交联。内交联主要有两种情况：一种是在制备时，通过合适的原料及工艺，制得支化和交联结构的水性聚氨酯；另一种是在分子结构中引入可热反应的基团，引入热反应性基团可采用封闭剂形成封闭型水性聚氨酯。外交联是在使用水性聚氨酯时，混入少量的交联剂而发生交联反应。常用的交联剂有环氧树脂、多元胺、氮丙啶等。

除了上述原料以外，还可有封闭剂、增稠剂、流平剂、分散剂、阻燃剂、颜料及填料等，以改善性能，降低成本。

(二) 水性聚氨酯树脂的生产工艺

水性聚氨酯树脂是水性聚氨酯涂料、胶黏剂等应用的基料。要想得到水性聚氨酯涂料，必须首先制得稳定的水性聚氨酯树脂。由于聚氨酯的疏水性很强，采用一般乙烯基合成树脂的聚合方法是不能制得水性聚氨酯的。一般将聚合物二元醇（或多元醇）与二异氰酸酯反应，制得预聚体聚氨酯树脂，然后采用相转移方法将其溶解或乳化在水中。

因聚氨酯具有疏水性，要制得水性聚氨酯有两种方法。一种是外乳化法，即将端基—NCO 基团的聚氨酯预聚体在适当的外乳化剂和强剪切力作用下分散或乳化于水中，但这种方法制得的分散液的颗粒很大，很不稳定。另一种方法是在制备预聚体过程中引入亲水基团，不外加乳化剂，即可实现分散或乳化过程，即自乳化法。有时还可把外乳化法和自乳化法结合起来，制备水性聚氨酯。制备水性聚氨酯时，如果原料的选择、原料的配比及工艺条件掌握不好，易产生较大的颗粒，在储存过程分层获凝胶。甚至预聚物不能分散，即不能乳化，产生凝胶。要想制备稳定的水性聚氨酯，有必要搞清其合成原理及生产工艺。

1. 自乳化法

在疏水的聚氨酯分子结构中引入亲水性的离子基团，制成含离子键的聚氨酯，然后将其分散于水中，并在油水两相体系中进行扩链反应，经季铵化形成离子时，即得稳定的水性聚氨酯。按亲水基团的类型不同，可以是阴离子型水性聚氨酯（亲水基团为羧基和磺酸基），也可以是阳离子型水性聚氨酯（亲水基团为叔氨基）。阴离子型的制法是先将二官能聚醚或聚酯与过量二异氰酸酯反应，制备含—NCO端基的预聚体，然后在溶剂中采用羟基酸（如酒石酸、二羟甲基丙酸）作扩链剂，将羧基阴离子引入到聚氨酯主链中，用有机胺（如三乙胺）中和后，在搅拌作用下加入去离子水乳化，并真空脱除溶剂，即得阴离子型水性聚氨酯。阳离子型是在预聚体的制备过程中使用 N-烷基二醇胺扩链剂，生成分子量较高的预聚体，使聚氨酯分子结构中含有叔氨基。再用酸（如醋酸）中和，或在中和时使残存—NCO与水反应，也可用卤代烷将大分子链上的叔氨基转化为季铵盐，在均化器中搅拌乳化成阳离子型水性聚氨酯。

2. 丙酮法（溶液法）

此法是先制得—NCO端基的高黏度预聚体，再加入丙酮、丁酮、四氢呋喃和甲乙酮等低沸点、与水互溶、易于回收的有机溶剂，以降低黏度，增加分散性，同时充当油性基和水性基的介质。在溶剂的存在下，预聚体与亲水性扩链剂进行反应，生成分子量较高的聚氨酯。反应过程可根据情况调整加入的溶剂量，然后在搅拌作用下加水进行分散，分散后减压蒸馏除去溶剂，即可制得水性聚氨酯。此法合成反应在均相中进行，易于控制，重复性好，适用性广，结构及粒子大小可变范围大，容易制得所需性能；但此法耗用大量溶剂，工艺复杂，效率低，不利于工业化生产。此法是目前自乳化法制备水性聚氨酯最常用的方法。

3. 预聚体法

此法是在预聚体中导入亲水成分，得到一定黏度范围的预聚体，在水中乳化同时进行链增长，制备稳定的水性聚氨酯（脲）。预聚体法制得的预聚体由于分子量不高、黏度较小，可不加或少加溶剂，直接用亲水性单体将其扩链，高速搅拌下分散于水中。分散过程必须在低温下进行，以降低—NCO与水反应的活性；然后再用反应活性高的二胺或三胺在水中扩链，生产高分子量的聚氨酯（脲）。此法适合于有脂肪族和脂环族多异氰酸酯制备的低黏度预聚体，因为这两种多异氰酸酯的反应活性较低，预聚体分散于水中后用二胺扩链时受水的影响小。此法工艺简单，便于工业化连续生产。

（三）水性聚氨酯树脂的生产实例

1. 配方

含有有机铵（季铵离子）基团和锍基这样的阳离子基团的聚氨酯树脂，称为阳离子型水性聚氨酯。其配方之一如表 13-5 所示。

表 13-5　阳离子型水性聚氨酯配方实例

原　料	质　量　份	原　料	质　量　份
聚氧化丙烯二醇（分子量为2000）	100	无水丙酮	15
N-甲基二乙醇胺	5.95	乙氧基化壬基苯酚	预聚体总量的2%
甲苯二异氰酸酯（TDI）	34.8	去离子水	220
硫酸二甲酯	6.3		

2. 生产工艺

（1）预聚体的制备　100 份聚氧化丙烯二醇加热减压脱水，冷却至25℃，加入5.95份 N-甲基二乙醇胺，混合均匀。边搅拌边加入38.4份的 TDI，发生放热反应。在55℃保温1.5h 后，加入硫酸二甲酯6.3份及无水丙酮15份的混合物，60～70℃反应1h，得到已季铵化的聚醚型聚氨酯预聚体，—NCO 含量约为 5％。

（2）分散 在上述预聚体中加入 2％的乙氧基化壬基苯酚乳化剂，搅拌均匀，剧烈搅拌下加入去离子水，并继续搅拌 1h，得到阳离子型聚氨酯，可减压蒸馏除去丙酮。产品性能如下：固含量为 40％，黏度为 15mPa·s，膜硬度为邵氏 A80-82，拉伸强度为 13MPa，伸长率为 690％。

第三节　水性涂料用颜填料及助剂

一、概述

颜料及填料都是涂料的重要组成部分，不管涂料的基料性质如何，都离不开颜料和填料。在一般的传统涂料中，颜料及填料所起的只是着色和补充作用，而在典型的现代水性涂料中颜料不仅具有遮盖、着色、保护等基本功能，而且还使一些专用涂料具有防腐、导电、伪装、光致发光、热变色、光热致变色等特殊功能；填料在现代水性涂料中不仅降低涂料生产成本，而且能增加颜料的使用效果，改变涂料的流变性能、分散稳定性和提高涂料的保护效果等。

涂料助剂是涂料的辅助材料。它是涂料的一个组成部分，但它不能单独形成涂膜。它在涂料成膜后可作为涂膜中的一个组分而在涂膜中存在。助剂的作用是对涂料或涂膜的某一特定方面的性能起改进作用。不同品种的涂料需要使用不同作用的助剂；即使同一类型的涂料由于其使用的目的、方法或性能要求不同，而需要使用不同的助剂；一种涂料中可以使用多种不同助剂以发挥其不同的作用。

总之，助剂的使用是根据涂料和涂膜的不同要求而决定的。传统涂料使用的助剂种类有限，现代涂料则使用了种类繁多的助剂，而且不断发展。

二、水性涂料常用的颜料

在涂料中，应选用哪一类颜料，并没有统一的原则。无机颜料的特点是化学稳定性高，不易分解和对紫外线稳定性高，对光照和大气影响的抵抗力强，且具有价格低廉、遮盖力较大、耐热度高等许多优异性能。

有机颜料的颗粒细小，所以其染色力较强，明亮度较高，但价格昂贵，遮盖力较低。在选用颜料时，应根据涂料、颜料的性能综合考虑，正确选用合适的颜料。

在水性涂料中经常使用的颜料如下：白色颜料——钛白粉（金红石型、锐钛型均可，其中以 $Al_2O_3 \cdot nH_2O$ 处理的较 $SiO_2 \cdot nH_2O$ 处理的好）、氧化锌、锑白、立德粉；黄色颜料——铅铬黄（浅、中、深）、铁黄、硅铬酸铅、锶钙黄、透明黄、联苯胺黄、汉沙黄、柠檬黄；红色颜料——铁红（湿法）、大红粉、镉红、透明红；蓝色颜料——酞菁蓝、群青；黑色颜料——炭黑（软质炭黑、硬质炭黑、乙炔黑、特黑等）、铁黑、石墨、煤粉（精制）；体质颜料——硫酸钡（沉淀）、滑石粉、瓷土（漆用）、白炭黑（喷雾二氧化硅）、碳酸钙等。

水性涂料所使用的颜料以无机颜料品种为主。有机颜料由于价格昂贵，在水性涂料中，应用较少。在无机颜料中使用量最大、效果最好的白色颜料为金红石型钛白粉，它具有优异的遮盖力和耐候性。

三、现代水性涂料常用的助剂

水性涂料用助剂种类很多，一般分为以下几类：增稠剂和保护胶、流平剂、润湿剂、分散剂、消泡剂、成膜剂、防霉杀菌剂、缓蚀剂等。现代涂料助剂向着多功能方向发展，许多助剂同时有上面两种或多种作用，不能简单地把它单独归在某一类，这类助剂一般称为多功能助剂。

各种涂料助剂对水性涂料的生产、储存、涂装施工、涂膜性能有不同的影响。增稠剂和涂装作业有非常密切的关系，它还与涂料生产和储存稳定性以及涂膜性能有关。分散剂和润湿剂是通过颜料的分散效果与涂装作业性和涂膜性能联系起来的。防霉杀菌剂只对涂料的防腐性和涂膜的抗菌污染有影响，而防冻剂只对涂料的储存稳定性有影响。消泡剂只和涂料的生产有关，与储存稳定性、涂装作业和涂膜性能几乎没有关系。

1. 增稠剂

水性涂料的主体是颜料的水分散体和聚合物的水分散体的混合物，需要添加增稠流变剂达到理想的稠度和流变性能。水性涂料中加入增稠剂能增加水性涂料的黏度，使颜料沉淀减慢，而且沉淀松散，易搅拌均匀，防止颜色不匀，保证涂料的储存稳定性。对现代水性涂料有重要意义的增稠剂主要是纤维素水性衍生物（如羟乙基纤维素、甲基纤维素及羧甲基纤维素等）、聚羧酸盐类（如聚丙烯酸盐、聚甲基丙烯酸盐和顺丁烯二酸共聚物盐类等）和含官能团的共聚物乳液。

2. 流平剂

涂料不管用什么涂装方法，经施工后，都有一个流平及干燥成膜过程，然后逐渐形成平整、光滑、均匀的涂膜。涂膜能否达到平整光滑的特性，称为流平性。涂料的流平性是涂料的重要技术指标，是反映涂料质量的主要参数之一。在实际施工过程中，由于流平性不好，刷涂时出现刷痕，喷涂时出现橘皮，辊涂时产生滚痕；还有在干燥过程中相伴出现缩孔、针孔、流挂等现象，都称之为流平性不良。这些现象的产生与涂料本质、施工环境及施工状况有密切关系。克服流平性不好这一弊病的有效方法是添加流平剂。

现代水性涂料用流平剂的类型如下：非离子聚氨酯类缔合型流平剂，适用于醋丙、苯丙、纯丙等各种乳胶漆，其用量为乳液总量的 $0.1\% \sim 1\%$；非离子改性聚醚流平剂，适用于醋丙、苯丙、纯丙等各种乳胶漆，其用量为乳胶漆总量的 $0.2\% \sim 0.4\%$；有机硅丙烯酸酯类，适用于苯丙、乙丙、纯丙乳胶漆等水性涂料，其用量为乳胶漆总量的 $0.1\% \sim 0.5\%$。

3. 润湿剂

就调制过程来讲，润湿的对象是颜料和填料，颜料、填料被介质所润湿是它们在介质中稳定分散的前提。而乳液则属于润湿性差的介质，因而就出现了使用润湿剂的问题。

水性涂料用润湿剂可分为阴离子型、阳离子型和非离子型。阴离子型，如二烷基（辛基、己基、丁基）磺基琥珀酸盐、烷基萘磺酸钠、蓖麻油硫酸化物、十二烷基硫酸钠、硫酸月桂酯、油酸丁基酯硫酸化物。阳离子型，如烷基吡啶盐氯化物等。非离子型，如烷基酚聚氧乙烯醚、烷基醇聚氧乙烯醚、乙二醇聚氧乙烯烷基酯、乙二醇聚氧乙烯烷基芳基醚、乙炔乙二醇等。

4. 分散剂

在配制水性涂料过程中，需要加入大量的颜料及填充料，生产时用高速分散机或砂磨机等机械设备给予充分的机械分散。如何使颜料分散体系在长时期内处于相对稳定状态，分散剂将发挥重要的作用。

常用的分散剂分为两大类，即无机分散剂和有机分散剂。无机分散剂包括磷酸盐、硅酸盐等，使用最多的是六偏磷酸钠，其次是多磷酸钠、多磷酸钾、焦磷酸四钙等。有机分散剂包括聚丙烯酸盐类、聚羧酸盐类、萘磺酸盐缩聚物、聚异丁烯顺丁烯二酸盐类等。

5. 消泡剂

水性涂料中包含了许多表面活性剂，如溶液中的乳化剂、涂料中的增稠剂、润湿剂、分散剂等，它们都有起泡倾向。在水性涂料的制备过程、涂布过程中都将干扰正常进行以及涂膜的质量。因此，第一，要求在制备和施工中不起泡和少起泡，这就要求低泡性乳化剂、增稠剂、分散剂等；第二，一旦泡沫产生就要立即使之破灭，此过程则靠消泡剂完成。

许多表面能低的化学品具有消泡作用，可以使用的有醚类、长链醇类、脂肪酸酰胺类、磷酸酯类、有机硅类等，通常分为硅系、聚硅氧烷和非硅系两大类，应用最多的是硅系产品，即聚二甲基硅氧烷等。有机硅消泡效果好，用量小（$<0.05\%$），而非硅消泡剂的用量

高达 0.5%，磷酸三丁酯具有较好的消泡效果。

6. 成膜助剂

在乳胶体系中，涂膜性能及成膜性能之间的调节，只能通过使高聚物微粒软化的成膜助剂来实现。成膜助剂又称聚结助剂，它能促进乳胶粒子的塑性流动和弹性变形，改善其聚结性能，能在广泛的施工温度范围内成膜。成膜助剂是一种易消失的暂时性增塑剂，因而最终的干膜不会太软或发黏。

在以合成树脂乳液为主要成膜物质的水性涂料中，成膜助剂是不可缺少的重要助剂。目前大多数厂家所用成膜助剂主要有毒性较大的乙二醇单丁醚、二乙二醇和芳烃类助剂苯甲醇等，这些都会严重影响乳胶漆的 VOC。而 Texanol 醇酯（化学名为 2,2,4-三甲基-1,3-戊二醇单异丁酸酯）本身无毒，所含有害成分异丁醛的残余量也甚微，与上述醛醚类相比，对 VOC 的影响很小。因此选择安全、高效的成膜助剂是控制有害物质含量和有机物散发总量，保证水性建筑涂料健康发展的有效措施。

7. 防霉杀菌剂

水性涂料是由高分子成膜物质（树脂）、颜料、填料、助剂等许多物质组成。这些物质往往是各种微生物的营养源。若涂料在生产或施工的过程中，受到微生物的污染，当达到一定湿度、温度、pH 等条件后，微生物开始繁殖生长，于是涂料就发生霉变、污染、劣化、变质，出现黏性丧失、不愉快气味，产生气体和色变，颜料絮凝或乳液稳定性丧失、调色着色性不良等。在水性涂料中添加适量的防霉杀菌剂可以抑制微生物的生长与繁殖，保护涂料与涂层不受破坏。

现代水性涂料常用防霉杀菌剂有杂环化合物如异噻唑啉酮、六氢化吲嗪、含氮有机杂环化合物，取代芳烃类如四氯间苯二腈等。

8. 缓蚀剂

缓蚀是阻止腐蚀的过程，是防锈技术的重要内容之一。缓蚀剂是一种以低浓度加到环境介质中以减缓金属腐蚀速度的物质。金属防护乳液及其他水性涂料用的缓蚀剂如下：①亚硝酸钠-苯甲酸钠系统，用作金属乳液涂料缓蚀剂，一般按 $NaNO_2/C_6H_5COONa-1:10$ 配制成 10% 水溶液，用量一般为涂料的 0.5%；②碱性含氮化合物如胺和弱酸的胍盐、苯丙三唑、巯基噻唑等；③硅酸盐、铝酸盐之类；④三乙醇胺、乙醇胺、苯乙醇胺在乳液涂料调制中也可选用。

9. 其他助剂

（1）触变剂　最简单的触变剂是硅酸钠，通式为 $Na_2O \cdot nSiO_2$，其中 $n=3\sim4$。膨润土也可用作触变剂。比较流行的是金属钛或金属锗的络合物，如 β-二酮和 β-酮酯的络合物。

（2）防冻剂　乳液、水性涂料中含水，若受冻结冰会导致聚结、破乳。防冻剂的作用是降低水的冰点，最常用的防冻剂有乙二醇、丙二醇及二醇醚类等，其用量往往结合流平剂统一考虑。

第四节　水性涂料的制造

水性涂料目前按应用领域可分为建筑涂料、汽车涂料和工业涂装用水性涂料。此处主要介绍乳液涂料的制造。乳液涂料具有和传统的油漆相同的形态（有时可能为具有触变性的黏稠液体），相似的组成（漆料、颜料、填料、助剂），大致相同的生产流程（树脂合成、过滤、颜料预分散、分散、调漆、配色、过滤、包装），施工方法也近似（刷、喷、滚），但技术原理不同。更多引起人们注意的是这些相异的特性。传统的油漆是使颜料、填料、助剂均匀稳定地分散在均相树脂溶液中，而制成非均相分散系统。而乳液涂料却是将颜料、填料、助剂均匀稳定地分散在非均相的乳状液中，从而制成双重非均相的分散系统。所以说，乳液涂料是以聚合物乳液为基料，均匀分散颜、填料并包含有助剂的双重非均相分散系统。

一、乳液涂料的制造

（一）配方设计

1. 乳液涂料的配方设计

任何一种涂料都包括黏结料（树脂）、溶剂和水、颜料和填料、助剂四大组成；或者说漆基（树脂）溶液或水乳液、颜填料及助剂三大组成。乳液涂料和传统的油漆的区别就在于基料不同。由于基料的不同而产生一系列性质的区别。总之，溶液和乳液在性质上是有根本差别的。为了以乳液制成性能上和常规涂料近似的产品，就必须借助于一系列的助剂。助剂的使用使乳液涂料组成大为复杂化，溶剂涂料配方相对简单，乳液涂料配方相对复杂。

从乳液涂料的组成和涂料的性能的关系中可以看出，基料和颜料体积浓度（PVC）与涂料的制造及其全部或大部分性能有着密切的关系；基料中的主要成分乳液则与涂料的制造及其全部性能都有关系。由此不难看出，乳液在乳液涂料中占有何等重要的地位。基料的其他构成成分，如增塑剂和成膜助剂可以改性乳液，它们主要与涂膜性能有关。其次，颜料与涂料制造及涂料性能有着多方面的关系，这些关系的大小则是由颜料体积浓度决定的。如前所述，颜料可分为体质颜料和着色颜料两类，它们与涂料性能的关系各有侧重。也就是说，体质颜料主要关系到涂装作用性问题，而着色颜料主要关系到涂膜性能问题。具体地说，体质颜料和涂装作业性及涂膜的光泽有密切的关系；而着色颜料和涂膜性能中的遮盖力、着色均匀性、保色性和耐粉化性有密切关系。

与这些成分相比，添加剂只不过在较狭窄的范围内与涂料的制造及性能发生关系。其中，较重要的是增稠剂。增稠剂和涂装作用性有非常密切的关系，此外，它还与涂料制造和储存稳定性以及涂膜性能有关。

分散剂和润湿剂是通过颜料的分散效果与涂装作用性涂膜性能联系起来的，当加量不足时，其直接影响比较轻微。防腐剂和防霉剂只对涂料的防霉性和涂膜的抗菌藻污染有影响，而防冻剂只对涂料的储存稳定性有影响。消泡剂只和涂料的制造有关，与储存稳定性、涂装作业性和涂膜性能几乎没有关系。

通过上述组成可以看出，乳液涂料的调制要比普通的油漆复杂得多，在配方设计及其调制工艺上必须给予高度的重视。

2. 乳液涂料的配方设计规范

乳液涂料的主体组分可划成两大类，即乳液（包括改性树脂）和颜、填料。乳液涂料的配方变化，基本上是乳液与颜、填料比例的变化，表达这种变化的尺度首先是颜/基比，更准确一点说，则是颜料体积浓度。颜/基比或颜料体积浓度的选择取决于一系列条件：施工条件、粘接剂品种、颜料和填料的遮盖力等，表 13-6 数据可供参考。

表 13-6　不同涂料的颜/基比及颜料体积分数

涂料类别	颜/基比（质量比）	颜料体积分数/%	涂料类别	颜/基比（质量比）	颜料体积分数/%
有光乳液涂料	1：(0.6~1.1)	15~18	混凝土、砂浆表面用涂料	1：(2~4)	40~55
石板、水泥板用涂料	1：(1~1.4)	18~30	室内墙涂料	1：(4~11)	55~85
木面用涂料	1：(1.4~2)	30~40			

颜料、填料、乳液的比例确定后，助剂用量的确定则分 3 种情况：①从属于乳液或乳液中黏结剂的用量来确定，属于这种情形的有增稠剂、保护胶体等；②从属于颜、填料的用量来确定，属于这种情形的有润湿剂、分散剂等；③从属于乳液涂料的量来确定，属于这种情形的有消泡剂等。有关各种助剂的用量水平，在讨论具体助剂品种时已分别提及。

乳液、颜填料、助剂品种和用量确定后，有必要考虑乳液涂料的总固体分水平，在乳液浓度达到 50%左右的情况下，通常要加入一定量的水把总固体分调到乳液涂料规格范围内。乳液涂料的另一重要规格是它的黏度和 pH，通常可以加入适当数量的氨水，把它们调到涂料的规格范围内。

（二）乳液涂料的制造

1. 乳液涂料的调制方法

乳液涂料的制造实际上就是各组分的混合。在合理地设计配方后，如何能制成性能优良的乳液涂料，便涉及调制方法问题。由于乳液（基料）和颜、填料数量最大，因而所谓调制就是如何合理使用助剂及设备，将这两大组分混合好而已。

无论是着色颜料还是体质颜料，在买来的时候，都是由数百个到数千个一次粒子凝聚起来的二次粒子组成的。在与乳液混合的时候，是将颜料的二次粒子还原成一次粒子后再混合，还是将二次粒子直接加到乳液中去。据此，配制方法也有明显的不同。前一种混合方法叫做研磨着色法或色浆法；后一种方法叫做干着色法。色浆法是对颜料二次粒子施加大量的机械能，使其先在水中解聚、分散形成色浆，再与基料混合。与此相反，干着色法是将颜料二次粒子直接加入到基料中进行搅拌。因此，两种配制方法所制造的涂料，其固含量和颜料的解聚、分散状态明显不同。

（1）研磨着色（色浆法）法　色浆法制造乳液涂料的工艺流程如下。首先，将颜料分散剂和湿润剂、增稠剂水溶液、水及其他组分用捏合机或搅浆机进行预混合之后，再用胶体磨或砂磨机将颜料二次粒子解聚、分散，调制成颜料浆。把颜料浆移到搅浆机中，然后把预先（根据需要）加有增塑剂和成膜助剂的乳液加进去，进行混合。加水调节黏度，这样就制得了乳液涂料。最后经过滤、装罐即得成品。在色浆法中色浆的调制受黏度的制约，要使固含量达到65％以上一般是非常困难的。色浆法适用于平壁状饰面涂料等薄涂层涂料的制造。

（2）干着色法　干着色法是将乳液、颜料和助剂在搅浆机或捏合机中混合制得涂料的。用干着色法制备涂料比色浆法工艺简单，而且可以制得高浓度涂料，其固含量可高达84％，适用于立体花纹饰面涂料和砂壁状饰面涂料等厚涂层涂料的制造；其缺点是颜料分散状态不能达到所要求的标准。此外，由于用作基料的乳液要经受比较苛刻的条件，所以对颜料混合稳定性的要求很高。

2. 乳液涂料的工业化生产

乳液涂料的基料——聚合物乳液的生产，原则上讲是以聚合釜为主体的配套设备，根据规模不同，设备有不同的容积。一般中小企业以500～2000L为宜。其具体生产方法前面已经讨论，这里不再叙述。

关于乳液涂料的调制与传统的油漆生产工艺大体相同，一般分为预分散、分散、调合、过滤、包装等工序。但是，就传统油漆来说，漆料作为分散介质在预分散阶段就与颜、填料相遇，颜、填料直接分散到漆料中。而对乳液涂料而言，则由于乳液对剪应力通常较为敏感，在低剪力搅和阶段，使之与颜料分散浆相遇才比较安全。因而，颜料、填料在预分散阶段仅分散在水中，水的黏度低，欠润湿，因而分散困难。所以，在分散作业中须将增稠剂、润湿剂、分散剂加入。由于分散体系中，有大量的表面活性剂，容易发泡而妨碍生产进行，因而，分散作业中，必须加消泡剂。现将传统的生产乳液涂料及有光乳液涂料的生产制造工艺过程，示于图13-2。

乳液涂料的产品以白色和浅色为主，乳液涂料生产线上所直接生产的主要是白色涂料和调色的涂料，彩色料浆是另行制备的。生产作业线主要考虑钛白粉和填料的分散。乳液涂料生产线上通常只需装置高速分散机，并把预分散和分散作业合二为一。现代高档乳液涂料的生产，特别是有光乳液涂料的生产对细度要求较高，往往在高速分散机及调漆罐之间增加一台砂磨机以保证产品的质量。

调制作业仅需使用低速搅拌缸，在低剪力下，将乳液加入已完成高速分散的涂料浆中，并投入防霉剂等与分散作业无关的助剂及浅色漆的调色浆，用氨水调整黏度，或在低剪力调制桶中先放入乳液，用氨水增稠，而后将研磨分散好的涂料浆放入调制桶中，搅拌均匀后加入有关助剂，并用水调整固含量及最终黏度。当前强调生产环保型乳液涂料，因而尽量不用

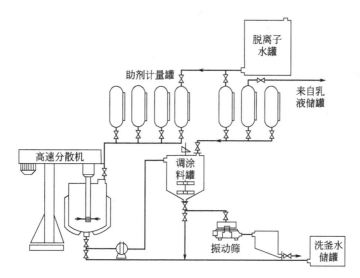

图 13-2　乳液涂料生产工艺流程

含高羧基含量的增稠剂而用氨水增稠。一般选用羟乙基纤维素之类的增稠剂。

如果所装备的高速分散机是无级变速的机型，则低速运转的高速分散机，同样可供调漆作业用，也就是说，预分散、分散及调制在同一台高速分散机中进行。现代乳液涂料生产厂，最大型的高速分散机，搅拌装机功率 220kW，搅拌轴装在悬臂上，液压升降并可作360°旋转，在高速分散机支柱四周，可安装三个分散缸，每个缸容量可达 $4m^2$。

二、建筑平壁饰面涂料

平壁饰面涂料按基料分类应当包括水溶性树脂涂料和水分散型树脂涂料即乳胶漆。前者属于低档涂料逐渐被淘汰，迅速发展的乳胶涂料是介绍重点。

（一）乳液涂料的分类

乳液涂料按其受热所呈现的状态可分为热塑性乳液涂料及热固性乳液涂料，通常所遇到的大部分属于前者，热固性乳液涂料发展较晚。最常用的，也是最为习惯的是按所用乳液的品种名称最后再附以"乳液涂料"。例如，乙丙乳液涂料、苯丙乳液涂料等。为了更清楚地表达，往往将不同的分类方法交叉重叠使用。例如，乙丙有光乳液涂料、乙丙内墙乳液料、苯丙外墙乳液涂料等。

（二）平壁饰面涂料制造工艺与配方

平壁饰面乳液涂料是用量最大的建筑涂料。大部分聚合物乳液都可以制造出不同类型的涂料，如内墙涂料、外墙涂料、平光涂料、有光涂料，其中乳液所占的比率是一个很重要的指标。当然，应根据乳液本身的性质，选择适合于涂料类型的乳液。例如，聚乙酸乙烯酯乳液，耐水性较差，更适合做内墙涂料，而纯丙烯酸酯乳液、硅丙乳液乃至氟碳乳液，当然更适合做外墙耐久涂料。内墙乳液涂料一般用作室内装饰，涂层应具有优良的遮盖力、施工性、耐水性、耐碱性和耐洗刷性，表面平整、光滑、色泽柔和、典雅悦目。外墙乳液涂料要着重考虑涂膜的耐候性，即涂层不易变色、不易粉化、不易剥落而且施工性能优良、遮盖力要强及耐沾污性要好。

1. 聚乙酸乙烯酯内墙涂料

制浆组分	质量份	制浆组分	质量份
水	23.27	羧甲基纤维素	0.10
钛白粉	26.0	聚甲基丙烯酸钠	0.08
滑石粉	8.0	六偏磷酸钠	0.15

将上述组分加入高速分散机，搅拌均匀后高速分散 20～30min，低速下加入下述组分，搅拌均匀，过滤、包装、入库。

组分	质量份	组分	质量份
聚乙酸乙烯酯乳液（50％）	42.0	乙酸苯汞	0.10
亚硝酸钠	0.30	颜基比：1/1.62	

2. 高级苯丙内墙乳液涂料

制浆配方：

组分	质量份	组分	质量份
水	150	钛白粉	140
2％HEC 溶液	160	立德粉	100
DA 分散剂	5	超细碳酸钙	120
高效分散剂（AMP-95）	1	超细瓷土	120
691 增量剂	2	小计	798

涂料调制配方：

组分	质量份	组分	质量份
苯丙乳液	180	增稠剂	5
成膜助剂（醇酯-12）	15	691 增量剂	2
防霉剂	0.3	上述制漆浆	798
合计	1000.3		

3. 高级苯丙外墙乳液涂料

制浆配方：

组分	质量份	组分	质量份
乙二醇	25	DA 分散剂	5
607 增稠剂	15	691 增量剂	2
瓷土	130	浓氨水	10
AMP-95	1	碳酸钙	50
水	109.7	小计	527.7
钛白粉	180		

涂料调制配方：

组分	质量份	组分	质量份
乙二醇丁醚	15	防霉剂	0.3
860 苯丙乳液	440	CS-12	15
上述制漆浆	527.7	合计	1000.0
691 增量剂	2		

内墙乳液涂料和外墙乳液涂料，原则上可以按前面所叙述的工艺操作进行制造。内墙乳液涂料一般用作室内装饰，涂层应具有优良的遮盖力、施工性、耐水性、耐碱性和耐洗刷性、表面平整、光滑、色泽柔和、典雅悦目。外墙乳液涂料要着重考虑涂膜的耐候性，即涂层不易变色、不易粉化、不易剥落而且施工性能优良、遮盖力要强及耐沾污性要好。

三、汽车涂料

水性丙烯酸改性沥青防石击涂料涂覆于汽车车底和挡泥板等部位，能有效防止汽车行驶过程中碎石和泥沙对车底的冲击，进而阻止车底的锈蚀和损毁，延长汽车寿命。河北科技大学曾研制出该产品，并申请了国家专利，在全国多个汽车厂使用，取得了良好的效果。

（一）防石击涂料主要原料

（1）基料　采用高弹性丙烯酸无皂乳液和水分散沥青，高弹性丙烯酸乳液为交联型乳液，可赋予涂层较高的防石击性能；不含乳化剂，可以提高涂层的耐水性；加入水分散沥青可提高涂层的防腐耐水性。

（2）填料　选用滑石粉、硅灰石粉、粉煤灰和云母粉等多种填料，可提高涂层的综合性能。

（3）助剂　包括分散剂、偶联剂、增稠剂、防霉剂和自制填隙交联剂等。

（二）制备工艺

1. 水分散沥青的制备

（1）配方

组分	质量份	组分	质量份
石油沥青	15～20	改性剂	1～3
液体沥青	15～20	水	40～50
分散剂	5～15		

（2）制造工艺　将石油沥青、液体沥青和改性剂加入熔化槽中，加热熔化备用；向分散槽中加入水、分散剂加热搅拌分散均匀，在快速搅拌下将已熔化好的沥青加入分散槽中，继续搅拌，至完全分散均匀，降温至40℃以下，出料包装。

2. 水性防石击涂料的制备

（1）配方

组分	质量份	组分	质量份
高弹性无皂乳液（自制）	20～30	增稠剂	2
水分散沥青（自制）	15～20	防霉剂	2
分散剂	3	填隙交联剂（自制）	3
偶联剂	1	复合填料	50～70

（2）制造工艺　先将各种填料加在一起混合均匀备用，再向乳液中慢慢加入水分散沥青和各种助剂，分散混合均匀，加入混合填料，经过高速分散机分散20～30min，然后用三辊研磨机研磨两遍，即得产品。

>>> 习题

1. 水性涂料的组成、作用是什么？
2. 为什么说单体决定着所制造乳液聚合物的性能？
3. 在乳液聚合体系中乳化剂起什么作用？
4. 乳液聚合对分散介质有什么要求？
5. 在乳液聚合体系中引发剂起什么作用？
6. 乳液聚合有哪几种生产工艺？
7. 什么叫间歇乳液聚合，其特点是什么？
8. 什么叫半连续乳液聚合，其特点是什么？
9. 乳液聚合生产过程及产品质量的影响因素是什么？
10. 乳液聚合生产过程凝胶的生成防止措施是什么？
11. 简述聚乙酸乙烯酯乳液的生产工艺。
12. 简述苯乙烯-丙烯酸酯共聚乳液的生产工艺。
13. 水性聚氨酯树脂的生产方法有哪几种？
14. 简述阳离子型水性聚氨酯树脂的生产工艺。
15. 现代水性涂料助剂主要有哪几种？
16. 简述乳液涂料生产工艺。

第十四章　绿色精细化工技术

第一节　概　　述

一、我国精细化工面临的机遇和挑战

自 20 世纪 80 年代以来，我国非常重视精细化工这一新兴工业的发展，经过二十多年的不懈努力，并且发挥国家与地方的双重积极性，已建立了一批精细化工基地。我国精细化工已初步建立起门类基本齐全的体系，并将以较快的发展步伐迈上新的台阶。

我国精细化工虽起步较晚，起点低，但近 10 多年来发展也较快，1985 年化工精细化率为 23.1%，1994 年已上升到 29.8%，2000 年已达到 40%。瑞士、美国、德国、日本等发达国家，2000 年化工精细化率均超过 60%。精细化工正以"朝阳工业"的气势迅猛发展，现已成为当今世界各国化学工业争夺国际市场的焦点。

但是，我国精细化工的发展由于受到了种种因素的制约，目前尚存在以下主要问题：①生产技术水平低，技术开发力量弱，产品以仿制为主，品种少，低档次旧品种较多，缺乏国际市场竞争的能力；②生产规模小，企业分散，设备陈旧，资源配置效率低，缺少上规模、上档次、技术先进的精细化工骨干企业，低水平重复多；③粗放经营，管理落后，市场开发环节薄弱，只顾经济效益，忽视环境保护，资源、能源利用率低，成为我国环境污染的主要根源之一。

环境污染已成为精细化工发展的重要制约因素。我国染料、农药、医药等生产过程中产生大量的"三废"，据统计每吨产品需各类化工原料 20t 以上，其中较大部分都作为"三废"排放，已成为重要的污染源，加之企业规模小、生产布局分散，"三废"治理已成为企业沉重负担。

精细化工产品包括各类中间体的生产过程中也产生大量"三废"，这些化工"三废"有害物质进入环境造成环境污染，所排放出的多样化的污染物影响到人类生产和生活的各个方面，破坏生态平衡，威胁人和自然环境，带来了难以挽回的巨大损失。如我国由于过去传统落后的工业发展模式所造成的环境污染是令人震惊的。

1. 水污染

水是环境问题的焦点，是生态环境中最活跃的因素。1993 年国家环保总局统计结果是：全国重点污染企业有 300 家，化工企业占 90 家，其中中小型精细化工行业的废水，成分复杂、COD（Chemical Oxygen Demand，化学需氧量）浓度高、色泽深、毒性大，内含有不少难以生物降解的物质，因而引起的水污染尤为突出。2005 年 11 月松花江的污染以及 2007 年夏季太湖、巢湖因水污染爆发的蓝藻使数百万人喝不上合格的饮用水，严重影响了人们的生活水平，并对生态环境造成了严重影响。

环境中的污染物彼此互相联系，污染物在水中、大气和土壤中相互迁移、循环。废料随风飘扬，进入水体和大气；水中污染物转入土壤，一部分挥发逸入大气；大气中的污染物通过雨雪或自然沉降进入水体和土壤；土壤中的污染物随水渗入地下水中。污染物通过水、空气、食物等媒体进入人体或进入动植物体内，使器官受到毒害而产生功能障碍变化，危害人体健康，恶性肿瘤等的发病率逐年升高，这一切都与环境污染密切相关。

2. 大气污染

化学工业是进行各种资源化学加工的行业，在对自然资源进行开发利用时，许多深埋的化学元素被开采出来进行化学加工，其产品废弃物有些是有害的，有的还是剧毒物质。这些有毒物质流散于地表，进入环境，进入水体、大气、土壤，造成污染。

　　二氧化硫和氮氧化物含量超标，大气二氧化碳浓度剧增，造成了温室效应，致使气候变暖，旱情加重，沙漠蔓延，两极冰雪消融，导致海平面升高，水灾频繁发生；空气中氟里昂、氮氧化物的存在，致使臭氧层出现空洞。这些问题的产生，对人类和大地生物圈的生存与发展造成了巨大的威胁。有毒污染物通过呼吸道、消化道、皮肤进入人体，经血液循环于全身。有些毒物与血液中的红细胞或血浆中的某些成分结合，破坏输氧功能，抑制血红蛋白的合成代谢，产生溶血。癌症的发病率与有毒污染物有关，人类癌症的 $60\%\sim90\%$ 是环境污染引起的。

3. 固体废物

　　农药、染料等精细化工产品原料利用率仅为 $20\%\sim30\%$（工业发达国家达 80% 以上）。我国工业固体废物产生量以平均 $2\times10^7\,t/a$ 的速度在增长，它们大多露天堆放，严重污染了土壤、空气和周围的水体环境。

　　废渣中的有害物质随水渗入地层，就会造成大面积的土壤污染，一些有毒物还会严重杀伤土壤中的细菌微生物，使土壤丧失腐解能力。天晴后，堆放的废渣扬起大量尘土，随风飘扬，污染大气。废渣堆集日久腐烂变质，分解产生大量臭气，影响人体健康。废渣排入水体，就会污染水质，使水浑浊。有些如硝酸盐、磷酸盐等无机盐类就会使水体富营养化，造成藻类畸形发展，破坏水生物的生存环境；有些有机物大量消耗水中的溶解氧，破坏水域的生态平衡。

　　为此，这就需要我们抢时间、争速度、围绕我国精细化工发展的战略目标和存在的问题研究其对策，用科学发展观来研究发展精细化工的新模式，加快发展，使其成为新的经济增长点。

二、绿色精细化工是可持续发展的必然选择

　　我国在可持续发展战略的指引下，清洁生产、环境保护受到各级政府部门的高度重视。1994年，国务院常务会议通过了《中国21世纪议程》，并把它作为中国21世纪人口、环境与发展的白皮书，在其第3部分"经济可持续发展"中明确指出，改善工业结构与布局，推广清洁生产工艺和技术。

　　但是，由于人口基数大，工业化进程的加快，大量排放的工业污染物和生活废弃物使我们面临日益严重的资源短缺和生态环境危机。化学工业由于化工生产自身的特点，品种多，合成步骤多，工艺流程长，加之中小型化工企业占大多数，长期以来采用高消耗、低效益的粗放型生产模式，使我国化学工业在不断发展的同时，也对环境造成了严重的污染，成为"三废"排放的大户。在工业部门中，化工排放的汞、铬、酚、砷、氟、氰、氨、氮等污染物居第一位。例如，染料行业每年排放的工业废水 $1.57\times10^8\,t$，废气 $2.57\times10^{10}\,m^3$、渣 $2.8\times10^5\,t$；染料废水 COD 浓度高，色度深，难于生物降解。农药生产目前以有机磷农药为主要品种，全行业每年排放的废水上亿吨，这类废水含有机磷和难生物降解物质，还没有很成熟的处理方法，给地下水质和人体健康造成严重的危害。化学工业是我国工业污染的大户，化工生产造成的严重环境污染已成为制约化学工业可持续发展的关键因素之一。而精细化工由于品种繁多，合成工艺精细，生产过程复杂，原材料利用率低，对生态环境造成的影响最为严重。

　　2007年3月14日，十届全国人大四次会议通过了《中华人民共和国国民经济和社会发展第十一个五年规划纲要》。我国国民经济和社会发展第十一个五年规划纲要的指导原则：必须加快转变经济增长方式。要把节约资源作为基本国策，发展循环经济，保护生态环境，加快建设资源节约型、环境友好型社会，促进经济发展与人口、资源、环境相协调。推进国民经济和社会信息化，切实走新型工业化道路，坚持节约发展、清洁发展、安全发展，实现

可持续发展。我国国民经济和社会发展第十一个五年规划纲要的政策导向：立足节约资源保护环境推动发展，把促进经济增长方式根本转变作为着力点，促使经济增长由主要依靠增加资源投入带动向主要依靠提高资源利用效率带动转变。

落实节约资源和保护环境基本国策，建设低投入、高产出，低消耗、少排放，能循环、可持续的国民经济体系和资源节约型、环境友好型社会。因此，发展绿色精细化工具有重要的战略意义，是时代发展的要求，也是我国化学工业可持续发展的必然选择！

第二节　绿色化学的定义、原则及特点

一、绿色化学的定义

绿色是地球生命的象征，绿色是持续发展的标志。绿色化学是 20 世纪 90 年代出现的一个多学科交叉的新研究领域。绿色化学吸收了当代化学、物理、生物、材料、信息等科学的最新理论和技术，是具有明确的社会需求和科学目标的新兴交叉学科。

绿色化学倡导人，原美国绿色化学研究所所长，现耶鲁大学 P. T. Anastas 教授在 1992 年提出的"绿色化学"定义是："The design of chemical products and processes that reduce or eliminate the use and generation of hazardous substances." 也就是说，绿色化学是运用化学原理和新化工技术来减少或消除化学产品的设计、生产和应用中有害物质的使用与产生，使所研究开发的化学产品和过程更加环境友好。因此绿色化学（green chemistry）又称为环境友好化学（environmental friendly chemistry）或可持续发展的化学（sustainable chemistry）。实际上，绿色化学代表了化学和化工学科的共同发展趋势和目标之一，即无论是化学还是化工，不仅要面对社会发展对环境、健康和能源等方面日益严格的要求，而且还要面临来自其他新兴学科前所未有的挑战。而绿色化学在连接化学与化工中所起的桥梁作用就体现得越来越明显。绿色化学含义的这种变化不仅得到各国政府的高度关注，而且也使它所涉及的内容也越来越广，越来越丰富。从它现在代表的意思来看，还可用环境友好化学、可持续发展、清洁生产等词汇来描述。但是，绿色化学与环境化学、可持续发展、清洁生产、循环经济等词汇有密切的联系，但却不是等同的概念。从科学的观点看，绿色化学是化学和化工学科基础内容的更新，是基于环境友好约束下化学和化工的融合和拓展；从环境观点看，它是从源头上消除污染；从经济观点看，它要求合理地利用资源和能源、降低生产成本，符合经济可持续发展的要求。正因为如此，科学家们认为，"绿色化学"将是 21 世纪科学发展最重要的领域之一，是实现污染预防的基本和重要科学手段。绿色化学利用可持续发展的方法，把降低维持人类生活水平及科技进步所需的化学产品与过程所使用与产生的有害物质作为努力的目标，因而与此相关的化学化工活动均属于绿色化学的范畴。

二、绿色化学的原则

1998 年，阿纳斯塔斯（P. T. Anastas）和沃纳（J. C. Waner）提出了绿色化学的 12 条原则。这 12 条原则现在已经为国际化学界公认，反映了近年来在绿色化学领域中多方面研究工作的内容，也指明了未来发展绿色化学的方向。绿色化学的 12 条原则是：①防止环境污染（polution prevention）优于污染的治理；②提高合成反应的原子经济性（atom economy）；③在合成过程中，其中的原料和产物要尽可能是对人体健康无害和对环境无毒或低毒的（less hazardous chemical synthesis）；④设计安全的化学品（designing safer chemical）；⑤使用安全的溶剂和助剂（safer solvent and auxiliary）；⑥提高能源经济性（design for energy efficiency），合理使用和节省能源；⑦尽量使用可再生原料（use of renewable feedstock）；⑧减少衍生物（reduce derivative）；⑨使用高选择性催化剂（high selective catalysis）；⑩设计可降解的化学品（design for degradation）；⑪防止污染的快速检测和监控

（real-time analysis for pollution prevention）；⑫防止事故和隐患的安全生产工艺（inherently safer chemistry for accident prevention）。这些原则主要体现了要充分关注环境的友好和安全、能源的节约、生产的安全性等问题，它们对绿色化学而言是非常重要的。在实施化学生产的过程中，应该充分考虑以上这些原则。

三、绿色化学的特点

绿色化学是当代国际化学科学研究的前沿，已成为 21 世纪化学工业发展的重要方向，其显著特点如下所述。

1. 考虑社会的可持续发展

绿色化学与传统化学的不同之处在于前者更多地考虑社会的可持续发展，促进人和自然关系的协调。绿色化学是人类用环境危机的巨大代价换来的新认识、新思维和新科学，是更高层次上的化学。

2. 研究环境友好的化学反应和技术

绿色化学与环境化学的不同之处在于前者是研究环境友好的化学反应和技术，特别是新的催化技术、生物技术、清洁合成技术等，而环境化学则是研究影响环境的化学问题。

3. 从源头防止污染的生成

绿色化学与环境治理的不同之处在于前者是从源头防止污染的生成，即污染预防（pollution prevention），而环境治理则是对已被污染的环境进行治理，即"末端治理"。实践证明，这种"末端治理"的粗放经营模式，往往治标不治本，只注重污染物的净化和处理，不注意从源头和生产全过程中预防和杜绝废物的产生和排放，浪费资源和能源。

四、绿色精细化工

绿色化学的核心是要利用化学原理和新化工技术，以"原子经济性"为基本原则，研究高效高选择性的新反应体系包括新的合成方法和工艺，寻求新的化学原料包括生物质资源，探索新的反应条件如环境无害的反应介质，设计和开发对社会安全、对环境友好、对人体健康有益的绿色产品。

绿色化工技术是指在绿色化学基础上开发的从源头上阻止环境污染的化工技术。这类技术最理想是采用"原子经济"反应，即原料中的每一原子转化成产品，不产生任何废物和副产品，实现废物的"零排放"，也不采用有毒有害的原料、催化剂和溶剂，并生产环境友好的产品。也可以说，绿色化工技术是指采用绿色技术，进行化工清洁生产，制得环境友好产品的全过程。

绿色精细化工就是运用绿色化学的原理和技术，尽可能选用无毒无害的原料，开发绿色合成工艺和环境友好的化工过程，生产对人类健康和环境无害的精细化学品。

第三节　绿色精细化工技术

一、绿色精细化工技术的定义

绿色精细化工，就是运用绿色化学的原理和技术，尽可能选用无毒无害的原料，开发绿色合成工艺和环境友好的化工过程，生产对人类健康和环境无害的精细化学品。总之，就是要努力实现化工原料的绿色化，合成技术和生产工艺的绿色化，精细化工产品的绿色化，使精细化工成为绿色生态工业。

1. 精细化工原料的绿色化

精细化工原料的绿色化，就是要尽可能选用无毒无害化工原料进行精细化学品的合成。以碳酸二甲酯（DMC）替代硫酸二甲酯进行有机合成，以二氧化碳代替光气合成异氰酸酯，苄氯羰基化合成苯乙酸等都是典型的实例。生物质是指由光合作用产生的生物有机体的总称，例如各种植物、农产物、林产物、海产物以及某些废弃物等。生物质资源不仅储量丰富，而且易于再生。例如植物生物质的最主要成分——木质素和纤维素，每年以约 1640 亿吨的速度再生，如以能量换算，相当于目前全球石油产量的 15～20 倍。将廉价的生物质资源转化为有用的工业化学品，尤其是精细化学品是绿色精细化工的重要发展战略之一。

2. 精细化工工艺技术的绿色化

精细化工工艺技术的绿色化，要求化学化工科学工作者从可持续发展的高度来审视"传统"的化学研究和化工过程，以"与环境友好"为出发点，提出新的化学理念，改进"传统"合成路线，创造出新的环境友好的化工生产过程。

3. 精细化工产品的绿色化

精细化工产品的绿色化，就是要根据绿色化学的新观念、新技术和新方法，研究和开发无公害的传统化学用品的替代品，设计和合成更安全的化学品，采用环境友好的生态材料，实现人类和自然环境的和谐与协调。

二、绿色精细化工技术的内容

（一）绿色化工技术的内容

研究、开发和应用绿色化工技术的目的在于最大限度地节约资源、防治化学化工污染、生产环境友好产品，服务于人与自然的长期可持续发展。绿色化工技术的内容极广泛，当前比较活跃的有如下方面。

（1）新技术　催化反应技术、新分离技术、环境保护技术、分析测试技术、微型化工技术、空间化工技术、等离子化工技术、纳米技术等。

（2）新材料　功能材料（如光敏树脂、高吸水性树脂、记忆材料、导电高分子）、纳米材料、绿色建材、特种工程塑料、特种陶瓷材料、甲壳素及其衍生物等。

（3）新产品　水基涂料、煤脱硫剂、生物柴油、生物农药、磁性化肥、生长调节剂、无土栽培液、绿色制冷剂、绿色橡胶、生物可降解塑料、纳米管电子线路、新配方汽油、新的海洋生物防垢产品、新型天然杀虫剂产品等。

（4）催化剂　生物催化剂、稀土催化剂、低害无害催化剂（如以铑代替汞盐催化制乙醛）等。

（5）清洁原料　农、林、牧、副、渔产品及其废物，清洁氧化剂（如双氧水、氧气）等。

（6）清洁能源　氢能源、醇能源（如甲醇、乙醇）、生物质能（如沼气）、煤液化、太阳能等。

（7）清洁溶剂　无溶剂、水为溶剂、超临界流体为溶剂等。

（8）清洁设备　特种材质设备（如不锈钢、塑料）、密闭系统、自控系统等。

（9）清洁工艺　配方工艺、分离工艺（如精馏、浸提、萃取、结晶、色谱等）、催化工艺、仿生工艺、有机电合成工艺等。

（10）节能技术　燃烧节能技术、传热节能技术、绝热节能技术、余热节能技术、电力节能技术等。

（11）节水技术　咸水淡化技术、避免跑冒滴漏技术、水处理技术、水循环使用和综合利用技术等。

（12）生物化工技术　生物化工合成技术、生物降解技术、基因重组技术等。

（13）"三废"治理　综合利用技术、废物最小化技术、必要的末端治理技术等。

（14）化工设计　绿色设计、虚拟设计、原子经济性设计、计算机辅助设计等。

绿色化工技术的研究与开发主要是围绕"原子经济"反应、提高化学反应的选择性、无毒无害原料、催化剂和溶剂、可再生资源为原料和环境友好产品开展的。"原子经济性"是指在化学反应过程中有多少原料的原子进入到所需的产品中。并用"选择性"和"原子经济性"指标这种新概念来评估化学工艺过程。因此要求：①尽可能节约那些不可再生的原料和资源；②最大限度减少废料排放；③尽可能采用无毒、无害的原料、催化剂、溶剂和助剂；④使用生物质作原料，因为生物质是可再生性的资源，是取之不尽永不枯竭的，用它代替矿物资源可大大减轻对资源和环境的压力；⑤应设计、生产和使用环境友好产品，如塑料、橡胶、纤维、涂料及黏合剂等高分子材料和医药、农药及各种燃料等，这些产品在其制造、加工、应用及功能消失之后均不会对人类健康和生态环境产生危害。

人类从无视自然到善待自然，从被动治理污染到主动保护环境，标志着人类社会发展到了新的文明时代。现在人们愈来愈注意到采用不产生"三废"的原子经济反应才能实现化工过程及材料制备过程废物的"零排放"。化学反应不仅要有高选择性和高产率，还应使原料分子中原子的有效利用率最高。

原子经济性的目标：是在设计化合物的合成时就必须设法使原料分子中的原子更多或全部地变成最终希望的产品中的原子。

传统反应：$A+B \longrightarrow C+D$

A、B——起始原料；C——所希望的最终产品；D——伴生的副产物（可能是有害的，或无害而浪费）。

原子经济性反应：$E+F \longrightarrow C$

E、F——原料；C——所希望的最终产品。

所谓原子经济性反应即使用 E 和 F 作为起始原料，整个反应结束后只生成 C，E 和 F 中的原子得到了 100% 利用，亦即没有任何副产物生成。

上述原子经济性概念可表述如下：原子经济性或原子利用率＝（被利用原子的质量/反应中所使用全部反应物分子的质量）×100%

化工生产上常用的产率或收率则是用下式表示：产率或收率＝（目的产品的质量/理论上原料变为目的产品所应得产品的质量）×100%

可以看出：原子经济性与产率或收率是两个不同的概念，前者是从原子水平上来看化学反应，后者则从传统宏观量上看化学反应。例如一个化学反应，尽管反应的产率或收率很高，但如果反应分子中的原子很少进入最终产品中，即反应的原子经济性很差，那么意味着该反应将会排放出大量的废弃物。因此，只用反应的产率或收率来衡量一个反应是否理想显然是不充分的。要消除废弃物的排放，只有通过实现原料分子中的原子百分之百地转变成产物，才能达到不产生副产物或废物，实现废物"零排放"的要求。

原子经济性是一个有用的评价指标，正为化学化工界所认识和接受。但是，用原子经济性来考察化工反应过程过于简化，它没有考察产物收率，过量反应物、试剂的使用，溶剂的损失以及能量的消耗等，单纯用原子经济性作为化工反应过程"绿色性"的评价指标还不够全面，应结合其他评价指标才能做出科学的判断。

环境因子（E-因子）是荷兰有机化学教授 R. A. Sheldon 在 1992 年提出的一个量度标准，定义为每产出 1kg 产物所产生的废弃物的总质量，即将反应过程中废弃物的总质量除以产物的质量，其中废弃物是指目标产物以外的任何副产物。E-因子越大意味着废弃物越多，对环境负面影响越大，因此 E-因子为零是最理想的。Sheldon 教授相信环境系数及相关方案将成为评价一个化工反应过程绿色性的重要指标。

为了较全面评价有机合成反应过程的绿色性，A. D. Curzons 和 D. J. C. Constable 等提出了反应的质量强度（mass intensity，简称 MI）概念，即获得单位质量产物所消耗的原料、助剂、溶剂等物质的质量，包括反应物、试剂、溶剂、催化剂等，也包括所消耗的酸、碱、盐以及萃取、结晶、洗涤等所用的有机溶剂质量，但是不包括水，因为水本质上对环境是无害的。

由此可见，质量强度越小越好，这样生产成本低，能耗少，对环境的影响就比较小。因此，质量强度是一个很有用的评价指标，对于合成化学家特别是企业领导和管理者来说，评价一种合成工艺或化工生产过程是极为有用的。

D. J. C. Constable 等对 28 种不同类型化学反应的化学计量、产率、原子经济性、反应质量效率、质量强度和质量产率等评价指标进行了大量的实验研究，结果表明：由于化学反应的类型和评价指标的对象不同，质量强度、产率、原子经济性、反应质量效率等评价指标往往不呈现出相关性，因而不能用单一指标来评价一个化工反应过程的绿色性，必须结合其他评价指标进行综合考虑。例如，对于化学计量反应，将反应质量效率结合原子经济性、产率等评价指标一起用于判断化工反应过程的绿色性是有帮助的，又如质量强度作为评价化工过程绿色性是一个很有用的指标，但是不可用单一数据就进行评判，它有一个概率分布范围。

成本关系：实践表明，对于精细化学品尤其是药物的合成，通常合成步骤多，工艺技术复杂，原材料（包括试剂、溶剂等）用量大，原材料的成本占药物合成材料总成本的比重很大，在讨论化学化工反应过程的评价指标时，必须考虑所用原材料的成本影响。对于药物合成，改变药物的合成路线、利用不对称催化合成替代手性拆分、采用清洁合成工艺将是提高合成反应原子经济性和降低生产成本更为有效的途径。

技术因素：一个理想的化工过程应该在全生命周期都是环境友好的过程，这里包括原料的绿色化、化学反应和合成技术的绿色化、工程技术的绿色化以及产品的绿色化等。为此，需要合成化学家和化学工程师们的通力合作，加强绿色化学工艺和绿色反应工程技术的联合开发，例如产品的绿色设计、计算机过程模拟、系统分析、合成优化与控制，实现高选择性、高效、高新技术的优化集成，以及设备的高效多功能化和微型化。

（二）加快发展绿色精细化工的关键技术

精细化工品种多，更新换代快，合成工艺精细，技术密度高，专一性强。加快发展绿色精细化工，必须优先发展绿色合成技术。例如，新型催化技术是实现高原子经济性反应、减少废物排放的关键。

1. 绿色催化技术

催化剂是化学工艺的基础，是使许多化学反应实现工业应用的关键。催化作用包括化学催化和生物催化，它不仅可以极大地提高化学反应的选择性和目标产物的产率，而且从根本上抑制副反应的发生，减少或消除副产物的生成，最大限度地利用各种资源，保护生态环境，这正是绿色化学所追求的目标。

（1）相转移催化技术　相转移催化（phase transfer catalysis，PTC）是指由于相转移催化剂的作用使分别处于互不相溶的两相体系中的反应物发生化学反应或加快其反应速率的一种有机合成方法。相转移催化具有一系列显著的特点。①反应条件温和，能耗较低，能实现一般条件下不能进行的化学合成反应。②反应速率较大，反应选择性好，副反应较少，能提高目标产物的产率。③所用溶剂价格较便宜，易于回收，或者直接将液体反应物作溶剂，无需昂贵的无水溶剂。④普通的相转移催化剂价廉，易于获得。⑤能用碱金属氢氧化物的水溶液替代醇盐、氨基钠、金属钠等试剂。这些正是绿色化学追求的目标，提高反应的选择性，抑制副反应，减少有毒溶剂的使用，减少废弃物的排放。因此，相转移催化作为一种绿色催化技术大量用于精细化学品的合成。

（2）酶催化技术　酶是存在于生物体内且具有催化功能的特殊蛋白质，通常所讲的生物催化主要指酶催化。生物催化因其具有催化活性高、反应条件温和、能耗少、无污染等优点，已成为绿色化学化工的关键技术之一。

（3）不对称催化技术　手性化合物在医药工业、农用化学品、香料、光电材料、手性高分子材料等领域得到了广泛的应用。手性物质的获得从化学角度来说有外消旋体拆分、化学计量的不对称反应和不对称催化合成等 3 种方法，其中不对称催化合成是获得单一手性分子的最有效方法。因为不对称催化合成很容易实现手性增值，一个高效率的催化剂分子可产生上百万个光学活性产物分子，达到甚至超过了酶催化水平。通过不对称催化合成不仅能为医药、农用化学品、香料、光电材料等精细化工提供所需要的关键中间体，而且可以提供环境友好的绿色合成方法。

（4）二氧化碳作为一种新型温和氧化剂　二氧化碳是一种温室气体，它导致全球变暖，给生态环境带来严重破坏，使全球性气候异常，引发频繁的自然灾害。因此如何控制温室气体的排放已经引起世界范围的广泛关注。目前世界各国均投入大量人力物力进行治理，同时限制企业排放。目前，有效利用二氧化碳的方法主要有物理方法和化学方法。物理方法就是充分利用二氧化碳是无毒、惰性气体的特点，直接将二氧化碳用于碳酸饮料、气体保护焊接、食品加工、烟草、采油等行业，此法只是二氧化碳的简单再利用，没有从根本上解决问题。化学方法在于如何使惰性二氧化碳活化参与化学反应，转化为可以为人们所用的产品，将其作为一种资源加以综合利用，这是科技界、产业界和环境学家梦寐以求的目标。二氧化碳作为一种碳氧资源，将二氧化碳直接作为化工原料合成化学品，这是最主要、也是较有价值的利用二氧化碳的方式。在特殊催化体系下，二氧化碳可以作为温和氧化剂发生许多化学反应，从而可以固定为高分子材料、化学中间体、油品添加剂、乙烯、羧酸酯等。目前，该领域的研究非常活跃，其关键在于选择合适的目标产品、制备方式和催化剂体系等，这直接决定着产品的性能指标和成本及其终端市场，在理论上和实践中都有深刻的意义和前景。作为大量存在的廉价碳资源的有效利用，CO_2 的催化转化无疑具有环境、资源和经济效益等多重意义，同时要实现经济的可持续发展，就必须以循环经济的理念来规划产业，以清洁化、规模化、特色化的发展原则来开发 CO_2 资源，构筑二氧化碳-碳一化工产业链，通过产业链规划与资源再生循环利用，以尽可能少的资源消耗、尽可能小的环境代价实现最大的经济效益、社会效益和环境效益。

2. 电化学合成技术

电化学合成技术是在电化学反应器（习惯称为电解池或电解槽）内进行以电子转移为主的合成有机化合物的清洁生产技术。有机电化学合成相对于传统有机合成具有以下显著的优点：①电化学反应是通过反应物在电极上得失电子实现的，因此，有机电化学合成反应无需有毒或危险的氧化剂和还原剂，电子就是清洁的反应试剂。在反应体系中，除了反应物和生成物外，通常不含其他反应试剂，减少了副反应的发生，简化了分离过程，产物容易分离和精制，产品纯度高，减少了环境污染。②用传统化学合成方法需要多步骤反应才能获得的产品在电化学反应器中可一步完成。因为在电化学合成过程中，通过控制电极电位，使反应按预定的目标进行，从而制备高纯度的有机产物；也可以通过改变电极电位合成不同的有机产品，因此，电化学合成的产率和选择性均较高。③有机电化学合成可在常温常压下进行，一般无需特殊的加热和加压设备，这对节省能源、降低设备投资、简化工艺操作、实施安全生产等都是十分有利的，也符合绿色化学的基本原则。④电化学合成反应容易控制，可以根据实际需要改变氧化或还原反应速率，或者随时终止反应的进行，因此，有利于实现有机电化学合成过程的在线监控，预防意外事故的发生。

综上所述，应该说电化学合成技术是绿色化学技术的重要组成部分，发展有机电化学合成是实现绿色化学合成工业尤其是精细化工绿色化的重要目标。电化学合成主要有燃料电池法、牺牲阳极电化学合成法、SPE 法有机电化学合成、配对电化学合成法、间接电化学合成法等。

（1）燃料电池技术　许多有机化合物可以利用燃料电池法进行合成制得。在燃料电池中发生电池反应生成的产物就是所需要的有机产品，同时还提供了电能，属于自发电化学合成法。

（2）牺牲阳极电化学合成技术　采用无隔膜电解槽，以牺牲阳极方法，用卤代物为原料，可以合成一系列重要中间体产物。牺牲阳极法的优点是电解槽结构简单，操作方便，产率高。不足之处是消耗较贵的金属阳极和金属盐的回收。

（3）SPE 法有机电化学合成技术　该法利用固体聚合物电解质（solid polymer electrolyte，SPE）复合电极进行电化学合成。SPE 膜一方面起隔膜作用，将含有反应物的有机相与电极室的水相溶液（或另一有机相）分开，同时作为传递带电离子的作用，电解反应在SPE、金属催化剂和有机相溶液三相界面进行。在反应体系中不需要支持电解质，可以直接对纯反应物进行电解，产物纯度高，分离和提纯过程简单，减少了副反应的发生和废弃物的排放。

(4) 配对电化学合成技术 在通常的电化学合成中，生成产物的电极反应只发生在某一电极（阳极或阴极），而另一电极（阴极或阳极）上发生的电极反应未被利用，显然是不经济的。如果在阳、阴两极上同时生成两种目的产物，则电能效率可以提高1倍。因此，同时利用阴、阳两极反应的合成方法称为配对电化学合成法。例如，葡萄糖在阳极上氧化成葡萄酸，同时在阴极上还原为山梨醇，就是配对电化学合成法的典型实例。

(5) 间接电化学合成技术 该法是通过一种传递电子的媒质与反应物生成目的产物。与此同时，发生价态变化的媒质，又通过电极反应得到再生，再生后的媒质又可重新与反应物反应，生成目的产物，如此往复循环。其特点是反应物不直接电解，而是通过与媒质的化学反应不断转变为产物；通过电极反应，媒质不断地得到或失去电子进而再生。例如，以Ce^{4+}为媒质，间接电化学氧化对甲基苯甲醚，生产大茴香醛。

3. 超临界流体技术

近些年来，超临界流体技术尤其是超临界二氧化碳流体技术发展很快，如超临界二氧化碳萃取在提取生理活性物质方面具有广阔的发展前景；超临界二氧化碳作为环境友好的反应介质以及超临界二氧化碳参与的化学反应，可以实现通常难以进行的化学反应；超临界流体技术在薄膜材料和纳米材料等制备上崭露头角，提供了一个全新的制备方法。因此，超临界流体技术作为一种绿色化学化工技术在精细化学工业、医药工业、食品工业以及高分子材料制备等领域具有广泛的应用。

(1) 超临界流体的特性 超临界流体（supercritical fluid，SCF）是物质处于其临界点（T_c，p_c）以上状态时所呈现出的一种无气液相界面、兼具气液两重性的流体。超临界流体具有独特的物理化学性质，兼具气体和液体的优点，如密度接近于液体，具有与液体相近的溶解能力和传热系数，对于许多固体有机物都可以溶解，使反应在均相中进行；又具有类似气体的黏度和扩散系数，这有助于提高超临界流体的运动速度和分离过程的传质速率。同时它又具有区别气态和液态的明显特点：①可以得到处于气态和液态之间的任一密度；②在临界点附近，压力和温度的微小变化将导致密度发生较大的变化，从而引起溶解度的变化。通常，超临界流体的密度越大，其溶解能力就越大。在温度一定时，随着压力的升高，溶质的溶解度增大；在恒压下随着温度的升高，溶质的溶解度减小。利用这一特性可从物质中萃取某些易溶解的成分。而超临界流体的扩散性和流动性则有助于所溶解的各组分彼此分离，达到萃取与分离的目的。

(2) 超临界二氧化碳萃取的特点 超临界流体萃取的原理是在超临界状态下，将超临界流体与待萃取的物质接触，利用SCF的高渗透性、高扩散性和高溶解能力，对萃取物中的目标组分进行选择性提取，然后借助减压、升温的方法，使SCF变为普通气体，被萃取物质则基本或完全排出，从而达到分离提纯的目的。在超临界流体萃取技术中，研究最多、应用最广的是超临界二氧化碳。超临界二氧化碳萃取的特点主要有如下几个。

① 超临界CO_2（$SCCO_2$）的临界压力和临界温度较低，CO_2的T_c为31.1℃，p_c为7.38MPa。因此，可在较低温度下进行萃取操作，同时它又是惰性气体，被萃取物很少发生热分解或氧化等变质现象，不会破坏生理活性物质，特别适合于热敏性物质和天然物质的萃取和精制。

② 超临界CO_2流体具有极高的扩散系数和较强的溶解能力，其密度接近液体，黏度接近气体，扩散能力约为液体的100倍，有利于快速萃取和分离。

③ $SCCO_2$流体具有良好的萃取分离选择性，通过压力和温度的简单调节可以使$SCCO_2$的密度发生较大的变化，因此选择适当的温度、压力或夹带剂，可提取高纯度的产品，尤其适用于中草药和生理活性物质的萃取和精制，工艺操作简便。

④ 萃取和蒸馏操作合二为一，极易与萃取物分离，不存在溶剂残留问题。

⑤ 无味、无臭、无毒，不燃烧，安全性好，特别适用于香料和食品成分的萃取与分离。

⑥ 在超临界流体萃取操作中，一般没有相变的过程，只涉及显热，且溶剂在循环过程中温差小，容易实现热量的回收，可以节省能源。

⑦ SCCO₂ 价廉易得，甚至可以利用其他工业的副产品 CO_2；而且 CO_2 回收容易，可反复使用。

（3）超临界二氧化碳萃取技术　自 20 世纪 60 年代 Zosel 博士首先提出超临界萃取工艺并从咖啡中提取咖啡因后，超临界流体特别是超临界二氧化碳萃取作为一种具有十分诱人的分离提纯技术，在提取中草药有效成分、天然色素、天然香料、生理活性物质以及金属离子分离等方面得到了广泛的应用，有的已达到了工业化。例如，银杏叶有效成分银杏黄酮和萜内酯的提取，紫苏籽油的提取，β-胡萝卜素的提取，天然香料的提取。

（4）超临界流体中的有机合成技术　在精细化学品合成中常用的溶剂多是挥发性有机化合物，对人类健康和生态环境有较大的影响。在全球环保意识日益增强的今天，寻找新的污染小的或无污染的清洁反应介质替代常规溶剂是国内外化学化工科技工作者极为关注的研究领域。超临界流体尤其是超临界二氧化碳作为绿色溶剂在有机合成中正发挥越来越重要的作用。

在超临界流体状态下进行化学反应，由于超临界流体的高溶解能力和高扩散性，能将反应物甚至将催化剂都溶解在 SCF 中，可使传统的多相反应转化为均相反应，消除了反应物与催化剂之间的扩散限制，有利于提高反应速率。同时，在超临界状态下，压力对反应速率常数有较强烈的影响，微小的压力变化可使反应速率常数发生几个数量级的变化，利用超临界流体对温度和压力敏感的溶解性能，选择合适的温度和压力条件，有效地控制反应活性和选择性，及时分离反应产物，促使反应向有利于目标产物的方向进行。近 10 年来，在超临界流体特别是 SCCO₂ 中进行有机合成的文献报道很多，在催化氢化、催化氧化、烷基化以及高分子聚合、酶催化等方面取得令人瞩目的进展。应该指出，超临界流体在高分子材料的聚合和纳米材料的制备等方面也具有重要的应用，展示出广阔的发展前景。

4. 精细生物工程技术

生物工程与生物技术的应用，使精细化学反应过程的选择性更强，即原子经济性体现得更加充分。现代生物工程技术与传统化学合成方法相比有诸多优点：反应条件温和，选择性强，应用广泛，可利用再生资源作原料，对环境影响小。现代生物工程技术的发展将对精细化学工业的发展产生重大影响。在未来的化工生物工程技术发展过程中主要有三大重点。

（1）改进精细生物化学加工工艺　对组合的生物学和化学过程进行在线检测；生物反应的高效、完全、连续操作技术、生物和化学操作的接合技术、有效的分离和高效反应器设计等。

（2）提高生物催化剂的性能　从尚未开发的或新发现的微生物门类中分离出新型酶；强化已知酶的被作用特性和活性；运用分子生物学有目标的分子演变技术，提高生物催化剂的环境耐受性；按照酶代谢途径使生物催化剂能简化合成过程，廉价高效地制造新化合物。

（3）纤维素酶（催化）技术　除了以上独立的酶催化剂以外，对未来化工发展影响较大的是纤维素酶催化技术的开发应用。在此领域，近年来研究较为活跃，主要是围绕选择性、活跃度等方面进行突破，有的已进入中试阶段。在不久的将来，如果纤维素酶真正实现了大规模工业化应用，将给化学工业带来一次实质性的变革，原料及能源的再生将成为现实，可使化学工业真正全面走上绿色的道路。除此之外，菌种培养技术、产品分离和精制技术、发酵设备大型化技术、自控技术及外围相关配套技术也是生物工程技术方面需要突出的重点。

5. 生命科学技术

近年来，生命科学研究开发的水平已经成为各国对精细化工科技发展的重要标志。其主要原因是，在通过对生命的研究的同时推进仿生技术的应用步伐，在不断改善自然环境的同时进一步提高人类生存的整体素质。精细化工科技在生命领域的作用，主要是揭示生命的起源和仿生技术的应用。

目前，人类已经掌握了从糖类到蛋白质，从脂类到核酸，以至到 DNA 密码的破译技术，它代表了当代科技的最高水平。生命科学的仿真化过程，将精细化工科技整体水平推向新的高度。生命科学应用于精细化工方面的重点是，将通过采用细胞工程技术来获得一些复杂化合物。主要过程是对动、植物细胞大规模培养，并利用生物反应器进行工厂化生产，特别是在一些贵重药品和特殊化学品的制取过程中，将会取得事半功倍的效果。

6. 促进精细化学产品分离及相关配套技术的发展

(1) 膜及其他新型分离技术　在精细化工生产中除了化学合成过程外，产品分离也是不可缺少的重要步骤，主要包括蒸馏、萃取、结晶等技术的应用。在传统生产过程中，特别是工艺技术相对落后的一些装置，其设备往往都很庞大，能耗高，有时所需产品还达不到所要求的纯度。新的化工分离技术主要是在针对减少设备投资、降低能耗和实现高纯度分离等方面进行研究和开发。这些分离技术、分子蒸馏等均已取得一定的进展，其中膜分离技术被称为21世纪初最有发展前途的高新技术之一。超临界萃取技术也是近年来兴起的一种新型分离技术，它是利用物质在临界点附近发生显著变化的特性进行物质的分离提取，不仅适用于提取和分离难挥发和热敏性物质，而且对于进一步开发利用能源、保护环境等都具有潜在的重要意义。

目前全球已有30多个国家和地区的2000多个科研机构从事膜技术研究和应用开发，已形成了一个较为完整的边缘学科的新型产业，并正逐步有针对性地替代一些传统分离净化工艺，而且朝反应-分离耦合、集成分离技术等方面发展。其技术开发重点是：对膜分离过程传质机理的研究及相应数学模型的建立；新型高效的高分子及复合膜材料的研制；生产工艺、膜的污染及清洗等。

另外，世界上研究开发的分离技术还有超重力场分离技术、精细和催化及分子蒸馏技术。除此之外，超临界萃取技术、变压吸附分离技术也是今后新分离技术主攻的重点。

(2) 计算机及其他电子应用技术　20世纪末信息技术的迅猛发展使人类朝着所谓"信息"社会迈出了一大步。化学工业中计算机的应用领域将会越来越广泛。对化学工业至关重要的计算机应用技术主要有：计算分子科学；计算流体力学；过程模拟；操作优化和控制；化工生产全过程的计算机管理等。新世纪计算机化工应用技术的发展方向是计算机应用工具和化学工业完美结合，使计算机不仅能对分子结构、化学合成和化工工艺进行模拟，而且能对多点的、多产物的国际性环境进行模拟，并将计算机系统的大规模集成化与计算机的人工智能化相结合，使人工智能咨询系统在整个化工企业的综合管理中发挥重要作用。

近期计算机化工应用技术的重点主要有：计算机生产控制与优化技术、集成制造技术、化工故障诊断技术、监控与安全系统技术、工程设计技术、分子设计技术和仿真技术等。

(3) 专用化学品后处理和新材料合成及其加工技术　随着精细化学品的使用范围不断扩大，专用功能也在不断强化。特别是随着电子科学、生命科学等相关技术领域的迅速发展，除了对其化学品的基本特性提出更高的要求外，对其产品某些物理性能也提出了新的要求。所以，必须对化学专用品合成及相配套的产品后处理加工等方面采用全新的技术，方能满足现代工业及科学技术发展的需要。在新材料合成及精细加工技术方面的重点是：新的功能聚合物、复合材料、导电高分子、超微细粉体、可降解塑料、精密陶瓷、液晶材料；超真空技术、定向合成技术、表面处理和改性技术、插层化学技术、纳米级产品生产及应用技术、超纯物质加工与纯化技术等。

(4) 其他相关技术　在精细化工生产过程中，不仅仅是反应物与产物的转换过程，大多数情况下也是能量转换的过程。特别是在许多化学反应过程中可释放出大量的热能，如何对其能量进行综合利用，不仅可以降低产品的生产成本，更重要的是对降低总体资源的消耗及平衡具有深远意义。所以，节能技术是精细化工科技发展过程中的重要一环。近期在节能方面的重点技术主要有热管技术、热泵技术、储氢技术、新型氧化技术等。

另外，燃料电池作为动力源产品，已经开始在汽车及某些方面进入工业化的试验阶段，并已初显出诱人的魅力。近来已有研究人员在进行电化学合成与发电联合运行的应用开发研究，其目的是使将来的精细化工生产与发电过程建成一体化的联合装置。此项新技术的突破，将是原子经济理论的重大实践，真正促使精细化工科技产生新的革命性变化。

三、绿色精细化工技术的特点

绿色精细化工技术应具有如下 6 个特点：①它将是能持续利用的；②它以安全的用之不竭的能源供应为基础；③高效率地利用能源和其他资源；④高效率地回收利用废旧物质和副产品；⑤越来越智能化；⑥越来越充满活力。

第四节　绿色精细化工产品的特点和标志

一、绿色精细化工产品的特点

用绿色化工技术所生产的精细化学品称为绿色精细化工产品，又称环境友好产品。即指无污染、无公害、有益于环境的产品。绿色产品清洁生产过程的最终产品，是绿色理论体系的重要目标。因此，绿色产品概念在绿色技术理论体系中占有相当重要的位置。

"绿色"这一为人们普遍感受，被认为象征着自然、生命、健康、舒适和活力，使人回归自然的颜色，在面对环境污染时，被选择为无污染、无公害和环境保护的代名词。一般地，绿色精细化工产品应该具有 2 个特点：①产品本身对大自然和对人类无害——产品本身必须不会引起环境污染或健康问题，包括不会对野生生物、有益昆虫或植物造成损害；②产品整个生命周期具有可持续性——当产品被使用后，应该能再循环或易于在环境中降解为无害物质。以上的 2 个特征对绿色精细化学产品本身以及使用后的最终产物的性质都提出了要求。首先，产品本身对人类健康和环境应该无毒害，这是对一个绿色化学产品最起码的要求。其次，当一个产品的原始功能完成后，它不应该原封不动地留在环境中，而是以降解产物的形式，或是作为产品的原料循环，或是作为无毒的物质留在环境中，这就要求产品本身必须具有降解性能。在传统的功能化学产品的设计中，只重视了功能的设计，而忽略了对环境及人类危害的考虑，然而在绿色化学品的设计中，要求产品功能与环境影响并重。

二、绿色精细化工产品的标志

1. 商标标志

商标是生产经营者在其生产、制造、加工、拣选或者经销的商品或者服务上采用，区别商品，由文字、图形或者组合构成的，具有显著特征的标志。商标是商标所有人对其注册商标所享有的权利，它是由商标主管机关依法授予商标所有人的并受到国家法律的保护。

2. 环境标志

环境标志又称绿色标志、蓝色标志、生态标志、环境选择等。产品经专家委员会鉴定认可后，由政府有关部门授予。环境标志的作用在于表示该产品对生态无害、符合环境保护要求。到目前为止，世界上已有几十个国家相继实施环境标志计划。1995 年 3 月，我国首次公布了获得环境标志的产品名录，共有 6 类 11 个厂家的 18 种产品，后来又陆续公布了一些行业和厂家的环境标志产品。迄今为止，已有 31 类的 400 种产品获得了环境标志。

绿色化工产品与商品产销有密切的关系，可用下述"三个一"来体现。一项认证：企业必须取得 ISO 14000 认证，才能达到"清洁生产"标准。一张标志：产品贴有"环境标志"，才能归属为"绿色产品"。一个准则：不符合环境标准的商品禁止进出口，已成为一个公认的国际贸易准则。

三、绿色精细化工产品的管理

绿色管理以绿色法律体系为准绳。绿色法律体系是调节人、技术、自然三者之间关系的有力手段，是实施可持续发展战略的重要措施，是治理环境、保护自然的可靠保障。绿色法律体系由环境保护法律、环境保护法规、环境保护标准等组成。采用绿色技术实现企业的"清洁生产"、制造出市场欢迎的"绿色产品"，这样便可为产品创名牌，为企业谋利润，为环境创效益。

提倡绿色消费方式，从保护环境出发，从实施可持续发展战略考虑，提倡节约资源，反对无谓消耗；提倡适度消费，反对铺张浪费；提倡清洁消费，反对污染环境；既考虑满足人类自身需求，又考虑与自然长期共存发展；既追求物质文明，更崇尚精神文明。

以实施可持续发展战略为原则，结合我国或本地区的实际情况，进行产业规划，产业布局和产业结构应充分考虑资源情况和环境状况，以确保经济与环境协调发展。

我国制定的《中国 21 世纪议程》体现了我国发展中的绿色技术思想，各地区各部门应根据国家总体绿色规划原则，制定出各自的绿色产业规划。

企业管理者必须把绿色技术思想贯穿到企业谋略中去，把求企业利润与创环境效益相结合，把节约资源与消除或减少环境污染相结合；企业员工必须树立绿色观念，积极参与绿色技术的实施。积极推行清洁生产，不断进行技术改造，提高资源利用率，降低废物排放量，创造企业效益，优化环境质量。

>>> 习题

1. 目前我国精细化工的发展受到了哪些因素的制约？
2. 为什么说绿色精细化工是可持续发展的必然选择？
3. "十一五规划纲要"的指导原则是什么？
4. 绿色化学的定义是什么？
5. 绿色化学的原则是什么？
6. 绿色化学的特点是什么？
7. 绿色精细化工是什么？
8. 绿色精细化工技术是什么？
9. 原子经济性的目标是什么？
10. 发展绿色精细化工的关键技术是什么？
11. 绿色精细化工技术应具有哪些特点？
12. 绿色精细化工产品应该具有哪些特点？

附　　录

附录一　精细化学品与化工相关重要中文期刊

1. 高等学校化学学报

是综合性学术刊物。以"研究论文"、"研究快报"、"研究简报"和"综合评述"等栏目集中报道我国化学学科及其交叉学科、新兴边缘学科等领域中新开展的基础研究、应用研究和开发研究中取得的最新研究成果。坚持以新、快、高为办刊特色，学科覆盖面广，信息量大，学术水平高，创新性强。被 SCIE、SCI 收录。在美国《化学文摘》千种表中居科技期刊前列。是中国科技期刊引证报告期刊源。在全国优秀科技期刊第一、第二、第三届评比中先后获二等奖、一等奖和国家期刊奖。

2. 化工学报

是国内最具影响的化工学术刊物之一，主要刊载化工及相关领域具有创造性的、代表我国基础与应用研究水平的学术论文；报道有价值的基础数据；扼要报道阶段性研究成果；快速报道重要研究工作的最新进展；接受读者来信，展开学术讨论；选载对学科发展起指导作用的综述与专论。按研究领域分成如下栏目：（1）热力学；（2）传递现象；（3）多相流和计算流体力学；（4）催化、动力学与反应器；（5）分离工程；（6）过程系统工程；（7）表面与界面工程；（8）生物化学工程与技术；（9）能源和环境工程；（10）材料化学工程与纳米技术；（11）现代化工技术；（12）其他。本刊在《中文核心期刊要目总览》中名列化工类第一名，在化工界享有很高声誉，在期刊评比中多次获奖，被很多国际重要检索系统收录，如美国 CA、EI，俄罗斯《文摘杂志》，日本《科学技术文献速报》等。

3. 石油化工

本刊是中文核心期刊，主要报道我国石油化工领域的科研成果、新技术、新进展。主要版块栏目包括"研究与开发"、"精细化工"、"工业技术"、"分析测试"、"进展与述评"、"国内简讯"、"国外动态"、"专科文摘"。

4. 分析化学

《分析化学》是中国科学院和中国化学会共同主办的专业性学术刊物，主要报道我国分析化学学科具有创新性的研究成果，反映国内外分析化学的进展和动态，发现和扶植人才，推动和促进分析化学学科的发展。本刊设"研究报告"、"研究简报"、"仪器装置与实验技术"、"评述与进展"、"来稿摘登"等栏目。

5. 合成橡胶工业

是中国石油兰州石化公司主办的高分子弹性体材料科学与工程技术领域内的专业性科学技术刊物。本刊坚持工业与学科相结合，合成与加工应用相结合的办刊思想，始终坚持为国内读者服务、为工业技术进步服务的宗旨，以从事工业生产和技术开发研究的工程技术人员为主要读者对象，也可供从事本专业的科学研究工作者和高等院校师生阅读。本刊坚持以刊物为本的办刊原则，使刊物质量一直保持上升的势头，杂志的影响力不断扩大，在合成橡胶行业领域具有较高的知名度。自创刊以来，已连续 17 次荣获国家、省部级的奖励。

6. 农药

主要报道农药科研、生产、加工、分析、应用等方面的新成果、新技术、新知识、新动态、新经验等内容，包括农药生产过程的三废治理及副产物的综合利用，国内外农药新品种、新剂型和新用法，国内病虫草害发生趋势，农药药效试验、田间应用、使用技术改进及毒性、作用机制、残留动态等。

7. 高分子材料科学与工程

《高分子材料科学与工程》是由国家教育部主管，由中国石油化工股份有限公司科技开发部、国家自然科学基金委员会化学科学部、高分子材料工程国家重点实验室和四川大学高分子研究所主办的全国性专业期刊。以"专论与综述"、"研究论文"、"研究简报"、"教学讨论"、"工业技术与开发"等栏目报道与高分子材料科学与工程领域有关的高分子化学、高分子物理和物化、反应工程、结构与性能、成型加工理论与技术、材料应用与技术开发的最新研究成果，报道在高分子材料与工程学科及其相关的交叉学科、新兴学科、边缘学科所开展的科研成果。

8. 化学工程

本刊是全国化工化学工程设计技术中心站及中国石油和化工勘察设计协会化学工程设计专业委员会主办的化工行业学术性及技术应用性刊物，是国内创刊最早的化学工程专业刊物。

9. 中国医药工业杂志

《中国医药工业杂志》为全国医药卫生类中文核心刊物，是广大科技人员交流成果、探讨经验、发表学术论文的园地，主要栏目有："工艺研究"，"药物研究"，"制剂研究"，"生物技术"，"药物分析与质量"，"药理与临床"，"制药设备"，"试剂与中间体"，"综述与专论"等。

10. 精细化工

本刊 1984 年 6 月创刊，每月 15 日出版。它是中国化工学会精细化工专业委员会会刊、中国化学工业类核心期刊、中国轻工业类核心期刊、中国科学引文数据库来源期刊、中国创办最早的精细化工专业技术刊物。本刊是中国学术期刊（光盘版）（CAJ-CD）首批入编期刊之一；是美国《化学文摘》（CA）全球摘用频度最大的 1000 种期刊之一；部分文章已由美国《工程索引》（EI）、日本《科学技术文献速报》（CBST）、俄罗斯《文摘杂志》（AJ）等摘用。

11. 精细石油化工

主要报道油田化学品、日用化工产品、纺织染整助剂、胶黏剂、表面活性剂、合成洗涤剂、催化剂、合成材料助剂、炼油精细化学品、石化副产品综合利用以及中间体的研究、开发、生产、应用等方面的成果，介绍国内外发展精细化工的经验及精细石油化工领域的新成就和技术进展。

12. 精细与专用化学品

面向从事精细与专用化学品生产、建设、科研、营销、管理的各层次人员，以综合性、专业性、信息性和实用性为特色，介绍我国本专业发展的政策和趋势，国内外技术进展、产业现状、新建项目、市场供求、新品开发，以及终产品的消费态势和对原材料的需求。设有："专家论坛"、"行业综述"、"市场分析"、"消费导向"、"开发指南"、"技术进展"、"新品介绍"、"行业动向"及"综合信息"等栏目。内容涉及：涂料、农药、染料、合成药品、中间体、颜料、胶黏剂、饲料添加剂、食品添加剂、日用化学品、工业表面活性剂、化学试剂、催化剂、合成材料助剂及电子、造纸、油田、汽车维护保养、皮革、水处理、生物化学等品种。

13. 精细化工中间体

本刊由湖南化工研究院主办，为中国化工学会精细化工专业委员会中间体协作网专业期刊。其专业报道重点定位于农药中间体、医药中间体、染料中间体及其他精细化工相关领域。辟有"专论与综述"、"药物及中间体"、"染料及中间体"、"有机化工原料"、"功能材料"、"其他及专利信息"等栏目，全面报道该领域的科研开发、工艺改进、市场信息等最新动态。

14. 无机材料学报

《无机材料学报》创刊于 1986 年，由中国科学院上海硅酸盐研究所主办，科学出版社出版，郭景坤院士任主编，主要报道包括人工晶体、特种玻璃、高温结构陶瓷、功能陶瓷（铁电、压电、热释电、PTC、温敏、热敏、气敏等）、非晶态半导体材料、环保材料、生物材料、特种无机涂层材料、功能梯度材料以及无机复合材料等方面的最新研究成果，上述材料性能的最新检测方法以及获得上述材料的新工艺等。本学报立足于先进性和科学性，报道国家攻关、国家自然科学基金项目的阶段成果和总结性成果，大部分文章具有创新性、探索性、实用性，立论科学、论据充分、预见准确，有较高的学术价值。《无机材料学报》被美国《科学引文索引》数据库（SCIE）、美国《工程索引》数据库（EI）、美国《化学文摘》（CA）、国家科技部中国科技论文与引文数据库（CSTPCD）、中国科学院文献情报中心中国科学引文数据库（CSCD）、中国核心期刊数据库、中国学术期刊文摘、中国科技期刊精品数据库、中文科技期刊数据库、中国学术期刊综合评价数据库（CAJCED）、中国期刊全文数据库（CJFD）等所收录。

15. 感光科学与光化学

《感光科学与光化学》是由中国科学院理化技术研究所与中国感光学会联合创办的学报。主要刊登感光科学和光化学领域的研究成果，同时刊登有关信息科学及信息材料，包括信息储存和记录、信息的处理和加工及信息显示材料等；光/电化学及光电子技术，包括光/电转换及储存材料、电光材料、非线性光学材料、电致发光材料及器件研究以及化学和物理发光等领域；光生物，光医学及生命科学与环境科学中的有关问题的新理论、新概念、新技术和新方法，以促进国内外的学术交流。

16. 催化学报

《催化学报》于1980年3月创刊，是中国化学会和中国科学院大连化学物理研究所主办，科学出版社出版的学术性刊物。主要刊登催化领域有创造性、立论科学、正确、充分，有较高学术价值的论文，反映我国催化学科的学术水平和发展方向，报道催化学科的科研成果与科研进展；跟踪学科发展前沿，注重理论与应用结合，促进国内外学术交流与合作。本刊开辟有研究快讯、研究论文和综述等栏目。内容主要包括多相催化、均相络合催化、生物催化、光催化、电催化、表面化学、催化动力学以及有关边缘学科的理论和应用的研究成果。本刊以催化学术领域从事基础研究和应用开发的科研人员及工程技术人员为读者对象，也可供大专院校有关催化专业的本科生及研究生参考。《催化学报》现被十余种国内外重要检索系统和数据库收录，它们是：美国《科学引文索引（扩展版）》（SCIE）、美国《化学文摘》（CA）、美国《剑桥科学文摘》（CSA）、日本《科学技术文献速报》（CBST）、俄罗斯《文摘杂志》（AJ）、英国《催化剂与催化反应》（CCR）以及国内的中国科学引文数据库、中国学术期刊文摘、中国学术期刊综合评价数据库、中国化学文献数据库、中国化学化工文摘、中国学术期刊（光盘版）和万方数据数字化期刊群等。

17. 应用化学

《应用化学》创刊于1983年，是经国家科委批准向国内、国外公开发行的化学类综合性学术期刊。其中包括有机化学、无机化学、高分子化学、物理化学、分析化学，与材料科学、信息科学、能源科学、生命科学互相关联和渗透，涉及的专业面广。

18. 化学反应工程与工艺

本刊主要反映我国化学反应工程和有关工艺方面的科技成果，促进国内外学术交流，并为我国社会主义现代化建设服务。本刊主要内容包括：化学反应动力学、反应工程技术及其分析、反应装置中的传递工程、催化剂及催化反应工程、流态化及多相流反应工程、聚合反应工程、生化反应工程、反应过程和反应器的数学模型及仿真、工业反应装置结构特性的研究、反应器放大和过程开发以及特约论著等。

19. 高分子学报

《高分子学报》是1957年创办的中文学术期刊，曾用名《高分子通讯》，月刊，中国化学会、中国科学院化学研究所主办，中国科学院主管。主要刊登高分子化学、高分子合成、高分子物理、高分子物理化学、高分子应用和高分子材料科学等领域中，基础研究和应用基础研究的论文、研究简报、快报和重要专论文章。读者对象主要为国内高分子学科的研究人员、工程技术人员、高等院校的教师和学生。主编：王佛松；副主编：曹镛、方世璧、丘坤元、习复、徐懋、周啸、周其凤。本刊被SCIE、CA、日本《科技文献速报》、俄罗斯《文摘杂志》、万方数据库、中国科学引文数据库、中国期刊网等重要检索系统所收录。本刊曾多次荣获国家、中国科学院和中国科协颁发的优秀期刊奖；2001年获得"国家期刊方阵双百期刊"，并于2003年在国家期刊奖评选活动中荣获"国家期刊奖提名奖"；2005年荣获第三届国家期刊奖。

20. 化工进展

《化工进展》为中国科学技术协会批准，中国化工学会、化学工业出版社主办，化学工业出版社出版，国内外公开发行的技术信息型刊物，为中国化工学会会刊，全国中文核心期刊。《化工进展》以反映国内外化工行业最新成果、动态，介绍高新技术，传播化工知识，促进化工科技进步为办刊宗旨。所刊内容涵盖石油化工、精细化工、生物与医药、新材料、化工环保、化工设备、现代化管理等学科和行业。《化工进展》杂志将继续倡导工业媒体为产业服务的理念，注重实用性和先进性，关注新技术、新产品及新设备。《化工进展》面向过程工业中的技术和管理部门，读者群包括化工、石油化工行业及过程工业中的企业技术和管理人员，以及高等院校及科研院所的科研人员和学生。

21. 现代化工

本刊为综合性化工技术信息性期刊，由中国化工信息中心主办，公开发行，月刊。1980年创刊，坚持大化工、全方位的服务方向，以战略性、工业性和情报性为特色。重点报道国内外化工、石化、石油领域的新技术、新工艺、新兴边缘学科和高技术成就，读者对象为化工科研及设计人员、大专院校师生、化工行业管理干部以及化工企业的厂长经理及营销人员。主要栏目有"专论与评述"、"技术进展"、"科研与开发"、"化工行业设备"、"市场研究"、"环保与安全"、"海外纵横"、"知识介绍"、"国内简讯"、"国外动态"、"专利集锦及服务窗"等。并承办国内外广告业务。

22. 化学世界

本刊为化学化工综合性技术刊物。报道化学、化工领域的科研技术与应用成果。栏目有综述专论、有机工业化学、无机工业化学、工业分析、化学工程、新技术、新成果、新信息、化学天地、学会活动。读者对象为化学化工专业科研技术人员及大学、中学教师。

23. 离子交换与吸附

本刊旨在反映国内外离子交换剂、吸附剂、高分子催化剂、高分子试剂、医用高分子材料以及其他功能高分子材料在科研、生产、应用和应用基础研究诸方面的进展和动向。发表科研论文和科研成果，探讨应用基础理论，介绍新的实验技术，生产技术和应用技术，交流工作经验，促进反应性高分子科学技术的发展。

24. 高校化学工程学报

《高校化学工程学报》的办刊宗旨是：全心全意为化学工程与技术学科的教育和科学研究服务，全面、正确、迅速地反映我国化学工程与技术学科各个领域的科学研究成果，为专家、学者及他们的研究生提供一个进行学术交流的平台。今天，《高校化学工程学报》已经成了我国化学工程与技术学科最重要的学术期刊之一，也受到了国际学术界的重视。学报刊登的论文已经被国内外许多著名的检索机构收录，如：美国《工程索引》（EI Compendex）、美国《化学文摘》（CA）、俄罗斯《文摘杂志》（AJ）、英国皇家化学会《化学工程文摘》、中国科学院中国科学引文索引、中国化工信息中心中国化学化工文摘、万方数据库等。

25. 化学工程与装备

化学、化工科技类核心刊物。本刊以当代化学、化工领域的新理论、新成果、新工艺、新装备、新产品、新材料为报道内容，以促进科技成果向生产力转化为办刊方向，以提高行业科技水平，提升行业综合竞争力为奋斗目标。本刊具有较强的指导性、权威性、学术性、专业性、理论性和实用性，是政府部门、科研院所、教育教学和实践领域的全国广大读者重要的参考资料和学术研究阵地。省级优秀科技期刊。

26. 国际化工信息

本刊是中国化工信息中心主办、国家工程技术图书馆协办的综合性化工科技期刊。自创刊以来，便以为企业、政府、学校以及科研、管理、商务人员提供信息服务为方向，以战略性和信息性为特色，跟踪监测世界化学工业发展动向，报道主要国家/地区化学工业的方针政策，剖析跨国公司的经营管理、资产运作和科研理念，研究分析世界化学工业的热点和焦点。

27. 化学与生物工程

本刊是化工专业综合性科技期刊。以化学化工与生物化学领域的发展动向及研究成果为主报道方向，重点突出化学在生物领域及生物在化学领域中的相应方面的发展动态、研究成果、技术进展等内容。

28. 化工科技

本刊是国内外公开发行的国家级化工领域技术类期刊，已被国际学术界公认的权威检索性期刊 EI、CA、CSI 所收录。主要报道全国化工领域重大科研成果和技术改造成果，对国家、省、市级的自然科学基金资助项目、国家教委博士后基金资助项目和各种科技攻关项目以及各种获奖项目优先报道。

29. 化工生产与技术

本刊坚持大化工方向。突出实用性、先进性。及时报道化工及相关行业的国内外科技成就、发展动态，提供新产品、新技术信息，推广实用技术和企业技改、革新经验，是化工企业事业单位科技人员、广大员工、高等院校师生的得力助手。

30. 生物质化学工程

本刊报道可再生的木质森林资源的化学转化、热转化、热化学转化和生物转化及松香、松节油、胶黏剂、制浆造纸、木材热解、活性炭、木材水解、栲胶、紫胶、森林资源、香精香料、日用化工等方面的内容。

31. 化工新型材料

本刊系中国化工信息中心主办的化工科技信息刊物，创刊于1973年，为中国学术期刊综合评价数据库来源期刊、中国学术期刊（光盘版）入编刊物。主要报道国内外新近发展和正在开发的具有某些优异性能或特种功能的先进化工材料的研究开发、技术创新、生产制造、加工应用、市场动向及产品发展趋势。本刊内容广泛，应用领域跨行业、跨部门，读者和服务对象不仅有化工科研人员、生产加工企业的厂长经理和营销人员、大专院校师生等，而且还有从国防建设到国民经济各部门的广大用户和关注化工新材料的各界人士。《化工新型材料》为月刊，大16开本，国内外公开发行。

32. 过程工程学报

《过程工程学报》（2001年以前为《化工冶金》）是中国科学院过程工程研究所主办、科学出版社出版、国内外公开发行的学术刊物（双月刊）。《过程工程学报》重点刊登化工材料、生物、冶金、能源、石油、食品、医药、农业、资源及环境等领域中涉及过程工程共性问题的创新论文，内容主要涉及物质转化过程中流动、分离、传递和化学反应规律，以及相关的独特工艺、设备、流程和使之工业化的设计、放大和调控的理论和方法等。本刊现为国家自然科学核心期刊，中国科学院优秀期刊，国家期刊方阵期刊。本刊刊登的论文分别为国内外多家重要的检索刊物和数据库收录，如EI、CA、AJ、日本《科学技术文献速报》、Cambridge Scientific Abstracts、中国学术期刊（光盘版）、中国期刊网及万方数据数字化期刊群等。

33. 化工中间体

本刊由中国化工报社主办的国内唯一的主要报道化工中间体的国家级专业期刊，其兼顾上游化工原料和下游精细化工及其他化工产品。本刊全面、系统地报道国内外化工中间体及精细化工的生产、市场、建设、规划、科技开发、供求、进出口价格、上下游产品的专家论文、信息发布和产品动态等。

34. 化学试剂

本刊是由全国化学试剂信息站（原化工部化学试剂信息站）编辑出版的全国唯一一本有关化学试剂及其相关领域的专业性刊物。报道国内外化学试剂、精细化学品、专用化学品及相关领域的科研成果，先进技术和发展水平等，可供化工、农业、食品、地质、冶炼、纺织、环保、医药、医院、新材料等各行业、实验室、化验室、研究室、试验室等的科研、技术、教学人员、管理人员和各大专院校师生阅读。

35. 化学工程师

本刊主要面向各大中小型石油、化工、医药、农药等行业的科研、企业、设计、贸易等单位发行。是科研及企业管理者的良师益友。

36. 化学推进剂与高分子材料

本刊是由黎明化工研究院主办，中国聚氨酯工业协会协办的全国性化工期刊。主要报道化学推进剂原材料，聚氨酯、胶黏剂、工程塑料、涂料等高分子材料，以及无机化工、精细化工等相应专业的研究报告、专论与综述、分析检测研究论文、生产实践经验总结、革新成果、新产品和新知识介绍、国内外科技简讯及市场动态等。

37. 胶体与聚合物

本刊主要报道国内外有关聚合物乳液等胶体及其他聚合物科学领域里的理论研究、生产应用技术、分析测试方法、科技成果及市场动向等内容，还设"知识介绍"、"评文选登"、"信息与文摘"等栏目。

38. 粘接

本刊是全国创刊最早的胶黏剂专业科技期刊、中国科技论文统计用刊、美国《化学文摘》、《中国化工文摘》、《中国学术期刊（光盘版）》及中国核心期刊数据库的收录期刊，已入编中国期刊网和万万数据库。《粘接》杂志及时为您报道国内外胶黏剂及相关领域的最新理论、研究成果、实用技术和产品；为您提供国内外胶黏剂及相关行业动态、生产设备及原材料等宝贵信息。内容丰富、信息量大，是各大专院校师生、科研院所、胶黏剂生产厂家等从事胶黏剂研究、生产及应用人员的良师益友。

39. 染料与染色

本刊创刊于1958年，是经原国家科委和原化工部两部委共同批准的，国内外公开发行的科技学校期刊。本刊由沈阳化工研究院主办，主要内容包括：国内外精细化工领域特别是染料、有机颜料、染整技术、染料和染整工业及相关领域的最新发展动态、研究成果、科技进步以及新产品、新技术、新设备等。本刊文章被美国《化学文摘》（CA）、《美国工程索引》（EI）、《中国化工文摘》等大量摘录。《染料工业》是精细化工领域，尤其是染料和纺织印染行业的核心期刊。

40. 日用化学工业

本刊主要刊载：表面活性剂、洗涤用品（包括洗涤剂、皮肤清洁剂、头发清洗及肥香皂等）及其专用助剂；个人护理用品（包括各类化妆品、护理品和口腔卫生用品等）及其专用添加剂，以及香精香料等方面的学术论文、科研及技术革新成果、国内外发展趋势及开发利用等。20 世纪 80 年代初就被美国《化学文摘》（CA）作为收录文摘内容的期刊来源之一，2002 年进入 CA 千刊表。同年，被俄罗斯《文摘杂志》（AJ）收录。2004 年，被美国剑桥科学文摘社网站：土木工程文摘（CSA：CEA）、剑桥科学文摘社网站：腐蚀文摘（CSA：PollA）、剑桥科学文摘社网站：工程材料文摘（CSA：EMA）、剑桥科学文摘社网站：金属索引（CSA：MD）、剑桥科学文摘社网站：机械与运输工程文摘（CSA：MTEA）收录。该刊为中国科学引文数据库来源期刊、中国期刊全文数据库（CJFD）收录期刊、中国期刊网全文收录期刊、中国学术期刊（光盘版）全文收录期刊、中国学术期刊综合评价数据库来源期刊。该刊曾多次获国家科委科技情报成果奖和中国轻工总会优秀科技期刊奖，获《CAJ-CD 规范》执行优秀奖。

41. 应用化工

本刊为实用性、综合性化工科技刊物，旨在传递和交流化工领域的先进经验和科研成果、实用技术，及时报道国内外化工科技动态和市场信息，注重为科研生产、成果转让、产品销售服务。

42. 塑料助剂

本刊是中国工程塑料工业协会塑料助剂专业委员会会刊，是集塑料助剂的新品开发、生产技术改造、应用研究和市场信息为一体的实用性技术刊物，是目前国内唯一一份公开发行的有关塑料助剂的专业刊物。面向广大的塑料助剂科研、生产、贸易以及应用单位和科研院所，对加强塑料助剂科研、生产及应用单位之间的相互了解起着桥梁和沟通作用，受到了广大读者的好评。

43. 涂料工业

《涂料工业》1959 年创刊，1982 年由原国家科委批准成为第一批向国外公开发行的专业刊物，大 16 开本，是融学术性、实用性、知识性和信息于一体的综合性涂料刊物。《涂料工业》是涂料行业唯一的核心期刊。多年来，《涂料工业》坚持正确的办刊方针，密切科研与生产实践相结合，提高与普及并重，国内外技术兼收并蓄，传播涂料及相关行业的科技信息，使刊物的学术性、导向性和实用性，以及刊物的标准化、规范化、装帧质量和发行量居国内同类期刊之首。多年来，《涂料工业》多次获原化工部和江苏省嘉奖。《涂料工业》作为中国科技论文统计用刊，刊登的文章已被美国《化学文摘》（CA）、美国《工程索引》（EI）及《科学引文索引》（SCI）摘录。《涂料工业》在传播先进生产技术和科研成果中起到了桥梁和纽带的作用，取得了良好的社会和经济效益。《涂料工业》已被誉为中国权威性涂料科技刊物，成为中外读者喜闻乐见的刊物。

44. 现代农药

本刊由国家新闻出版总署批准国内外公开发行。是美国《化学文摘》收录期刊，也为中国核心期刊（遴选）数据库、中国学术期刊综合评价数据库、中国期刊全文数据库、中文科技期刊数据库等所收录；2007 年 6 月被收录为中国科技论文统计源期刊（中国科技核心期刊）。及时报道我国农药研究技术最新进展，着力展示行业发展水平，促进技术交流，倡导技术创新，并密切关注世界农药发展动态，是颇受农药科研、教学、生产、管理、推广和应用等领域人员欢迎的农药专业技术类刊物。

45. 涂料技术与文摘

本刊分为技术和文摘两部分，是国内外公开发行期刊。是进行涂料、油墨、黏合剂、颜料及其他相关产品研究开发的有力工具，启迪产品更新换代的思路，报道了国内外最新的涂料科技信息。

46. 香料香精化妆品

本刊为行业领导的决策、促使科研成果转化为生产力提供服务；为科研和生产单位提供科技信息、交流生产管理经验，介绍国外先进科学技术；为发展国民经济和美化人民生活服务。主要读者对象：香料香精化妆品行业管理人员、经销人员、技术人员及相关大专院校师生。

47. 现代涂料与涂装

本刊是全国性科技期刊。主要报道涂料、颜料及辅助材料的研究、开发、产业化及应用的创新情况；侧重报道涂装工艺、设备、国内外最新进展。内容丰富、新颖、信息量大，覆盖面广。是涂料与涂装企业、科研机构、工程技术人员、施工人员及大专院校相关专业师生的良师益友。

48. 中国胶粘剂

本刊是国内外公开发行的胶黏剂专业性刊物。主要报道国内外胶黏剂最新研究成果、基础研究、分析测试技术、生产应用技术、发展动态、综述、专利介绍、会议信息等。涉及领域主要有：化工、轻工、纺织、建筑、机械、电子、冶金、汽车、航天、船舶、包装、林木、家具、印刷等。主要读者对象：胶黏剂管理、销售、生产、研究、信息行业从业人员及大专院校师生。

49. 有机硅材料

本刊是由中国氟硅有机材料工业协会有机硅专业委员会、中蓝晨光化工研究院、国家有机硅工程技术研究中心共同主办的有机硅专业技术期刊。该刊重点报道国内外有机硅方面的新技术、新工艺、新产品及有机硅产品的新应用等；及时提供有机硅材料市场、会议及国内外信息。刊物设有"基础研究"、"生产工艺"、"专论·综述"、"研究快讯"、"分析测试"、"产品应用"、"国内外信息"等栏目，是您了解国内外有机硅工业、技术及应用最新进展的重要窗口。《有机硅材料》作为全国唯一的有机硅专业技术期刊，深得用户的喜爱。覆盖面广，信息量大，是了解国内外有机硅行业最新技术进展的重要窗口。它是中国科技论文统计源期刊（中国科技核心期刊）、美国《化学文摘》收录期刊、中国期刊数据库收录期刊，并已入编中国学术期刊光盘版。

50. 印染助剂

本刊为专业技术性期刊。报道纺织印染助剂新品种的研制与开发成果，介绍印染助剂生产新工艺、新技术及分析测试新方法。读者对象为从事印染助剂研究、生产的科技人员、技术工人和相关专业的大专院校师生。

51. 中国涂料

本刊是由原国家科委批准出版、中国涂料工业协会主办，在国内涂料行业颇具影响的综合性科技期刊。1986年2月创刊，是以涂料、涂料原材料、涂料机械设备、涂料助剂、油墨、胶黏剂、防腐蚀、检测仪器等涂料相关行业为主要读者对象的中国涂料行业专业刊物。国内外公开发行。办刊宗旨：反映行业发展动态、透视产品最新走势、跟踪涂料高新技术、传递国外科技信息，融权威性、专业性、指导性为一体。

52. 工业催化

《工业催化》经国家科委批准出版，创刊于1992年，月刊，国内外公开发行。《工业催化》面向化肥、炼油、石油化工、精细化工等行业的催化剂研究、开发单位，生产企业，使用厂家，以及有关的高校和研究、设计院校，旨在促进催化剂和催化技术的研究开发、工业化和催化剂产品的有效应用，促进化学工业的发展。《工业催化》主要论文被美国《化学文摘》等国内外8种著名数据库摘录。期刊获得第五届全国石油和化工行业优秀期刊一等奖、陕西省优秀科技期刊一等奖和2003年度陕西省科学技术类优秀期刊，并已进入中国核心期刊（遴选）数据库，期刊主要引文数据在全国化工类期刊中名列前茅。

53. 聚氨酯工业

《聚氨酯工业》（双月刊），系中国聚氨酯工业协会和江苏省化工研究所有限公司共同主办的国内外公开发行的正式刊物，是中国聚氨酯工业协会会刊。内容主要为有关聚氨酯行业的专题综述、研究报告、技术交流、科技论文、生产与应用以及消息动态等；读者对象主要是从事聚氨酯及相关专业的科研院所、大专院校及企事业单位的科研技术人员等。《聚氨酯工业》曾获第二、第三和第四届江苏省优秀期刊；入围首届江苏期刊方阵，并获得双十佳期刊称号；被评为第三届华东地区优秀期刊；获第五届全国石油和化工行业优秀期刊一等奖；获第二届江苏期刊方阵优秀期刊奖等。被收录为国家科技部中国科技论文统计源期刊（中国科技核心期刊）。

附录二　国内、国际精细化学与化工相关网址

1. 中国知识资源总库
    http://www.cnki.net
2. 国家科技图书文献中心

   http://www.nstl.gov.cn
3. 中国科学院联合服务系统
    http://union.csdl.ac.cn

4. 《中国化工信息》周刊

http://www.chemnews.com.cn

5. 中国化工网

http://www.chemnet.com.cn

6. 中国化工信息中心网

http://www.cncic.gov.cn

7. 中国化工设备网

http://www.ccen.net

8. 中国化工企业互联网

http://www.cpcp.com.cn

9. 中国石油和化工文献资源网

http://www.chemdoc.org.cn

10. 国家环境保护总局

http://www.sepa.gov.cn

11. 化学信息网

http://www.chinweb.com.cn

12. 中国化工信息网

http://www.cheminfo.gov.cn

13. Beilstein Abstracts：1980 开始、140 多种有机化学及其相关的核心期刊约 60 万篇期刊论文

http://www.chemweb.com

14. 国家图书馆

http://www.nlc.gov.cn

15. 化学工业出版社

http://www.cip.com.cn

16. 中国农业科学院图书馆馆藏书目数据的网上查询系统

http://www.caas.net.cn

17. 中国冶金文摘数据库、世界冶金设备数据库、纳米文献数据库在中国冶金信息网文献数据库中有文档，该网站的文献数据库是收费浏览的（其中纳米材料及其新技术数据库及矿业冶金工程材料数据库是免费的）。

http://www.metalinfo.com.cn

18. 中国精细化工网

http://www.finechem.com.cn

19. 21 世纪精细化工网

http://www.21jxhg.com

20. 中国精细化工技术网

http://www.cnjxhgjs.com

21. 精细化工国家重点实验室网站

http://finechem.dlut.edu.cn

22. 中国精细化工商务网

http://www.cnfinechem.net

23. 华夏精细化工网

http://www.hxjhw.com

24. 中国化工资讯网

http://www.chchin.com

25. 燕赵化工网

http://www.yanzhaohuagong.com

26. 许昌凯特精细化工厂

http://www.xckate.com

27. 济南泰星精细化工有限公司

http://www.taixinghuagong.com

28. 广东雪柔精细化工实业有限公司

http://www.xuerou.com

29. 上虞市东海精细化工厂

http://www.donghaifinechem.com

30. 永久精细化工企业网

http://www.yjjxhg.com

31. 荆州市江汉精细化工有限公司

http://www.jianghanchemical.com

32. 美国专利及商标局

http://www.uspto.gov

33. 欧盟专利机构

http://www.europa.com

34. 日本专利局

http://www.jpo.go.jp

35. 中国专利信息网

http://www.patent.com.cn

36. 中国知识产权网

http://www.cnipr.com

37. 中国国家知识产权局

http://www.sipo.gov.cn

38. 欧洲专利局专利数据库网站

http://ep.espacenet.com

39. 美国国家纳米技术计划网（免费）

http://www.nano.gov

40. 北京文献服务处（收费）

http://bds.cetin.net.cn

41. 国家科技成果网

http://www.nast.org.cn

42. 中国专利信息网（收费）

http://www.patent.com.cn

43. 中国科学院纳米科技网

http://www.casnano.ac.cn

44. 世界知识产权组织

http://ipdl.wipo.int

45. 加拿大专利局（免费）

http://patents1.ic.gc.ca/intro-e.html

46. 德国专利网站

http://www.depatisnet.de

47. 中国自动识别技术协会的网址，可以查到各类编码标准

http://www.aimchina.org.cn

48. 中国物品编码中心网站

http://www.ancc.org.cn

49. 中国质量认证中心（China Quality Certification Centre. CQC）

http://www.cqc.com.cn

50. 中国计量在线

http://www.chinajlonline.org

51. 亚太管理训练网

http://www.longjk.com

52. 东方管理网

http://www.chinaqg.cn

53. 世界标准服务网

http://www.wssn.net

54. 国际标准化组织（ISO）

http://www.iso.ch

55. 美国国家标准系统网

http://www.nssn.org

56. 中国标准服务网

http://www.cssn.net.cn

57. 中国标准网

http://www.zgbzw.com

58. 中国质量信息网

http://www.cqi.gov.cn

59. NIST（美国标准与技术研究院）

http://www.nist.gov

60. 世界卫生组织

http://www.who.int/en

61. 谷歌搜索引擎网站

http://www.google.com

62. 百度搜索引擎网站

http://www.baidu.com

63. 雅虎搜索引擎网站

http://www.yahoo.com

64. 搜狐搜索引擎网站

http://www.sohu.com

65. 新浪搜索引擎网站

http://www.sina.com.cn

附录三　国际精细化学与化工文献重要检索系统

1. SCI（科学引文索引）

《科学引文索引》（Science Citation Index，SCI）是由美国科学信息研究所（ISI）1961年创办出版的引文数据库，其覆盖生命科学、临床医学、物理化学、农业、生物、兽医学、工程技术等方面的综合性检索刊物，尤其能反映自然科学研究的学术水平，是目前国际上三大检索系统中最著名的一种，其中以生命科学及医学、化学、物理所占比例最大，收录范围是当年国际上的重要期刊，尤其是它的引文索引表现出独特的科学参考价值，在学术界占有重要地位。许多国家和地区均以被SCI收录及引证的论文情况来作为评价学术水平的一个重要指标。从SCI的严格的选刊原则及严格的专家评审制度来看，它具有一定的客观性，较真实地反映了论文的水平和质量。根据SCI收录及被引证情况，可以从一个侧面反映学术水平的发展情况。特别是每年一次的SCI论文排名成了判断一个学校科研水平的一个十分重要的标准。SCI以《期刊目次》（Current Content）作为数据源，目前自然科学数据库有五千多种期刊，其中生命科学辑收录1350种；工程与计算机技术辑收录1030种；临床医学辑收录990种；农业、生物环境科学辑收录950种；物理、化学和地球科学辑收录900种期刊。各种版本收录范围不尽相同：

印刷版（SCI）双月刊3500种

联机版（SciSearch）周更新5600种

光盘版（带文摘）（SCICDE）月更新3500种（同印刷版）

网络版（SCIExpanded）周更新5600种（同联机版）

20世纪80年代末由南京大学最先将SCI引入科研评价体系。主要基于两个原因：一是当时处于转型期，国内学术界存在各种不正之风，缺少一个客观的评价标准；二是某些专业国内专家很少，国际上通行的同行评议不现实。

"SCI目前已成为衡量国内大学、科研机构和科学工作者学术水平的最重要的甚至是惟一尺度"。

然而SCI原本只是一种强大的文献检索工具。它不同于按主题或分类途径检索文献的常规做法，而是设置了独特的"引文索引"，即将一篇文献作为检索词，通过收录其所引用的参考文献和跟踪其发表后被引用的情况来掌握该研究课题的来龙去脉，从而迅速发现与其相关的研究文献。"越查越旧，越查越新，越查越深"这是科学引文索引建立的宗旨。SCI是一个客观的评价工具，但它只能作为评价工作中的一个角度，不能代表被评价对象的全部。

2. EI（工程索引）

Ei 作为世界领先的应用科学和工程学在线信息服务提供者，一直致力于为科学研究者和工程技术人员提供最专业、最实用的在线数据、知识等信息服务和支持。

Ei Compendex 是全世界最早的工程文摘来源。Ei Compendex 数据库每年新增的 50 万条文摘索引信息分别来自 5100 种工程期刊、会议文集和技术报告。Ei Compendex 收录的文献涵盖了所有的工程领域，其中大约 22％为会议文献，90％的文献语种是英文。

Ei 公司在 1992 年开始收录中国期刊。1998 年 Ei 在清华大学图书馆建立了 Ei 中国镜像站。

3. CA（化学文摘）

美国《化学文摘》（Chemical Abstracts）简称 CA，由美国化学会（The American Chemical Society，ACS）的化学文摘社（Chemical Abstracts Service，简称 CAS，http：// www. cas. org）编辑出版。创刊于 1907 年。

期索引：CA 每年两卷，每卷 26 期，共 52 期；卷索引：每卷出齐后随即出版；积累索引：每隔 10 年（1956 年以前，1～4 次累积索引）或 5 年（1957 年以后，从第 5 次累积索引开始）出版一次。目前已出版了 13 次累积索引（Collective Index，1992～1996）。

指导性索引：索引指南（Index Guide，简称 IG）、资料来源索引（CAS Source Index）和化学物质登记号手册等。

学科领域：化学、化工、生物化学、生物遗传、农业和食品加工、医用化学、药物、毒物学、环境化学、地球化学以及材料科学等。

参 考 文 献

[1] 化学化工大辞典编委会，化学工业出版社辞书编辑部. 化学化工大辞典. 北京：化学工业出版社，2003.

[2] 刘德峥，田铁牛. 精细化工生产技术. 北京：化学工业出版社，2004.

[3] 宋启煌. 精细化工工艺学.（第2版）. 北京：化学工业出版社，2004.

[4] 李和平. 精细化工工艺学.（第2版）. 北京：科学出版社，2007.

[5] 刘仲敏，林兴兵，杨生玉. 现代应用生物技术. 北京：化学工业出版社，2004.

[6] 闵恩泽，吴巍. 绿色化学与化工. 北京：化学工业出版社，2000.

[7] 贡长生，张克立. 绿色化学化工实用技术. 北京：化学工业出版社，2002.

[8] 詹益兴. 绿色化学化工. 长沙：湖南大学出版社，2001.

[9] 朱宪. 绿色化学工艺. 北京：化学工业出版社，2001.

[10] 贡长生，单自兴. 绿色精细化工导论. 北京：化学工业出版社，2005.

[11] 宋启煌. 精细化工绿色生产工艺. 广州：广东科技出版社，2006.

[12] 王福安，任保增. 绿色过程工程引论. 北京：化学工业出版社，2002.

[13] 钱汉卿. 化工清洁生产及其技术实例. 北京：化学工业出版社，2002.

[14] 张钟宪. 环境与绿色化学. 北京：清华大学出版社，2005.

[15] 沈玉龙，魏利滨，曹文化. 绿色化学. 北京：中国环境科学出版社，2004.

[16] 苏健民. 化工技术经济. 第2版. 北京：化学工业出版社，2000.

[17] 姜复松. 信息材料. 北京：化学工业出版社，2003.

[18] 田禾，庄思永，张大德等. 信息用化学品. 北京：化学工业出版社，2002.

[19] 金养智，魏杰，刁振刚等. 信息记录材料. 北京：化学工业出版社，2003.

[20] 徐叙. 发光材料与显示技术. 北京：化学工业出版社，2003.

[21] 洗涤剂生产工艺. 北京：化学工业出版社，2007.

[22] 耿耀宗主编. 现代水性涂料工艺·配方·应用. 北京：中国石化出版社，2003.

[23] 曹同玉，刘庆普，胡金生编. 聚合物乳液合成原理性能及应用. 第2版. 北京：化学工业出版社，2007.

[24] 武利民，李丹，游波编著. 现代涂料配方设计. 北京：化学工业出版社，2000.

[25] 涂伟萍. 水性涂料. 北京：化学工业出版社，2006.

[26] 刘国杰. 水分散体涂料. 北京：中国轻工业出版社，2004.

[27] Rouhi A M. Chemical and Engineering News，2002，July22：45.

[28] Hans-Ulrich Blaser. Catalysis Today，2002，(60)：161.

[29] Stinson S C Chemical and Engineering News，2001，July9：65.

[30] Anastas P T，Warner J C. Green Chemistry：Theory and practice. Oxford：oxford univ press，1998.

[31] Clark J H Green Chenistry，1999，(1)：1.

[32] Ritter S K Chemical and Engineering News，2002，July 1：26.

[33] 刘德峥. 目前我国精细化学工业的发展重点. 平原大学学报，2004，21，(3)：1.

[34] 贡长生. 加快发展我国绿色精细化工. 现代化工，2003，23，(12)：5.

[35] 王静康，陈建新. 可持续发展与现代化工科学. 化工进展，2004，23 (1)：1～7.

[36] 康林生，张梅，杨锦家. 水性涂料研究进展. 现代化工，2003，23 (6)：14～17.

[37] 胡迁林，张贵兴. 当前我国化学工业产业技术发展重点. 现代化工，2004，24，(1)：7.

[38] 贡长生. 绿色化学化工过程的评估. 现代化工，2005，25 (2)：67.

[39] 纪红兵，佘远斌. 绿色化学化工基本问题的发展与研究. 化工进展，2007，26 (5)：605.

[40] 姚克俭，沈绍传，张颂红，彭文平. 减少化工过程对环境的影响——绿色化学工程的目标. 化工进展. 2004，23 (11)：1209.

[41] 李雪辉，王乐夫. 环境友好催化技术发展趋势. 化工进展，2001，20 (6)：9.

[42] 陈蓓怡，于文利，赵亚平. 超临界抗溶剂技术在药

物微粒化领域的研究进展. 现代化工, 2005, 25 (2): 17.

[43] 吴巍, 闵恩泽. 绿色可持续发展石油化工生产技术的新进展. 化工进展, 2004, 23 (3): 231.

[44] 胡松青, 李琳, 郭祀远, 陈玲, 蔡妙颜. 双水相萃取技术研究新进展. 现代化工, 2004, 24 (6): 22.

[45] 周晓谦. 碳酸二甲酯替代光气在绿色化工技术中应用研究. 杭州化工, 2004, 34 (4): 25.

[46] 朱昌雄, 孙东园, 蒋细良. 我国微生物农药产业化标准及产业化对策建议. 现代化工, 2004, 24 (3): 6.

[47] 李奋明. 原子经济将促进化工高新技术发展. 现代化工, 2005, 25 (1): 9.

[48] 董发勤, 朱桂平, 徐光亮, 何登良. 符合生态建筑的新型环保涂料. 现代化工, 2006, 26 (1): 67.

[49] 孙果宋, 黄科林, 杨波等. 二氧化碳作为温和氧化剂的研究进展. 化工进展, 2007, 26 (2): 216.